기본이론부터 실무기술 적용까지

초고주파 캡스톤디자인

이해선 저

D.B.Info

머리말

국내의 이동 전화 가입자가 5,000만명을 넘을 정도로 무선 통신 분야는 생활과 밀접한 관계를 가지게 됐으며, 생활 주변에서도 무선 통신을 이용한 기기와 서비스가 없어서는 안 되는 것으로 인식되고 있다. 이러한 무선 통신 분야의 기본 이론 및 기술이라 할 수 있는 초고주파공학은 무선 통신 분야에서 필수적으로 학습해야할 과목으로 손꼽을 수 있다. 하지만 초고주파 분야는 복잡한 수식과 난해한 이론이라는 선입견으로 이를 학습하고자 하는 학생이나 관련 업계의 실무 종사자들에게 가장 어려운 과목이나 분야로 인식되어 왔다.

요즈음은 무선 통신 분야의 시장 규모가 방대해지고 관련 분야 전공자들이 많아짐에 따라 무선 통신용 초고주파 설계나 해석을 위한 다양한 프로그램이나 도구가 널리 보급되고 있다. 이러한 도구나 프로그램을 이용하여 상대적으로 수월하게 초고주파 분야의 설계나 해석 등의 작업을 수행할 수 있다. 하지만 이러한 프로그램이나 도구를 제대로 활용하기 위해서는 초고주파에 대한 기본적인 개념이 무엇보다도 중요하다.

본 교재에서는 초고주파의 기본 이론에서 실무 기술 적용에 이르기까지의 과정을 이론과 실습을 병행하여 학습하게 함으로써 초고주파 분야에 대한 실질적인 개념을 가질 수 있도록 기술하였다. 전체적으로는 3부분으로 나뉘어져 있다. 제1부는 초고주파 신호의 특성 및 기본 측정 부분으로, 초고주파 신호의 기본 특성에 대한 이론과 고주파 신호 발생기와 스펙트럼 분석기를 이용한 실습을 통하여 초고주파 신호에 대한 기본 개념을 가질 수 있도록 하였다. 제2부는 초고주파 주요 개념 및 응용 측정 부분으로, 초고주파공학의 주요 개념에 대한 이론과 초고주파 훈련 장비를 이용한 실습을 통하여 초고주파 실무 기술에 대한 개념을 가질 수 있도록 하였다. 제3부는 초고주파 실무 기술 적용 부분으로 여파기의 설계, 모의실험, 제작 및 성능시험 과정을 통하여 초고주파 분야의 실무 기술을 확보할 수 있도록 하였다.

본 교재는 기본적으로 전문대학이나 대학교의 졸업반 학생들이 2학기 동안에 초고주파 분야의 기본 이론부터 실무 기술을 실습과 병행하여 진행하도록 구성되어 있다. 첫 번째 학기에는 제1부와 제2부를 학습함으로써 초고주파 실무 기술 과정을 익히기 위한 기본 개념을 정립하게 된다. 두 번째 학기에서는 제3부을 학습함으로써 초고주파 실무 기술을 체험하게 하여 초고주파 관련 산업 현장에서 필요한 기술을 익히게 된다.
제1부는 1장과 2장으로 구성되며 초고주파 신호에 대한 개념을 기본 이론과 더불어 고주파 신호 발생기과 스펙트럼 분석기를 이용한 실습을 병행하게 된다. 1장에서는 일반적인 전기 신호의 특성과 초고주파 신호의 기본 특성을 살펴보고 이를 공학적으로 표

현하는 방식을 학습하며 초고주파 신호의 기본 특성을 측정하는 방법을 기술하고 실습한다. 2장에서는 먼저 기본적인 변조의 개념에 대하여 살펴본다. 스펙트럼 분석기를 통하여 변조된 신호의 특성을 측정하기 위하여 진폭 변조와 주파수 변조에 대한 이론적인 기본 사항을 학습한다. 기본 이론을 바탕으로 변조 신호의 특성을 이해하고 변조 신호의 특성 측정 방법을 실습함으로써 초고주파 계측기의 조작 방법을 숙달하도록 하였다.

제2부는 3장에서 7장까지로 구성되며 초고주파 실무 기술을 익히기 위한 초고주파 기본 개념을 초고주파 훈련 장비를 이용한 실습과 병행하여 학습하게 된다. 실습에 대한 본문의 설명과 실습 내용은 labvolt의 초고주파 훈련 장비인 labvolt- 8090을 기반으로 기술하였다. 3장에서는 초고주파 신호를 어떻게 발생시키는지에 대한 기본 개념과 발생된 신호의 크기를 전력 측정기를 이용하여 측정하는 원리와 방법에 대하여 학습한다. 4장에서는 초고주파 신호를 진폭 변조하는 데 사용되는 PIN 다이오드의 일반적인 특성과 변조된 초고주파 신호의 포락선 검파에 사용되는 수정 검파기의 회로 원리와 동작 원리를 학습한다. 그리고 변조 및 검파에 대한 특성을 측정하기 위한 정재파비(SWR) 측정기의 사용법과 원리를 기술한다. 5장에서는 도파관 내에서 신호의 전달 원리를 이해하고 공학적인 특성을 파악함으로써 초고주파 신호 및 시스템에 대한 기본 개념과 특성 변수를 학습하게 된다. 이들 이론적인 배경을 바탕으로 초고주파 신호의 전파 전파 특성을 실험적으로 측정하여 그 원리를 익힌다. 6장에서는 전자파의 반사와 정재파의 개념을 정립한다. 아울러 공학적인 계산으로 반사 계수와 정재파비 등의 특성 값을 구하는 방법을 익힌 후, 실습을 통하여 반사 계수와 정재파비를 측정함으로써, 전자파의 기본 특성인 전파의 반사에 대한 원리를 익힌다. 7장에서는 임피던스에 대한 개념을 이해하기 위하여 임피던스의 정의와 기본적인 개념을 이해하고, 임피던스를 회로 및 선로 상에서 구하는 방법과 원리를 익힌다. 아울러 공학적인 계산을 도식적인 방법으로 구하는 도구인 스미스 도표의 원리와 사용법을 학습한다. 그리고 궁극적으로는 회로 및 시스템 상에서 임피던스 정합에 대한 개념을 가지고 적용할 수 있는 방법을 갖추도록 한다.

제3부는 8장에서 11장까지로 구성되며 초고주파 실무 기술 적용을 위하여 초고주파 소자 중에서 공학적으로 가장 기본적이고 많이 사용되는 저역 통과 여파기에 대하여, 설계 이론의 학습과 설계, 컴퓨터 모의실험, 제작과 성능 시험, 그리고 개발 보고서 작성의 전 과정을 학습하게 된다. 이를 통하여 회사에서 제품을 개발할 때 필요한 실무 적용 기술을 가질 수 있도록 하였다. 8장에서는 일반적인 전자 회로나 시스템의 특성을 표현하는 여러 가지 공학적인 방식에 대하여 살펴본다. 기본적인 방식의 이해를 통하여 주어진 회로를 공학적으로 표현하는 방법을 익히고 초고주파 분야에서 많이 사용되는 산란 변수에 대한 개념에 대하여 학습한다. 9장에서는 제품 설계에 대한 기본 개

념과 여파기에 대한 기본 이론을 학습하고 여파기 설계에 필요한 이론과 절차를 익히게 된다. 10장에서는 분포 정수 회로 형태의 여파기 제작에 앞서 단파 대역 저역 통과 여파기에 대하여 설계부터 모의실험, 제작 및 특성 측정까지의 전 단계를 수행하는데 필요한 기술을 확보할 수 있도록 한다. 11장에서는 분포 정수 회로 개념을 이용하여 마이크로스트립 선로만으로 여파기가 구현되도록 UHF 대역에서 저역 통과 여파기를 설계 및 제작하게 된다. 이를 통하여 초고주파 회로에서 널리 사용되는 분포 정수 개념을 이해하고 초고주파 회로를 설계하고 제작하는 과정에 대한 개념을 확보할 수 있도록 한다. 아울러 산업 현장에서 필요로 하는 고주파용 회로 설계 도구(Ansoft사의 Designer)를 이용한 설계 및 모의실험 기술과 회로망 분석기를 이용한 측정 및 데이터 처리 기술을 익히도록 한다.

책을 저술하면서 책의 내용이 결국은 무선 통신 및 초고주파 분야에서 앞서 연구하거나 저술하신 분들의 내용을 이 책을 학습하는 분들이 쉽게 이해 및 기술을 갖추도록 정리하고 체계화하는 범주를 넘어서지 못한다는 것을 밝힘으로써 그분들에게 감사의 마음을 전하고 싶습니다. 이 책이 초고주파공학에 대해 배우려는 학생들과 관련 분야 종사자들에게 미력하나마 도움이 되기를 기대해 봅니다. 아울러 미진한 부분과 충고가 필요한 부분에 대한 아낌없는 고언을 부탁드립니다. 끝으로 이 책을 출판하는데 도움을 주신 복두출판사 송광헌 사장님과 임직원 여러분에게 감사의 마음을 전합니다.

2017년 1월

이 해 선(hslee@dongyang.ac.kr)

차례

PART 01 초고주파 신호 특성 및 기본 측정

PART 03 초고주파 실무 기술 적용 : 여파기 설계 및 제작

Chapter 10 단파 대역 여파기 설계 및 제작 309

Chapter 11 UHF 대역 여파기 설계 및 제작 341

PART 01

초고주파 신호 특성 및 기본 측정

Chapter 01

초고주파 신호 기본 특성

이 장에 기술된 관계 지식을 학습하고 실습을 마치게 되면

- 초고주파 신호를 시간축상과 주파수축상에서 공학적으로 표현할 수 있고
- 신호의 크기에 대한 개념을 확보하여 입출력 임피던스에 따른 여러 가지 단위로 신호의 크기를 계산할 수 있고
- 신호의 특성 측정을 위한 고주파 신호 발생기(RF signal generator)와 스펙트럼 분석기(spectrum analyzer)의 동작 원리를 이해하고 기본 조작 능력을 가질 수 있다.

1-1 개 요

초고주파 시스템은 초고주파 주파수 대역의 전자기 에너지를 이용하는 시스템으로 정의할 수 있다. 초고주파공학의 대표적인 응용 분야로는 이동 통신 및 위성 통신과 같은 무선 통신 시스템을 들 수 있다. 무선 통신 시스템 이외에도 레이더(radar) 시스템, 방송 시스템, 가정용 전자레인지나 산업용 초고주파 가열 시스템, 초고주파 의료용 응용기기, 기상 관측용 기기, 레이더나 미사일(missile)의 신호를 분석하고 대응하는 전자 대응 장치(ECM, Electronic Counter Measure)와 같은 전자전 장비(EW System, Electronic Warfare System) 등의 다양한 초고주파 응용 시스템을 예로 들 수 있다. 이러한 초고주파 시스템을 이해하기 위해서는 가장 기본적인 단계의 핵심 사항인 초고주파 신호 자체의 특성을 이해하는 것이 시스템을 이해하는 데 가장 빠르게 접근할 수 있는 방법 중의 하나로 생각할 수 있다.

이 장에서는 일반적인 전기 신호의 특성과 초고주파 신호의 기본 특성을 살펴보고 이를 공학적으로 표현하는 방식을 학습하며 초고주파 신호의 기본 특성을 측정하는 방법을 기술하고 실습한다.

1-2 초고주파 신호에 대한 이해

우리가 취급하는 전기적인 신호는 크게 두 가지 표현 방법으로 표현하게 된다. 첫째는 시간 영역 상에서 신호의 크기를 표시하는 것이고, 다른 하나는 주파수 영역 상에서 신호의 크기를 나타내는 방법이다. 동일한 신호에 대한 2가지 표현 방법은 상호 관련성이 있어서 독립적인 것이 아니라 둘 중 어느 것을 알면 수학적인 계산이나 법칙을 이용하여 다른 것으로 유도할 수 있다. 시간 영역 상에서 신호의 크기를 나타내는 오실로스코프(oscilloscope)는 입력 신호를 증폭하여 입력되는 시간에 따라 신호의 크기를 화면에 표시하도록 되어있으나, 주파수 영역 상에서 신호의 크기를 나타내는 스펙트럼 분석기(spectrum analyzer)는 시간 영역의 입력 신호를 수학적 또는 다른 기능을 추가하여 주파수 영역의 특성으로 나타나게 설계되어있다.

초고주파 신호는 주파수 대역이 통상적으로는 1(GHz)에서 30(GHz)이나 실제로는 VHF 대역(30MHz~300MHz)부터 밀리미터파 대역(30GHz~300GHz)까지를 초고주파 혹은 넓은 의미의 고주파라고 부른다. 고주파는 RF(Radio Frequency)라고 통상적으로 표시하며 보통 VHF(30MHz-300MHz)와 UHF(300MHz~3000MHz) 대역을 의미하였으나 요즈음은 무선 통신에 사용되는 모든 주파수 대역에 사용된다. 초고주파는 MW(MicroWave)라고 표시하며 의미는 파장이 micro 즉, $10^{-6}(m)$이어야 하나, 실제로는 주파수 대역이 3(GHz)에서 30(GHz)이면 파장이 10(cm)에서 1(cm)이다. 여기서 micro는 상당히 작다는 의미로 적용되었으며 공학적인 정의 측면에서는 센티메터파(centimeter wave)라고 불리는 것이 올바르나 센티미터파로 불리는 경우는 거의 없다. 밀리미터파는 MMW(MilliMeter Wave)로 표시하며 파장이 millimeter인 주파수를 의미하여 30(GHz)에서 300(GHz)의 주파수이어서 파장으로는 10(mm)에서 1(mm)인 대역을 의미한다.

초고주파나 고주파 신호는 일반적인 기저대역(baseband)의 저주파 신호와 비교할 때 신호의 발생 및 처리가 까다롭다. 초고주파 신호와 저주파 신호의 차이점을 가장 쉽게 이해하기 위하여 각각의 신호를 처리하는 회로의 차이점을 이용하여 설명하기로 하자. 일반적인 저주파 신호를 처리하는 경우에 적용하는 회로를 집중 정수 회로(lumped-element circuit)라고 부르는데 회로 내에서 소자의 물리적 길이나 선로에 의한 주파수 측면의 전기적 길이가 없다고 간주하여도 무방한 회로를 의미한다. 즉, 선로나 소자의 길이에 대한 위상이 입출력에서 동일하다고 가정하여도 회로의 설계 및 성능 분석 상에 아무런 문제가 되지 않는다. 반면에 통상적으로 주파수 대역이 높은 고주파 신호를 처리하는 경우에 적용하는 회로를 분포 소자 회로(distributed- element circuit)라고 하는데 회로 내에서 소자뿐 아니라 선로에서의 전압 변화 및 위상 변화를 고려하여야 하며, 주파수 측면에서 전기적으로 신호가 소자 및 연결 선로 내에 분포되어 있으므로 이에 대한 영향을 집중 정수 회로에서와 같이 무시할 수 없다. 분포 소자 회로를 해석 및 설계하는 경우에 소자 및 선로에 의한 전기적 길이에 대한 영향을 반드시 고려하여야 하며 실제로 이에 대한 영향이 회로의 성능에 절대적인 영향을 미친다. 이를 신호의 관점에서 생각하면 주파수가 낮은 경우는 파장이 길어 회로 내의 소자나 선로의 물리적 길이에 대한 영향을 무시할 수 있으나, 주파수가 높은 경우는 파장이 짧아 회로 내의 소자나 선로의 물리적 길이에 대한 영향을 무시할 수 없다는 것을 의미한다.

또한 사용 주파수가 높아짐에 따라 모든 회로 내의 선로나 신호가 지나가는 경로상의 기계적 구조물 등이 회로의 특성에 미치는 영향이 두드러져 이에 대한 영향을 고려해 주어야 하며, 적절한 선로를 사용하지 못하는 경우에는 극단적으로는 선로가 안테나의 역할을 하게 될 수도 있다. 즉, 회로의 특성을 제대로 파악하기 위해서는 선로나 기계적 구조물에 대한 영향을 정확히 분석해야 한다는 것을 의미한다. 그러나 역으로 이러한 특성을 이용하여 원하는 소자나 회로의 특성을 선로나 구조물을 이용하여 만들 수도 있다는 것을 의미한다. 실제로 선로나 구조물 이용하여 다양한 초고주파 회로나 소자를 구현할 수 있다.

신호를 전송하기위하여 통상적으로 사용되는 선로의 종류는 단선식 선로(single wire

line), 평행 2선식 선로(two wire line), 동축 선로(coaxial line), 도파관(waveguide) 등을 들 수 있으며, 주파수가 높아짐에 따라 동축 선로 및 도파관을 주로 사용하게 된다. 그러나 기판 상에 회로를 설계하여 구현하는 경우에는 동축 선로나 도파관은 물리적인 크기 때문에 사용할 수 없다. 일반적인 저주파 회로의 경우 만능 기판 상에 얇은 철선이나 인쇄 회로 기판(PCB, Printed Circuit Board)상의 패턴에 의한 연결과 같은 단선식 선로 개념의 연결 방식을 사용하는 것이 일반적이나 고주파 회로의 경우 통상적으로 그림1.1과 같은 마이크로스트립 선로(microstrip line)을 사용한다.

회로와 계측 장비와 같은 시스템이나 다른 회로를 연결하기 위해 통상적으로 사용되는 커넥터(connector)는 오실로스코프를 연결할 때 사용되는 BNC 커넥터를 많이 사용한다. BNC 커넥터의 경우는 좋은 제품이 1(GHz)정도까지 사용할 수 있고, 사용 주파수가 높아짐에 따라 N-type, SMA, APC7, APC3.5 형태의 커넥터를 사용하여야 한다.

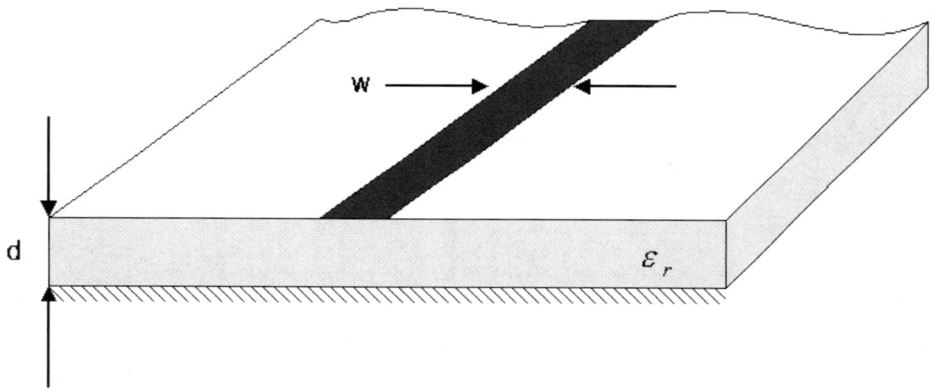

그림 1.1 마이크로스트립 선로 구조

뒤에서는 전기 신호에 대한 일반적인 특성을 알아봄으로써 고주파 신호의 기본 특성을 파악하고자 한다. 또한 고주파 신호를 발생시키는 고주파 신호 발생기와 주파수 영역에서 고주파 신호를 분석하는 스펙트럼 분석기에 대한 기본적인 동작 원리와 계측기의 실제적인 규격을 살펴봄으로써 관련 계측기를 다루는데 필요한 기본 개념 습득을 위하여 필요한 이론을 정리하였다.

1-3 신호의 표현과 분류

1-3-1 신호의 표현 방식

통상적으로 통신 신호와 같은 전기 신호는 시간에 따라 변화하므로 시간축상의 표현은 익숙한 편이나, 주파수 성분별로 신호를 표현하는 주파수축상의 표현은 상대적으로 이해하기가 어렵게 여겨진다. 주파수 영역상의 표현을 의미하는 스펙트럼(spectrum)은 신호를 여러 주파수의 사인 및 코사인 형태의 정현파 신호의 성분으로 구성된 것으로 해석하여 주파수 성분별로 크기나 위상을 표현하는 방식을 의미한다. 통신 신호의 가장 기본적인 신호 중의 하나로 정현파 신호를 들 수 있는데 이를 일반적으로 표현하면 식(1-1)과 같이 나타낼 수 있다.

$$f(t) = A\cos(\omega_0 t + \theta) \qquad \cdots\cdots \text{(1-1)}$$

신호의 구성을 보면 A라는 크기와 ω_0라는 주파수 정보를 나타내는 각속도와 θ라는 시간 지연 정보를 나타내는 위상으로 구성되어 있다. A는 정현파 신호의 첨두값(peak value, Vp)을 나타내며 그림1.2에서 보는 바와 같이 기준선인 중간 지점을 0으로 하였을 때 최대값을 의미한다. 정현파의 크기를 표현할 때 Vp-p로 나타내는 경우도 종종 볼 수 있는데 이는 peak-to-peak를 표현한 것으로 최대값과 최소값의 차이로 첨두값의 2배이다.

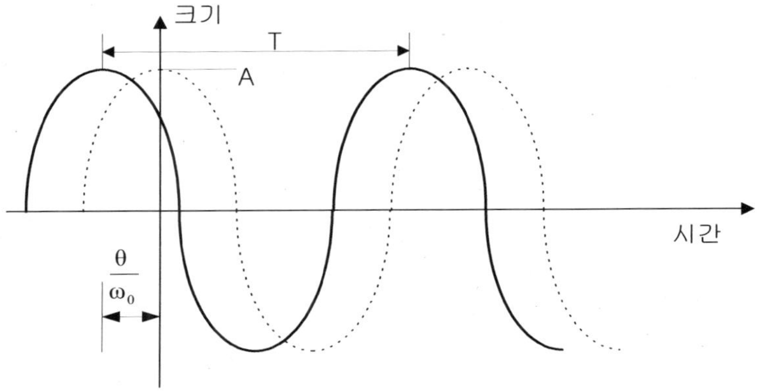

그림 1.2 정현파 신호의 시간축상의 표현

ω_0는 반복되는 신호 피크 간의 최소 시간 간격을 나타내는 주기(T)에 대한 1회전 (360° = 2π)를 나타내는 각속도로 주파수 f_0는 주기의 역수이므로 식(1-2)와 같이 나타낼 수 있다.

$$\omega_0 = \frac{2\pi}{T} = 2\pi f_0 \quad (\text{rad/s}) \qquad \cdots\cdots \ (1\text{-}2)$$

θ는 각도를 나타내므로 단위가 deg 혹은 rad이다. 그러나 실제로 신호에 대한 정보는 시간축상에서 나타나는 것이므로 식(1-3)과 같이 시간축상에서의 값으로 표현되어야 하며 (그림1-2)에서 보는 바와 같이 시간적인 앞섬이나 지연으로서의 의미를 나타낸다. θ앞의 부호가 +인 경우는 기준 신호에 비해 시간적으로 앞서는 것이고, -인 경우는 시간적으로 지연되는 것을 의미한다.

$$f(t) = A\cos(\omega_0 t + \theta) = A\cos\omega_0 (t + \frac{\theta}{\omega_0}) \qquad \cdots\cdots \ (1\text{-}3)$$

식(1-1)과 같은 순수한 정현파 신호를 주파수축상으로 나타내면 스펙트럼의 정의가 정현파의 주파수 성분별 크기와 위상을 나타내므로 그림1.3와 같이 나타낼 수 있다.

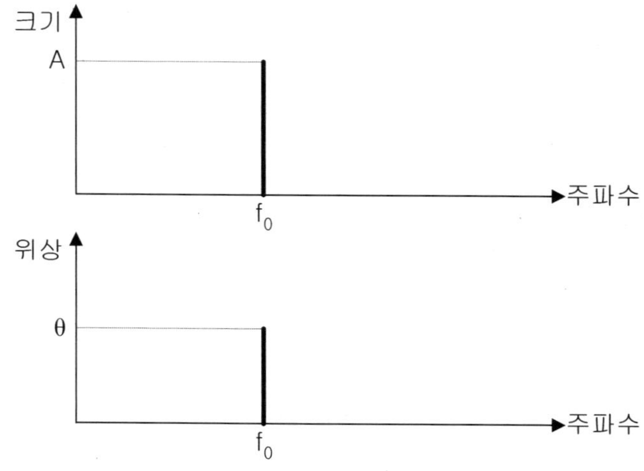

그림 1.3 정현파 신호의 주파수축상(단측 스펙트럼)의 표현

전기 통신 신호를 주파수축상에 표현할 때 그림1.3과 같이 실제로 존재하는 양(+)의 주파수만으로 표현하는 방식을 단측 스펙트럼이라고 한다. 음(-)의 주파수 성분은 실제로 존재하지는 않지만 주파수축상의 성분을 양(+)과 음(-)의 주파수로 표현하는 방식을 양측 스펙트럼이라고 한다. 이렇게 표현하는 이유는 통신 이론을 전개함에 있어 수식을 계산하거나 이해를 하는데 양측 스펙트럼으로 전개하는 것이 유리한 경우가 많기 때문이다.

이를 좀 더 상세히 설명하면 sine 함수와 cosine 함수 같은 정현파 함수는 식(1-4)의 Euler의 공식을 이용하여 식(1-5)와 같은 지수 함수 형태의 수식으로 표현할 수 있다.

$$e^{j\theta} = \cos\theta + j\sin\theta, \qquad e^{-j\theta} = \cos\theta - j\sin\theta \qquad \cdots\cdots \text{(1-4)}$$

$$\cos\theta = \frac{e^{j\theta} + e^{-j\theta}}{2}, \qquad \sin\theta = \frac{e^{j\theta} - e^{-j\theta}}{2j} \qquad \cdots\cdots \text{(1-5)}$$

정현파 신호를 지수 함수 형태로 바꾸어 계산하는 경우에 곱셈이나 나눗셈을 지수에 대한 덧셈과 뺄셈으로 쉽게 계산할 수 있고, 뒤에서 언급될 변조 과정에서 발생되는 양측대파 특성을 쉽게 이해할 수 있게 된다. 식(1-1)을 지수 형태의 함수로 바꾸면 식(1-6)과 같아 양(+)과 음(-)의 주파수 성분에 대한 크기는 단측 스펙트럼상의 크기를 반으로 줄인 결과로 나타나게 되고, 양(+)과 음(-)의 주파수 성분에 대한 위상은 부호가 반대인 형태로 나타나게 된다.

$$f(t) = A\cos(\omega_0 t + \theta) = \frac{A}{2} \cdot e^{j\theta} \cdot e^{j\omega_0 t} + \frac{A}{2} \cdot e^{-j\theta} \cdot e^{-j\omega_0 t} \qquad \cdots\cdots \text{(1-6)}$$

식(1-6)을 그림으로 나타낸 것이 정현파 신호에 대한 양측 스펙트럼으로 그림1.4과 같다.

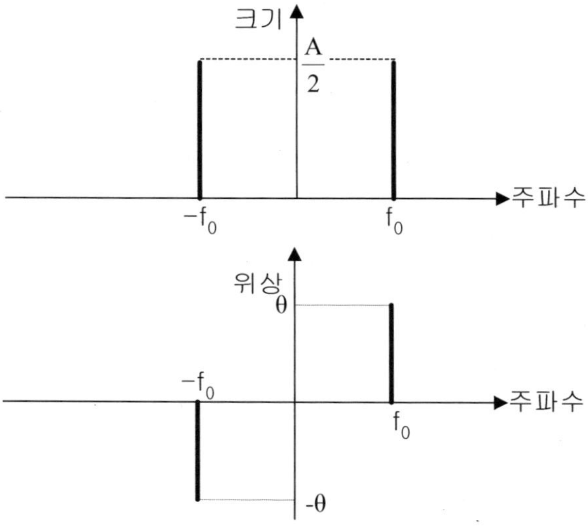

그림 1.4 정현파 신호의 양측 스펙트럼 표현

실습문제 | 1.1

$v(t)=10\cos(200\pi t+60^\circ)$를 1) 시간축상 2) 단측 스펙트럼상 3) 양측 스펙트럼상으로 표현하시오.

해답

1) $v(t)=10\cos 2\pi \cdot 100(t+\frac{1}{600})$을 시간축상으로 표현

2) $v(t)=10\cos(200\pi t+60^\circ)$를 주파수축상에 표현

3) $v(t)=5(e^{j2\pi \cdot 100t}e^{j60^\circ}+e^{-j2\pi \cdot 100t}e^{-j60^\circ})$를 주파수축상에 표현)

1-3-2 신호의 주파수축상의 표현 필요성

신호를 표현하는 방식에서 시간축상의 표현만 가지고는 통신 신호나 통신 시스템을 해석하기가 매우 어려운 경우가 많이 발생한다. 역으로 설명하면 실제의 통신 시스템을 분석하고 설계하기 위해서는 시간축상의 표현뿐만 아니라 주파수축상의 표현 방식을 적용해야 한다는 의미이다. 이를 이해하기 위하여 그림 1.5와 같은 신호를 지점A에서 지점B로 전송하는 경우를 적용해 보자. 그림 1.5의 송신 신호는 식(1-7)과 그림 1.6에 나타낸 바와 같이 3개의 정현파 신호의 합이다. 즉, 그림 1.6의 3개의 정현파를 합치면 그림 1.5의 파형으로 표현된다.

$$f(t) = \cos(2\pi 100t) - \frac{1}{3}cos(2\pi 300t) + \frac{1}{5}cos(2\pi 500t) \quad \cdots\cdots \text{(1-7)}$$

전송 채널에 대한 가정 조건으로 전송하는 전 구간에서 외부의 간섭 신호나 잡음이 전혀 유입되지 않도록 전송 채널을 완전 도체로 보호막을 설치하였다면 지점 B에서의 수신 신호는 시간축상의 표현 방식만으로는 거리에 따른 시간 지연과 전송상의 손실로 인하여 그림1.7과 같은 신호가 수신되어야 할 것으로 예상하기 쉽다. 그러나 실제로 수신된 신호는 그림1.8과 같은 형태인 경우가 대부분이다. 이를 시간축상의 표현만으로 분석하는 것은 어렵고 체계적으로 해석하기 위해서는 송신되는 그림 1.5의 송신 신호에 대한 주파수축상의 표현 방식이 필요하다.

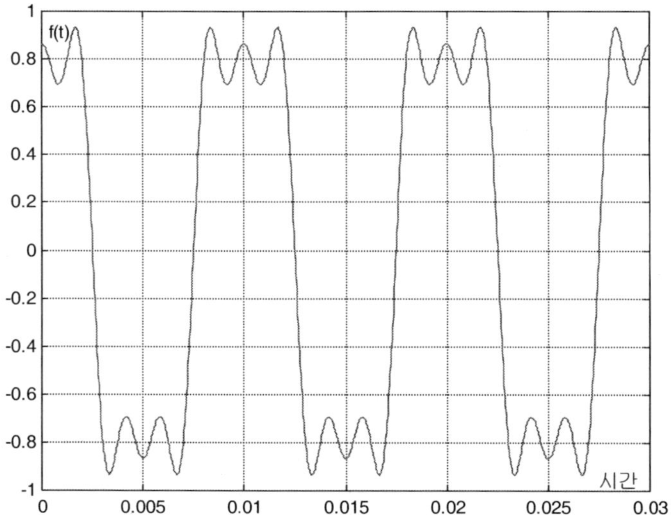

그림 1.5 지점A에서 송신되는 신호의 시간축상의 표현

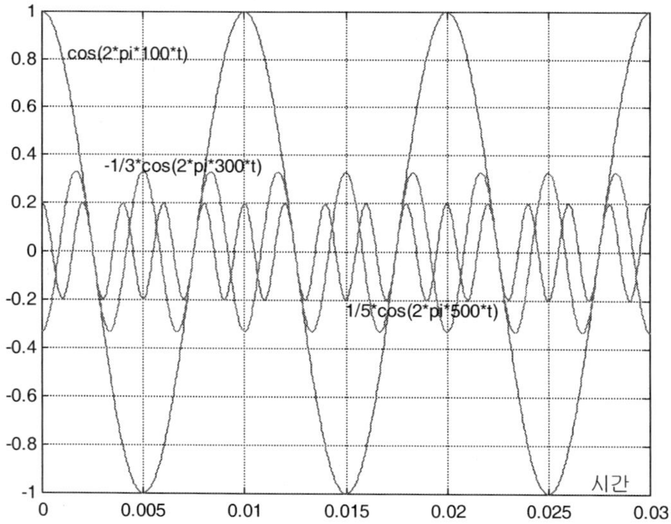

그림 1.6 송신 신호의 주파수 성분별 시간축상의 표현

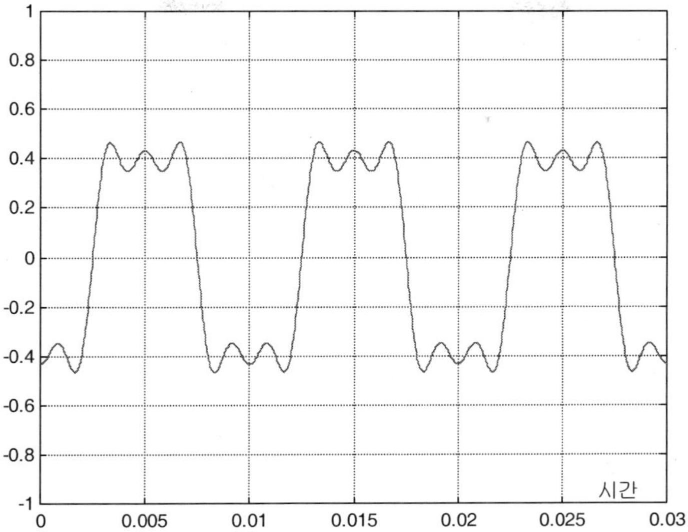

그림 1.7 이상적인 경우의 수신 신호 파형

이를 이론적인 수식을 이용하여 구하기 위해서는 Fourier 급수를 이용하여 주파수 성분별 크기 및 위상을 구해야 한다. 여기서는 그림 1.6으로부터 그림 1.9와 같이 송

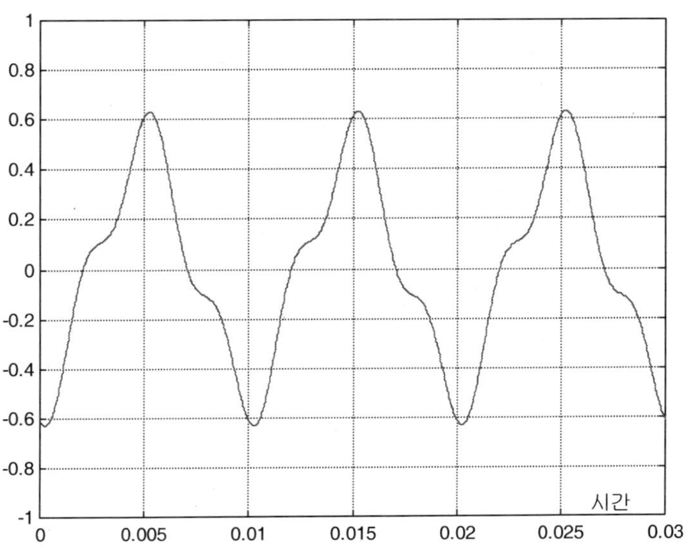

그림 1.8 실제적인 경우의 수신 신호 파형 예

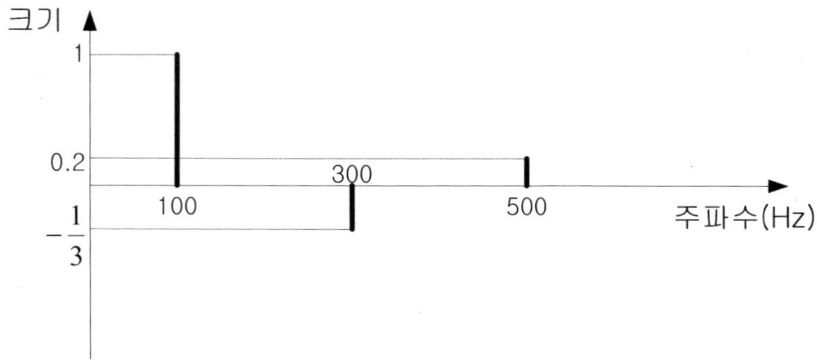

그림 1.9 송신 신호의 주파수축상의 표현

신 신호를 주파수축상에서 표현할 수 있다.

즉, 그림 1.5의 신호를 그림 1.9와 같이 주파수축상으로 나타낼 수 있다. 그림 1.9에 나타난 3개의 주파수 성분들이 송신기와 채널, 그리고 수신기를 거치는 동안에 예로서 일률적으로 크기가 반으로 줄고 시간 지연도 0.005초만큼 일률적으로 지연된다면 그림 1.7과 같은 이상적인 파형으로 나타날 수도 있다. 그러나 실제적인 채널과 송신기 및 수신기 내의 소자들의 특성은 주파수 성분에 따라 이득이나 손실이 일정하지 않다. 즉, 주파수에 따른 손실이나 이득 특성이 다르기 때문에

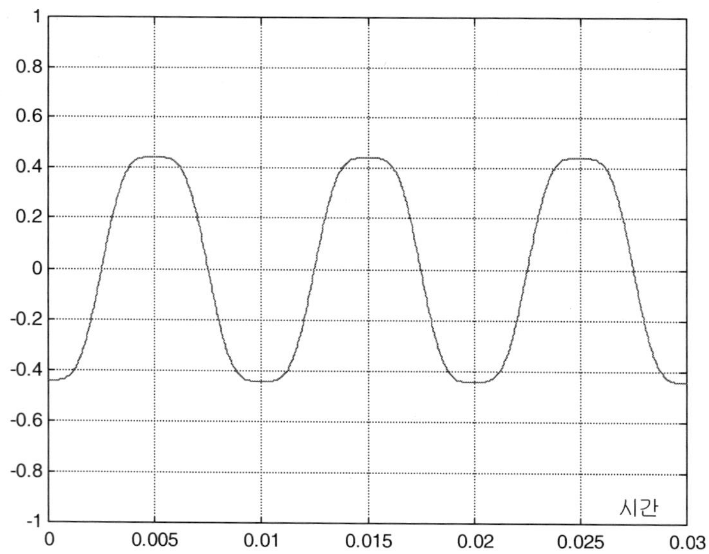

그림 1.10 주파수-이득 특성만을 고려한 수신 파형

수신 신호는 그림 1.8과 같이 왜곡되어 나타나게 된다. 주파수에 따라 이득이 다르게 나타나는 특성을 주파수-이득 응답 특성이라고 한다. 예로서 그림 1.9에서 100(Hz) 성분이 송신기에서 수신기까지 채널을 거쳐 오는 동안에 0.5(배)로 감소하였고, 300(Hz) 성분은 0.3(배)로 감소하였고, 500(Hz) 성분은 0.2(배)로 감소한 경우의 수신한 결과 파형을 시간축상으로 나타내면 그림 1.10과 같다.

또한 주파수 성분별로 지연 시간이 달라 신호의 왜곡을 더욱 심화시킨다. 주파수에 따라 시간 지연이 다르게 나타나는 특성을 군 지연(group delay) 특성이라고 한다. 예로서 위에서 언급한 주파수-이득 특성을 포함하여 100(Hz) 성분은 송신기에서 수신기까지 채널을 거쳐 오는 동안에 지연 시간이 5(ms)였고, 300(Hz) 성분은 7(ms)이고, 500(Hz) 성분은 12(ms)로 지연된 경우의 수신한 결과 파형은 (그림1-10)의 파형보다 더욱 심하게 왜곡되어 그림 1.8과 같은 파형으로 나타나게 된다.

이러한 왜곡에 대한 분석을 위해서는 주파수축상의 신호 표현 및 해석이 필수적이며, 이를 통하여 왜곡이 발생되지 않도록 주파수-이득 특성과 군 지연 특성을 송신기나 수신기에서 보상해줄 수 있게 된다.

1-3-3 신호의 크기

1-3-3-1 실효값(RMS)

앞에서 정현파 신호의 크기를 나타낼 때 첨두값과 peak-to-peak로 표시한 경우를 설명하였다. 많은 경우에 정현파 신호의 크기를 표현할 때 실효값(RMS, Root Mean Square)으로 나타내기도 하는데, 이는 신호의 제곱의 평균값에 대한 제곱근을 의미한다. 정현파 신호의 경우 산술 평균값은 양(+)의 값과 음(-)의 값이 대칭적으로 반복되므로 0이다. 그러나 실제로 소모되거나 저장되는 에너지는 전력에 적용 시간을 곱한 값이므로 평균 전력을 구하는 것이 필요한 경우가 많게 된다. 이러한 개념에서 평균 전력을 구하는데 편리하게 적용할 수 있는 값이 실효값이다. 즉, 통신 신호를 전압이나 전류로 나타낸 경우 실효값은 단위 저항(R=1ohm)에 대한 평균 전력에 대한 제곱근으로 생각할 수 있다.

순시 전력(instantaneous power)과 순시 전압의 관계는 식(1-8)로 나타낼 수 있어 단위 저항에 대한 평균 전력인 실효값은 식(1-9)와 같이 나타낼 수 있다.

$$p(t) = \frac{v(t)^2}{R} \qquad \cdots\cdots \text{(1-8)}$$

$$V_s = \sqrt{\frac{1}{T}\int_0^T v(t)^2 dt} \qquad \cdots\cdots (1\text{-}9)$$

적용되는 전압 신호가 식(1-1)과 같이 $v(t) = A\cos(\omega_0 t + \theta)$인 경우에 실효값을 구하면 식(1-10)에 나타낸 대로 $A/\sqrt{2}$임을 알 수 있다. 멀티 미터(multimeter)나 테스터(tester)로 정현파 신호를 측정하는 경우의 지시값은 실효값을 나타낸다.

$$\begin{aligned} V_s &= \sqrt{\frac{1}{T}\int_0^T A^2 (\cos(\omega_0 t + \theta))^2 dt} \qquad \cdots\cdots (1\text{-}10) \\ &= \sqrt{\frac{1}{T}\frac{A^2}{2}\int_0^T (\cos 2(\omega_0 t + \theta) + 1) dt} \\ &= \sqrt{\frac{1}{T}\frac{A^2}{2}\left[\frac{1}{2\omega_0} sin2(\omega_0 t + \theta) + t\right]_0^T} \\ &= \sqrt{\frac{1}{T}\frac{A^2}{2}T} = \frac{A}{\sqrt{2}} \end{aligned}$$

1-3-3-2 dB(데시벨) 계산

통신 시스템 내의 소자에 신호가 지나가는 경우에 입력에 비해 출력의 크기가 커지면 이득을 가진다고 표현하고, 작아지면 손실을 가진다고 표현한다. 일상적인 경우에는 출력이 입력의 2배로 증가한 경우에 2(배)의 이득을 갖는다고 하며, 출력이 입력의 반으로 줄어든 경우 2(배)의 손실(1/2(배)의 이득)을 갖는다고 한다. 즉 일반적인 척도로 1(배)이상이면 이득을 나타내고 1(배)이하면 손실을 나타낸다. 그러나 통신 시스템에서 이득과 손실을 표현하는 경우에는 대부분의 경우에 dB 척도를 사용한다. dB 척도는 식(1-11)과 같이 입력 전력과 출력 전력의 대수(log)의 관계로 나타낸다.

$$10 \times \log\frac{P_{out}}{P_{in}} \quad (dB) \qquad \cdots\cdots (1\text{-}11)$$

위의 식을 전압으로 표시하면 식(1-12)의 전력과 전압의 관계로부터 식(1-13)의 결과를 도출할 수 있다.

$$P_{out} = \frac{V_{out}^2}{R}, \qquad P_{in} = \frac{V_{in}^2}{R} \qquad \cdots\cdots (1\text{-}12)$$

$$10 \times \log\frac{P_{out}}{P_{in}} = 10 \times \log(\frac{V_{out}}{V_{in}})^2 = 20 \times \log(\frac{V_{out}}{V_{in}}) \quad (dB) \qquad \cdots\cdots (1\text{-}13)$$

즉, 전력으로 계산하는 경우에는 log 함수 앞에 10이 붙고 전압이나 전류로 계산하는 경우에는 20이 붙는다. 이렇게 dB로 이득 및 손실을 계산하는 경우는 양의 수인 경우는 이득을 나타내고 음의 수인 경우는 손실을 나타낸다. 예로써 입력 전력 대비 출력 전력이 2배로 증가한 경우는 3(dB)의 이득(G(Gain)=3dB)을 나타내며, 입력 전력 대비 출력 전력이 1/2배로 감소한 경우는 -3(dB)의 이득 혹은 3(dB)의 손실(L(Loss)=3dB 혹은 G(Gain) =-3dB)을 나타낸다.

공학적으로 dB 단위의 표현을 선호하는 이유는 신호가 감소하거나 증폭되는 경우 0.1배(10분의 1)나 0.01배(100분의 1배) 혹은 10배나 100배의 척도로 변화하는 자연적인 현상이 많고 이를 도표나 수치로 비교하는 경우에 -10dB나 -20dB 혹은 10dB나 20dB로 나타내는 것이 명확하고 편리하기 때문이다.

통신 시스템 내에서 소자와 소자 간의 전력 크기를 계산하는 경우에 사용하기 용이한 dB를 사용하여 계산하기 위해서는 전력 신호 크기를 일반적인 W(Watt)나 mW로 표현하기보다는 dBW나 dBm으로 표현하는 것이 편리하다. dBW는 1(W)를 기준으로 하고 dBm은 1(mW)를 기준으로 dB단위로 나타낸 값이며 관계식은 식(1-14)와 식(1-15)와 같다.

$$x(dBm) = 10\log\frac{p(mW)}{1(mW)} \qquad \cdots\cdots (1\text{-}14)$$

$$X(dBW) = 10\log\frac{P(W)}{1(W)} \qquad \cdots\cdots (1\text{-}15)$$

예로 0.01(W)의 전력은 10(mW)이므로 10(dBm) 혹은 -20(dBW)로 나타낼 수 있고, dBm과 dBW는 항상 30(dB)의 차이를 가짐을 알 수 있다.

시스템 내에서의 전력 크기 및 최종 출력을 계산하는 경우에 dB단위를 사용하여 계산하는 경우와 일반적인 척도를 사용하여 계산하는 경우에 대한 예를 (그림1.11에 나타냈다.

일반적인 척도의 경우 소자의 출력 단에서의 값을 계산하기 위해서는 입력 단에서의 크기에 이득이나 손실을 곱해야 하지만 dB 척도의 경우는 log 함수의 특성상 합해주면 된다.

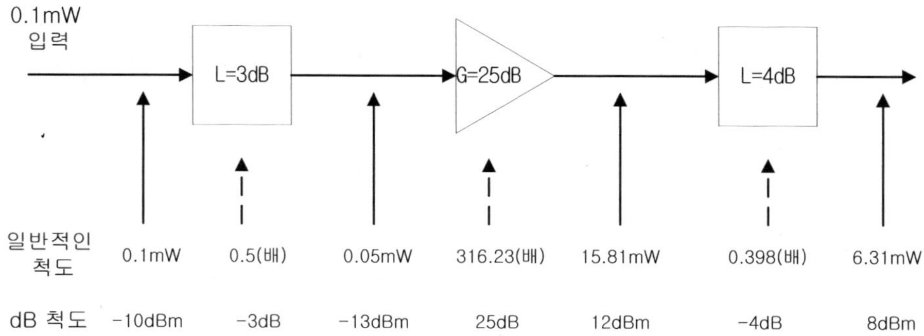

그림 1.11 시스템내의 전력 계산

그림에서 손실이 3dB인 경우 일반적인 척도로 환산하면 식(1-16)에 나타난 바와 같이 0.5(배)이다.

$$-3(dB) = 10\log x \quad \rightarrow \quad x = 10^{-0.3} = 0.5 \qquad \cdots\cdots \text{(1-16)}$$

전체적인 출력을 계산하는 과정을 통하여 일반적인 척도와 dB 척도의 계산상의 차이를 식(1-17)과 식(1-18)에 나타내었다.

$$P_{out} = 0.1(mW) \times 0.5 \times 316.23 \times 0.398 = 6.31(mW) \qquad \cdots\cdots \text{(1-17)}$$

$$\begin{aligned} P_{out}(dBm) &= 10\log(0.1(mW) \times 0.5 \times 316.23 \times 0.398) \\ &= 10\log\frac{0.1(mW)}{1(mW)} + 10\log 0.5 + 10\log 316.23 + 10\log 0.398 \qquad \cdots\cdots \text{(1-18)} \\ &= -10(dBm) - 3(dB) + 25(dB) - 4(dB) = 8(dBm) \end{aligned}$$

dBW와 dBm 뿐만 아니라 dBV와 $dB\mu$V도 많이 사용되는데, 이는 식(1-16)과 식(1-15)에서 기준 단위를 각각 V와 μV로 바꾸어 주고, 전압을 나타내는 단위이므로 식(1-13)에서 나타낸 대로 log앞에 20을 붙여 주면 된다. 또한 전자파 간섭 등의 수치를 나타내는 경우에는 전계 강도의 단위인 V/m 혹은 μV/m 대신에 dBV/m 혹은 $dB\mu$V/m를 많이 사용한다. 이 경우에는 앞의 dBV와 $dB\mu$V의 경우와 같은 방법으로 수치를 변환할 수 있다.

신호의 크기 표현 방식에 대한 적용 예를 나타내면 전압에 있어서는 V(voltage), mV, μV와 $dB\mu$V와의 관계는 1(μV) = 0($dB\mu$V), 1(mV) = 60($dB\mu$V), 0(dBV) = 120($dB\mu$V)이다. 전력에 있어서는 W(Watt), mW, μW와 dBm 및 dBW와의 관계로 1(W) = 0(dBW) = 30(dBm), 1(mW) = -30(dBW) = 0(dBm)이다. 전계 강도(E)에 있어서는 V/m(volt/meter), μV/m와 $dB\mu V$/m와의 관계로 1(V/m) = 120($dB\mu$V/m) = 10^6(μV/m), 1(μV/m) = 0($dB\mu V$/m) = 10^{-6}(V/m)이다. 전압과 전력의 관계에 있어서는 전력 P(W)=V^2/R이고 통상적인 R=50(ohm)을 사용하는 고주파 시스템의 경우에, 1(W) = 0(dBW) = 30(dBm)에 해당하는 전압은 V = 7.07(V) = 7.07x10^6(μV) = 137($dB\mu V$)로 나타낼 수 있고, 1(mW) = 0(dBm) = -30(dBW)에 해당되는 전압은 V = 0.2236 (V) = 107($dB\mu V$)이므로 ($dB\mu V$) = (dBm) + 107(dB)인 관계를 유추할 수 있다.

실습문제 | 1.2

4(W)의 전력을 dBm 및 $dB\mu V$ 단위로 나타내시오. (R=50ohm으로 계산)

해답 36(dBm)=143($dB\mu V$))

실습문제 | 1.3

아래의 블록도에서 입력이 -50(dBm)일 경우 출력을 W 단위로 나타내시오.

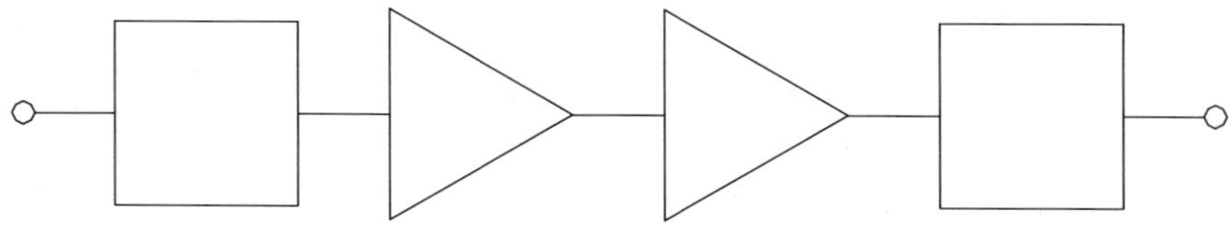

해답 0.01(W)

1-4 스펙트럼 분석기

스펙트럼 분석기는 기본적으로 신호의 주파수에 따른 크기를 나타내는 계측기로 주파수 성분을 측정하는 장비이다. 스펙트럼 분석기를 만들기 위해 적용하는 방법은 여러 가지가 있으며 측정 주파수 대역에 따라 각기 다른 주파수 영역상의 측정 방법이 사용된다. 여기서는 초고주파 신호 대역을 측정하는 경우에 주로 사용하는 주사 스펙트럼 분석기(swept spectrum analyzer)에 대하여 기본 원리를 살펴보고, 디지털 신호 처리 기술의 발달로 현재까지는 저주파수 대역에서 주로 사용되지만 주파수가 높은 대역에서도 많이 사용되리라고 예상되는 고속 푸리에 변환(FFT : Fast Fourier Transform) 방식에 대하여도 언급하였다.

1-4-1 주사 스펙트럼 분석기

주사 스펙트럼 분석기(swept spectrum analyzer)는 RF 주파수 이상에서는 현재까지 가장 많이 사용되는 형태이다. 라디오 수신기와 유사하게 측정하고자 하는 대역을 자동적으로 주사하여 신호를 검출하는 주사 헤테로다인(swept heterodyne)방식이다.

그림1.12에 나타낸 바와 같이 입력되는 신호를 감쇠 및 여파(filtering)를 통하여 지정한 스펙트럼 분석기의 측정 범위로 처리한 후에 측정하고자 하는 신호와 전압 조절 발진기(VCO, Voltage Controlled Oscillator)의 신호를 혼합기(mixer)에서 혼합하여 두 신호 주파수의 차인 중간 주파수(IF, Intermediate Frequency) 신호 성분을 검파기에 입력하여 신호의 크기를 나타낸다. 전압 조절 발진기(VCO, Voltage Controlled

Oscillator)는 입력 조정 전압에 따라 출력되는 RF 신호의 주파수가 바뀌어 신호를 발생시키는 소자이다. 삼각파 형태의 신호를 발생시켜 주는 램프 신호 발생기가 선형적으로 증가하는 전압을 발생시켜 VCO의 입력 조정 전압과 표시부의 수평축(X축)으로 공급된다. VCO는 입력된 램프 신호에 따라 VCO 출력 신호의 주파수를 지정한 특정 범위 내에서 항상 일정하게 주사(sweep) 한다면 검파기의 출력은 저역 통과 여파된 후에 계측기 표시부의 수직축(Y축)에 인가하여 주파수에 따른 신호 성분을 나타내게 할 수 있다.

그림1.12의 구성에서는 혼합기/IF단이 하나밖에 없는 단일 변환 수신기(single conversion receiver)의 형태이지만 실제적인 대부분의 분석기들은 개선된 성능을 얻기 위하여 다단 변환 블록으로 구성하여 성능을 개선시킨다.

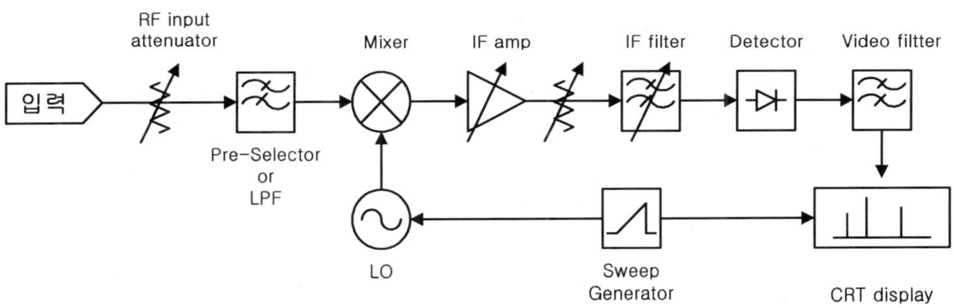

그림 1.12 주사 스펙트럼 분석기 구성도

1-4-2 FFT 방식의 스펙트럼 분석기

FFT 방식의 분석기는 입력된 신호를 빠른 주기로 표본화하여 디지털 신호로 바꾸어서, 디지털 신호 처리(DSP, Digital Signal Processing)기능을 이용하여 입력된 신호의 스펙트럼을 나타내게 한다. FFT(Fast Fourier Transform)는 고속의 푸리에(Fourier) 변환 방식으로 입력된 신호를 디지털화 한 후에 고속 Fourier 변환 알고리즘을 적용하여 소프트웨어적으로 계산하여 주파수 스펙트럼을 알아내는 방식을 사용한다. 입력된 신호를 가변 감쇠기를 통과시켜 측정 가능한 범위로 맞춘 상태에서 대역 통과 여파기로 불필요한 신호 성분을 걸러낸다. 걸러낸 신호는 표본화 및 양자화 기능을 수행하는 A/D 변환기에 의해 디지털 형태의 신호로 변환된다. 변환된 디지털 신호를 FFT 기능을 수행하는 DSP 과정을 거쳐 주파수 영역의 데이터를 얻을 수 있다. 주파수 영역의 데이터를 스펙트럼 분석기 화면에 표시함으로써 신호의 주파수 성분의 크기를 표시할 수 있다. 그러나 입력 신호의 주파수가 높아 변화가 빠른 경우에는 대응하는 표본화 주파수가 더욱 높아져야 한다. 이러한 경우에 표본화율을 무한히 높일 수가 없기 때문에 FFT 방식의 분석기는 보통 DC에서 수백 KHz 범위의 저주파용 신호 측정에 유용하게 사용되고 있다.

1-4-3 스펙트럼 분석기의 용도

스펙트럼 분석기는 입력을 통해 들어오는 신호의 주파수 성분들을 분석 및 표시해 주는 것으로서 응용 범위는 기본적으로 신호의 주파수 성분별 신호의 크기와 주파수 대역폭을 측정한다. 이외에도 잡음 전력 및 신호 대 잡음비 측정, 변조도 및 주파수 편이도 측정, 불요 방사 신호(spurious signal) 측정, 송신기 및 수신기 교정과 EMC(ElectroMagnetic Compatibility)와 같은 각종 규격 점검에 널리 사용된다.

1-4-4 스펙트럼 분석기 규격 예 :

1-4-4-1 Keysight N9320B

1) 주파수 특성

① Frequency Range : 9kHz~3GHz

② Resolution : 1Hz

- Accuracy : ±8MHz(±3MHz after calibration)

③ Frequency Span Range : 0Hz(zero span), 100Hz to 3GHz

④ Frequency Span Accuracy :

-±(Frequency Span)/(Number of Sweep Point-1)

-Number of Sweep Point : 461, fixed

⑤ Resolution Bandwidth(RBW) : 10Hz to 1 MHz (1-3-10 sequence)

-Video Bandwidth(VBW) : 1Hz to 1 MHz (1-3-10 sequence)

⑥ Sweep Time/Span Range : 10ms to 1000s

2) 진폭 특성

① Amplitude Measurement Range : -130dBm+3x(f/1GHz)dB to 30dBm

(10MHz to 3GHz, Preamp off)

② Input Impedance : 50Ω (N type female)

- VSWR : 1.5 Max.

③ Maximum Input Level

- 37dBm : Average continuous power
- 50dBm : Peak pulse power

④ Overall Amplitude Accuracy : ±1.5 dB (±0.5 dB, typical)

⑤ Marker level readout : 0.01dB

⑥ Frequency Flatness : ±0.8 dB Max.

3) 교정신호

① Calibration Frequency : 50MHz

② Calibration Output : -10dBm ± 0.3dB

③ Output Impedance : 50Ω, BNC type female

4) 일반적 사양

① Operating Temperature Range : +5℃~+45℃

② Max. Storage Temperature : -20℃~+70℃,

③ Input Power : 100 to 240 VAC, 50 to 60Hz

④ Power Consumption : 〈 65W

1-4-4-2 ED DSA-8410

1) 주파수 특성

① Measurement Frequency Range : 1MHz~1GHz

② Center Frequency Display

- Resolution : 1MHz
- Accuracy : ±8MHz(±3MHz after calibration)

③ Scan Width : 100KHz/DIV~100MHz/DIV (1-2-5 Steps)

④ Scan Width Accuracy :

-Center Frequency ≥ 100MHz : ±6% Max.

-Center Frequency 〈 100MHz : ±10% Max.

⑤ 3dB Band Width : 10KHz ~ 1 MHz (1-3 Steps)

⑥ Scan Time : Approx. 3ms/DIV

2) 진폭 특성

① Amplitude Measurement Range : 15 ~ 129$dB\mu$V(Load)

② Input Impedance : 50Ω

- VSWR : 1.5 Max. (100$dB\mu V$〈 REF Level Setting)

③ Maximum Input Level

- 100$dB\mu V$ 〈 REF Level Setting : 130$dB\mu V$
- 100$dB\mu V$ 〉 REF Level Setting : 110$dB\mu V$

④ Dynamic Range

- Frequency 〉 10 MHz Min., Setting Level 〉 90 $dB\mu V$ Min. : 70dB
- Frequency 〈 10 MHz Max. : 60dB

⑤ Screen Display : 10 dB/DIV

-Accuracy : ±2 dB

⑥ Frequency Flatness : ±2 dB Max.

3) 교정신호

① Calibration Frequency : 100MHz ± 10 KHz (including harmonics)

② Calibration Output : 80 $dB\mu V$ ± 0.5dB (at 50Ω the load end)

③ Output Impedance : 50Ω

4) READ OUT

① Reference Level Display : Ref(unit : $dB\mu V$)

② Center Frequency Display : CF(unit : MHz)

③ Scan Width Display : Unit : MHz/DIV

④ CURSOR Display : Cr1, Cr2

-V unit : dB CURSOR 간 Level차

-F unit : MHz CURSOR 간 주파수차

⑤ Band Width Display : BW(unit : MHz or kHz)

5) 일반적 사양

① Operating Temperature and Humidity Range : 0℃~+40℃, 85% or Less

② Specifications Temperature and Humidity Range : +10℃~+35℃, 75% or Less

③ Max. Storage Temperature and Humidity Range : -20℃~+50℃, 90% or Less

④ Input Power : AC 100/117/220/240V 50/60Hz

⑤ Power Consumption : 약 36VA

⑥ Maximum Dimension : 317(W)×136(H)×408(D)㎜

⑦ Weight : 약 10.7kg

1-4-5 스펙트럼 분석기 panel 설명 예

1-4-5-1 Keysight N9320B

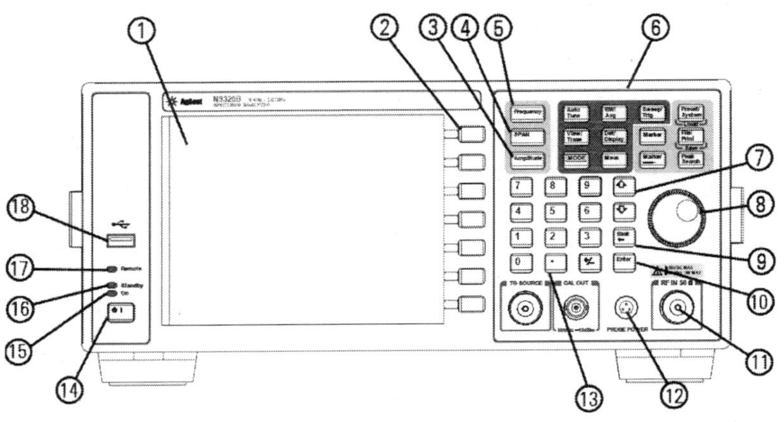

그림 1.13 Keysight Spectrum Analyzer Front Panel

① 스크린(display) : 수신된 신호의 파형, 장비의 상태 메시지, 현재의 기능 정보 등을 나타낸다.

② Softkeys : 각각의 키의 왼쪽에 표시된 스크린상의 기능을 활성화 시킨다.

③ Amplitude : 수직축의 데이터 크기에 관련된 항목을 설정한다.

④ SPAN : 전체 표시 주파수 범위를 나타내는 것으로 주파수 범위를 설정한다.

⑤ Frequency : 중심 주파수를 설정하는 것으로 주파수 설정 관련 메뉴를 제공한다.

⑥ 기능 키(Function Keys) : 각종 기능 키들을 모아놓은 것으로 시스템 리셋(초기화), 자동 동조, 대역폭 설정, 스위프 시간 설정, 측정 모드 선택, 마커 기능 활성화, 최대값 탐색, 파일 및 인쇄 관리 등의 기능을 설정할 수 있다.

⑦ 화살표 키(Arrow Keys) : 각종 선택 항목을 이동시킬 수 있다.

⑧ Knob(조절기) : 각종 값들과 리스트 상의 항목을 증감하고 선택할 수 있다.

⑨ Data Control Key : 숫자판, Enter 키, backspace 키 등이 포함된다.

⑩ RF INPUT 커넥터(connector) : 측정 신호의 입력 단자(N-Type female)로 입력 임피던스는 50(Ω)이다.

⑪ Probe Power connector : high-impedance AC probe(+15 V, -12V, 150mA max)를 제공한다.

⑫ CAL OUT connector : 교정 신호를 출력하는 단자(BNC female)로 출력 임던스는 50(Ω)이다. 출력 신호 크기(level)는 50MHz에서 -10dBm이다.

⑬ TG Source connector : 선택 사양으로 내부 장착용 tracking generator의 출력 단자로 N-Type female 이다.

⑭ Standby Switch : 모든 기능에 대한 스위치로 2초 이상 누르면 전원이 꺼진다.

⑮ ON LED : ON 되었을 경우 녹색이 점등된다.

⑯ Standby LED : 전원이 연결 되었을 경우 오렌지색이 점등된다.

⑰ Remote LED : PC에 원격으로 연결 되었을 경우 점등된다.

⑱ USB Device connector : 외부 USB 메모리나 장비를 연결할 수 있다.

1-4-5-2 ED DSA-8410

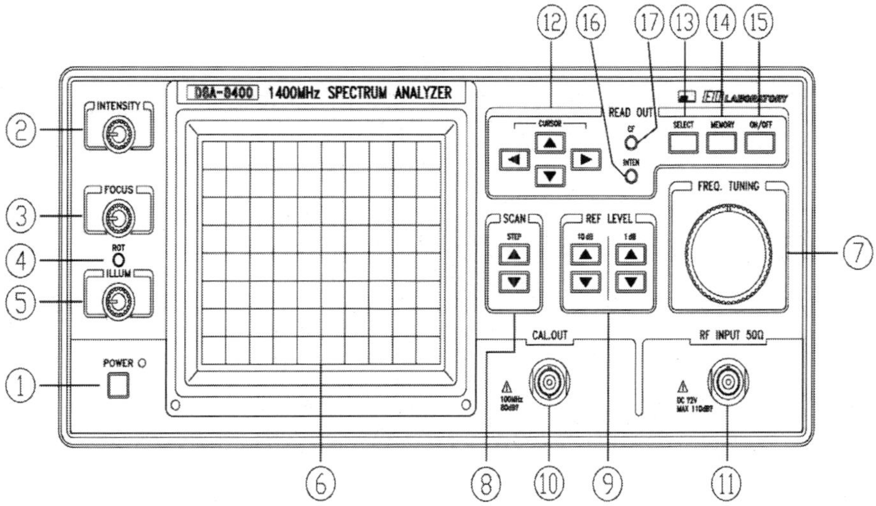

그림 1.14 ED Spectrum Analyzer Front Panel

① POWER 스위치 : 전원 스위치로 PUSH-ON/PUSH-OFF 된다. 그리고 ON이 되면 스위치 우측의 적색 LED에 불이 들어온다.

② INTENSITY 조절기(knob) : CRT의 휘선 밝기를 조절하는 기능으로 시계 방향으로 돌리면 밝기가 밝아진다.

③ FOCUS 조절기(knob) : CRT의 스크린에 나타나는 휘선의 초점을 조정할 수 있다.

④ ROT 조절기(control) : CRT에 나타나는 noise trace가 수평 눈금과 일치되도록 휘선의 기울기를 바로잡는 기능으로, 이는 screw driver에 의해 조정된다.

⑤ ILLUM 조절기(knob) : CRT의 스크린상의 scale 눈금의 밝기를 조절하는 기능으로 대부분 사진 촬영 시 사용한다.

⑥ CRT 화면(display) : 수신된 신호의 파형을 나타내는 스크린으로 수평축은 주파수 그리고 수직축은 신호 크기(level)를 나타낸다.

⑦ FREQ TUNING 조절기(knob) : 스크린 상에 표시된 주파수대의 중심 주파수를 설정하는 기능으로 5회전에 1MHz~1GHz를 표시할 수 있다. 중심 주파수는 CRT 상에 CF로 표시된다.

⑧ SCAN Key : 스크린 수평축의 각 division에 대한 주파수 변환을 설정하는 기능으로 대역폭(band width)은 내부적으로 연동되어 변환된다.

▼ Key는 Scan Width를 100MHz/DIV → 20MHz/DIV → 10MHz/DIV → 5MHz/DIV → 2MHz/DIV → 1MHz/DIV → 0.5MHz/DIV → 0.2MHz/DIV → 0.1MHz/DIV으로 전환하는 down Key이고, ▲ Key는 up Key이다. Scan Width에 따라 Band Width는 1MHz → 300KHz → 100KHz → 30KHz → 10KHz로 변환된다.

이 때 설정된 값은 Scan Width는 MHz/DIV 단위로, Band Width는 MHz 혹는 KHz 단위로 스크린상에 표시된다.

⑨ REF Level Key : RF INPUT 단자로부터의 입력 신호를 감쇠시키는 기능이다. 이 Key에 의해 설정된 표시값은 스크린 맨 위의 수평 눈금(graticule)의 크기(level) 값을 나타낸다. 10dB의 ▲ Key는 10dB씩 Up, 10dB의 ▼ Key는 10dB씩 Down, 1dB의 ▲ Key는 1dB씩 Up, 1dB의 ▼ Key는 1dB씩 Down 할 때 사용한다.

⑩ CAL OUT 단자(terminal) : 교정 신호를 출력하는 단자(BNC Type)로 출력 임피던스는 50(Ω)이다. 출력 신호는 수평 눈금(graticule)의 교정에 사용된다. 출력 신호 크기(level)는 100MHz에서 50(Ω) 부하 시에 80(dBμV)이다.

⑪ RF INPUT 커넥터(connector) : 측정 신호의 입력 단자(BNC Type)로 입력 임피던스는 50(Ω)이다.

【주 의】 최대 입력 크기(level) 이상의 신호를 인가시킬 경우 특성이 변하거나, 장비에 고장이 발생되므로 절대로 규정된 입력 크기(level) 이상은 입력시키지 않도록 한다.

⑫ CURSOR Key : READ OUT 기능으로 CURSOR의 위치를 설정하는 Key이다. 이 Key를 누르면 CURSOR를 상하좌우로 움직일 수 있다.

⑬ SELECT Key : READ OUT 기능으로 2개의 CURSOR 중에서 1개 또는 2개의 CURSOR를 선택하는 Key이다.

⑭ MEMORY Key : READ OUT 기능으로 CURSOR를 기억시키는데 사용하는 Key이다.

⑮ ON/OFF Key : READ OUT 기능으로 READ OUT의 On 또는 Off를 선택하는 Key이다.

⑯ INTEN Control : READ OUT 표시의 밝기를 조정하는 기능으로, 이는 screw driver에 의해 조정된다.

⑰ CF Control : 중심 주파수를 조정하는 기능으로, 이는 screw driver에 의해 조정된다.

1-5 RF 신호 발생기

일반적인 신호 발생기는 저주파 신호의 경우에 함수 발생기(function generator)로 정현파 신호뿐만 아니고 구형파 신호 등을 주어진 주파수 및 크기의 범위 내에서 원하는 주파수 및 크기(선택적으로는 duty cycle도 조정 가능함)를 발생시키는 계측기를 의미한다. RF 신호 발생기는 통상적으로 VHF 신호 대역 이상의 주파수 신호를 발생시키는 계측기로 기본적으로는 순수한 정현파 신호(CW, Continuous Wave)를 발생시키나, 부가 기능으로 외부나 내부의 변조 입력을 이용하여 AM/FM이나 디지털 변조 방식의 변조 신호를 발생시키기도 한다. 신호 발생기의 원리는 근본적으로 발진기의 원리와 동일하나 계측기 적용 용도에 따라 단일 주파수의 신호만을 발생시키는 신호 발생기와 일정 주파수 범위를 주사(sweep)할 수 있는 주사 신호 발생기(sweep signal

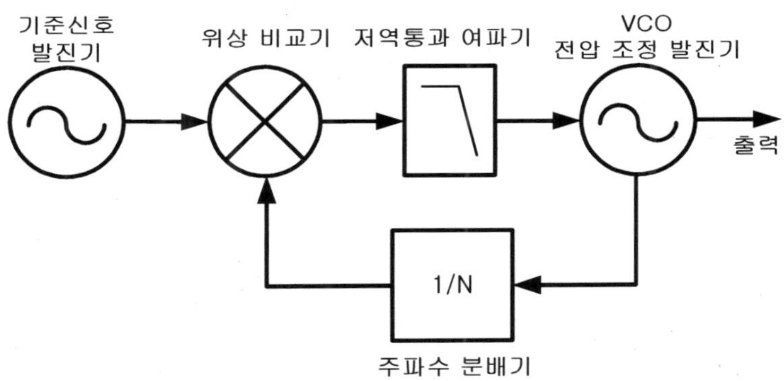

그림 1.15 PLL을 이용한 신호 발생기

generator)로 구분 할 수 있다. 두 가지 형태 모두 핵심 소자인 신호 발생원은 전압 조정 발진기(VCO, Voltage Controlled Oscillator)로 조정 전압에 따라 신호의 주파수를 가변 할 수 있는 발진 회로이다. 또 한 가지 신호 발생기를 크게 나눌 수 있는 요인은 신호의 주파수 정확도에 관련된 사항으로 신호 발생을 VCO 자체만으로 발생시키는 경우와 주파수 안정도를 높이기 위하여 VCO 출력 신호를 PLL(Phase Locked Loop) 궤환 루프에 포함시켜 안정된 신호를 발생시키는 주파수 합성 방식의 신호 발생기(synthesized signal generator)로 구분할 수 있다.

PLL을 이용한 방식에서는 VCO보다 발생하는 주파수는 낮지만 주파수 안정도가 높은 수정 발진기와 같은 기준 신호 발진기를 이용한다. PLL의 원리는 (그림1-14)에 나타낸 바와 같이 주파수 정확도가 우수한 기준 신호 발진기의 신호와 VCO 출력 신호의 주파수를 N으로 나눈 신호를 위상 비교기에서 비교하여 두 신호의 주파수나 위상이 차이가 있는 경우는 VCO의 조정 전압이 두 신호의 주파수와 위상이 일치하는 방향으로 변화하게 한다. 즉, 궤환 회로 내에서 두 신호의 주파수와 위상이 같아지도록 함으로써 VCO의 주파수를 안정되게 고정시키게 된다.

종합하면 신호 발생기는 앞서 구분한 대로 동작 원리 및 기능을 감안하여 signal generator, sweep signal generator, synthesized signal generator, synthesized sweep signal generator의 네 가지로 분류할 수 있다.

1-5-1 신호 발생기 사양 예

1-5-1-1 Keysight N9310A

1) Frequency (Carrier) :

① Range : 9KHz ~ 3GHz

② Resolution : 0.1Hz

- Accuracy : Better than ±1.0 ×10^{-6}(at 5°~ 45℃)

③ Modulation (FM)

- Deviation : 20~100KHz
- Resolution : 〈 1%
- Accuracy : ±5% of FM Deviation + 300Hz
- Distortion : 1%

2) Modulation (PM)

① Range : 0~10 Radians

② Resolution : 1%

③ Distortion : 〈 1.5%

④ Deviation Accuracy : ±5% of Deviation + 0.2 rad

3) Modulation (AM)

① Range : 0~100%

② Resolution : 0.1%

③ Accuracy : Better than ±5% of setting +0.2%

④ Distortion : 〈 2%

4) External Reference Input

① Range : 2MHz, 5MHz, 10MHz

② Input Level : 0.5 ~ 2Vrms

③ Input Impedance : 50Ω

5) RF Output

① Range : -127dBm ~ +13dBm

② Resolution : 0.1dB

③ Accuracy : 〈 ±1dB

④ Flatness : Better than ±0.5dB (10KHz~1040MHz and -10dBm~+6dBm)

⑤ VSWR(typical) : 〈1.6(1.5MHz to 2.5GHz), 〈1.8(2.5MHz to 3GHz)

⑥ Output Impedance : 50Ω

6) Spectral Purity :

- SSB phase noise : 〈 -95dBc/Hz
- Harmonics : 〈 -30dBc
- Non-harmonics : 〈 -50dBc

7) I/Q modulation(Option 001 only)

- Operating mode : External I/Q inputs
- Full scale input : 0.5Vrms
- Modulation frequency range : DC to 20MHz

8) USB connector : V 1.1 protocol

1-5-1-2 ED SG-1240

1) Frequency (Carrier) :

① Range : 10KHz ~ 1040MHz

② Display Resolution

  - 10KHz~520MHz : 10Hz
  - 520MHz~1040 MHz : 20Hz in
  - Accuracy : Better than ±1.5 $\times 10^{-6}$(at 0°~40℃) after warmup time(20분)

③ Modulation (FM)

- Deviation : 0~100KHz (1MHz~1040MHz)
  Carrier Freq. × 10% (below 1MHz)
- Resolution : 10Hz (0~10KHz deviation)
  100Hz (10KHz~100KHz deviation)
- Accuracy : ±5% at 1KHz/400Hz Mod.
- Frequency Response : ±0.5dB(50Hz ~ 50KHz)
- Distortion :
  〈 2% : Total Harmonic Distortion
  (at 1KHz Mod., Max-Deviation and Carrier Freq.〉250KHz)
  〈 0.5% : at Carrier Freq.〉 250KHz, Deviation 〈 25KHz

2) Modulation (PM)

① Range : 0~10 Radians

② Resolution : 0.01 Radian

③ Frequency Response : ±1dB (10Hz~10KHz)

④ Deviation Accuracy : ±5% at 1KHz Mod.

3) Modulation (AM)

① Range : 0~99.5%

② Resolution : 0.5%

③ Accuracy : Better than ±4%(Depth-setting +1% at 1KHz Mod.)

④ Frequency Response : ±0.5dB (50Hz~15KHz)

⑤ Envelope Distortion : 〈3% Total Harmonic distortion(at 1kHz 70% Mod.)

4) Mod. Oscillator

① Frequency : 1KHz, 400Hz (For Internal Mod.)

② Distortion : Less than 1%

5) External Mod. Input

① Range : 10Hz ~ 50KHz

② Input Level : 0.9 ~1.1V RMS (with Modulation ALC)

③ Input Impedance : 100KΩ Approx.

6) RF Output

① Range : -127dBm ~ +6dBm (0.2μV ~ 892mV)

② Displayed Resolution : 0.1dB

③ Accuracy : ±1dB(10KHz~1040MHz, and above -10dBm)
±2dB(10KHz~1040MHz, and below -10dBm)

④ Flatness : Better than ±0.5dB (10KHz~1040MHz and -10dBm~+6dBm)

⑤ VSWR : 〈1.5 : 1 (Below -10dBm)

⑥ Output Impedance : 50Ω

⑦ Unit : dBm, $dB\mu V$

7) Protection : Reverse power 25V Max.

8) Spurious :

- Better than -35dB(at carrier Freq.〈62.5MHz, and 0 dBm)
- Better than -25dB(at carrier Freq.〉62.5MHz, and 0 dBm)

9) Residual Mod :

- FM Component 7Hz or Less
- AM Component 0.05% or Less

10) Memory

- Address 0~19 : Complete Store (Freq., Mod, Output Level)
- Address 20~99 : Carrier Frequency Store, RF out, 3 Independent Memory

11) Display

① Carrier Frequency : 9-Digit LED and Digit Position Cursor

② Modulation : 3-Digit LED and Digit Position Cursor

③ Output Level : 4-Digit LED and Digit Position Cursor

④ Memory : 2-Digit LED and Digit Position Cursor

12) Input Power : AC 100/117/220/240V, 50~60Hz

13) Option : GPIB Interface Card

1-5-2 Panel 설명 예

1-5-2-1 Keysignt N9310A

① Display : 현재 동작 상태에 대한 정보를 나타낸다. 주파수 및 크기 설정, 에러 메시지, 상태 정보 등이 포함되며 우측 부분에 소프트 키에 대한 메뉴가 표시된다.

② Softkeys : 각각의 키의 왼쪽에 표시된 스크린상의 기능을 활성화시킨다.

③ Enter : 데이터 입력이나 변수 선택을 종료시킨다.

④ Amplitude : CW 전력 크기를 설정한다.

⑤ Frequency : CW 주파수 변수를 설정한다.

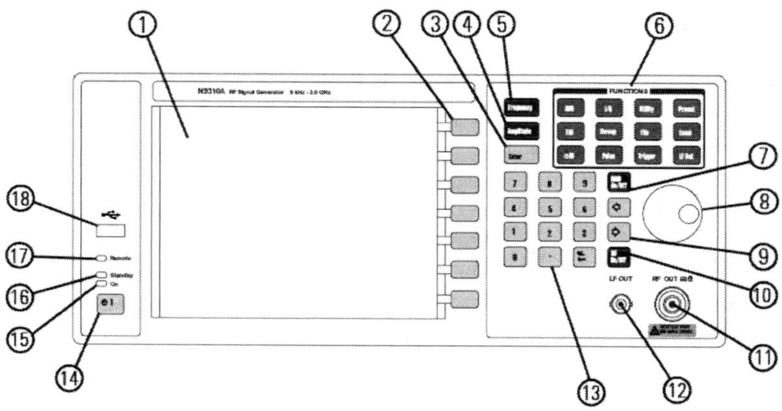

그림 1.16 Keysight Signal Generator Front Panel

⑥ Function Keys : AM, FM, ΦM, Pulse, I/Q 변조 기능 설정과 sweep 기능, trigger 실행, Utility(시스템 구성 설정), Local(원격 접속 해제), File(파일 저장, 불러오기, 삭제 기능), LF Out(저주파 신호 설정)

⑦ Mod On/Off : 변조 기능 ON/OFF Key

⑧ Knob(조절기) : 각종 값들과 리스트 상의 항목을 증감하고 선택할 수 있다.

⑨ 화살표 키(Arrow Keys) : 각종 선택 항목을 이동시킬 수 있다.

⑩ RF On/Off : RF 출력 ON/OFF Key

⑪ RF Out connector : N-type female이며 임피던스가 50ohm인 RF 출력를 제공한다.

⑫ LF Out connector : BNC female이며 50ohm 부하에 3Vpeak 저주파 신호 제공한다.

⑬ Numeric Keypad : 숫자판, 소숫점, backspace 키 등이 포함된다.

⑭ Standby Switch : 모든 기능에 대한 On/Off 스위치

⑮ Switch On LED : ON 되었을 경우 녹색이 점등된다.

⑯ Standby LED : 전원이 연결 되었을 경우 오렌지색이 점등된다.

⑰ Remote LED : PC에 원격으로 연결 되었을 경우 점등된다.

⑱ USB Type A connector : 외부 USB 메모리나 장비를 연결할 수 있다.

1-5-2-2 ED SG-1240

① POWER : 전원 스위치 push ON/OFF

② EXT. STD : 외부 표준 주파수 입력 선택 Key(이때 FREQ KEY를 먼저 누른 후 선택한다.)

③ MOD : Mod 입력 ON/OFF Key (AM, FM, ø M)

④ -MOD STEP △ : Preset된 Step으로 변조 % 또는 KHz (3.5KHz)를 증가시킨다.

-MOD STEP ▽ : Preset된 Step 으로 변조 % 또는 KHz (22.5KHz)를 감소시킨다.

-2ND Function : FM deviation 3.5KHz 및 22.5KHz 선택 Key

⑤ MOD IN-OUT : AM 또는 FM 변조를 위한 변조 신호(AF) 입력 커넥터

(⑪ EXT. Key에 의한 외부 변조 신호 입력임)

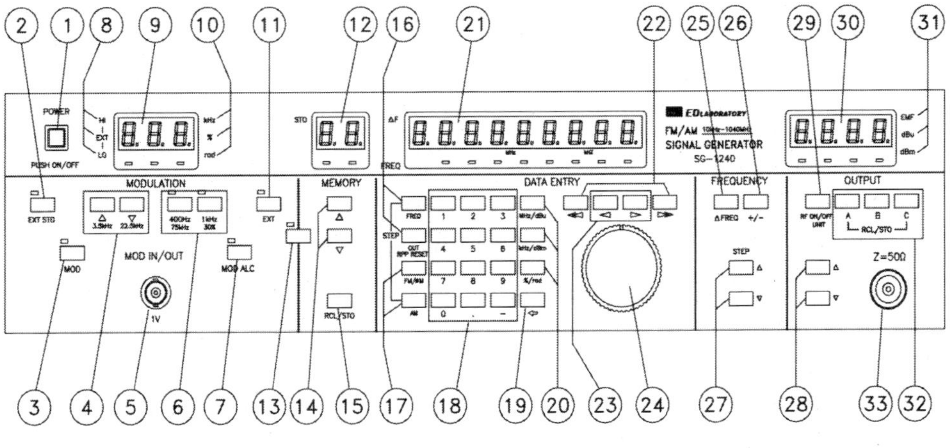

그림 1.17 ED Signal Generator Front Panel

-내부 변조시에는 내부 변조 신호가 출력된다.

⑥ 400Hz, 1KHz : 변조 신호 주파수 400Hz 또는 1KHz 선택

- (75KHz) (30%) Key/2ND function : FM deviation 75KHz 및 AM 30% 선택 Key

⑦ MOD ALC : 변조 신호 입력 크기에 대응하여 적정한 변조 크기가 되도록 자동 크기 조절(automatic level control)이 되도록 한다. 동작 범위는 0.9V~1.1V RMS이다.

⑧ Hi, Lo Indicator : 변조 신호 입력의 과부족을 표시한다.(외부 입력이 1.1 V 이상 시 "Hi" ON, 0.9V이하 시 "Lo" ON)

⑨ 3-Digit Display : AM과 FM의 변조도와 Deviation을 나타낸다.

⑩ KHz, %, rad Indicator : FM, AM, ø M(위상 변조)시 선택된 변조 단위를 나타낸다.

⑪ EXT : 외부 변조 신호 선택 Key (입력은 ⑤번 커넥터로 EXT로 선택된 상태에서 다시 한 번 누르면 INT로 전환된다.)

⑫ 2-Digit Display : Memory의 Address를 나타낸다.

⑬ 2ND FUNCTION : 2ND FUNCTION이 있는(황색 글자가 있는 Key들) Key를 위한 기능으로 setting을 시키고자 할 때에, 반드시 이 황색 Key를 먼저 누른 후에 시행하여야 한다.

⑭ Memory RCL STEP △,▽ : Memory의 Address를 Step-Up 및 Step-Down을 시킬 수 있게 한다. 단, Recall(RCL)에서만 사용된다.

⑮ RCL/(STO) : Memory를 Recall하거나 또는 Store 할 때 사용한다. (Store (STO)시는 2ND FUNCTION Key을 누른 후 이 Key를 누른다.)

⑯ - FREQ : 반송파 주파수(RF) 설정을 위한 Data 입력시 먼저 이 FREQ. Key를 누른 후에 숫자 Key를 사용하여 주파수를 설정한다.

- OUT : 출력 크기(level)를 위한 data 입력시 먼저 이 Out Key를 누른 후에 숫자 Key를 사용하여 출력 크기(level)를 설정한다. Reverse Power Protection이 동작했을 경우 이를 RESET 시킬 수 있게 하는 기능으로도 사용된다.

⑰ - FM/ ø M : FM 또는 ø M된 RF 출력을 얻고자 할 때에는 먼저 이 FM/ ø M Key를 누르고 나서 원하는 FM deviation이나 또는 Radian을 설정한다.

- AM : AM된 RF 출력을 얻고자 할 때에는 먼저 이 AM key를 누르고 나서 원하는 AM 변조도를 설정한다.

⑱ 숫자 Key : 숫자 Key들은 원하는 Data값(즉 Freq, Mod, Output Level, Memory address)을 입력하는데 사용된다.

- Key : 출력 크기(level)를 -dBm(예 -20dBm) 등으로 지정 시 " - "값을 위해 사용된다.

⑲ [←] : Back Space Key로서 수치 입력 도중 수정할 때 사용한다.

⑳ - MHz/$dB\mu$: 출력 주파수의 단위 지정이 MHz로 설정된다. 그리고 RF 출력의 크기(level) 설정 시에는 단위 지정이 $dB\mu$($dB\mu V$)로 설정된다.

- KHz/dBm : 출력 주파수 또는 FM deviation 주파수의 단위를 KHz로 설정된다. 그리고 RF 출력의 크기(level) 설정 시에는 단위 지정이 dBm으로 설정된다.
- %/rad : AM시 변조도를 %로 설정한다. 또한 ø M 변조 시는 rad로 설정한다.

㉑ 9-Digit display : RF 출력 주파수를 나타낸다.

㉒ [〈◁] [▷〉] : Function Cursor Key로서 Rotary 손잡이(knob)를 사용하여 데이터 입력 시에 각 display stage(MOD, MEMORY, FREQ, OUTPUT)에서 다른 stage로 이동 시킬 때 사용되는 cursor Key이다.

㉓ [◁] [▷] : Data Cursor Key로서 Rotary 손잡이(knob)를 사용하여 데이터 입력 시에 각 Display Stage(MOD, MEMORY, FREQ, OUTPUT) 내에서 데이터 입력 자리(즉 Digit)를 지정하는 데에 사용되는 Cursor Key이다.

㉔ Rotary 손잡이(knob) : ㉒, ㉓ Key들과 함께 FREQ, MOD, OUTPUT Level 등을 입력하는 조정 손잡이(knob)이다.(⑱의 숫자 key 또는 Rotary knob 중에서 사용하기 편리한 대로 FREQ, MOD, OUTPUT 크기 등을 입력하는데 사용하면 된다.)

㉕ △ FREQ. : 출력 주파수에 대하여 ±편차 주파수를 미리 지정하여 놓고 ㉗ step Key를 사용 간단히 ±편차 주파수의 출력을 얻을 수 있게 한다.

㉖ +/- : 편차주파수(㉕에서 지정된 경우)에 대하여 + 또는 -지정 Key

㉗ -Freq. STEP △ : preset된 step주파수로 step-up(increase)시키는 Key

-Freq. STEP ▽ : preset된 step주파수로 step-down(decrease)시키는 Key

㉘ -Output STEP △ : 출력 크기(level)를 preset된 값으로 step-up하는 Key

-Output STEP ▽ : preset된 값으로 step-down하는 Key

㉙ RF ON/OFF : RF 출력을 ON/OFF시킨다.

(UNIT) 2ND FUNCTION : 출력 Level의 unit를 $dB\mu$ 또는 dBm으로 선택할 수 있게 하며 또한 $dB\mu$에서는 EMF 상태의 출력 크기를 표시할 수 있게 한다.

㉚ 4-digit display : RF 출력 크기(level)를 $dB\mu$ 및 EMF $dB\mu$ 또는 dBm으로 나타낸다.

㉛ EMF, $dB\mu$, dBm Indicator : 출력의 단위를 표시한다.

㉜ A, B, C RCL/(STO) : 이 3개의 Key는 출력 크기 선택을 위한 독립된 Memory 기능으로서 출력 크기를 3채널까지 임의로 preset 시켜놓고 recall하여 사용할 수 있게 한다. STO 시킬 때에는 2ND Function을 사용한다.

㉝ OUTPUT : RF 출력 커넥터(N형)

1-6 계측기 등가 회로 및 연결

먼저 신호 발생기의 등가 회로는 그림1.18과 같다. 그림에서 나타낸 저항은 계측기가 가지고 있는 내부 임피던스로, 이상적인 경우는 0(ohm)이어야 하나 초고주파 계측기는 대부분이 50(ohm)으로 되어 있으며, 응용 분야에 따라 75(ohm)과 300(ohm)으로 되어있는 경우도 있어 계측기를 발주하거나 사용할 때 이를 유의하여야 한다. 신호 발생기 내부의 신호원을 EMF(Electro Motive Force)라고 하여 발생기 자체의 기전력을 나타낸다. 대부분의 경우 계측기 전면에 표시되는 출력 크기는 신호 발생기의 내부 임피던스 값과 같은 장비를 신호 발생기에 연결하였을 때 전달되는 전력을 나타낸다. 즉, 신호 발생기 전면 표시부에 10(dBm)이 출력되는 것으로 표시되어 있으면 신호 발생기의 내부 임피던스 값과 같은 입력 임피던스를 갖는 전력 측정기나 스펙트럼 분석기에 전달되는 전력이 10(dBm)이라는 것을 의미한다. 일부 장비에서는 emf 값 자체를 표시해주는 모드를 가지는 경우도 있다.

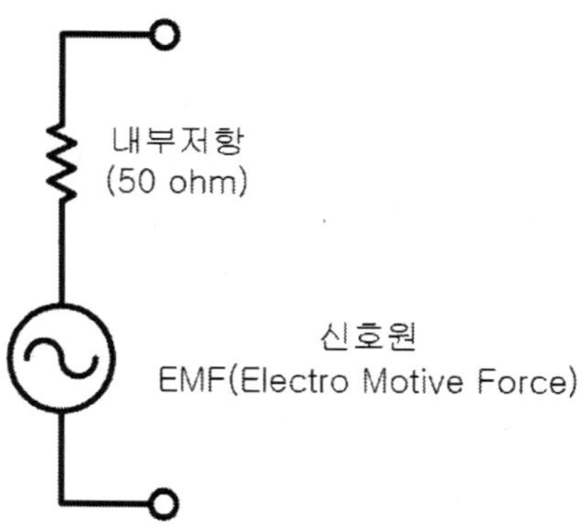

그림 1.18 신호 발생기의 등가회로

그림 1.19은 스펙트럼 분석기나 전력 측정기(power meter), 오실로스코프 등의 분석용 측정기의 등가 회로를 나타낸다. 전력 측정기나 스펙트럼 분석기도 고주파용인 경우는 입력 임피던스가 신호 발생기와 마찬가지로 50(ohm)인 경우가 대부분이나 응용 분야에 따라 75(ohm)과 300(ohm)을 사용하는 경우도 있다. 오실로스코프는 대부분의 경우 1(Mohm)으로 거의 무한대의 임피던스를 가지고 있어 대부분의 전압이 수신되도록 하고 있으나 50(ohm)의 임피던스를 갖는 경우도 있다.

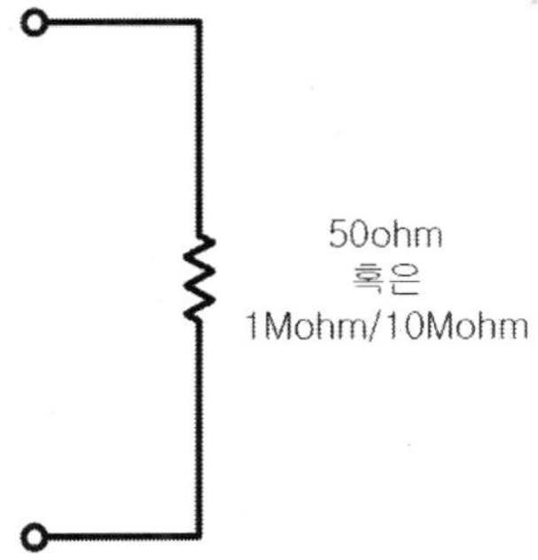

그림 1.19 분석용 측정기 등가 회로

내부 임피던스가 50(ohm)인 신호 발생기의 출력을 입력 임피던스가 50(ohm)인 스펙트럼 분석기와 300(ohm)인 스펙트럼 분석기로 측정하였을 경우에 당연히 측정되는 크기가 달라지게 된다. 실제로 같은 임피던스 값이 아닌 계측기를 이용할 수밖에 없는 경우는 측정 후에 계산으로써 이를 보상해 주어야 한다. 임의의 임피던스를 갖는 계측기가 상호 연결되었을 경우에 신호의 크기에 대한 계산을 명확히 하기 위하여 예로써 이를 설명하기로 한다. 내부 임피던스가 50(ohm)인 신호 발생기에 표시되는 전력 크기가 -7(dBm)인 경우를 예로 들면 입력 임피던스가 50(ohm)인 스펙트럼 분석기나 전력 측정기로 전력을 측정하면 -7(dBm)으로 측정된다. 신호 발생기가 emf 모드로 표시되는 경우에는 내부 임피던스가 50(ohm)인 경우에는 0(dBm)이 107($dB\mu$V)이므로 -7(dBm)은 100($dB\mu$V)에 해당되고, 신호 발생기의 50(ohm) 저항과 스펙트럼 분석기나 전력 측정기의 입력 임피던스인 50(ohm)에 똑같이 100($dB\mu$V)의 전압이 걸린 것이므로 기전력에는 이 두 전압의 합인 106($dB\mu$V)가 발생되고 있으므로 106($dB\mu$V)로 표시된다. 이제 입력 임피던스가 1(Mohm)인 오실로스코프로 이 신호를 측정하였을 경우에는 106($dB\mu$V)가 신호 발생기의 내부 임피던스인 50(ohm) 저항과 오실로스코프의 입력 임피던스인 1(Mohm)이 직렬로 연결되어 있으므로 대부분의 전압이 오실로스코프의 입력 임피던스인 1(Mohm)에 걸리게 된다. 여기서 오실로스코프에 공급된 106($dB\mu$V)는 실효값이므로 이를 첨두값으로 환산하면 $0.2\times\sqrt{2}$=0.282(V)이며, 이를 V_{p-p}로 표시하면 0.564(V_{p-p})로 나타나게 된다.

실습문제 | 1.4

내부 임피던스가 50(ohm)인 신호 발생기에 표시되는 출력 크기가 0(dBm)인 경우에 1) 기전력을 $dB\mu V$ 단위로 구하고 2) 입력 임피던스가 75(ohm)인 스펙트럼 분석기에 나타나는 전력을 dBm 단위로 구하고 3) 입력 임피던스가 1(Mohm)인 오실로스코프에 나타나는 전압을 V 단위로 구하시오.

해답 1) 113($dB\mu V$), 2) -0.19(dBm), 3) 1.26(V_{p-p})

1-7 초고주파 신호 기본 측정 실습

1-7-1 사용 계측기

(1) spectrum analyzer : 1대

(2) RF signal generator : 1대

(3) oscilloscope : 1대

1-7-2 스펙트럼 분석기 기본 조작

스펙트럼 분석기를 사용할 때 기본적인 조작은 아래의 3가지 부분의 항목으로 나누어 정리할 수 있다.

- 기준 레벨(reference level) 및 수직 눈금 간격(dB/div)
- 주파수
- 수평 주파수 간격(span, div)

(1) power on

power on하여 CRT 화면인 경우에는 수 초 후에 휘선이 나타나면 INTENSITY, FOCUS 및 ILLUM 조정 단자를 이용하여 적당한 밝기와 초점의 또렷한 휘선이 나오도록 조정한다.

(2) 기준 레벨의 조정

기준 레벨은 화면의 눈금 중 최상단의 수평축을 나타한다. 즉, 화면의 최고 눈금까지 표시 가능한 입력 신호의 크기를 의미한다. 만약 기준 레벨(REF) 값이 80($dB\mu$V)로 조정되어 화면 내에 REF = 80$dB\mu$V(계측기상에는 $dB\mu$V가 $dB\mu$로 표시되는 경우도 있음)로 나타나고 인가된 신호의 크기가 화면 상단과 일치한다면, 신호의 크기는 80$dB\mu$V라는 것이다. 입력 신호 크기(level)가 REF LEVEL 단자를 조절해도 상단에 도달하지 못하면 REF LEVEL과 화면에 나타난 크기 값과의 차이만큼 뺀 값이 신호의 크기가 된다. 예를 들면 기준 레벨이 80$dB\mu$V이고 입력 신호의 크기가 최상단 눈금보다 2칸 아래에 있다면, 이 신호의 크기는 80($dB\mu$V)에서 2칸에 해당하는 크기 값을 뺀 결과가 신호의 크기가 된다. 수직축의 한 눈금 당 간격이 10(dB)인 경우에는 신호의 크기가 60($dB\mu$V)가 된다. 주의할 사항은 모든 스펙트럼 분석기는 허용 최고 입력 크기가 지정되어 있기 때문에, 신호를 입력할 때에는 신호의 크기를 가장 적은 범위부터 인가하며, 분석기에 감쇠기가 부착된 경우에는 분석기의 감쇠기 값은 가장 크게 설정하여 시작하는 것이 바람직하다. 또한 입력 범위를 초과하는 크기의 신호는 별도의 감쇠기(attenuator)를 통하여 계측기에 입력하여야 한다.

1) 현재의 스펙트럼 분석기의 기준 레벨이 얼마인지 기록하고 REF LEVEL 단자를 조정하여 화면 내에 기준값(REF)을 10(dBm)으로 변경하여 설정되는지 확인한다.
2) 수직축의 한 눈금 당 간격이 몇 dB에 해당하는지 확인하여 기록하고 1dB/Div로 설정한다.(계측기에 따라 조절이 불가능한 경우도 있다.)

(3) 수평축 주파수 조정

수평축의 주파수 간격을 조절하는 단자(SPAN 혹은 SCAN width/Div)는 주파수 수평축의 한 눈금 당 간격을 설정해 준다(MHz/Div 혹은 kHz/Div 등). 수평축이 10칸으로 나누어져 있으므로 전체 주파수 범위를 나타내는 SPAN을 결정해 준다. 만약 중심 주파수(CF)가 300(MHz)이고 20(MHz/Div)으로 선택되었다면, 스크린 상의 전체 주파수 범위는 200(MHz)~400(MHz)가 된다. 또한 계측기 내부적으로 신호의 주파수를 어느 정도까지 분리해 낼 수 있는가를 결정하는 주파수 분해능 대역폭(resolution bandwidth, 화면 내에서 BW로 표시됨)은 한 눈금 당 간격과 연동되어 조정된다.(고급 스펙트럼 분석기의 경우에는 임의로 사용자가 선택할 수 있음)

1) SPAN 혹은 SCAN 단자를 조정하여 전체 주파수 범위를 400(MHz)~500(MHz)로 설정하여 Div당 주파수 값 및 BW 값이 얼마로 나타내는지 기록한다.

1-7-3 고주파 신호 발생기 기본 조작

■ 주의사항 : 신호 발생기의 모든 조작은 RF OFF 상태에서 수행하여야 하며, 실험 setup이 완성된 상태(케이블 및 실험기기를 모두 연결 하여 임피던스가 정합된 상태)에서 RF ON을 하도록 한다.

(1) 주파수 선택

1) Data Entry Key를 사용하여 주파수를 125MHz로 설정한다.

2) Rotary Knob를 사용하여 주파수를 120MHz에서 130MHz까지 1MHz 간격으로 변화할 수 있도록 조정한다.

2) Rotary Knob를 사용하여 주파수를 123MHz에서 127MHz까지 0.1MHz 간격으로 변화할 수 있도록 조정한다.

(2) OUTPUT LEVEL 지정

1) Data Entry Key를 사용하여 출력을 $85dB\mu V$로 설정한다.

2) 다시 Data Entry Key를 사용하여 출력을 -30dBm으로 변경한다.

3) Rotary Knob를 사용하여 출력을 -40dBm에서 -30dBm으로 1dB 간격으로 변화할 수 있도록 조정한다.

4) Rotary Knob를 사용하여 출력을 -40dBm에서 -38dBm으로 0.1dB 간격으로 변화할 수 있도록 조정한다.

1-7-4 신호 크기 측정

(1) 스펙트럼 분석기 교정 신호 출력(CAL OUT)과 RF Input 단자를 BNC cable로 연결한다.

(2) Frequency 단자를 조정하여 화면의 CF가 교정 신호 출력(CAL OUT)의 주파수가 되도록 한다.

(3) SPAN 혹은 SCAN Width 조정 단자와 REF LEVEL 조정 단자를 조정하여 교정

신호의 주파수와 신호 크기를 측정한다.(정확한 측정을 위해 SPAN이 1MHz가 넘지 않도록 한다.)

(4) 교정 신호의 기본 성분과 고조파가 동시에 나타나는지 확인한다. 확인이 되는 경우에 교정 신호와 근접 고조파의 peak치 간의 수직 간격이 어느 정도인지 dB로 차이값을 확인한다. 편리한 측정을 위하여 마커 기능을 이용한다.

(5) REF LEVEL 단자를 이용하여 REF 값이 가장 큰 값이 되도록 설정한다. RF Input에 교정 신호의 출력 대신에 신호 발생기의 출력 신호(주파수를 10MHz로 하고 신호 크기는 -30(dBm)으로 설정한다.)를 인가한다.

■ 주의사항 : 신호발생기의 출력은 스펙트럼 분석기의 허용 입력 크기를 초과하지 않도록 한다.

(6) 스펙트럼 분석기를 이용하여 신호 발생기의 출력 주파수와 출력 전력을 확인하여 이론값과 비교한다. 정확한 측정을 위하여 수직 및 수평축 간격을 최소화하여 측정하고 마커 기능을 이용해 본다.

(7) 같은 신호의 출력을 오실로스코프에 인가하여 신호의 크기 값과 주파수(주기)를 측정하여 이론값과 비교한다.

1-7-5 고조파 측정

스펙트럼 분석기의 교정 신호나 신호 발생기의 출력 신호는 완벽한 단일 주파수의 정현파라도 이상적인 이론상의 정현파가 아니기 때문에 고조파를 포함하게 되며 이를 오실로스코프로 측정했을 때는 관측하기가 어렵다. 그러나 스펙트럼 분석기를 사용하면 기본파 및 고조파의 성분을 쉽게 관찰할 수 있다. 또한 기본파와 고조파 신호의 크기를 상대적인 차이로 구분하여 비교할 수 있다.

신호 발생기의 출력을 교정 신호의 주파수 및 0dBm으로 설정하고 RF Input 입력에 연결하여 고조파 신호에 대한 크기 및 주파수를 커서(마커) 기능을 이용하여 5차 고조파까지 측정하여 결과를 1-7-4의 (4)항의 결과와 비교한다.

1-7-6 개인별 측정 실습

개인별로 신호 발생기의 주파수를 5, 7.5, 12.5, 15, 17.5(MHz), 그리고 출력 크기를 -5, -7, -10, -12, -15(dBm) 중에 하나를 각기 선택하여 오실로스코프와 스펙트럼 분석기를 이용하여 주파수 및 크기를 정확하게 측정하고 개인별로 구한 이론치와 비교한다.

1-8 학습 평가

01 스펙트럼 분석기와 오실로스코프의 차이점을 사용 관점과 측정 변수 측면 등을 고려하여 정리하여 본다.

02 2(mW)의 전력을 dBm, $dB\mu V$, dBW 및 V단위로 환산하여 본다.(모든 측정시스템의 내부임피던스는 50(ohm)으로 가정한다.)

해답 3(dBm), 110(dBuV), -27(dBW), 0.32(V)

03 일반적인 선형 scale(몇 배)과 dB scale과의 차이점을 알아보고 전압이 5배인 경우와 전력이 5배인 경우에 대하여 dB로 각각 환산하여 본다.

해답 14(dB)/7(dB)

04 아래의 블록도에서 입력이 1(mW)인 경우 출력을 W 단위로 나타내시오.

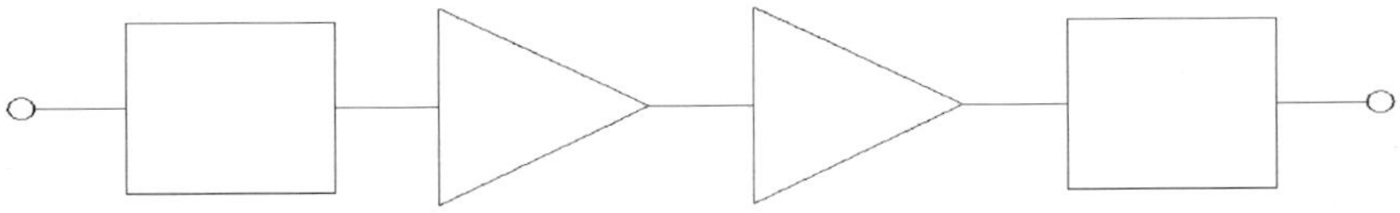

해답 1(W)

05 고주파 신호 발생기의 종류와 특징에 대해 알아본다.

06 고주파 신호 발생기의 주파수가 20(MHz)이고 표시된 출력이 -13(dBm)인 경우에 대하여 스펙트럼 분석기와 오실로스코프에 나타나는 파형을 그려본다. (고주파 신호 발생기의 내부 임피던스는 50(ohm)이고, 스펙트럼 분석기의 내부 임피던스는 300(ohm)이며, 오실로스코프의 내부 임피던스는 1(Mega ohm)이다.)

해답

스펙트럼 분석기 : -16(dBm)/20MHz

오실로스코프 : +141.42(mV) ~ -141.42(mV)/50(ns)

1-9 참고 문헌

(1) 이해선, 이재설, 홍희식, ***통신 시스템의 기초***, 복두출판사, 2014

(2) ED Laboratory, ***SG-1240 RF Siganl Generator Operation Manual***, PKD -1075-0396, 1998

(3) ED Laboratory, ***DSA-8410 Spectrum Analyzer Instruction Manual***, PKD -0512-1295, 1998

(4) Keysight Technology, ***N9320B Spectrum Analyzer Data Sheet***, 2014

(5) Keysight Technology, ***N9310A Signal Generator Data Sheet***, 2014

Chapter 02

초고주파 신호 응용 특성

이 장에 기술된 관계 지식을 학습하고 실습을 마치게 되면

- 변조에 대한 일반적인 개념을 이해할 수 있고
- 진폭 변조와 주파수 변조된 신호의 특성을 파악할 수 있고
- 고주파 신호 발생기를 사용하여 진폭 변조와 주파수 변조 신호를 만들어 낼 수 있고
- 스펙트럼 분석기를 이용하여 변조 신호의 특성을 측정하여 변조 특성을 추출할 수 있고
- 고주파 신호 발생기와 스펙트럼 분석기에 대한 숙련된 조작 능력을 가질 수 있다.

2-1 개 요

초고주파 대역을 이용하는 시스템 중에서 가장 폭넓게 응용되는 분야가 무선 통신 분야이다. 무선 통신 시스템에서 사용되는 초고주파 신호는 순수한 정현파 신호인 CW(Continuous Wave)인 경우보다는 전달하고자 하는 정보가 포함되어 있는 변조된 신호인 경우가 대부분이다. 변조된 신호의 특성을 파악하기 위해서는 시스템에 적용된 변조의 개념을 이해하여야 하며 변조된 신호의 특성을 추출하기 위하여 변조된 신호를 정확하게 측정할 수 있어야 한다. 역으로 변조된 신호의 특성을 파악함으로써 시스템의 특성을 이해하고 시스템의 성능을 파악할 수 있다.

이 장에서는 먼저 기본적인 변조의 개념에 대하여 살펴본다. 스펙트럼 분석기를 통하여 변조된 신호의 특성을 측정하기 위하여 진폭 변조와 주파수 변조에 대한 이론적인 기본 사항을 기술하였다. 기본 이론을 바탕으로 변조 신호의 특성을 이해하고 변조 신호의 특성 측정 방법을 실습함으로써 초고주파 계측기의 조작 방법을 숙달하도록 하였다.

2-2 변조에 대한 이해

통신 시스템에서 음성이나 영상, 혹은 데이터 등의 정보를 전달함에 있어 정보 신호 자체를 전기적 신호의 형태로만 바꾸어 전송하게 되면 여러 가지 문제점을 일으킬 수 있다. 먼저 대부분의 정보 신호는 저주파 대역이다. 즉, 음성 신호는 300 - 3400 (Hz) 정도이고 악기를 포함한 음악 신호가 20(KHz) 이내이다. 이러한 저주파 성분의 신호를 변조하지 않고 전송하는 경우 여러 사람들이 동시에 사용하는 경우에 모두 주파수 대역이 비슷하므로 신호가 혼합되어 제대로 알아들을 수 없게 된다.

변조란 간단히 설명하면 저주파의 정보 신호를 채널에 적합한 다양한 방식을 적용하여 고주파의 반송파에 정보를 실어서 보내는 것으로 반송파의 주파수를 다르게 사용할 경우 신호가 혼합되더라도 필요한 채널 대역만을 분리할 수 있게 되어 다수의 사용자가 동시에 사용이 가능하게 된다. 또한 저주파 신호를 안테나를 통하여 전송하는 경우에 안테나의 크기가 신호의 파장에 연관되어 있어 신호의 주파수가 낮을 경우 안테나의 크기가 실현 불가능할 정도의 크기가 될 수도 있다. 이러한 이유와 더불어 전송하고자 하는 채널 환경에 적합하도록 통신 시스템에서 변조(modulation)는 필수적이다. 아울러 변조된 신호를 수신한 수신기는 변조된 신호로부터 원래의 정보 신호를 추출해내는 과정이 필요하게 되는데 이러한 과정을 복조(demodulation)라고 한다.

변조를 좀 더 자세히 정의하면 원 정보 신호(기저대역(baseband) 신호, 혹은 원천(source) 신호, 혹은 변조할(modulating) 신호라고도 표시함)의 특성에 따라 고주파인 반송파(carrier) 신호의 특성을 변화시켜 정보를 실어 보내는 과정이다. 신호의 일반적인 특성은 크기와 주파수 및 위상으로 표현될 수 있는데 고주파 신호의 크기를 정보 신호의 특성에 따라 연속적으로 변화시키는 변조 방식이 AM(Amplitude Modulation) 변조 방식이다. 신호의 주파수 및 위상은 삼각 함수의 각도(angle)와 관련된 특성으로 정보 신호의 특성에 따라 반송파의 주파수나 위상을 변화시키는 변조 방식을 각 변조라고 한다. 각 변조에서 주파수를 변화시키는 방식이 주파수 변조(FM, Frequency Modulation)이고 위상을 변화시키는 방식이 위상 변조(PM, Phase Modulation)이다.

2-3 진폭 변조(AM, Amplitude Modulation)

진폭 변조는 반송파의 주파수와 위상은 고정되어 있고 보내고자 하는 정보 신호의 특성을 반송파 신호의 진폭에 실어서 전송하는 방식으로 표준 AM 방식의 경우에 (그림2-1)에 나타낸 바와 같다.

그림에서 $v_m(t)$는 정보 신호인 변조할 신호를 나타내고, $v_c(t)$는 반송파 신호를 나타내며, $v_{AM}(t)$는 표준 AM 변조된 신호를 나타낸다. 우측의 그림은 좌측의 각 신호의 시간 영역상의 표현에 대한 주파수 영역상의 표현을 나타낸다. 그림에서 알 수 있듯이 정보 신호가 반송파 신호의 진폭에 실려 있다.

표준 AM 신호의 특성 및 파형을 정량적으로 이해하기 위하여 변조할 신호를 단순하게 식(2-1)과 같은 정현파 신호인 경우를 살펴보면 다음과 같다. 식(2-2)는 반송파 신호를 나타내고 식(2-3)은 표준 AM 변조된 신호를 나타낸다.

$$v_m(t) = V_m \cos(2\pi f_m t) \qquad \cdots\cdots \ (2\text{-}1)$$

$$v_c(t) = V_c \cos(2\pi f_c t) \qquad \cdots\cdots \ (2\text{-}2)$$

$$v_{AM}(t) = (V_c + v_m(t))\cos(2\pi f_c t) \qquad \cdots\cdots \ (2\text{-}3)$$

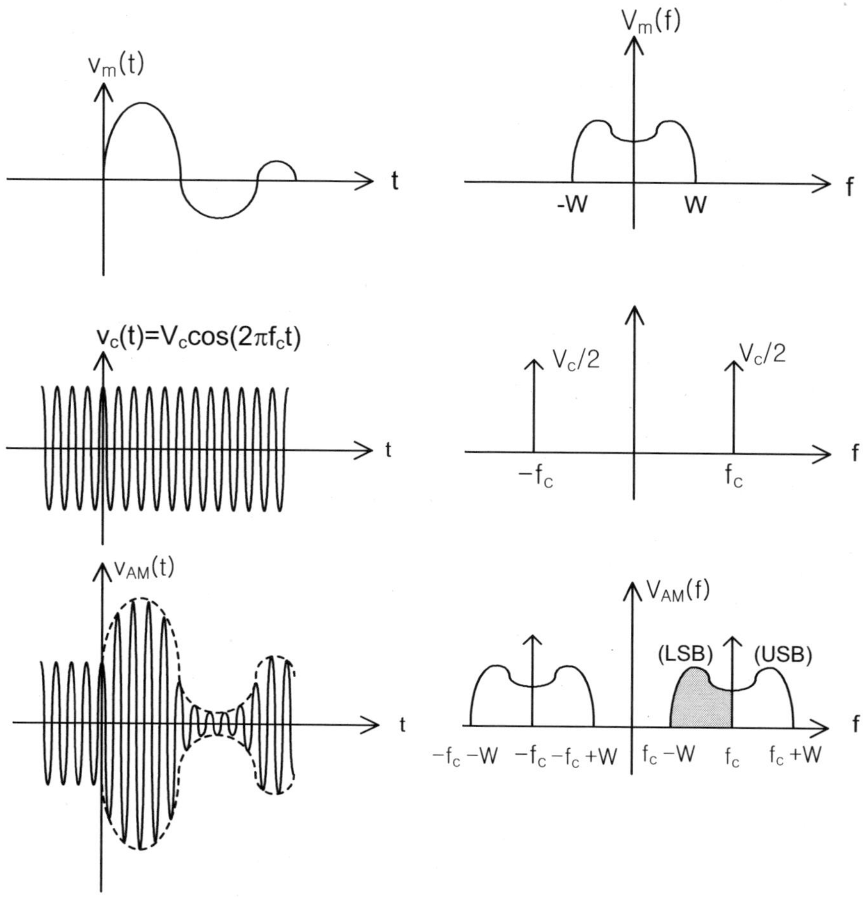

그림 2.1 표준 AM 신호의 표현

$$
\begin{aligned}
&= (V_c + V_m \cos(2\pi f_m t))\cos(2\pi f_c t) \\
&= V_c(1 + \frac{V_m}{V_c} cos(2\pi f_m t))\cos(2\pi f_c t) \\
&= V_c(1 + m\cos(2\pi f_m t))\cos(2\pi f_c t)
\end{aligned}
$$

여기서 m은 AM 방식의 변조 지수로 $m = V_m / V_c$이다.

표준 AM 변조된 신호의 주파수축상의 표현을 위해 식(2-3)의 수식을 정리하면 식(2-4) 와 같이 나타낼 수 있다.

$$
v_{AM}(t) = V_c(1 + m\cos(2\pi f_m t))\cos(2\pi f_c t) \qquad \cdots\cdots \text{(2-4)}
$$

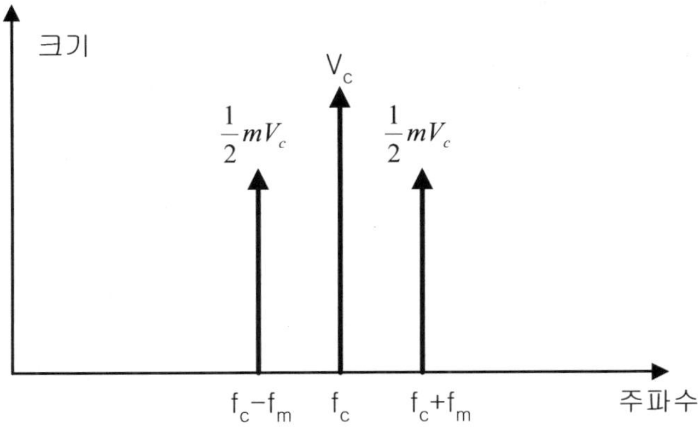

그림 2.2 정현파 신호의 표준 AM 변조된 신호의 주파수축상의 표현

$$= V_c\cos(2\pi f_c t) + mV_c\cos(2\pi f_m t)\cos(2\pi f_c t)$$
$$= V_c\cos(2\pi f_c t) + \frac{mV_c}{2}[\cos(2\pi(f_c+f_m)t) + \cos(2\pi(f_c-f_m)t)]$$
$$= V_c\cos(2\pi f_c t) + \frac{mV_c}{2}cos(2\pi(f_c+f_m)t) + \frac{mV_c}{2}cos(2\pi(f_c-f_m)t)$$

이를 그림으로 나타내면 (그림2-2)와 같이 반송파 주파수 성분과 반송파 주파수를 중심으로 상측 대역 성분인 f_c+f_m 성분과 하측 대역 성분인 f_c-f_m 성분으로 구성됨을 알 수 있다. 이 두 가지 성분은 (그림2-1)의 변조된 신호의 주파수축상의 그림에서 LSB와 USB에 해당되는 것으로 LSB는 하측 대역(Lower Side Band)을 나타내고 USB는 상측 대역(Upper Side Band)을 나타낸다. 즉, 정보 신호의 대역폭이 W인 경우 표준 AM 변조된 신호의 대역폭은 2W로 2배가 됨을 알 수 있다.

AM 방식에서 변조 지수는 반송파 신호의 크기와 변조할 정보 신호의 크기에 대한 비로 (그림2-3)에 나타난 대로 AM 변조된 파형으로부터 식(2-5)와 같이 표시할 수 있다.

$$m = \frac{V_m}{V_c} = \frac{V_{\max} - V_{\min}}{V_{\max} + V_{\min}} \quad \cdots\cdots \ (2\text{-}5)$$

여기서 $V_{\max} = V_c + V_m$이고 $V_{\min} = V_c - V_m$이다.

진폭 변조 방식에서 진폭 변조 개념과 변조 지수의 개념을 명확히 이해하기 위하

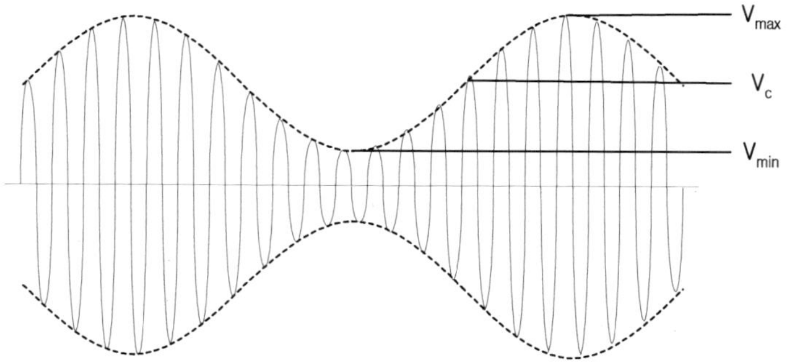

그림 2.3 변조 지수를 나타내기 위한 AM 변조된 파형

여 변조 지수가 0.5, 1, 1.5인 경우에 대하여 그림 2.5에 변조된 파형을 나타냈다. 그림 2.4는 반송파 신호와 변조할 정보 신호를 각각 나타내고 그림 2.5는 각 경우에 대한 AM 변조된 파형을 나타낸다. 그림에서 알 수 있듯이 변조 지수가 1이 넘는 경우에는 포락선 검파를 이용하여 정보 신호를 복원할 수 없다.

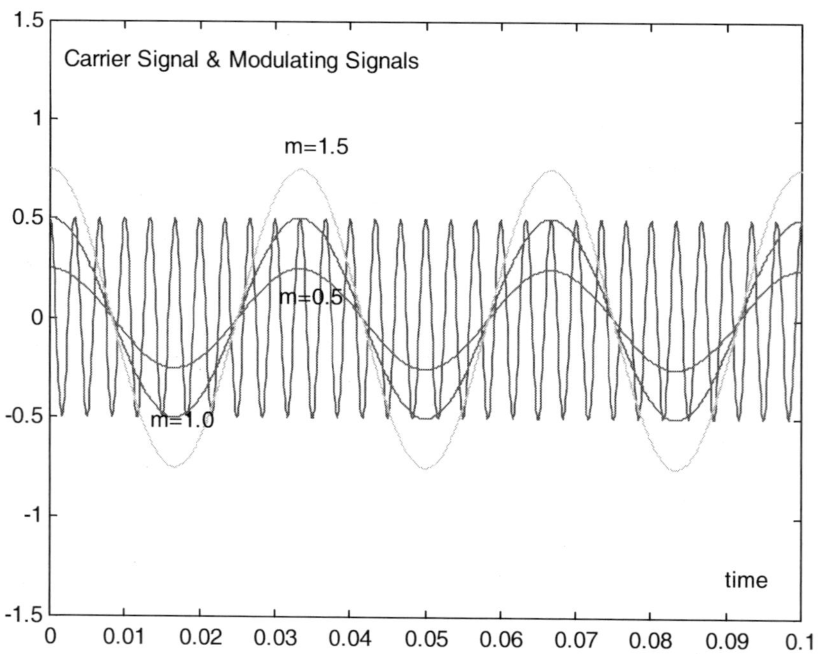

그림 2.4 반송파 신호와 정보 신호

시간축상의 파형을 보고 변조도를 결정하기 위해서는 오실로스코프 상에서 $V_{\max}$와 $V_{\min}$을 측정하거나 파형 속에서 V_c와 V_m을 유추하여 변조도를 추출할 수 있다.

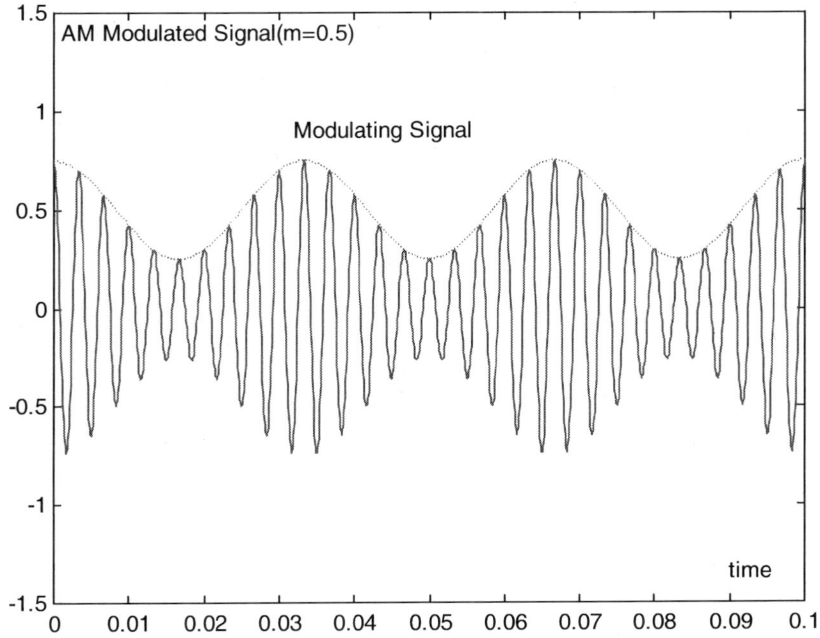

그림 2.5.1 변조 지수가 0.5인 경우의 AM 변조 신호 파형

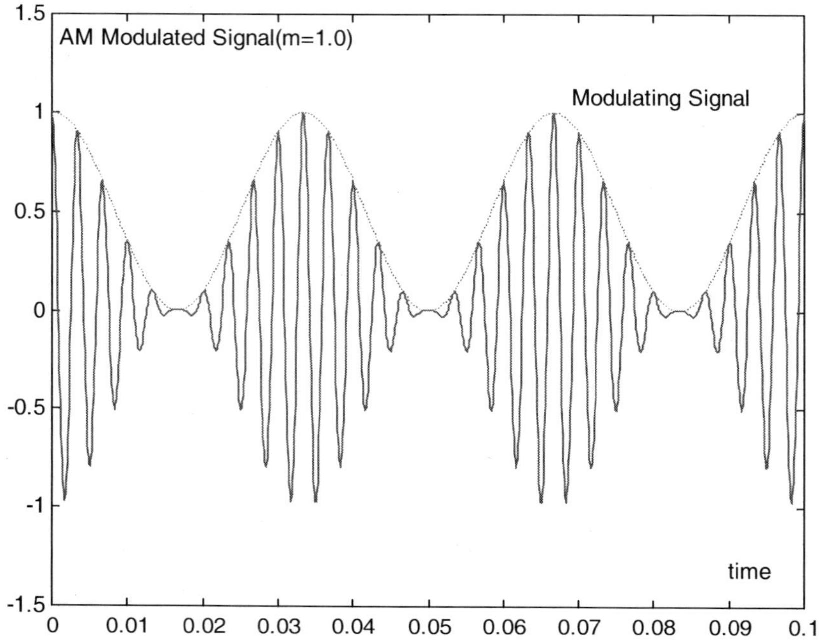

그림 2.5.2 변조 지수가 1인 경우의 AM 변조 신호 파형

주파수축 상에서 파형을 보고 변조도를 결정하기 위해서는 스펙트럼 분석기 상에서 그림 2.2에 나타난 반송파 성분과 측대파와의 크기를 비교하여 변조도를 구할 수 있다. 예를 들면 변조도가 100(%) 즉, m=1인 경우에는 측대파 성분의 크기는 반송파 성분의 크기의 50%이므로 dB로 환산하면 -6(dB) 차이가 난다. 이때 사용되는 변환 수식은 다음과 같다.

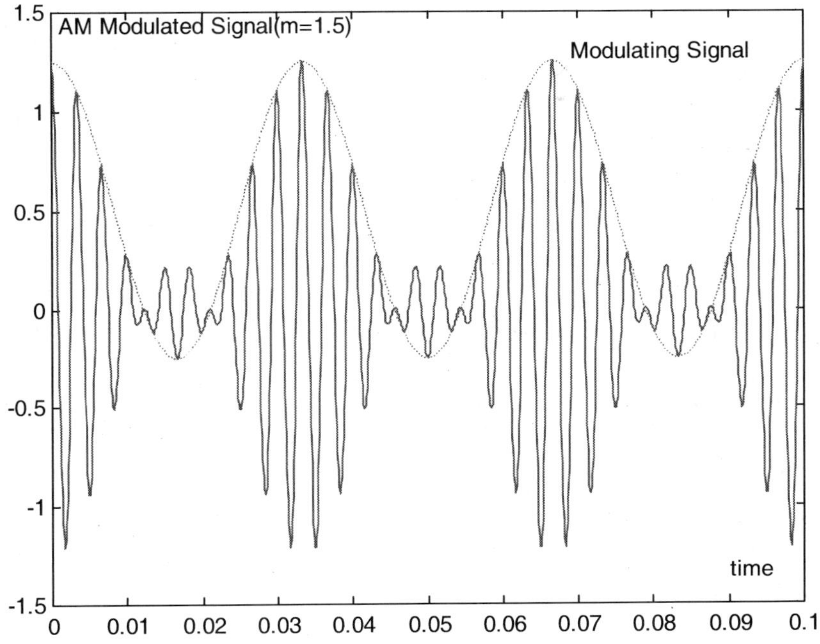

그림 2.5.3 변조 지수가 1.5인 경우의 AM 변조 신호 파형

$$m = 2 \times 10^{\frac{K_{dB}}{20}} \qquad \cdots\cdots \text{(2-6)}$$

여기서 K_{dB}는 반송파와 측대파의 차이 값으로 음의 값이다.

식(2-6)은 반송파와 측대파 성분의 크기의 차이가 K(dB)(통상적으로 음의 값)이므로

$K(dB) = 20\log(\frac{\frac{1}{2}mV_c}{V_c}) = 20\log\frac{m}{2}$ 이어서 $\frac{m}{2} = 10^{\frac{K(dB)}{20}}$ 이므로 $m = 2 \cdot 10^{\frac{K(dB)}{20}}$

로 나타낼 수 있다.

실습문제 | 2.1

고주파 신호 발생기의 출력 크기가 -10(dBm)으로 표시되고 주파수가 10(MHz)이며, AM 변조도가 50%이고 변조 주파수가 100(KHz)인 경우의 스펙트럼 분석기와 오실로스코프의 파형을 그려봅시다.(오실로스코프의 입력 임피던스는 1(Mohm)이고, 고주파 신호 발생기와 스펙트럼 분석기의 임피던스는 모두 50(ohm)이다.)

해답

1) $v_{AM}(t) = 0.2(1+0.5\cos(2\pi 100\times 10^3 t))\cos(2\pi 10\times 10^6 t)$를 시간축 상에 표현

2) $v_{AM}(t) = 0.1\cos(2\pi 10\times 10^6 t) + 0.025\cos(2\pi\cdot 10.1\times 10^6 t)$

$+0.025\cos(2\pi\cdot 9.9\times 10^6 t)$를 주파수축 상에 표현,

10MHz 성분 : $96.99 dB\mu V$, 9.9/10.1MHz 성분 : $84.95 dB\mu V$)

2-4 각 변조(Angle Modulation)

각 변조는 반송파의 진폭을 일정하게 하고 정보 신호의 특성에 따라 반송파 신호의 주파수나 위상을 변화시키는 방식으로 진폭의 변화에 의한 영향이 미소하여 진폭 변조에 비해 잡음에 둔감하나 넓은 주파수 대역폭이 요구되는 방식이다.

주파수 변조(FM, Frequency Modulation)는 정보 신호의 크기에 따라 반송파 신호의 주파수가 비례하여 변하는 방식이다. 이를 정량적으로 살펴보기 위해서 정현파 신호의 위상과 주파수의 관계를 정립하기 위한 정현파 신호의 가장 일반적인 표현은 식(2-7)과 같이 나타낼 수 있다.

$$v(t) = V\cos\theta_i(t) \qquad \cdots\cdots (2\text{-}7)$$

위 신호의 순시 주파수와 위상각과의 관계는 식(2-8)과 같이 나타낼 수 있다. 일반적인 반송파 신호를 시간 영역으로 표현한 식(2-9)의 경우의 순시 주파수는 식(2-10)과 같이 예견했던 대로 f_c가됨을 알 수 있다.

$$f_i(t) = \frac{1}{2\pi}\frac{d\theta_i(t)}{dt} \quad \cdots\cdots \text{(2-8)}$$

$$v_c(t) = V_c\cos(2\pi f_c t \ + \theta) \quad \cdots\cdots \text{(2-9)}$$

$$f_i(t) = \frac{1}{2\pi}\frac{d\theta_i(t)}{dt} = f_c \quad \cdots\cdots \text{(2-10)}$$

주파수 변조의 경우에 정보 신호인 변조할 신호의 크기에 따라 반송파의 순시 주파수가 변하게 하기 위해서는 식(2-11)의 관계를 만족해야 한다. 여기서 f_d는 비례 상수로 실제로는 FM 송신기의 특성을 반영하는 계수이며 주파수 편이 상수라고 부른다.

$$f_i(t) = f_c + f_d v_m(t) \quad \cdots\cdots \text{(2-11)}$$

이해를 돕기 위하여 FM 방송의 예를 들면 한 방송국에 할당된 주파수 대역이 93.0(MHz)에서 93.2(MHz)이면서 FM 방식으로 전송된다면, 반송파 신호의 주파수가 93.1(MHz)이고 주파수 편이가 ±0.1(MHz)라는 의미로, 변조할 신호인 $v_m(t)$가 최대 ±2(V)로 제한되어 있는 경우에 주파수 편이 상수 f_d는 0.05(MHz/V)가 된다. 식(2-11)을 식(2-8)의 관계를 이용하여 반송파 신호에 적용하면 $\theta_i(t) = 2\pi\int_0^t f_i(\tau)d\tau$이므로 식(2-12)와 같이 FM 변조에 대한 기본 공식을 유추할 수 있다.

$$v_{FM}(t) = V_c\cos(2\pi f_c t \ + 2\pi f_d\int_0^t v_m(\tau)d\tau) \quad \cdots\cdots \text{(2-12)}$$

대표적 음성 신호인 $v_m(t) = V_m\cos 2\pi f_m t$ 의 정현파 신호로 주파수 변조한 경우에 대한 결과식은 다음과 같다.

$$v_{FM}(t) = V_c \cos(2\pi f_c t + 2\pi f_d \int_0^t v_m(\tau) d\tau) \qquad \cdots\cdots (2\text{-}13)$$

$$= V_c \cos(2\pi f_c t + \frac{2\pi V_m f_d}{2\pi f_m} sin 2\pi f_m t)$$

$$= V_c \cos(2\pi f_c t + \frac{\Delta f}{f_m} sin 2\pi f_m t)$$

$$= V_c \cos(2\pi f_c t + m_f \sin 2\pi f_m t)$$

통상적으로 Δf를 최대 주파수 편이라고 하며 $\Delta f = f_d \cdot V_m$인 관계를 갖고 m_f는 주파수 변조 방식에서의 변조 지수이며 $m_f = \beta = \Delta f / f_m$의 관계를 갖는다.

식(2-13)의 시간 영역상의 표현에 대한 주파수축상의 표현을 구하기 위하여 식을 정리하면 식(2-14)와 같이 나타낼 수 있다.

$$v_{FM}(t) = V_c \cos(2\pi f_c t + m_f \sin 2\pi f_m t) \qquad \cdots\cdots (2\text{-}14)$$

$$= Re[V_c e^{j(2\pi f_c t + m_f \sin 2\pi f_m t)}]$$

$$= Re[V_c e^{j2\pi f_c t} e^{j m_f \sin 2\pi f_m t}]$$

$$= Re[V_c e^{j2\pi f_c t} \sum_{n=-\infty}^{\infty} c_n e^{j2\pi n f_m t}]$$

$$= Re[V_c \sum_{n=-\infty}^{\infty} J_n(m_f) e^{j2\pi (f_c + n f_m) t}]$$

$$= V_c \left\{ \begin{aligned} & J_0(m_f) \cos 2\pi f_c t + J_1(m_f)[\cos 2\pi (f_c + f_m)t - \cos 2\pi (f_c - f_m)t] \\ & + J_2(m_f)[\cos 2\pi (f_c + 2f_m)t + \cos 2\pi (f_c - 2f_m)t] \\ & + J_3(m_f)[\cos 2\pi (f_c + 3f_m)t - \cos 2\pi (f_c - 3f_m)t] + \cdot \cdot \cdot \end{aligned} \right\}$$

식(2-14)에서 Re는 실수(real) 부분을 가리키는 함수를 표시하는 것으로, 일반적으로 $e^{j\theta} = \cos\theta + j\sin\theta$이므로 코사인 함수는 복소함수의 실수 부분으로 표시하였고,

$e^{jm_f \sin 2\pi f_m t}$는 주기 함수이므로 $e^{jm_f \sin 2\pi f_m t} = \sum_{n=-\infty}^{\infty} c_n e^{j2\pi n f_m t}$ 로 둘 수 있다. 여기서 주기 함수의 계수인 c_n 은 식(2-15)와 같다.

$$\begin{aligned} c_n &= \frac{1}{T}\int_{-\frac{T}{2}}^{\frac{T}{2}} e^{jm_f \sin 2\pi f_m t} \cdot e^{-jn2\pi f_m t} dt \\ &= \frac{1}{2\pi}\int_{-\pi}^{\pi} e^{j(m_f \sin\lambda - n\lambda)} d\lambda \\ &\equiv J_n(m_f) \end{aligned} \qquad \cdots\cdots \text{(2-15)}$$

제1종 n차 베셀(Bessel) 함수

식(2-15)에서 보는 바와 같이 $\lambda = 2\pi f_m t$로 치환하여 적분식을 정리하면 c_n이 제1종 n차 베셀(Bessel)함수가 됨을 알 수 있다. 또한 베셀 함수의 특성에서 음의 차수는 $J_{-n}(m_f) = (-1)^n J_n(m_f)$의 등식이 성립한다. 베셀 함수의 값은 변조 지수 값만 알면 〈표2-1〉과 같은 도표에서 쉽게 구할 수 있다.

표2-1 Bessel Function 표 예시

n	$J_n(0.1)$	$J_n(0.2)$	$J_n(0.5)$	$J_n(1.0)$	$J_n(2.0)$	$J_n(3.0)$	$J_n(5.0)$
0	1.00	0.99	0.94	0.77	0.22	-0.26	-0.18
1	0.05	0.10	0.24	0.44	0.58	0.34	-0.33
2			0.03	0.11	0.35	0.49	0.05
3				0.02	0.13	0.31	0.36
4					0.03	0.13	0.39
5						0.04	0.26
6						0.01	0.13
7							0.05
8							0.02

수식에서 알 수 있듯이 주파수 변조된 파형에 대한 주파수 스펙트럼은 엄밀하게는 무한대의 주파수 평면상에 펼쳐 있다고 할 수 있으나, n이 커질수록 크기가 줄어 전체 에너지의 98(%)이상이 모여 있는 대역을 변조된 파형의 대역폭으로 간주하여 근사화 할 수 있다. 그림 2.6은 정현파 정보 신호에 대해 주파수 변조된 파형의 주파수

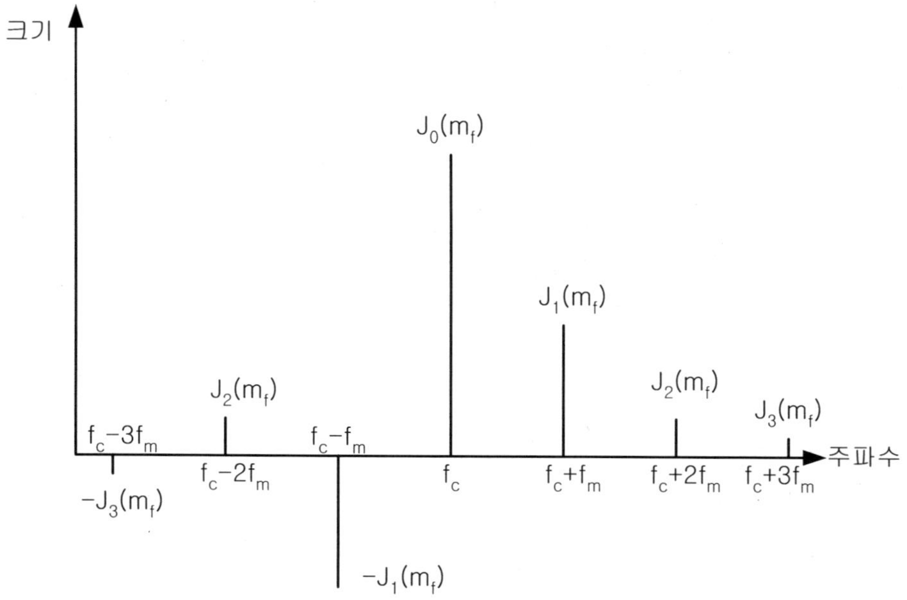

그림 2.6 FM 변조된 신호의 주파수 영역상의 표현

축상의 표현을 나타낸다. 그림 2.7은 정현파 정보 신호에 대해 주파수 변조된 파형의 스펙트럼 분석기상의 측정 파형을 나타낸다.

주파수 변조된 신호의 전력은 식(2-14)에서 알 수 있듯이 단위 저항에 대한 전체 평균 전력은 변조 지수와 변조할 신호의 주파수와 무관하게 식(2-16)과 같고 주파수

성분별 전력 스펙트럼 분포는 식(2-17)과 같다.

$$P_T = \overline{v_{FM}^2(t)} = V_c^2 \overline{\cos^2[2\pi f_c t + m_f \sin(2\pi f_m t)]} = \frac{1}{2} V_c^2 \qquad \cdots\cdots \text{(2-16)}$$

$$P_T = \frac{1}{2} V_c^2 \{ J_o(m_f)^2 + 2[J_1(m_f)^2 + J_2(m_f)^2 + J_3(m_f)^2 \ldots] \} \qquad \cdots\cdots \text{(2-17)}$$

그림 2.6과 식(2-17)의 전력 스펙트럼 상에서 98(%)의 전력에 대한 대역폭을 결정할 때 포함해야 할 측대역(sideband)의 수를 정의할 수 있다. 결과적으로 최대 측대역의 수는 식(2-18)과 같고 전체 대역폭은 식(2-19)과 같다. 식(2-19)를 Carson의 법칙이라고 한다.

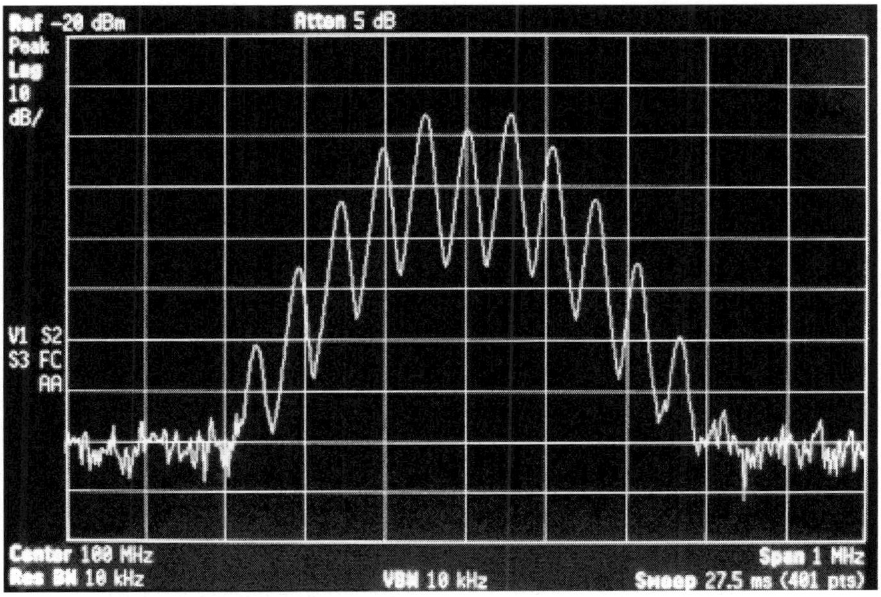

그림 2.7 FM 변조된 신호의 스펙트럼 분석기 파형

$$n_{\max} = m_f + 1 \qquad \cdots\cdots \text{(2-18)}$$

$$BW = 2(m_f + 1)f_m = 2(f_m + \Delta f) \qquad \cdots\cdots \text{(2-19)}$$

〈표2-1〉의 Bessel 함수표의 n=0인 반송파 성분의 크기를 살펴보면 변조 지수가 0.1인 경우에 1.00이고 변조 지수 값이 커지면서 점점 줄어들게 되어 변조 지수가 2.0에서 0.22가 되고 3.0에서 -0.26으로 부호가 바뀌는 것을 알 수 있다. 이 말은 변조 지수가 2.0에서 3.0사이에 Bessel 함수 값이 0되는 지점, 즉 반송파가 0이 되는 지점이 있다는 것을 의미한다. 이렇게 반송파가 0이 되는 것을 carrier null이라고 하며 변조 지수가 2.4048, 5.5201, 8.6531, 11.7915, 14.9309, 18.0711, 21.2116, 24.3525인 지점에서 발생한다. 이를 이용하면 FM 송신기에서 변조 주파수나 최대 주파수 편이 중에서 한 가지만 알고 있는 경우에 carrier null 이론을 이용하여 다른 한 가지를 알 수 있다.

변조 지수 m_f가 0.2(radian) 이하인 경우를 협대역 변조(narrowband modulation) 라고 하며 이 경우 변조 신호는 식(2-20)과 같이 근사화할 수 있다. 근사화에서 널리 사용되는 근사식인 $x \to 0$인 경우에 $\sin x \simeq x$, $\tan x \simeq x$, $\cos x \simeq 1$을 활용하였다. 결과 파형이 AM 변조와 유사하며 하측 대역의 위상이 180도 차이가 나는 것을 제외하고는 AM 변조 파형과 같고, 위상 차이를 구분 할 수 없는 계측기로는 구분 할 수 없다.

$$\begin{aligned} v_{FM}(t) &= V_c\cos(2\pi f_c t + m_f \sin 2\pi f_m t) \quad \cdots\cdots (2\text{-}20) \\ &= V_c\cos(2\pi f_c t)\cos(m_f \sin 2\pi f_m t) - V_c \sin(2\pi f_c t)\sin(m_f \sin 2\pi f_m t) \\ &\simeq V_c\cos(2\pi f_c t) - V_c m_f \sin(2\pi f_c t) \cdot \sin(2\pi f_m t) \\ &= V_c\cos(2\pi f_c t) - \frac{V_c m_f}{2}[\cos(2\pi(f_c - f_m)t) - \cos(2\pi(f_c + f_m)t)] \end{aligned}$$

위상 변조(PM, Phase Modulation)는 정보 신호의 크기에 따라 반송파 신호의 위상이 비례하여 변하는 방식으로 반송파의 위상이 식(2-21)와 같은 관계를 가진다.

$$\theta(t) = K_p v_m(t) \quad \cdots\cdots (2\text{-}21)$$

여기서 K_p는 비례 상수이며 $v_m(t)$는 정보 신호이다. 주파수 변조에서와 같이 위상 변조된 신호는 식(2-22)과 같이 표현할 수 있다.

$$v_{PM}(t) = V_c\cos(2\pi f_c t + K_p v_m(t)) \quad \cdots\cdots (2\text{-}22)$$

위상 변조된 신호의 순시 주파수는 식(2-23)과 같이 표현될 수 있어 시간축상의 특성을 보면, 주파수 변조된 신호는 신호의 크기에 따라 변조된 파형의 주파수가 비례하여 변화하나, 위상 변조된 신호는 정보 신호의 기울기에 따라 주파수가 변함을 알 수 있다. 이를 그림상으로 구별하기 위해 정현파(sinusoidal) 신호와 구형파(rectangular) 신호, 그리고 톱니파(ramp 신호)에 대한 AM과 FM 및 PM에 대한 변조 파형을 그림 2.8과 그림 2.9, 그리고 그림 2.10에 각각 나타냈다.

$$f_i(t) = \frac{1}{2\pi}\frac{d}{dt}\theta(t) = f_c + \frac{K_p}{2\pi}\frac{d}{dt}v_m(t) \quad \cdots\cdots (2\text{-}23)$$

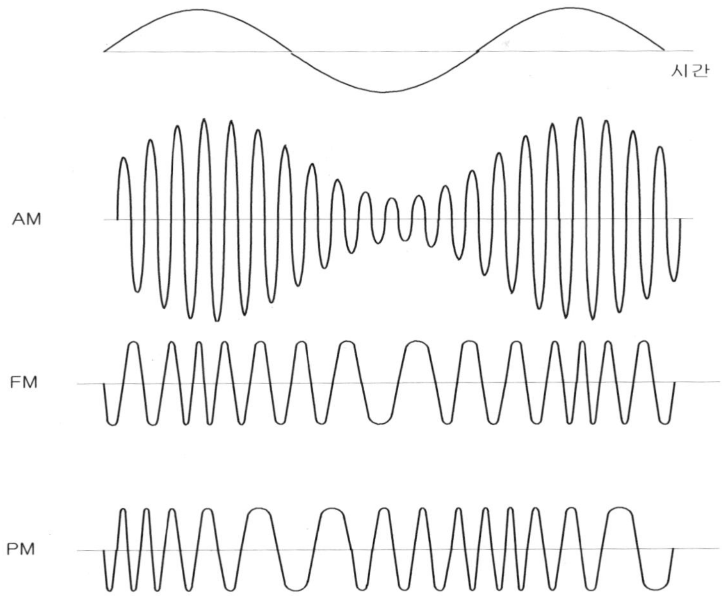

그림 2.8 정현파 신호에 대한 AM과 FM 및 PM 변조 파형

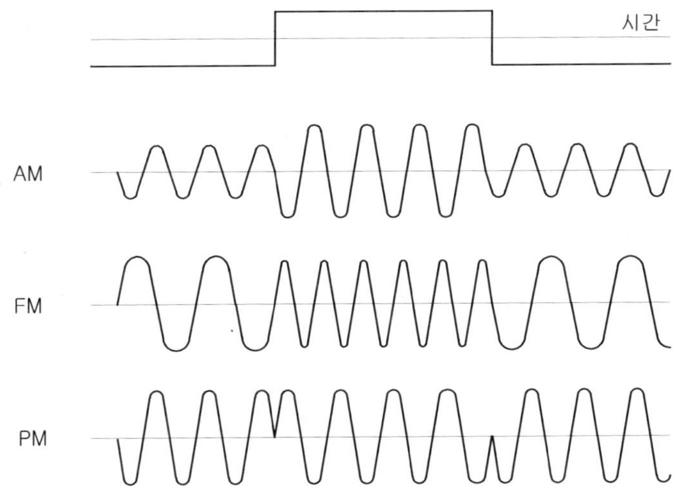

그림 2.9 구형파 신호에 대한 AM과 FM 및 PM 변조 파형

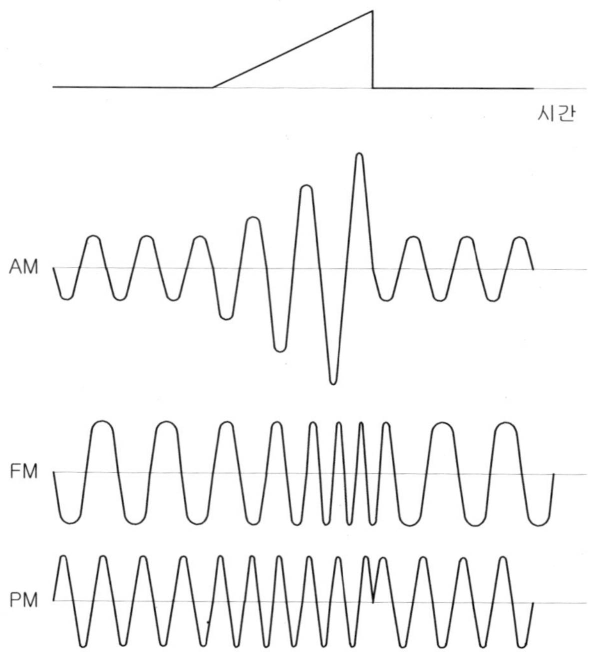

그림 2.10 톱니파 신호에 대한 AM과 FM 및 PM 변조 파형

실습문제 | 2.2

고주파 신호 발생기의 출력 크기가 -10(dBm)으로 표시되고 주파수가 10(MHz)이며, FM 최대 주파수 편이가 100(KHz)이고 변조할 정보 신호의 주파수가 100(KHz)인 경우에 대하여 스펙트럼 분석기의 파형을 그려봅시다.(고주파 신호 발생기와 스펙트럼 분석기의 임피던스는 모두 50(ohm)이다.)

해답

$$v_{FM}(t) = 0.077\cos(2\pi \cdot 10 \times 10^6 t)$$

$$+0.044\cos(2\pi \cdot 10.1 \times 10^6 t) - 0.044\cos(2\pi \cdot 9.9 \times 10^6 t)$$

$$+0.011\cos(2\pi \cdot 10.2 \times 10^6 t) + 0.011\cos(2\pi \cdot 9.8 \times 10^6 t)$$

$$+0.002\cos(2\pi \cdot 10.3 \times 10^6 t) - 0.002\cos(2\pi \cdot 9.7 \times 10^6 t)$$

을 주파수축 상에 표현, 10MHz 성분 : 94.72$dB\mu V$, 9.9/10.1MHz 성분 : 89.86 $dB\mu V$, 9.8/10.2MHz 성분 : 77.82$dB\mu V$, 9.7/10.3MHz 성분 : 63.01$dB\mu V$)

2-5 초고주파 신호 응용 측정 실습

2-5-1 사용 계측기

1) spectrum analyzer : 1대
2) RF signal generator : 1대
3) 범용 함수 발생기(function generator) : 1대
4) 범용 oscilloscope : 1대

2-5-2 고주파 신호 발생기 기본 조작 : 변조 신호 발생 부분

1) AM 변조(내부 변조 기능을 이용하는 경우)
   (1) AM 변조 선택
   (2) 변조도 입력 : 0-100%(계측기 마다 다름) 입력가능 ; 90% 입력
   (3) 변조 주파수 입력 : 1kHz/400Hz 선택 혹은 20Hz-80kHz 범위내 선택 ; 1kHz 선택
   (4) 변조 기능 ON

* ED SG-1240 사용 예

◈ Data Entry Key를 사용
AM(⑰번) → "0~9 및 . 표시" key(⑱번)로 변조도 입력 → %(㉑번) → 1KHz 또는 400Hz(⑥번)로 변조 주파수 선택 → MOD(③번)를 ON

◈ Rotary Knob를 사용
〈◁ 또는 ▷〉(㉒번)로 커서(cursor)가 변조도 지시부(display)에 오게 하고 → ◁ 또는 ▷(㉓번)으로 변조도 표시의 각 digit들이 원하는 변조도를 나타내도록 커서(cursor)를 차례로 이동하면서 Rotary 손잡이(㉔번)를 사용하여 조정 → 1KHz 또는 400Hz(⑥번)로 변조 주파수 선택 → MOD(③번)를 ON

2) FM 변조(내부 변조 기능을 이용하는 경우)
   (1) FM 변조 선택
   (2) 최대 주파수 편이 입력 : 20-400kHz(계측기 마다 다름) 입력가능 ; 2kHz 입력
   (3) 변조 주파수 입력 : 1kHz/400Hz 선택 혹은 20Hz-80kHz 범위내 선택

; 1kHz 선택

(4) 변조 기능 ON

* ED SG-1240 사용 예

◈ Data Entry key를 사용

FM(⑰번) → "0~9 및 . 표시" key(⑱번)로 최대 주파수 편이(deviation) 주파수 입력 → kHz(⑳번) → 1kHz 또는 400Hz(⑥번)로 변조 주파수 선택 → MOD(③번)를 ON

◈ Rotary knob를 사용

〈◁ 또는 ▷〉 key(㉒번)로 커서(cursor)가 변조도 지시부(display)에 오게 하고 → ◁ 또는 ▷(㉓번)으로 변조도 표시의 각 digit들이 원하는 편이(deviation)을 나타내도록 커서(cursor)를 차례대로 이동하면서 Rotary 손잡이(㉔번)를 사용하여 조정 → 1KHz 또는 400Hz(⑥번)로 변조 주파수 선택 → MOD(③번)를 ON

2-5-3 진폭 변조 실습

(1) 스펙트럼 분석기의 전원을 on하여 warming up을 충분히 한다.

(2) 고주파 신호 발생기를 on하여 조작 기능을 파악한다.

■ 주의사항 : 신호 발생기의 모든 조작은 RF OFF 상태에서 수행하여야 하며, 실험 setup이 완성된 상태(케이블 및 실험기기를 모두 연결 하여 임피던스가 정합된 상태)에서 RF ON을 하도록 한다.

1) 출력 단자를 연결시키지 않은 상태에서 조작 연습을 한다.

2) LCD Panel의 표시 기능을 식별한다.(각 표시부가 무엇을 나타내는지 확인한다.)

3) 〈MOD〉 단자를 반복 조작하여 기능 선택을 확인 한다

EXT → External 변조 기능 선택(변조용 신호를 외부에서 인가)

INT 혹은 400Hz/1KHz 선택 단자 → Internal 변조 신호

(변조용 신호를 내부에서 발생)

4) 〈AM〉 단자를 반복하여 누르고 LCD Panel 표시부의 출력을 관찰한다.

AM - ON/OFF → AM 변조를 On/Off한 경우

0 - 100% → 변조도 표시(Data Entry Key나 Rotary Knob를 이용하여 변조

도를 직접 입력)

(참고: ED DSA-1240의 경우 변조도의 범위는 최고 99.5(%)까지이다.)

5) 〈Freq〉단자를 눌러 LCD Panel 표시부의 출력을 관찰한다. → 선택된 반송파 주파수를 표시하며, 계측기의 RF 주파수 범위에서 선택할 수 있다.(Data Entry Key나 Rotary Knob를 이용하여 주파수를 직접 입력)

6) 〈OUT〉 단자로서 RF 출력 신호의 크기를 확인한다. → 출력 크기는 계측기의 RF 출력 범위이며 dBm, dBuV 등의 단위로 변경 설정할 있다.(Data Entry Key나 Rotary Knob를 이용하여 출력 크기를 직접 입력)

■ **주의사항 : 신호발생기의 출력은 스펙트럼 분석기의 허용 입력 크기를 초과하지 않도록 한다.**

(3) 저주파 신호 발생기(함수 발생기)의 출력을 고주파 신호 발생기의 〈MOD IN/OUT〉 단자에 인가한다.

(4) 고주파 신호 발생기의 출력 단자를 스펙트럼 분석기 입력 단자에 연결한다.

(5) 고주파 신호 발생기의 변조 기능을 EXT로 설정한다.

(6) 변조 모드는 AM 변조로, 변조도는 95(%)로 설정한다.(Data Entry Key나 Rotary Knob를 이용하여 변조도를 직접 입력)

(7) RF 출력 신호의 크기는 -20(dBm)으로 선택한다.(OUT 단자와 Data Entry Key나 Rotary Knob를 이용하여 출력 크기를 직접 입력)

(8) 고주파 신호 발생기의 반송파 주파수를 10(MHz)로 설정한다.

(9) 저주파 신호 발생기(함수 발생기)는 50(KHz) 정현파로 선정하고, 신호 출력 값은 적은 값에서부터 시작하여 크기를 서서히 올려서 고주파 신호 발생기 변조도 표시 LED 중 HI 와 LO의 표시가 모두 off 되도록 조절함으로써 변조 회로가 정상적으로 동작되도록 한다.(저주파 신호 출력 전압 크기가 고주파 신호 발생기의 MOD IN 단자의 적정 범위 내의 크기가 되도록 조정해야 함을 의미한다.)

(10) 스펙트럼 분석기의 FREQ Tuning 단자를 회전하여 중심 주파수 CF가 고주파 신호 발생기의 반송파 주파수 값인 10(MHz)로 설정한다. Scan Width나 SPAN 단자를 조정하여 수평축 한 칸(DIV)이 100(KHz)가 되도록 설정하여 변조된 신호가 표시 되도록 한다. 이때 신호 성분이 적게 나타나면 스펙트럼 분석기의 REF 단자와 dB/DIV를 조정하여 (그림2-11)과 유사한 파형이 나오도록 조정한다.

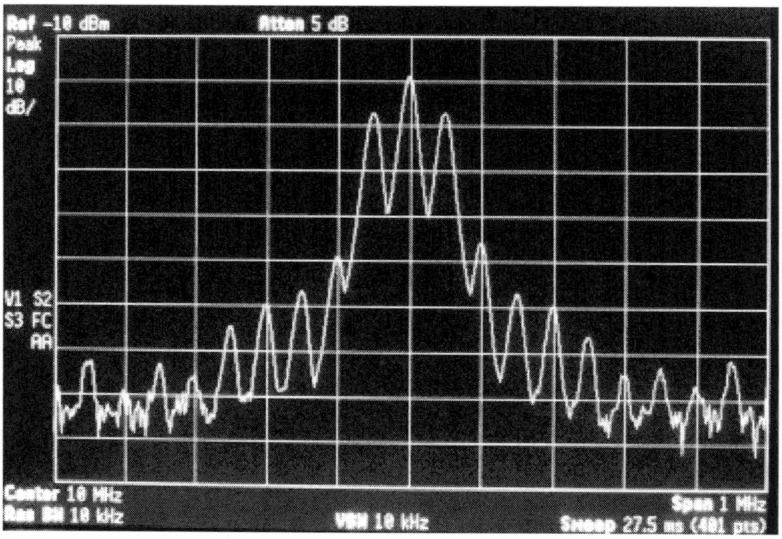

그림 2.11 AM 변조 스펙트럼

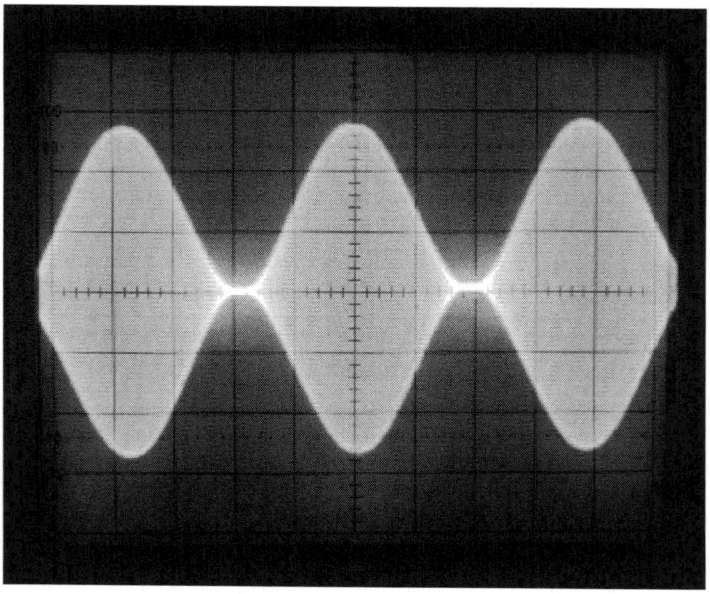

그림 2.12 AM 변조된 신호의 오실로스코프상의 파형

(11) AM 변조된 신호를 오실로스코프로 연결하여 수직 및 수평축 눈금과 트리거 단자를 조정하여 (그림2-12)와 유사한 파형이 나오도록 조정하라.

(12) 고주파 변조 신호의 출력(고주파 신호 발생기의 출력 크기)과 변조 신호의 주파수(함수 발생기의 주파수)와 변조도(고주파 신호 발생기의 변조도)를 가변시키면서 스펙트럼 분석기와 오실로스코프상의 파형을 관찰한다.

(13) 고주파 신호 발생기의 반송파 주파수를 12.5(MHz)로 하고, 저주파 신호 발생기(함수 발생기)의 변조 신호 주파수를 50(KHz)로 설정한 후, 변조도를 25%/45%/65%/85%/95%로 개인별로 각각 다르게 선택하여, 오실로스코프와 스펙트럼 분석기의 파형을 관찰하여, 두 파형으로부터 변조도를 구하여 오차가 얼마나 있는지 개인적으로 확인한다.

2-5-4 주파수 변조 신호 실습

2-5-4-1 변조도가 적은 경우(편이량이 적은 경우, 협대역 FM 변조)

(1) 변조용 고주파 신호 발생기의 출력을 -70dBm으로 설정하여 시작한다.

(2) 고주파 신호 발생기의 변조 모드를 EXT로 하고 FM 변조 기능을 설정한다. 저주파 신호 발생기(함수 발생기)의 출력을 고주파 신호 발생기의 〈MOD IN/OUT〉 단자에 인가한다.

(3) 함수 발생기의 저주파 변조 신호를 100(KHz) 정현파로 설정한다. 신호 출력 값은 적은 값에서부터 시작하여 크기를 서서히 올려서 고주파 신호 발생기 변조도 표시 LED 중 HI 와 LO의 표시가 모두 off 되도록 조절함으로써 변조 회로가 정상적으로 동작되도록 한다.(저주파 신호 출력 전압 크기가 고주파 신호 발생기의 MOD IN 단자의 적정 범위 내의 크기가 되도록 조정해야 함을 의미한다.)

(4) 고주파 신호 발생기의 반송파 주파수를 100(MHz)로 선택한다. (FREQ 단자와 Data Entry Key나 Rotary Knob를 이용하여 주파수를 직접 입력)

FM 최대 편이값(deviation)을 5(KHz)로 선정한다.(FM 단자와 Data Entry Key와 KHz를 이용)

RF 신호 출력 Level을 -30(dBm)으로 설정한다.(OUT 단자와 Data Entry Key나 Rotary Knob를 이용하여 출력 크기를 직접 입력)

(5) 고주파 신호 발생기의 변조 출력을 스펙트럼 분석기 입력 단자에 연결한다.

(6) 스펙트럼 분석기의 CF 조정 단자를 회전시켜 반송파 주파수를 100(MHz) 근방으로 이동하여 화면의 중앙에 신호가 나타나도록 한다.

(7) 스펙트럼 분석기의 Scan Width나 SPAN 단자를 조정하여 수평축 한 칸(DIV)이 100kHz가 되도록 설정하여 변조된 파형을 관찰할 수 있도록 한다.

(8) 고주파 신호 발생기의 변조도 표시 LED 중 HI 와 LO의 표시가 모두 off 되었는지 확인하고(저주파 신호 출력 전압 크기가 고주파 신호 발생기의 MOD IN 단자의 적정 범위 내의 크기가 되도록 조정해야 함을 의미한다.), (그림2-13)과 같은 협대역 FM 변조 파형을 발생시켜 본다.

(9) 측정된 파형으로부터 반송파 성분의 크기와 측대파 성분의 크기를 측정하여 이론치와 비교한다.(스펙트럼 분석기의 marker 기능을 이용)

(10) 측정된 값으로부터 변조도를 계산해 본다.

2-5-4-2 변조도가 큰 경우(편이량이 큰 경우, 광대역 FM 변조)

(11) 고주파 신호 발생기에서 변조기 FM 최대 편이값을 90(KHz)로 설정한다. 반송파 주파수는 100(MHz)로 설정하고 출력 크기는 -30(dBm)으로 설정한다.

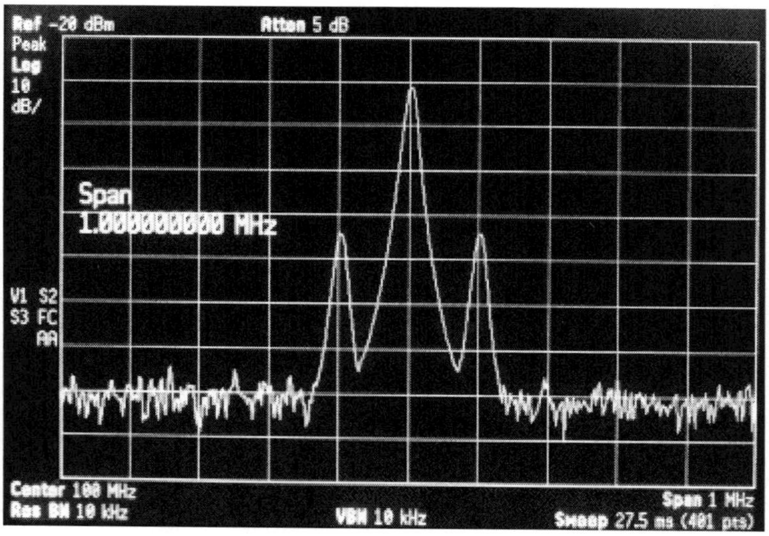

그림 2.13 협대역 FM 스펙트럼

(12) 저주파 신호 발생기(함수 발생기)의 변조 신호를 주파수가 90(KHz)인 정현파로 설정한다.

(13) 스펙트럼 분석기의 수평축인 주파수 DIV(SCAN width 혹은 SPAN을 조정)의 값을 초기에는 50(KHz)로 설정하여 함수 발생기의 변조 신호 주파수를 적은 값에서부터 가변시키면서 스펙트럼의 분포를 관찰한다.

(14) 고주파 신호 발생기의 출력을 -30(dBm), RF 주파수를 150(MHz)로 설정하고 저주파 신호 발생기(함수 발생기)의 변조 신호 주파수를 50(KHz)로 설정한 후, 개인별로 서로 다르게 변조 지수가 0.5/1.0/2.0/3.0/5.0이 되도록 최대 주파수 편이를 설정하고, 스펙트럼을 관찰하여 베셀 도표의 수치를 이용하여 이론치와 비교한다.
(고주파 신호 발생기의 최대 주파수 편이의 한계가 99.9KHz인 계측기의 경우는 저주파 신호 발생기(함수 발생기)의 변조 신호 주파수를 25(KHz)로 설정하여 변조지수를 0.5/1.0/2.0/3.0/약4.0까지 측정한다.)

2-5-4-3 캐리어 널 방법(Carrier Null Method)

(15) 고주파 신호 발생기에서 변조기 FM 최대 편이값을 90(KHz)로 설정한다. 반송파 주파수는 100(MHz)로 설정하고 출력 크기는 -30(dBm)으로 설정한다.

(16) 저주파 신호 발생기(함수 발생기)의 주파수를 조정하여 그림 2.14와 같은 형태가 스펙트럼 분석기에 나타나도록 조정하여 본다.(주파수를 가변하면서 반송파 성분의 크기를 관찰하여 Carrier Null을 찾는다.)

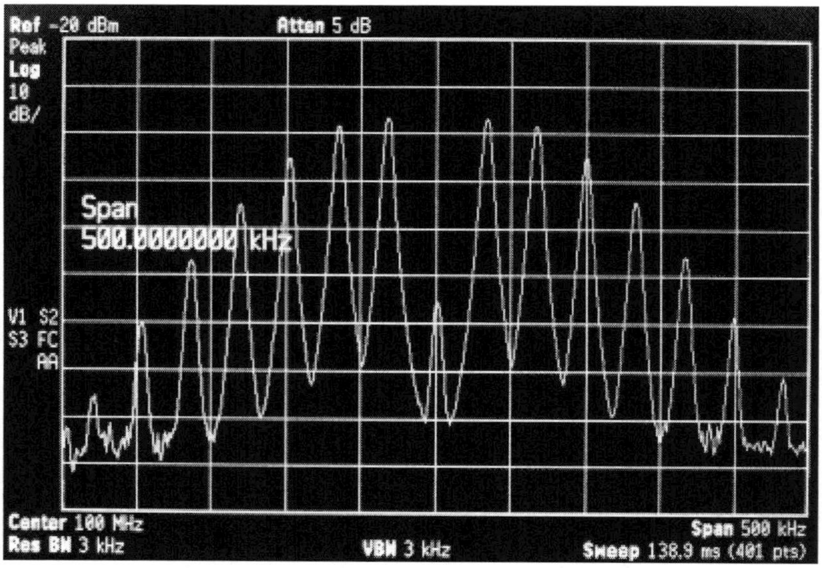

그림 2.14 캐리어(carrier) 널(null) 측정을 위한 FM 스펙트럼

(17) 저주파 신호 발생기(함수 발생기)의 주파수를 조정하여 나타난 주파수 성분 중 반송파 성분이 최소로 감소될 때의 저주파 변조 주파수를 기록한다.(한 번 나타난 후에도 변조 주파수를 계속해서 낮추거나 높이면 반복적으로 반송파 성분이 최소가 되는 현상이 나타난다.)

(18) 최대 편이량 90(KHz)를 (17)에서 구한 변조 주파수로 나눈 변조 지수 값을 계산한다.

(19) 베셀 함수의 그래프 및 함수표에서 캐리어 성분이 0(zero)이 될 때의 변조 지수 값을 찾아서 이론치와 비교한다.

2-6 학습 평가

01 전송하고자 하는 정보 신호 $v_m(t)$와 이 정보 신호를 실어 나르기 위한 반송파 신호 $v_c(t)$가 아래와 같은 경우에 표준 AM 방식으로 진폭 변조된 신호인 (1) $v_{AM}(t)$를 구하고, (2) 시간축상의 파형을 그리고, (3) 단측 주파수축상의 스펙트럼을 그리고, (4) 변조 지수를 구한 후 (2)와 (3)의 파형으로부터 변조 지수를 어떻게 구하는 지 기술해보자.

$$v_m(t) = 2\sin(2\pi*50*10^3 t)$$

$$v_c(t) = 4\sin(2\pi*10*10^6 t)$$

해답

1) $v_{AM}(t) = (4 + 2\sin(2\pi 50 \times 10^3 t))\sin(2\pi 10 \times 10^6 t)$
2) 6/2(V) & -2/-6(V) 포락선
3) 129dBuV/10MHz, 117dBuV/9.95MHz, 117dBuV/10.05MHz
4) m=0.5

02 FM 변조에서 변조되기 전의 주파수가 1(MHz)인 반송파의 전력이 10(W)인 경우에 최대 주파수 편이가 90(KHz)이고 변조할 정보 신호의 주파수가 30(KHz)인 경우에 변조 후의 주파수 성분별 전력 스펙트럼을 Bessel 함수표를 참조하여 구해보자.

해답

135.3dBuV/1MHz, 137.6dBuV/0.97&1.03MHz, 140.8dBuV/0.94&1.06MHz
136.8dBuV/0.91&1.09MHz, 129.3dBuV/0.88&1.12MHz
119.0dBuV/0.85&1.15MHz, 107.0dBuV/0.82&1.18MHz

03 Carrier Null 방법이 무엇이고 어떻게 활용할 수 있는지 정리해 봅시다.

2-7 참고 문헌

(1) 이해선, 이재설, 홍희식, ***통신 시스템의 기초***, 복두출판사, 2014

(2) ED Laboratory, ***SG-1240 RF Siganl Generator Operation Manual***, PKD -1075-0396, 1998

(3) ED Laboratory, ***DSA-8410 Spectrum Analyzer Instruction Manual***, PKD -0512-1295, 1998

(4) Keysight Technology, ***N9320B Spectrum Analyzer Data Sheet***, 2014

(5) Keysight Technology, ***N9310A Signal Generator Data Sheet***, 2014

PART 02

초고주파부문 주요 개념 및 응용 측정

Chapter 03

초고주파 신호 발생 및 전력 측정

이 장에 기술된 관계 지식을 학습하고 실습을 마치게 되면

- 초고주파 신호 발생에 대한 개념을 이해하게 되고
- 초고주파 발진기를 해석하고 설계하는 두 가지 접근 방식을 알 수 있고
- 발진기의 전력 효율을 구할 수 있으며
- thermistor를 이용하여 초고주파 전력을 측정하는 원리를 이해하고 측정할 수 있고
- 초고주파 전력 측정 방법을 이용하여 가변 감쇠기의 삽입 손실 특성을 측정할 수 있다.

3-1 개 요

이 장에서는 초고주파 신호를 어떻게 발생시키는지에 대한 기본 개념과 발생된 신호의 크기를 전력 측정기를 이용하여 측정하는 원리와 방법에 대하여 학습한다. 초고주파 신호의 발생 원리는 일반적인 전기 신호의 발생 원리와 개념상으로 차이가 없다. 단지 주파수가 높은 신호를 발생하여야 하므로 주파수가 높은 상태에서 신호가 발생되는 조건을 만족하기 위하여 사용되는 소자가 높은 주파수에서 동작하여야 한다는 점이 다를 뿐이다. 우선 일반적인 신호 발진기(oscillator)의 개념을 이해하고, 이를 기반으로 초고주파 신호 발생기의 특성 및 원리를 알아봄으로써 초고주파 신호에 대한 개념을 갖도록 한다. 아울러 초고주파 신호의 크기를 측정하는 원리와 방법을 익히도록 한다. 여기서는 발생된 신호의 기본 특성을 측정하는 기본 원리를 실습을 통하여 가질 수 있도록 초고주파 훈련 장비(microwave trainer)를 이용한 특성 측정 개념과 방법을 익힌다. 실습에 대한 본문의 설명과 실습 내용은 labvolt의 초고주파 훈련 장비인 labvolt-8090을 기반으로 기술하였다.

3-2 신호의 발생 원리

일반적으로 신호를 발생시키는 발진기(oscillator)는 트랜지스터, 다이오드, OP-AMP, 혹은 진공관 등의 능동 소자(active element)를 이용하여 이 능동 소자에 공급되는 DC 전력을 가지고 정현파나 구형파와 같은 형태의 신호 전력으로 변환시키는 장치이다. 마이크로파 발진기는 DC 전력을 공급하여 반송파로 사용하게 되는 RF 주파수 대역의 정현파 신호를 발생시키는 소자이므로 무선 통신 시스템에 있어서 가장 기본적이고 필수적인 부품이다. 초고주파 신호의 발생 원리는 귀환(feedback) 회로 개념과 부성 저항 개념의 두 가지 관점에서 접근할 수 있다. 귀환 회로 개념과 부성 저항 개념은 각기 별개의 개념이라기보다는 구현 방법 및 해석 관점상의 구별로 이해하는 것이 바람직하다.

3-2-1 귀환 회로 개념

그림 3.1에서 발진기의 출력 X_0와 귀환 신호 X_f, 그리고 가상 입력 신호 X_s에서 귀환 신호 X_f를 뺀 신호인 X_d는 아래와 같이 표시할 수 있다.

$$X_0 = A \cdot X_d \qquad \cdots\cdots (3\text{-}1)$$

$$X_f = \beta \cdot X_0 \qquad \cdots\cdots (3\text{-}2)$$

$$X_d = X_s - X_f \qquad \cdots\cdots (3\text{-}3)$$

위의 식들을 정리하여 출력 신호 X_0와 가상 입력 신호 X_s의 관계를 구하면 식 (3-4)와 같이 나타낼 수 있다.

$$\frac{X_0}{X_s} = \frac{A}{1+\beta \cdot A} \qquad \cdots\cdots (3\text{-}4)$$

증폭기 A와 귀환 회로 β는 주파수와 입력되는 신호의 크기에 따라서 특성이 변하는 주파수 및 입력 크기에 대한 의존 소자로 특정 주파수에서 $\beta \cdot A$ 가 -1일 경우 전체 회로의 이득을 무한하게 할 수 있다. 그러므로 입력되는 신호가 없더라도 즉, 가상 입력 신호 X_s가 0이 되더라도 특정 주파수의 신호를 발생시킬 수 있다.

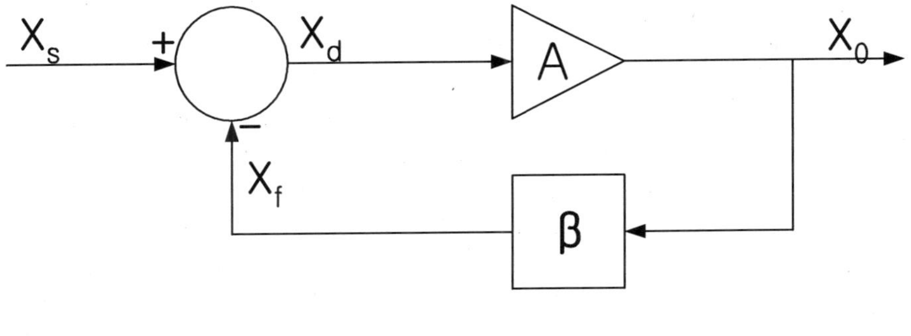

그림 3.1 귀환 회로 개념의 발진기 구성도

여기서 한 가지 의문점이 제시된다. 즉, 이득이 무한할 경우 출력되는 신호의 크기도 무한할 수 있을 것으로 생각할 수 있다. 그러나 앞서 설명한 대로 증폭기 A

와 귀환 회로 β가 입력되는 크기에 따라서 특성이 변하므로 일정한 크기가 되면 무한 발진 조건에서 벗어나게 되어 일정한 전력을 발생 및 유지시키게 된다.

3-2-2 부성 저항(negative resistance) 개념

일반적인 저항의 개념은 열 손실 등과 같이 전력을 소모하는 것으로 이해할 수 있다. 이러한 개념으로 저항의 값이 -이면 거꾸로 전력을 발생하는 것으로 생각할 수 있다. 즉, 부성 저항을 가지는 소자나 회로를 가지게 되면 전력이 발생하는 것이므로 발진기 내에서 능동 소자와 주변 회로를 이용하여 특정 주파수에서 부성 저항이 발생하도록 함으로써 신호를 발생시킬 수 있다.

그림 3.2에서 Z_{in}부분은 부성 저항이 나타나게 하여 신호를 발생시키는 부분으로 능동 소자(active element)를 중심으로 한 회로로 구성되고, Z_L부분은 신호의 주파수를 결정하는 부분으로 주로 수동 소자(passive element)로 구성된다.

Gunn 발진기의 경우 Z_{in}부분은 gunn diode가 그 역할을 담당하고, Z_L부분은 구형 공동기(rectangular cavity resonator)가 일반적인 회로에서의 LC tank 공진 회로의 역할을 담당하게 된다.

일반적으로 부성 저항 개념을 이용한 발진기의 설계 공식을 수식으로 정리하면 아래와 같은 식으로 정리할 수 있다.

$$Z_{in}(I, f) = R_{in}(I, f) + jX_{in}(I, f) \qquad \cdots\cdots (3\text{-}5)$$

$$Z_L(f) = R_L + jX_L(f) \qquad \cdots\cdots (3\text{-}6)$$

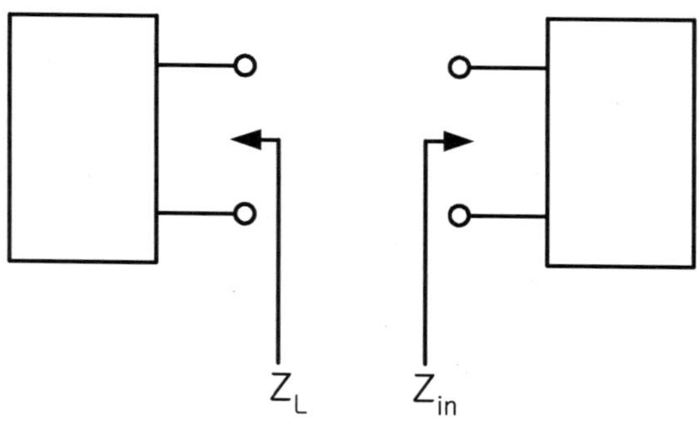

그림 3.2 부성 저항 개념의 발진기 구성도

여기서 괄호 안의 f는 주파수를 나타내고, I는 동작되는 전류의 크기를 나타낸다. 발진 조건은 아래의 식이 만족되는 신호의 크기와 주파수이다.

$$R_{in}(I, f) + R_L = 0 \qquad \cdots\cdots (3\text{-}7)$$

$$X_{in}(I, f) + X_L(f) = 0 \qquad \cdots\cdots (3\text{-}8)$$

3-3 발진기의 전력 효율 계산

앞서 설명한 대로 발진기는 직류 성분의 DC 전력을 공급 받아 교류 성분의 AC 전력을 출력하는 소자이다. 발진기의 전력 효율은 공급한 DC 전력에 대한 AC 출력 전력의 비로서 식(3-9)와 같이 나타낼 수 있다.

$$\eta(\%) = \frac{AC \text{ 출력 전력}}{DC \text{ 공급 전력}} \times 100 \qquad \cdots\cdots (3\text{-}9)$$

DC 공급 전력은 발진기에 공급되는 DC 전압과 DC 전류를 멀티 미터(multi meter)를 이용하여 각각 측정하여 측정된 DC 전류와 DC 전압을 곱함으로써 구할 수 있다. 발진기의 AC 전력은 발진기의 출력을 전력 측정기(power meter)를 이용하여 직접 측정함으로써 구할 수 있으나, 통상적인 실험 구성상에서 전력을 측정하는 경우에는 발진기와 전력 측정기 사이에 발진기를 보호하기 위하여 감쇠기가 설치되어 있으므로 감쇠기의 감쇠량을 감안하여 발진기의 출력을 계산하여야 한다.

3-4 건 발진기(Gunn oscillator)

실습에 사용하게 되는 초고주파 신호 발생기는 공진 공동기(resonant cavity) 내에 위치한 Gunn 다이오드로 구성되어 있다. Gunn 다이오드는 1(mW)에서 5(W)까지의 초고주파 전력을 발생할 수 있다. 건 발진기의 전력 효율은 출력 크기에 따라 0.2(%)에서 20(%)까지 변화한다. 나머지 대부분의 전력은 열로써 소비되므로 이러한 열이 다이오드에 영향을 주지 않기 위해서는 방열판(heat sink)이 필요하다. 건 발진기는 다이오드와 공진 구조에 따라 1(GHz)에서 100(GHz)의 주파수를 발생시킬 수 있다. Gunn이라는 단어는 작동 원리인 Gunn 효과에서 유래되었다. 1960년대 초에 J. B. Gunn은 어떤 반도체 물질이 초고주파의 주파수를 발생시키는 현상을 발견하고 자기의 이름을 붙여 Gunn 효과라고 불렀다. Gunn 효과는 Gallium Arsenide(GaAs)나 Indium Phosphide(InP)를 이용한 n형 반도체 물질에서만 가능하다.

이 물질들은 보통의 반도체 물질과 다르다. 비교적 적은 직류 전압을 n형 GaAs의 얇은 조각에 흐르게 하면 전자는 전류처럼 양극으로 흐른다. 전압을 증가시키면 전자는 양극으로 더 빨리 흐르고 전류가 증가된다. 전위 경도(potential gradient)가 약 3.3(KV/cm)의 한계점(threshold)을 초과하도록 전압을 증가시키면, 전류는 감소하고 얇은 조각의 저항은 부성 저항(negative resistance)이 나타나게 되어 발진기로 사용될 수 있다. 전압을 더 증가시키면 전류는 다시 증가한다. (그림3-3)은 전형적인 Gunn 다이오드의 전류-전압 특성을 나타낸다.

Gunn 다이오드를 등가 회로로 나타내면 0.6(pF)의 캐패시턴스와 -100(Ω) 정도의 부성 저항이 병렬로 연결된 회로로 나타낼 수 있다. Gunn 다이오드로 Gunn 발진기를 설계하려면 공진 특성을 가져야 하므로 인덕턴스가 필요하다. 이 인덕턴스는 저항과 캐패시턴스를 상쇄시켜줌으로써 발진 조건을 가지게 한다. 일반적으로 공동 공진기(cavity resonator)의 크기를 조정하여 회로에서 원하는 주파수를 발생시킬 수 있다.

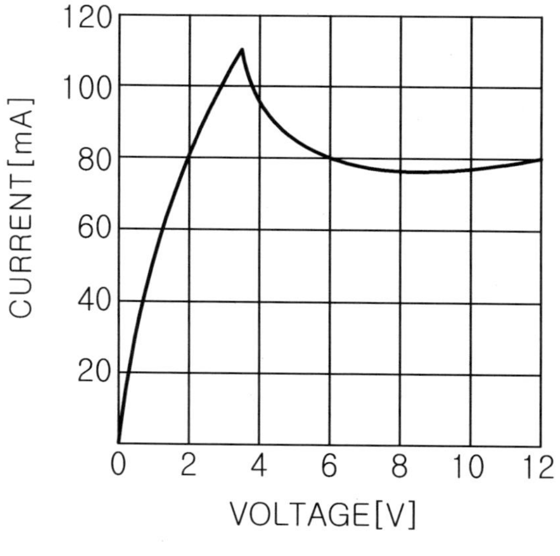

그림 3.3 전형적인 Gunn 다이오드의 전류-전압 특성

그림 3.4 건 발진기

Gunn 다이오드의 동작 대역은 반도체 결정의 물리적 치수에 의해 결정되지만 정확한 주파수는 주어진 회로에 의해 결정된다. 발진 주파수는 공급 전압에 의해 영향을 받으므로 공급 전압을 변화함으로써 일정 범위 내에서 주파수를 조정할 수 있다. Gunn 발진기는 경찰 레이더, CW(Continuous Wave) Doppler 레이더, 경보 시스템 등의 송신 소자나 수신기 내의 국부 발진기(local oscillator)로 사용된다.
그림 3.4는 실습에 사용될 건 발진기의 사진을 나타낸다. Gunn 발진기의 출력 주파수는 약 10.5(GHz) 정도이며 출력 전력은 10(mW)정도이나 공급 전압에 따라 약간 변한다. 발진기에 쓰이는 전원은 전원 케이블을 통해 공급된다. 그림 3.5는 실습에 사용될 건 발진기 전원 공급기의 사진이며, 전원 공급기는 DC 모드와 1(KHz) 구형파 모드의 두 가지 모드로 동작시킬 수 있다.

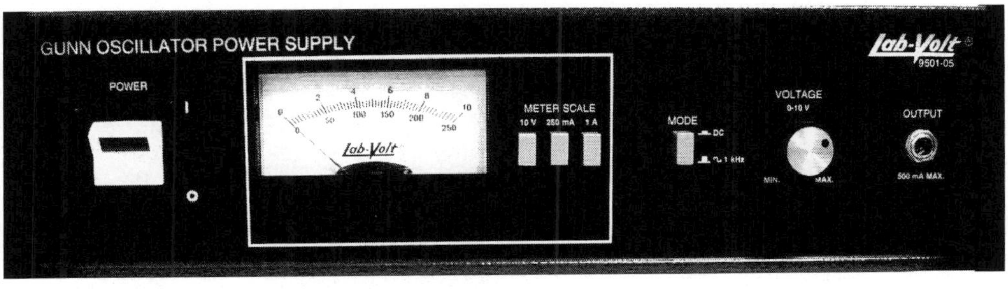

그림 3.5 건 발진기용 전원 공급기

3-4-1 공진 개념

공진 특성이란 회로나 시스템에서 공진 주파수라고 불리는 특정한 주파수에서만 신호를 통과 시키거나 통과하지 않도록 하는 특성을 의미한다. 앞서 발진기의 주파수를 결정하는 회로나 특정 주파수 성분만을 통과시키거나 저지해야하는 여파기, 그리고 주파수를 측정하는 주파수 측정기 등에 널리 사용된다.

공진 특성을 가장 잘 이해할 수 있는 회로가 병렬 LC 회로나 직렬 LC 회로이다. LC 회로는 주파수에 따라 특성이 달라지게 되므로, 특정 주파수에서는 마치 회로가 단락(short)되었거나 개방(open)되어 있는 것으로 보이게 된다. 이것은 회로의 임피던스(impedance)나 어드미턴스(admittance)에서 허수 부분이 0으로 된다는 것을 의미한다. 단락이나 개방으로 나타나는 공진 주파수를 벗어나는 공진 주파수 근처에서는 이러한 특성이 나타나지 않아야 하는 데 얼마나 공진 주파수 근처에서 공진 특성이 급격하게 나타나지 않는 가를 나타내는 척도를 공진기의 Q(Quality) 특성이라고 한다. 공진 주파수 근처에서 공진 특성이 완만하게 사라지는 경우에는 Q 값이 낮고, 급격하게 사라지는 경우에는 Q 값이 높은 것을 의미한다.

초고주파 대역에서는 LC 회로로는 원하는 Q 값을 갖는 공진 특성을 나타내기가 어려워, 유전체 공진기나 도체로 둘러싸여 있고 속이 빈 공동(cavity) 공진기를 사용한다.

3-5 전력 측정기의 원리

초고주파 전력을 측정 및 검파하기 위한 대표적인 소자로 thermistor, thermocouple, 그리고 Schottky diode를 들 수 있다. thermistor와 thermocouple은 초고주파 전력을 측정하기 위해 초고주파 가열 효과를 이용하여 상당히 정확한 전력 측정이 가능하나, μW 이하의 전력은 측정하기가 어렵고 응답 시간이 느려 수초에 이른다. 반면에 Schottky diode는 초고주파 신호를 정류하여 초고주파 전력에 비례하는 DC 전압을 발생시켜 전력을 측정한다. Schottky diode는 응답 시간이 빨라 nsec 단위이며, nW 단위의 낮은 전력도 측정할 수 있으나 정확한 측정을 위해서는 세심한 교정이 요구된다.

실습에서 사용될 전력 측정기는 thermistor를 이용한 것으로 thermistor는 음의 온도 계수를 가지는 반도체 소자다. thermistor의 저항 값은 온도가 증가할수록 감소한다. 그림 3.6은 thermistor 전력 측정기의 구성도이다. R_T로 표현된 thermistor는

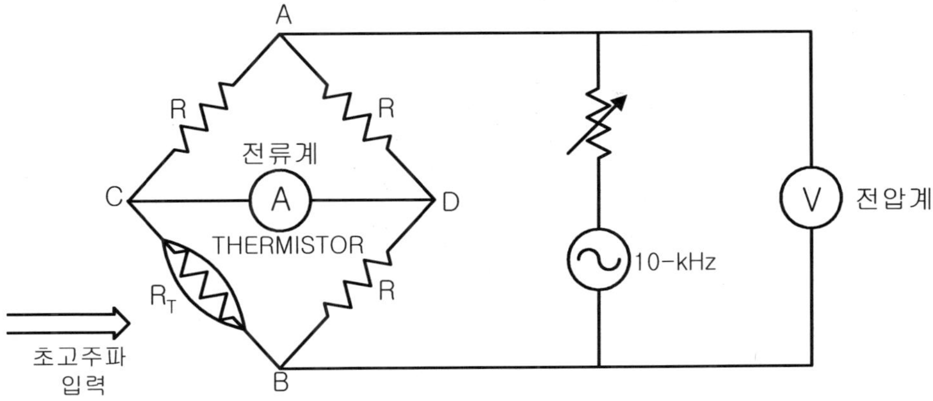

그림 3.6 thermistor 전력 측정기의 구성도

Wheatstone Bridge와 연결되어 도파관에 삽입되어있고, 다른 세 개의 저항은 전력 측정기에 설치된다.

전력 측정기는 다음과 같은 방법으로 동작된다. 초고주파 신호가 인가되기 전의 bridge는 A점과 B점 사이에 인가된 10(KHz)의 가청 주파수 신호에 의해 균형이 유지되고 있다. 가청 주파수 신호의 전력은 thermistor의 온도를 올리게 되고 이로 인해 저항 값이 감소된다. 이 신호는 thermistor의 저항 R_T와 R이 같아질 때까지 조정된다. 이러한 조건이 되었을 때 C점과 D점 사이에 연결된 전류계에는 전류가 흐르지 않는다. 즉, Wheatstone bridge가 평형 상태이다. 또한 thermistor에 공급되는 가청 주파수 신호 전력 P_0는 A점과 B점 사이의 전압과 알려진 값인 저항 R에 의해서 계산될 수 있다.

초고주파의 전력이 도파관에 공급되면 균형을 잃게 된다. 왜냐하면 증가된 초고주파 전력은 thermistor 내에서 더 많은 열을 발생하여 저항 값을 변화시키기 때문이다. 평형 상태는 A점에서 가청 주파수 신호의 전력을 감소시킴으로써 복구될 수 있고, 이때의 thermistor에 공급되는 가청 주파수 신호 전력 P_1을 다시 측정하면 초고주파 전력 P는 P_0와 P_1의 차이이다.

그림 3.7 thermistor mount

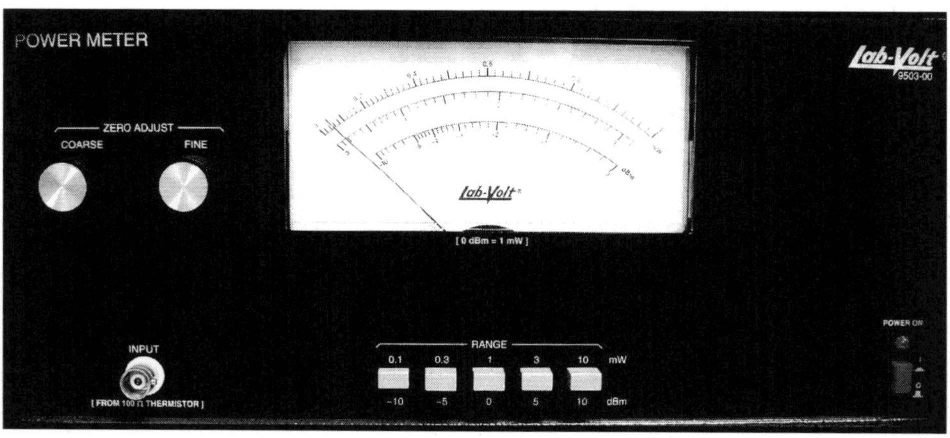

그림 3.8 전력 측정기

$$P = P_0 - P_1 \qquad \cdots\cdots (3\text{–}10)$$

전력 측정기는 귀환 루프에 의해서 자동으로 평형을 유지하도록 설계되어 있다. 먼저 초고주파 전력을 측정하기 전에 계기판을 0에 맞추어야 한다. 초고주파 전력이 인가되면 계기판은 초고주파 신호의 전력을 가리키게 된다.

정확한 전력 측정을 위해서는 thermistor가 도파관에 잘 정합되어 입력되는 모든 초고주파 전력이 thermistor에 흡수되어야 한다. 그림 3.7은 실습에 사용될 thermistor 전력 측정기의 thermistor mount의 사진이다. thermistor mount에는 신호의 정합을 위한 두 개의 정합용 나사와 움직일 수 있는 단락판(short circuit)으로 구성되어 있다. 정합 조건은 주파수에 따라 달라지므로 동작 주파수가 바뀌면 정합용 나사와 움직일 수 있는 단락판은 정합이 되도록 다시 조정되어야 한다. 그림 3.8은 실습에 사용될 전력 측정기의 사진을 나타낸다.

3-6 전력 측정을 이용한 감쇠 및 삽입 손실 측정 원리

감쇠는 두 지점을 전파해 나가는 신호 전력의 감소로써 정의된다. 대부분의 경우 감쇠는 바람직한 현상이 아니다. 그러나 시스템을 설계할 때, 감쇠는 필수적으로 고려해야 한다. 낮은 주파수의 감쇠는 전압이나 전류의 함수로써 표현된다. 왜냐하면 낮은 주파수에서는 전압이나 전류를 쉽게 측정할 수 있기 때문이다. 높은 주파수대에서의 감쇠는 일반적으로 전력의 함수로 표현되고 dB로 표기한다. 점 1과 점 2사이의

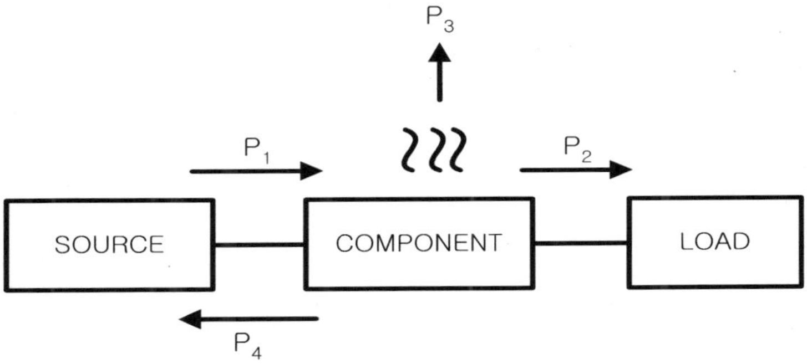

그림 3.9 삽입 손실 측정 설명도

감쇠는 다음 공식을 사용하여 계산할 수 있다.

$$감쇠(dB) = 10\log\frac{P_1}{P_2} = 20\log\frac{V_1}{V_2} \quad \cdots\cdots (3\text{-}11)$$

여기에서 P_1과 P_2는 점1과 점2에서의 전력을 W나 mW로, 그리고 V_1과 V_2는 전압을 나타낸 것이다. P_2가 P_1보다 작을 때, dB로 표시된 감쇠는 양의 값이고 전력 손실을 의미한다. P_1과 P_2가 dBm으로 주어진다면, 감쇠(dB)=P_1(dBm)-P_2(dBm)이다.

삽입 손실은 전송 시스템에 어떤 소자를 삽입했을 때 발생되는 감쇠를 나타낸다.

더 자세하게 말하자면, 삽입 손실은 어떤 소자의 삽입 전에 출력 전력 P_1과 그 소자의 삽입 후에 출력 전력 P_2의 비율이다. 그림 3.9는 아래의 식과 같이 dB로 나타낸 삽입 손실을 나타낸다.

$$\text{삽입 손실}(dB) = 10\log\frac{P_1}{P_2} \qquad \cdots\cdots (3\text{-}12)$$

때때로 신호의 최소 감쇠 값을 삽입 손실이라고 부른다. 가변 감쇠기의 삽입 손실은 가변 감쇠기의 감쇠량을 최소(0dB)로 했을 때의 감쇠를 의미한다.

그림 3.9에서 출력에 공급되는 전력 P_2에 영향을 주는 현상들을 살펴보자. 예를 들어 전류의 흐름에 의해서 온도가 올라가므로 발생되는 도전체 내의 손실 또는 유전체로 인하여 소비되는 전력 P_3가 있다. 또한 반사 전력 P_4는 부하에 공급되는 전력을 감소시킨다.

일반적으로 소자의 삽입 손실은 입력단과 부하의 임피던스의 함수이다. 삽입 손실을 측정하고 소자의 특성을 파악하기 위해서는 입력단과 부하의 임피던스가 도파관의 임피던스와 정합되어야 한다. 감쇠와 삽입 손실을 측정하는 많은 기술이 있는데 가장 널리 알려진 방법은 RF 치환법, DC 치환법, IF(Intermediate Frequency) 치환법, 전력비(power ratio) 방법 등이 있다.

전력비(power ratio) 방법의 장점은 별도의 장비가 필요 없고 변조 신호가 없어도 되므로 단순하다는 것이다. 전력 측정기의 정확도가 측정값에 크게 영향을 미치게 된다.

전력 검출기가 thermistor일 때, 이 방법의 큰 단점은 감쇠 측정 범위가 30(dB)로 제한된다는 것이며, 또한 낮은 전력의 경우에는 사용할 수 없다는 것이다.

3-7 실습을 위한 장비 소개

3-7-1 가변 감쇠기

가변 감쇠기는 초고주파 소자의 신호 입력에서 전력을 감쇠시킬 수 있는 소자로, 이번 실습에서는 감쇠를 측정하는 소자로 사용된다. 실습에 사용될 가변 감쇠기는 측면 가변식 감쇠기이다. 이 측면 가변식 감쇠기에서 저항체로 코팅한 fiber glass의 얇은 면이 구형 도파관의 넓은 면에 수직이고 짧은 면에 평행하게 삽입되어 있다. 결과적으로 감쇠량은 도파관 내의 fiber glass의 얇은 면의 위치에 따라서 감쇠되는 크기(양)를 조절할 수 있다. fiber glass의 얇은 면을 도파관의 중앙으로 옮기면, 도파관의 중앙에서 전계의 크기가 가장 크므로, 감쇠량이 가장 크게 된다. 그림 3.10은 가변 감쇠기를 나타낸다.

그림 3.10 가변 감쇠기

3-7-2 도파관 형태 소자의 연결

도파관은 최소한의 손실로 한 지점에서 다른 지점으로 초고주파 신호를 전송하는 속이 빈 기계적인 구조물이다. 대부분의 도파관은 직사각형 형태의 구형 도파관이 이용되지만, 원형 도파관도 있다. 내부 단면의 크기에 따라 다른 주파수가 사용된다. 우리가 사용할 도파관은 EIA(Electronic Industries Association)규격의 WR-90이며 영국 규격으로는 WG-16이다. 내부 치수는 10.26(mm)×22.86(mm)(0.4inch×0.9inch)이고 외부 치수는 12.7(mm)×25.4(mm)(0.5inch×1 inch)이다. WR-90 도파관은 주파수가 8.2(GHz)에서 12.4(GHz)까지의 신호를 전송한다.

그림 3.11 도파관 이음매 테두리

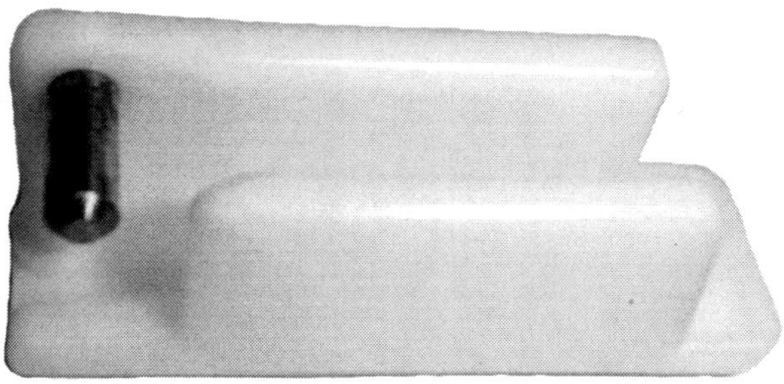

그림 3.12 실습을 위한 간이 연결 도구

도파관 형태의 소자들 간의 연결은 그림 3.11에서 보는 바와 같은 4개의 구멍을 모두 볼트와 너트를 이용하여 연결하는 것이 원칙이다. 모든 소자들은 도파관의 연결점에서 불연속점이 없이 연결되어야 한다. 잘못된 연결을 피하기 위해 도파관의 프렌지 상에 있는 연결용 나사의 구면을 잘 맞추어야 한다. 실습에서는 편의를 위하여 그림 3.12와 같은 도파관 전용 간이 도구를 사용하여 연결한다. 편의를 위해서 두 개의 간이 연결 도구(quick-lock)로 두 도파관을 연결시킬 수 있다.

먼저 연결되어져야 할 물체의 구멍을 맞추고 한쪽 구멍에 quick-lock의 금속 핀을 삽입하고 반대편 구멍에 두 번째 quick-lock의 금속 핀을 삽입한다. 마지막으로 테두리에 플라스틱 부분을 덮으면 두 도파관은 단단히 연결된다.

그림 3.13 도파관 지지대

연결된 실험기구를 안전하게 유지하기 위해서는 도파관 지지대가 필요하다. 그림 3.13의 도파관 지지대는 기저부분과 기둥부분의 두 개의 부분으로 구성되어 있다. 도파관은 기둥 끝의 플라스틱인 부분에 삽입된다. 물체의 높이는 기저부분에 수직인 기둥을 이동시킴으로써 조절된다. 기저부분의 가장자리에 있는 나사는 원하는 높이에서 기둥을 고정시키는데 사용된다.

3-8 초고주파 신호 전력 및 손실 특성 측정 실습

3-8-1 초고주파 전력 측정 기본 실습

(1) 모든 스위치를 끄고, thermistor mount를 연결하기 전에 나사가 도파관 내부로 나오지 않게 하기 위하여 나사를 완전히 분리시킬 필요는 없지만 나사를 돌려 내부에 나타나지 않게 한 상태에서, 그림 3.14와 같이 연결한다.

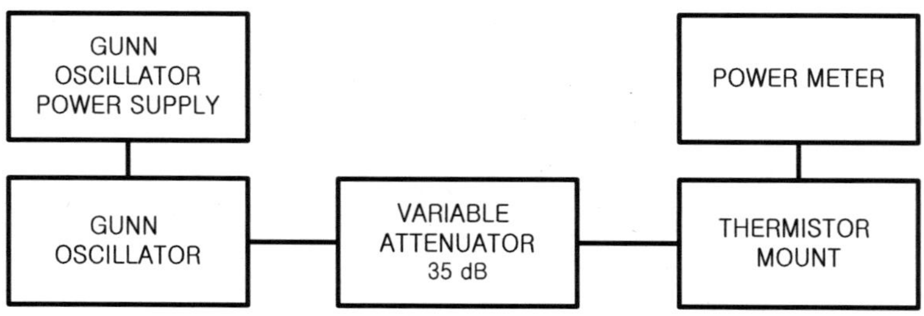

그림 3.14 전력 측정 기본 실습 연결도

(2) Gunn 발진기 전원을 다음과 같이 조정한다.

VOLTAGE..: MIN
MODE..: DC
METER RANGE..: 10 V

(3) 3항에서 5항까지는 전력 측정기를 "0"으로 지시하도록 만드는 영점 조정 과정이다. 먼저 가변 감쇠기의 눈금을 11(mm) 정도로 조정한다. 이렇게 하는 이유는 감쇠기 내부의 얇은 판을 도파관의 중앙에 위치하게 하여 최대의 감쇠를 하기 위해서이다.

(4) Gunn 발진기의 전원과 전력 측정기를 킨다. 전력 측정기는 10(mW) RANGE로 선택하고 Gunn 발진기 전원의 전압을 8.5(V)로 조정한다.

(5) 전력 측정기와 thermistor mount가 동작할 수 있는 온도까지 도달하기 위해 2분가량 기다리고, 전력 측정기가 0이 되게 하기 위해서 thermistor mount가 전력 측정기에 연결되어 있어야 한다. Gunn 발진기 전원의 output에서 케이블 분리한 상태에서 ZERO ADJUST 손잡이를 사용하여 전력 측정기의 바늘이

0(mW)를 지시하도록 한다. 기기가 안정될 수 있는 시간적 여유를 가지고 Gunn 발진기 전원의 케이블을 다시 연결하고, Gunn 다이오드가 안정될 수 있도록 30초 동안을 기다린다.

(6) 6항과 7항에서는 감쇠기를 초고주파 신호가 최대로 되도록 조정할 것이다. 먼저 가변 감쇠기의 눈금을 1.60(mm)로 조정한다.

(7) thermistor mount의 뒷면에서 단락판(short circuit)을 움직이게 할 수 있도록 돌려서, 움직이게 할 수 있는 자물쇠를 느슨하게 한다. 전력 측정기를 보면서 천천히 돌려서 단락판을 끝으로 밀어 놓는다. 단락판이 thermistor mount 쪽으로 움직임에 따라 전력 크기가 어떻게 변하는지 기록한다.(크기의 변화를 나타내는 그림으로 표현)

(8) 최대의 전력을 얻기 위해서 단락판의 위치를 조정한다. 최대의 전력을 얻은 위치에서 단락판의 위치를 고정시킨다.

Note : 정확한 전력의 측정을 위해서는 정합용 나사를 조정해야 한다. 이것은 뒤의 실습에서 배우도록 한다.

전력 측정기의 전력이 얼마인지 기록한다.

Note : thermistor를 안정시키도록 30초를 기다린 후 전력을 읽는다.

전력 = ______________mW

(9) Gunn 발진기와 Gunn 발진기 전원 사이의 케이블을 분리하여 전원을 연결하지 않으면 전력 측정기는 0을 지시하게 된다. 이 방법은 전력 측정기가 측정 범위(RANGE)를 변경하거나 제대로 0점 조정이 되어있는지를 점검할 때 사용된다. 먼저 전력 측정기가 2(mW)를 지시하도록 가변 감쇠기를 조정한다. Gunn 발진기 전원의 OUTPUT에서 케이블을 분리한다. 전력 측정기에서 3(mW) RANGE를 선택하고 ZERO ADJUST 손잡이를 사용하여 다시 0으로 조정한다.

(10) 천천히 가변 감쇠기의 얇은 판이 도파관의 중앙(눈금으로 약 11.43mm정도임)에 오도록 이동시키고, 전력이 계기 상에서 가장 작은 값 이하로 떨어지면 다음의 낮은 Scale RANGE를 선택하고 9항에서 했었던 것처럼, 낮춘 Scale RANGE의 전력 측정기에서 0점을 다시 조정한다. 가변 감쇠기의 얇은 판이 도파관의 중앙에 위치했을 때 초고주파 신호가 thermistor에 입력이 되는지를 기록한다.

□ 예 □ 아니오

(11) Gunn 발진기 전원의 VOLTAGE 제어 손잡이를 MIN 위치에 놓은 후, 모든 전력 스위치를 끄고 실험 기구들을 해체하여 정리한다.

3-8-2 thermistor에 의한 초고주파 전력 측정 원리 실습

(1) 모든 스위치를 끄고, thermistor mount를 연결하기 전에 나사가 도파관 내부로 나오지 않게 하기 위하여 나사를 완전히 분리시킬 필요는 없지만 나사를 돌려 내부에 나타나지 않게 한 상태에서, 그림 3.15와 같이 연결한다.

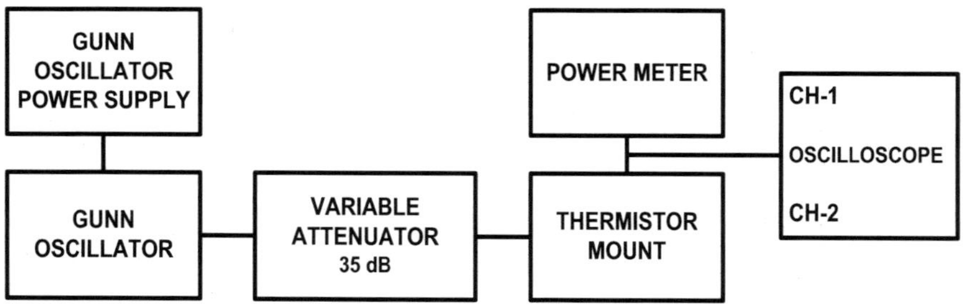

그림 3.15 초고주파 전력 측정 원리 실습 구성도

(2) 두 개의 도파관 지지대를 설치하라.(하나는 Gunn 발진기 아래에, 다른 하나는 thermistor mount 밑에 설치한다.)

(3) Gunn 발진기 전원을 다음과 같이 조정한다.

VOLTAGE.......... : MIN
MODE.......... : DC
METER RANGE.......... : 10V

(4) Oscilloscope를 다음과 같이 조정한다.

Time Base.......... : 50μs/DIV
Channel 1.......... : 0.5V/DIV
Input Coupling.......... : AC
Vertical Mode.......... : Channel 1
Trigger.......... : Channel 1
Trigger Coupling.......... : AC
Trigger Mode.......... : Auto

(5) 가변 감쇠기의 눈금을 11(mm)로 조정한다. Gunn 발진기 전원과 Gunn 발진기 사이의 케이블을 분리한다.

(6) Gunn 발진기 전원과 전력 측정기와 Oscilloscope를 킨다. Gunn 발진기의 공급 전원을 8.5(V)로 맞춘다. 전력 측정기에서 3(mW) RANGE를 선택하고, 2분을 기다린 후에 ZERO ADJUST 손잡이를 사용하여 전력 표시 바늘이 0(mW)를 지시하도록 한다.

(7) oscilloscope의 눈금을 사용하여 thermistor에 걸리는 가청 주파수 신호의 peak-to-peak 전압을 측정하여 기록한다.

가청 주파수 신호 전압 = ____________________ V_{p-p}

저항에 소비되는 평균 전력을 다음 식으로부터 구하라.

$$P = \frac{V_{p-p}^2}{8R}$$

thermistor의 저항이 100(Ω)이면 전력 측정기로부터 thermistor에 공급되는 가청 주파수 전력은 얼마인지 기록한다.

가청 주파수 신호 전력 = ________________________mW

(8) Gunn 발진기 전원과 Gunn 발진기 사이의 케이블을 연결한 후에 Gunn 다이오드가 안정화 되도록 30초 정도를 기다린다. 3(mW) SCALE에서 약 1(mW) 전력이 되도록 가변 감쇠기를 조정한다.

(9) thermistor mount의 뒷면에서 단락판을 조정하는 자물쇠를 느슨하게 한다. 최대 전력을 얻도록 단락판의 위치를 조정하고 그 위치에서 단락판을 고정시킨다.

(10) 전력이 최대가 되도록 thermistor mount의 정합용 나사를 조정한다.

Note : 단락판의 위치를 조정하여 최대의 전력을 얻을 수 있다. 그러나 정합용 나사도 조절하여 최대의 전력이 나오도록 시도해본다.

(11) 3(mW)의 전력을 지시하도록 가변 감쇠기를 조정한다.

(12) oscilloscope를 사용하여 thermistor에 걸리는 가청 주파수 신호의 peak-to-peak전압을 측

정한다. 더 정확한 측정을 위해 Channel 1의 눈금을 0.2V/DIV로 증가시킨다.

가청 주파수 신호 전압 = ______________________ V_{p-p}

bridge에서 thermistor에 흡수되는 평균 가청 주파수 신호 전력을 $P=\dfrac{V_{p-p}^2}{8R}$를 이용하여 계산하라.

가청 주파수 신호 전력 = ______________________mW

초고주파의 전력이 0에서 3(mW)로 변할 때 thermistor에 흡수되는 가청 주파수 신호의 전력의 차이는 얼마인가?

전력 차 = ____________________________mW

(13) 1.4(mW)의 전력을 지시하도록 가변 감쇠기를 조정한다. 전력 측정기에서 각각 mW와 dBm 단위로 전력을 기록한다. dBm 단위의 정확한 전력을 얻기 위해서 실제로 읽은 값에 선택한 범위의 값을 더해 주어야 한다. 예를 들어, 5(dBm) RANGE를 사용하였고 dBm단위에서 읽은 값이 -2이라면 측정된 전력은 다음과 같다.

전력(dBm) = 읽은 값 + Scale RANGE =-2 + 5 = 3dBm

전력 = _______________mW

전력 = _______________(읽은 값) + _______________(Scale RANGE)

= _______________dBm

(14) 13항에서 mW단위로 읽은 전력을 dBm단위로 표현한다.

전력 = _____________________dBm

(15) Gunn 발진기 전원에서 VOLTAGE 제어 손잡이를 MIN 위치로 조정한다. 모든 전력을 끄고 장비를 해체하여 정리한다.

3-8-3 Gunn 발진기 전력 효율 특성 실습

(1) 모든 스위치를 끄고, thermistor mount를 연결하기 전에 나사가 도파관 내부로 나오지 않게 하기 위하여 나사를 완전히 분리시킬 필요는 없지만 나사를 돌려 내부에 나타나지 않게 한 상태에서, 그림 3.16과 같이 연결한다.

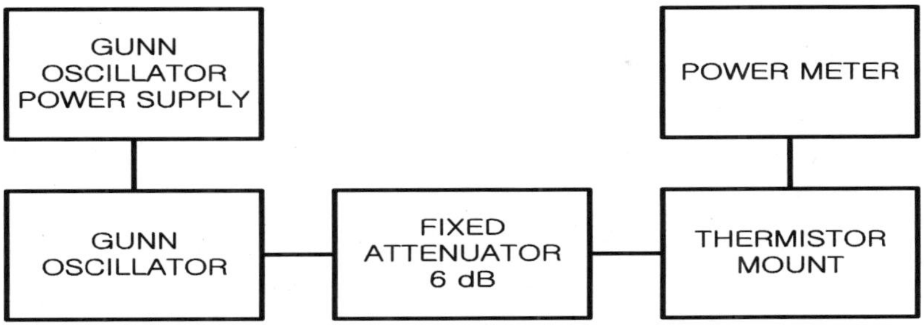

그림 3.16 초고주파 전력 측정 원리 실습 구성도

(2) 두 개의 도파관 지지대를 설치하라.(하나는 Gunn 발진기 아래에, 다른 하나는 thermistor mount 밑에 설치한다.)

(3) Gunn 발진기 전원을 다음과 같이 조정한다.

VOLTAGE... : MIN

MODE... : DC

METER RANGE.. : 10V

(4) Gunn 발진기 전원과 전력 측정기를 킨다. 전력 측정기에서 3(mW) SCALE을 선택하고 장비의 안정화를 위해 2분간 기다린다. ZERO ADJUST 손잡이를 사용하여 전력 측정기가 0(mW)가 되도록 조정한다.

(5) Gunn 발진기의 공급 전압을 8.5(V)로 조정한다.

(6) 전력 측정기에 최대의 전력이 지시되도록 thermistor mount의 움직일 수 있는 단락판의 위치와 정합용 나사를 조정한다.

(7) 〈표3-1〉에서 주어진 각각의 전압에 대해서 다음과 같이 실행한다.

a. 10(V) METER RANGE를 선택하고 VOLTAGE 손잡이로 지정된 전압에 맞춘다.

b. 250(mA) METER RANGE를 선택하고 Gunn 발진기 전류 I를 측정한다.

c. thermistor에 흡수되는 초고주파 전력 P_{READ}를 측정한다.

d. Gunn 발진기에서 공급되는 전력 P_o을 구하기 위해서 전력 측정기의 측정값에 4를 곱하라. 4를 곱하는 것은 6dB의 고정 감쇠기에서 감쇠 전력을 보상하기 위한 것이다.

e. 아래 식을 사용하여 Gunn Source의 효율 η를 계산한다. 식에서의 단위는 P_o가 mW, I는 mA, V는 V임을 기억한다.

$$\eta(\%) = \frac{P_o}{V \times I} \times 100\%$$

Note : 정확한 측정을 위해서는 측정 범위가 바뀌거나 조건이 바뀐 경우에, Gunn 발진기 전원의 OUTPUT에서 전력 공급 케이블을 분리한 상태에서, ZERO ADJUST 손잡이로 전력 측정기를 0으로 다시 조정하여 측정해야 한다.

(8) 〈표3-1〉에서 얻은 결과로부터 Gunn 발진기의 전류-전압 그래프(가로축을 전압으로 0에 10(V)까지로 하고 세로축을 전류(mA)로)를 그린다. 그래프에서 음의 저항이 나타나는 부분을 표시한다.

(9) 7항에서 얻은 결과로부터 Gunn 발진기의 전압-출력 전력 P_o 그래프(가로축을 전압으로 0에 10(V)까지로 하고 세로축을 전력(mW)으로)를 그린다.

Gunn 발진기가 발진하기 시작하는 곳에서의 전압을 기록한다. 기록된 전압이 Gunn 발진기의 전류-전압 그래프에서 음의 저항이 나타나는 부분 내에 있는지 확인한다.

□ 예　　　　　　　　□ 아니오

〈표3-1〉의 결과로부터 공급된 전압 대 Gunn 발진기 효율 그래프(가로축을 전압으로 0에 10(V)까지로 하고 세로축을 효율로 0에서 3(%)까지로)를 그린다.

10) Gunn 발진기 전원에서 VOLTAGE 제어 손잡이를 MIN 위치로 조정한다. 모든 전력을 끄고 장비를 해체하여 정리한다.

〈표 3-1〉 건 발진기의 특성

공급 전압 V(V)	공급 전류 I(mA)	전력측정기 눈금값 P_{READ}(mW)	실제 전력 $P_0 = P_{READ} \times 4$ (mW)	효율 η(%)
0				
0.5				
1.0				
1.5				
2.0				
2.5				
3.0				
3.5				
4.0				
4.5				
5.0				
5.5				
6.0				
6.5				
7.0				
7.5				
8.0				
8.5				
9.0				
9.5				
10.0				

3-8-4 전력 측정을 통한 가변 감쇠기의 교정 실습

(1) 모든 스위치를 끄고, thermistor mount를 연결하기 전에 나사가 도파관 내부로 나오지 않게 하기 위하여 나사를 완전히 분리시킬 필요는 없지만 나사를 돌려 내부에 나타나지 않게 한 상태에서, 그림 3.17과 같이 연결한다.

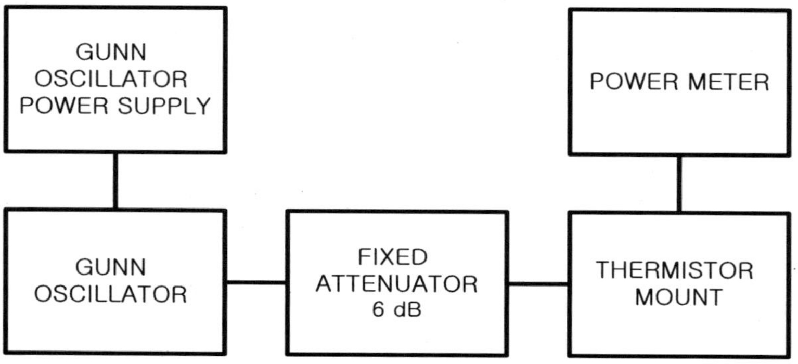

그림 3.17 감쇠 특성 소자 삽입 전 실습 연결도

(2) 두 개의 도파관 지지대를 설치하라.(하나는 Gunn 발진기 아래에, 다른 하나는 thermistor mount 밑에 설치한다.)

(3) Gunn 발진기 전원을 다음과 같이 조정한다.

VOLTAGE..: MIN

MODE..: DC

METER RANGE...: 10V

(4) 전력 측정기에서 5(dBm) RANGE를 선택하고 전력 측정기와 Gunn 발진기 전원을 켜고 장비의 안정화를 위해 2분간 기다린다. 그리고 ZERO ADJUST 손잡이를 이용하여 전력 지시 바늘이 0(mW)를 가리키도록 조정한다.

(5) Gunn 발진기의 공급 전압을 8.5(V)에 맞춘다.

(6) 전력 측정기에 최대의 전력이 지시되도록 thermistor mount의 움직일 수 있는 단락판의 위치와 정합용 나사를 조정하라.

(7) 부하에 전달되는 최대 전력을 전력 측정기에서 측정하여 기록한다.

최대 전력 = ________________________dBm

Note : dBm 단위로 전력을 나타내기 위해서 전력 측정기의 dBm 눈금에서 나타나는 음의 전력 값에 선택한 RANGE의 값을 더해야 한다. 예를 들어, 5(dBm) RANGE를 선택했고 바늘이 -2를 가리킨다면, 전력은 5 - 2 = 3(dBm)이다.

(8) Gunn 발진기 전원에서 Gunn 발진기의 전력 공급 케이블을 분리한다.

(9) 그림 3.18과 같이 가변 감쇠기를 6(dB) 고정 감쇠기와 thermistor mount사이에 삽입한다.

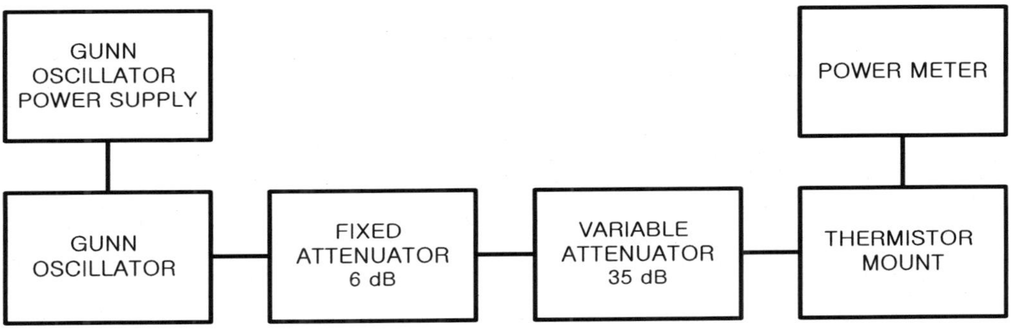

그림 3.18 가변 감쇠기 교정을 위한 실습 구성도

(10) 가변 감쇠기의 눈금을 0.00(mm)로 조정한다. Gunn 발진기 전원에서 분리된 전력 공급 케이블을 다시 연결한다.

(11) 〈표 3-2〉의 POSITION 칸에 나타난 것처럼 가변 감쇄기의 얇은 판의 눈금 위치를 조정하여 thermistor에 전달되는 전력을 측정하여 기록한다. 감쇄기의 삽입 손실을 dB로 나타내려면 7항에서 얻은 최대 전력에서 측정한 전력을 뺀다. 이 값을 INSERTION LOSS에 기록한다.

Note : -20(dBm) 이하의 전력은 측정하지 못하므로 〈표3-2〉의 마지막 칸을 못 채울 수도 있다.

만약 전력 지시 바늘이 -5 아래까지 내려간다면, 더 정확한 측정을 위해서 아래와 같은 순서로 더 낮은 RANGE를 선택하여야 한다.

a. Gunn 발진기 전원으로부터 전력 공급 케이블을 분리한다.

b. 전력 측정기에서 더 낮은 RANGE를 선택한다.

c. ZERO ADJUST 손잡이를 이용하여 전력 측정기를 0으로 맞춘다.

d. thermistor의 온도가 안정되도록 1분을 기다린 후 필요하다면 0을 다시 맞춘다.

e. Gunn 발진기 전원의 전력 공급 케이블을 다시 연결한다.

f. 전력을 측정한다.

Note : -5(dBm)에서 -10(dBm) RANGE에서 정확한 측정값을 얻기 위해 a, c, e, f 항을 다시 반복하는 것이 좋다.

15(dB) 이상의 삽입 손실을 측정하려면 아래와 같이 실행한다.

a. Gunn 발진기 전원으로부터 전력 공급 케이블을 분리한다.

b. 6(dB) 고정 감쇠기를 제거하여 그림 3.19와 같이 연결한다.

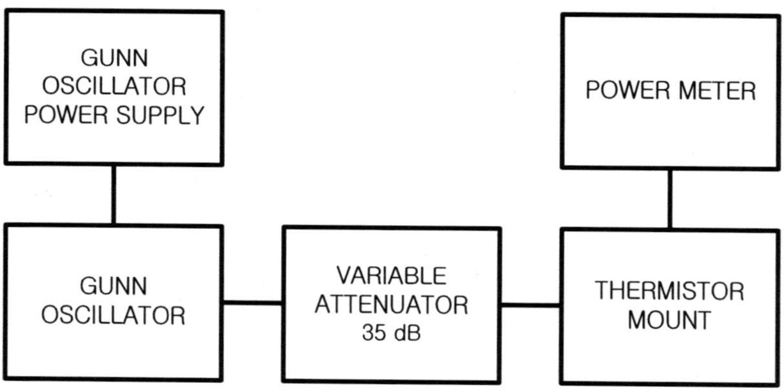

그림 3.19 15dB 이상의 삽입손실 측정을 위한 구성도

c. Gunn 발진기 전원의 전력 공급 케이블을 다시 연결한다.

d. thermistor에 공급되는 전력을 측정하여 기록한다. 7항에서 측정된 최대 전력에서 지금 측정된 전력을 빼고 6(dB)를 더한 값이 삽입 손실이므로 그 값을 〈표3-2〉에 기록한다.

〈표3-2〉 가변 감쇠기 교정 표

가변감쇠기 눈금(mm)	전력(dBm)	삽입손실 (dB)	가변감쇠기 눈금(mm)	전력(dBm)	삽입손실 (dB)
0			3.5		
0.5			4		
1			4.5		
1.5			5		
2			5.5		
2.5			6		
3					

(12) 〈표3-2〉에서 얻은 결과로부터 가변 감쇠기의 눈금과 감쇠 특성 그래프(가로축을 가변 감쇠기의 눈금으로 0에서 6(mm)로 하고 세로축을 삽입 손실로 0에서 40(dB)로)를 그린다. 이 그래프가 사용하는 가변 감쇠기의 감쇠 특성 곡선이다.

가변 감쇠기의 감쇠 특성 곡선을 별도의 용지에 그려 향후 실험 시 항상 참조하도록 한다.

(13) Gunn 발진기 전원에서 VOLTAGE 제어 손잡이를 MIN 위치로 조정한다. 모든 전력을 끄고 장비를 해체하여 정리한다.

3-9 초고주파 훈련 장비 구성품 사진

(1) 건 발진기(Gunn oscillator)

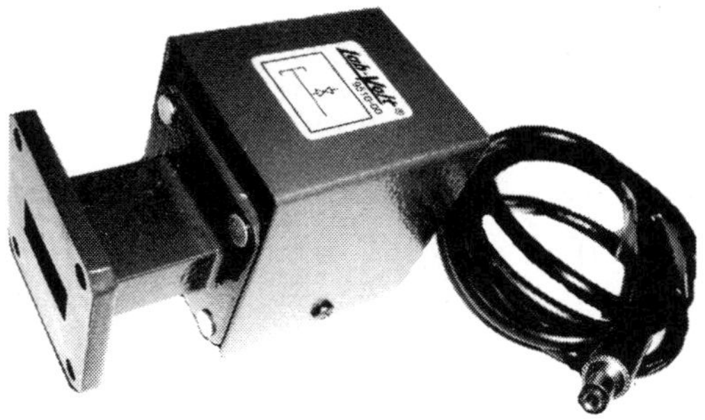

(2) Thermistor Mount

(3) 가변 감쇠기(variable attenuator 35dB)

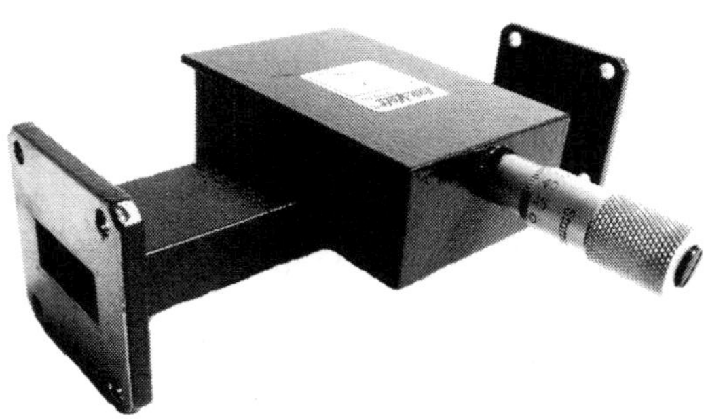

(4) 건 발진기 전원 공급기

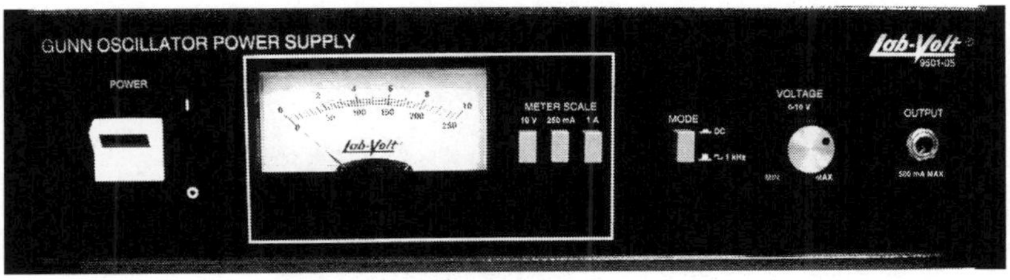

(5) 고정 감쇠기-6dB(fixed attenuator-6dB)

(6) 고정 감쇠기-30dB(fixed attenuator-30dB)

(7) 방향성 결합기(directional coupler)

(8) slotted line

(9) 슬라이드 스크류 튜너(silde screw tuner)

(10) 수정 검파기(crystal detector)

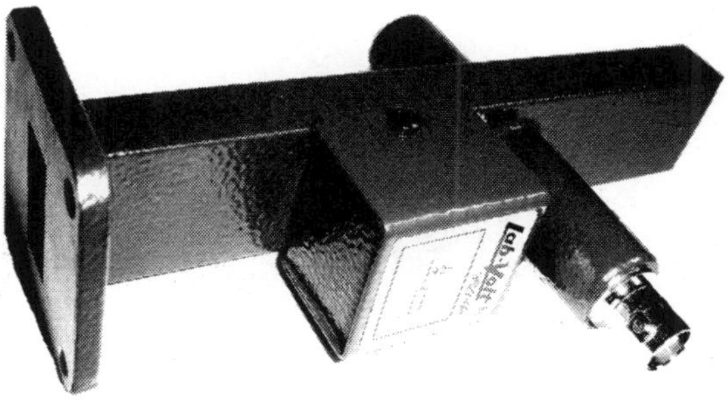

(11) 정합 부하(matched-load)

(12) 단락판(shorting plate)

(13) capacitive iris

(14) inductive iris

(15) power meter

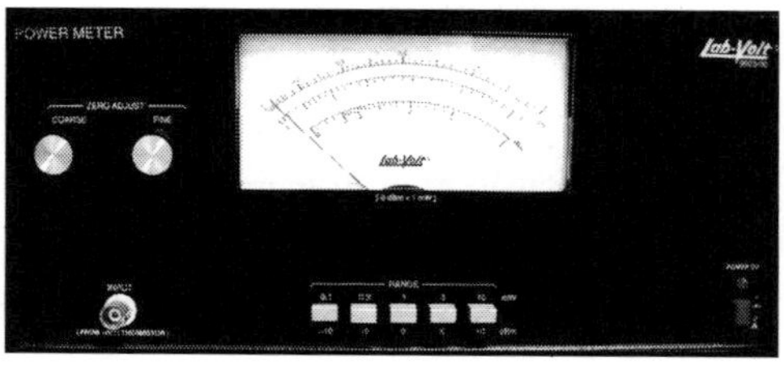

(15) SWR meter

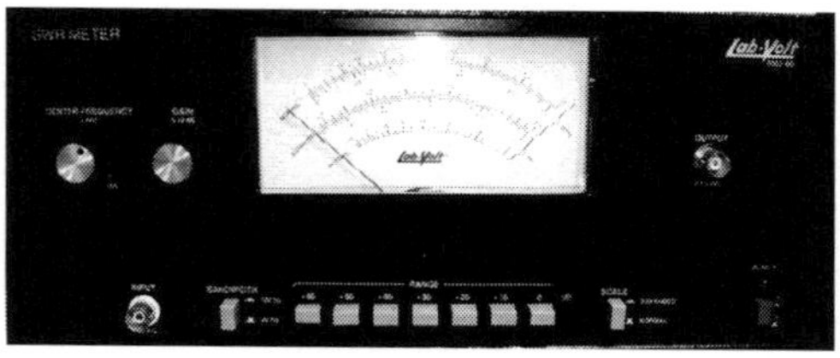

3-10 학습 평가

01 발진기의 기본적인 두 가지 설계 개념을 정리해 본다.

02 발진기의 전력 효율이란 무엇이고 어떻게 측정하고 계산하는지 정리해 본다.

03 thermistor를 이용한 전력 측정기의 원리를 정리해 본다.

04 2%의 효율을 가진 Gunn 발진기의 CW 초고주파 전력이 100mW인 경우에 방열시켜야 하는 전력은 얼마인가?

해답 4.9(W)

05 소자에서의 입력단에서의 입력이 8mW이고 출력단에서의 출력이 0.2mW인 경우의 삽입 손실을 구하시오.

해답 16(dB)

3-11 참고 문헌

(1) Lab-volt, ***Microwave Fundamentals(Microwave Training Kit Student Manual)***, Third Edition, August, 2004

(2) Lab-volt, ***Microwave Technology(Microwave Training Kit Instructor Guide)***, First Edition, June, 1998

(3) David M. Pozar, ***Microwave Engineering***, fourth edition, John Wiley & Sons INC., 2011

(4) Allan W. Scott, ***Understanding Microwave***, John Wiley & Sons INC., 1993

Chapter 04

초고주파 신호의 검파 특성 및 감쇠 측정

이 장에 기술된 관계 지식을 학습하고 실습을 마치게 되면

- 수정 검파기(crystal detector)를 이용한 초고주파 신호의 검파 특성의 원리를 이해할 수 있고
- 수정 검파기의 전압 감도(voltage sensitivity)와 임계 감도(tangential sensitivity)의 정의를 구분 및 측정할 수 있으며
- 초고주파 신호의 변조 및 검파를 이용한 상대적인 크기 측정에 대한 원리를 이해할 수 있고
- 수정 검파기와 정재파비 측정기를 이용한 소자의 감쇠 특성 측정 기술을 확보할 수 있다.

4-1 개 요

통상적으로 신호를 변조하는 이유는 통신 시스템에서 사용하고자 하는 채널에 적합한 형태로 바꾸어 주기 위해서이다. 이번 장에서 다루게 되는 초고주파 신호의 변조는 신호의 특성을 간편하고 쉽게 측정하기 위한 변조이다. 일반적으로 초고주파 신호의 절대 크기와 상대적인 크기 비교를 하기 위해서 초고주파 신호 자체를 가지고 측정하는 것이 가장 정확하게 측정할 수 있는 방법이다. 그러나 이러한 경우는 주파수가 높은 신호 자체를 측정하여야 하므로 고가의 측정 장비를 사용하여야 하며, 정확하게 측정할 수 있는 범위가 제한적이다. 이에 대한 대안으로 초고주파 신호를 포락선이 저주파인 구형파의 형태로 진폭 변조한 후에, 특성을 분석하고자 하는 측정 장비에서 변조된 신호의 포락선을 검파하여, 검파된 저주파 신호를 가지고 초고주파 신호의 특성을 측정하는 방법을 사용한다.

이 장에서는 초고주파 신호를 진폭 변조하는 데 사용되는 PIN 다이오드의 일반적인 특성을 먼저 기술하고 변조된 초고주파 신호의 포락선 검파에 사용되는 수정 검파기(crystal detector)의 회로 원리와 동작 원리를 설명한다. 그리고 변조 및 검파에 대한 특성을 측정하기 위한 정재파비(SWR) 측정기의 사용법과 원리를 기술한다. 아울러 정재파비 측정기를 이용한 기본적인 감쇠 특성 측정 방법을 익힌다.

실습에 대한 본문의 설명과 실습 내용은 labvolt의 초고주파 훈련 장비인 labvolt -8090을 기반으로 기술하였다.

4-2 PIN diode에 대한 이해

일반적인 다이오드는 PN 접합으로 이루어진다. 즉, P형 반도체와 N형 반도체가 접합되어 있는 구조로 주로 정류 회로로 사용된다. 단순하게 설명하면 다이오드에 인가된 전압이 순방향인(forward biased) 경우는 마치 단락되어 다이오드를 도체 선로가 연결된 것으로 생각할 수 있고, 다이오드에 인가된 전압이 역방향인(reverse biased) 경우에는 마치 개방되어 연결된 선로가 끊어져 있은 것으로 생각할 수 있다. 마치 스위치로 동작하는 것으로써 좀 더 상세히 다이오드를 설명하면 PN 접합 부분에 접합 저항과 접합 캐패시턴스(junction capacitance), 그리고 소자의 패키징(packaging)에 따른 패키징 캐패시턴스와 인덕턴스가 존재한다. 다이오드에 인가된 전원에 따라 이들 소자 값들이 변화되어 여러 가지 기능을 할 수 있게 된다. 특별히 접합 캐패시턴스의 존재로 인하여 다이오드의 스위칭 속도가 제한을 받게 된다.

PIN 다이오드는 P형 반도체와 N형 반도체 사이에 고저항의 얇은 절연층인 I층이 끼어 있는 구조를 갖고 있다. I층을 삽입함으로써 역방향으로 전원이 인가된 경우에 접합 캐피시턴스 값을 줄일 수 있어 주파수가 높은 신호에서도 스위칭 속도를 감당해 낼 수 있다.

역방향으로 바이어스 된 경우에는 초고주파에 대해 저항 값이 크고 캐패시턴스를 갖는 등가 회로로 볼 수 있고, 순방향으로 바이어스 된 경우에는 절연층에 다수의 홀과 전자 즉, 캐리어(carrier)들이 들어오게 되어 절연층이 없는 것과 같아 도전성을 갖게 된다. 그러므로 이 PIN 다이오드는 충분한 진폭을 가진 구형파(square wave)로 bias를 변화시켜 주면 직류 제어 초고주파 스위치로서 사용할 수 있으며, 적당한 입력 신호 레벨의 변화에 의하여 순방향 저항 값의 변화가 일어나는 변조기로 사용할 수 있다.

이러한 PIN 다이오드의 특성을 이용하는 응용 분야로 널리 활용되고 있는 PIN 다이오드를 이용한 고주파 소자는 스위치, 변조기, 위상 변환기(phase shifter) 및 감쇠기(attenuator)를 들 수 있다. 특히 PIN 다이오드를 이용한 소자는 기계적 스위치나 감쇠기에 비해 고속 제어가 가능한 장점을 가진다. 이러한 PIN 다이오드 특성을 이용하여 초고주파 훈련 장비에서 구형파로 변조된 초고주파 신호를 발생시키는데 사용한다.

4-3 수정 검파기(crystal detector) 특성

검파기 내의 다이오드는 고주파 신호를 정류하여 고주파 전력에 비례하는 DC 전압을 발생시킨다. 도파관으로 구성된 시스템에서 검파기는 도파관 내부의 전자계 분포 지역에 신호 검출 침(probe)를 넣어 변조된 초고주파를 검파해 내는 소자이다. 여기에는 점 접촉형 게르마늄(germanium) 또는 실리콘(silicon) 다이오드가 사용되었으며, 요즈음은 쇼트키(schottky) 다이오드가 널리 사용된다.

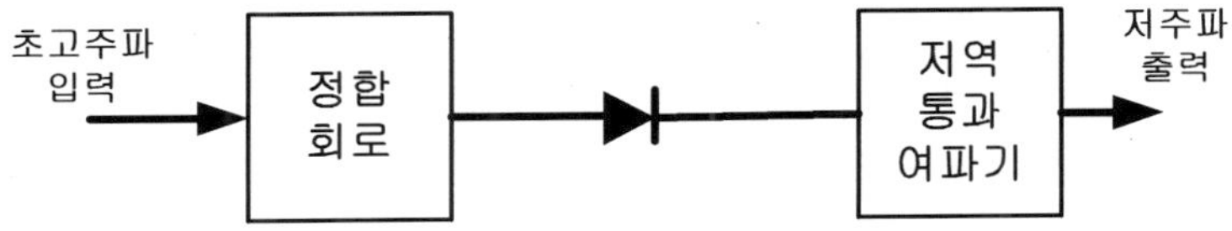

그림 4.1 크리스털 검파기의 등가 회로

수정 검파기(crystal diode)의 동작 회로는 그림 4.1과 같다. 그림에서 정합 회로는 초고주파 입력에 대하여 최대의 전력이 검파기로 전달될 수 있도록 하는 정합 회로로 일종의 입력단 여파기로 생각할 수 있다. 저역 통과 여파기는 다이오드 출력에서 저주파 성분을 분리해 주는 출력단 여파기로 동작된다. 회로 내에서 다이오드의 일반적인 전류-전압 특성은 식(4-1)과 같다.

$$i(v) \;=\; I_o(e^{\frac{qv}{kT}} - 1) \qquad \cdots\cdots \text{(4-1)}$$

여기서 q는 전하량(1.6×10^{-19})이며 k은 Boltzmann 상수(1.38×10^{-23}J/K)이며 T는 절대 온도를 나타낸다.

식(4-1)은 다이오드에 인가된 전압에 따른 전류의 출력 특성이 비선형(nonlinear)적인 특성임을 나타내고 있다. 비선형적인 경우에는 정확히 특성을 분석하는 것이 어려우므로 이 특성을 근사적으로 쉽게 파악하기 위하여 식(4-2)와 같이 비선형 특성에 대한 Taylor 급수로 식(4-1)을 전개할 수 있다.

$$i \;=\; a_0 + a_1 V + a_2 V^2 + a_3 V^3 + \cdot\cdot \qquad \cdots\cdots \text{(4-2)}$$

입력 전압이 AM 변조된 형태이므로 입력 전압 $v_{in}(t)$이 식(4-3)과 같은 경우에 출력 전류 $i(t)$는 식(4-4)와 같다.

$$v_{in}(t) = V_0(1 + m\cos\omega_m t)\cos\omega_0 t \qquad \cdots\cdots \text{(4-3)}$$

$$\begin{aligned} i(t) \;=\; & a_0 + a_1\{V_0(1 + m\cos\omega_m t)\cos\omega_0 t\} \\ & + a_2\{V_0(1 + m\cos\omega_m t)\cos\omega_0 t\}^2 + \cdot\cdot\cdot \end{aligned} \qquad \cdots\cdots \text{(4-4)}$$

식(4-4)를 주파수 성분별로 정리하기 위하여 삼각 함수의 제곱과 곱에 대한 전개식인 식(4-5)와 식(4-6)을 이용하여 정리하면 식(4-7)과 같이 정리할 수 있다.

$$\cos^2\omega t = \frac{1}{2}(1 + \cos 2\omega t) \qquad \cdots\cdots \text{(4-5)}$$

$$\cos\omega_m t \cdot \cos\omega_0 t = \frac{1}{2}\{\cos(\omega_0+\omega_m)t + \cos(\omega_0-\omega_m)t\} \quad \cdots (4\text{-}6)$$

$$\begin{aligned} i(t) \;=\; & a_0 + a_1 V_0\left\{\cos\omega_0 t + \frac{m}{2}cos(\omega_0+\omega_m)t + \frac{m}{2}cos(\omega_0-\omega_m)t\right\} \quad \cdots (4\text{-}7) \\ & + a_2\frac{V_0^2}{2}\left\{\begin{array}{l} 1+\frac{m^2}{2}+2mcos\omega_m t+\frac{m^2}{2}cos2\omega_m t+\cos2\omega_0 t \\ +\frac{m^2}{2}cos2\omega_0 t+mcos(2\omega_0+\omega_m)t+mcos(2\omega_0-\omega_m)t \\ +\frac{m^2}{4}cos2(\omega_0+\omega_m)t+\frac{m^2}{4}cos2(\omega_0-\omega_m)t \end{array}\right\} + \cdot\cdot \end{aligned}$$

식(4-7)에서 입력 신호가 작은 경우에 3번째 항까지만 고려하여 분석하면, 출력 전류의 f_m성분($a_2 m V_0^2 \cos\omega_m t$)은 크기가 V_0^2에 비례하므로 자승 검파기로 동작하는 것을 알 수 있다. 즉, 초고주파 수정 검파기의 전류는 초고주파 전압의 크기의 제곱에 비례하므로 입력 신호가 작은 경우에 동작 영역을 자승 검파 영역(square law region)이라고 부른다.

입력 신호가 커지는 경우에는 다수의 항이 포함되어야 하고 소신호 영역이 아닌 포화 상태에 이르게 되므로, 더 이상 자승 검파 특성을 갖지 못하고 입력 전압에 따라 출력 전류의 크기가 비례하는 선형 동작 영역(linear region)에서 동작하게 된다.

그림 4.2는 수정 검파기의 특성 곡선으로 가로축이 입력 전력, 즉 입력 전압의 제곱에 해당되고 세로축은 출력 전압을 나타내므로, 입력 전력이 적은 경우에는 자승 검파 특성을 나타내는 것을 알 수 있다.

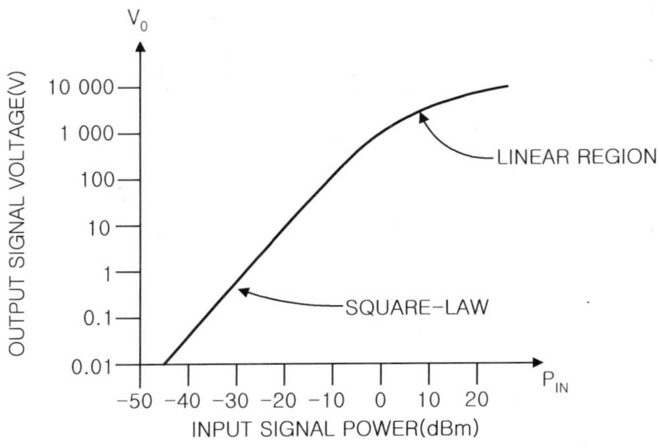

그림 4.2 크리스털 검파기 특성 곡선

검파기의 특성을 나타내는 주요 변수로 전압 감도와 최소 임계 감도가 있다. 전압 감도(voltage sensitivity)는 위에서 설명한 입력 전력에 대한 출력 전압 특성으로 식 (4-8)과 같이 나타낼 수 있다. 식에서 open-circuited voltage는 출력단에서 개방 상태에서의 전압을 의미한다.

$$\text{Voltage Sensitivity} = \frac{open-circuited \quad voltage}{applied \quad power} \ (\text{V/W}) \qquad \cdots\cdots \ (4\text{-}8)$$

최소 임계 감도(TSS, Tangential Sensitivity)는 검파기가 얼마나 적은 신호까지를 검파해 낼 수 있는 가를 나타내는 변수로, 단위는 일반적으로 절대량을 나타내는 dBm을 많이 사용한다. 그림 4.3에서 볼 수 있듯이 구형파로 변조된 신호를 검파하는 경우에 신호 크기가 잡음 크기와 같게 되는 지점이 임계치가 된다. 즉, 그림에서와 같이 잡음 크기와 펄스가 같은 크기로 되는 초고주파 전력 크기를 검파기의 TSS(최소 임계 전력)라고 부른다. 보통 사용하고 있는 초고주파 검파기는 1MHz 대역폭에 대하여 -50dBm정도의 TSS를 갖는다.

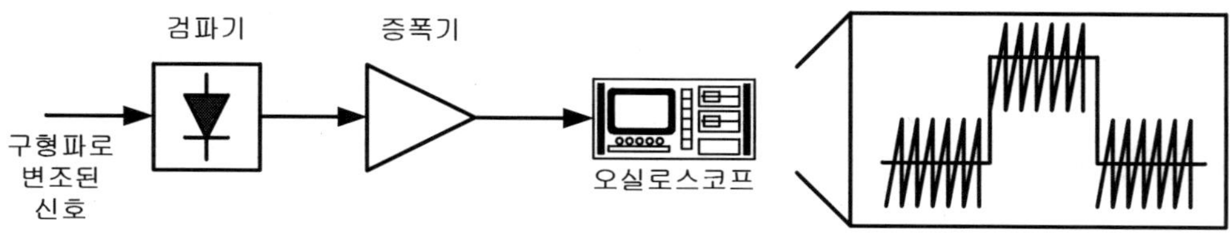

그림 4.3 최소 임계 감도 특성

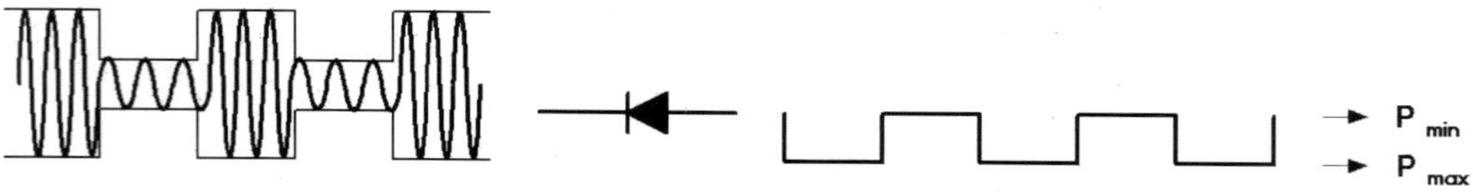

그림 4.4 구형파 신호로 변조된 경우의 검파 신호

검파된 신호로부터 변조도를 구하는 과정을 설명하면 변조도는 반송파 신호의 크기에 대한 변조 신호의 크기에 대한 비를 나타내므로 그림 4.4에서 P_{max}와 P_{min}에 해당하는 V_{max}와 V_{min}으로부터 식(4-9)를 이용하여 변조도를 구할 수 있다.

$$m = \frac{\frac{V_{max}}{V_{min}} - 1}{\frac{V_{max}}{V_{min}} + 1} \qquad \cdots\cdots \ (4\text{-}9)$$

식(4-9)에서 V_{max}/V_{min}은 측정 상에서 검파된 신호를 오실로스코프로 보면서 P_{max}와 P_{min} 사이의 전력 차이를 감쇠기를 이용하여 측정한 값을 A라고 하면 식(4-10)의 관계에서 V_{max}/V_{min}를 구할 수 있다.

$$A(dB) = 20\log(\frac{V_{max}}{V_{min}}) \qquad \cdots\cdots \ (4\text{-}10)$$

4-4 감쇠 특성 측정

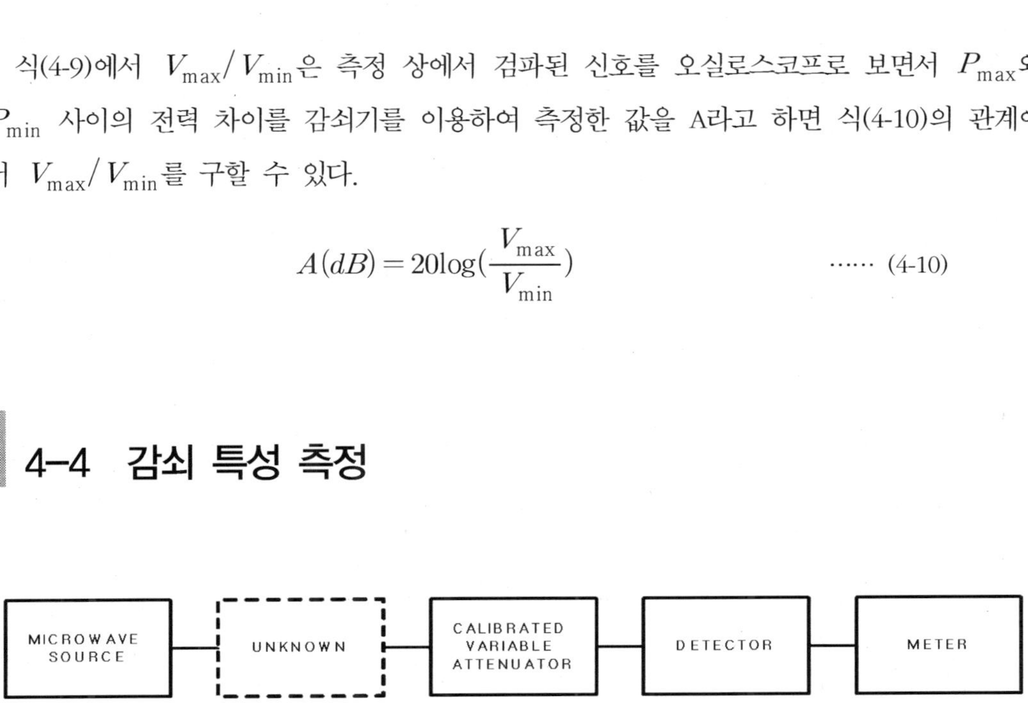

그림 4.5 RF 치환 방법에 의한 감쇠 측정 구성도

그림 4.5에서 보여주는 RF 치환 방법은 감쇠를 매우 정밀하게 측정할 수 있는 방법이다. 이 방법에서 감쇠를 측정할 미지의 소자를 신호 발생기와 가변 감쇠기 사이에 삽입한다. 그리고 검파기의 출력에 적합한 신호를 만들기 위해서 가변 감쇠기를 조정한다. 마지막으로 미지의 소자를 제거하고 가변 감쇠기를 시스템에서 미지의 소자가 있을 때와 같은 레벨의 신호를 만들도록 조정한다. 위의 두 경우에서 조정된 감쇠량의 차가 미지의 소자에 의한 감쇠량이 된다.

이 측정법에 의해 제시된 동작 범위(dynamic range)는 검파기의 주요 성능 변수이다. 예를 들어 전력 측정기와 thermistor를 사용한다면 더 적은 동작 범위에서만 측정할 수 있다. 수정 검파기와 oscilloscope도 사용할 수도 있지만 이때 동작 범위를 증가시키기 위해서 증폭기가 검파기의 출력단에 연결되어 사용된다. 대부분의 경우에 수정 검파기와 정재파비 측정기가 사용되고, 약 60(dB)의 동작 범위를 제공한다.

정재파비 측정기는 1(KHz)로 동조된 가변 이득 증폭기와 측정기로 구성되어 있다. 그러므로 검사될 소자에 인가되는 초고주파 신호는 1(KHz)로 진폭 변조되어 있어야 한다. 초고주파 훈련 장비의 정재파비 측정기는 70(dB)의 동작 범위를 가지고 두 대역폭(20Hz 또는 100Hz)을 선택할 수 있다.

정재파비 측정기는 입력에 자승 검파기를 사용하여 조정된다. 이 조정은 검파기의 출력에서 20(dB)의 증가는 검파기의 입력에서 단지 10(dB)의 실제 신호 증가와 같음을 고려해야한다. 이러한 이유로 측정기의 계기판에 나타난 값은 정재파비 측정기가 자승 법칙의 영역에서 작동하는 검파기에 연결되었을 때만 유효하다.

RF 치환 감쇠 측정 방법의 장점은 검파기에 의해 발생할 수 있는 오차를 없앨 수 있다는 것이다. 또 다른 장점은 측정 과정이 검파기가 어떤 특정한 형태이건 간에 제약을 받지 않는다는 것이다.

감쇠기의 눈금 조정, 소자의 접합 부분에서의 반사, 고조파의 존재 그리고 모든 측정 기구는 한정된 안정성을 지닌다는 사실이 에러의 주요 원인이다.

4-5 정재파비 측정기(SWR meter)를 이용한 측정 원리

정재파비 측정기는 정재파비(SWR, Standing Wave Ratio)를 측정하는 장비이나, 실제로 동작하는 관점에서 보면, 구형파로 변조된 신호를 검파하여 검파된 구형파로 상대적인 크기를 비교할 수 있는 측정 장비이다. 그러므로 dBm과 mW 혹은 V와 같은 절대량을 측정할 수 없고 두 가지 상태에 대한 크기를 dB단위로 비교하는 장비이다. 여기서는 정재파비를 측정하는 것에 대한 설명은 뒤의 6장으로 미루고 SWR 미터로 상대적인 크기를 비교하는 원리를 설명한다.

정배파비 측정기는 그림 4.6에 나타난 바와 같이 눈금 조정 메타, INPUT 커넥터, 동조 손잡이(CENTER FREQUENCY), 가변 GAIN 손잡이, 이득 RANGE 스위치, BANDWIDTH 선택 스위치, 측정기에서 NORMAL이나 EXPANDED SCALE을 선택할 수 있는 스위치, DC OUTPUT 커넥터, 전원 스위치로 구성되어 있다.

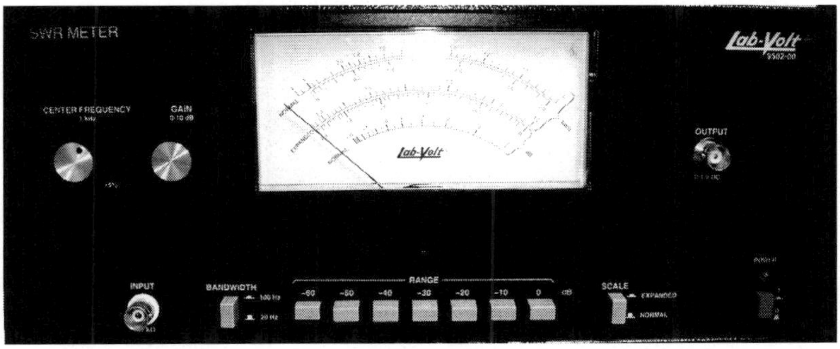

그림 4.6 SWR 미터

정재파비 측정기는 다섯 가지의 눈금 범위를 가지고 있다. 즉, 두 개의 NORMAL SWR 눈금 범위(1.0에서 4.0까지와 3.2에서 10까지), EXPANDED SWR 눈금 범위(1.0에서 1.33까지), NORMAL dB눈금 범위를 사용한다. 이 눈금 범위는 상대 전력을 측정할 수 있지만 절대 전력은 측정하지 못한다. SCALE 스위치를 NORMAL 위치에 놓으면, NORMAL SWR과 dB눈금 범위를 사용할 수 있다. EXPANDED 눈금 범위를 사용하기 위해서는 스위치가 반드시 EXPANDED 위치에 놓여 있어야 한다.

RANGE 스위치는 10(dB) 단위의 초고주파 신호와 동일한 증폭 이득을 조정하는 누름 버튼 스위치들이다.(이 스위치들은 자승 법칙 영역에서 동작하는 검파기를 사용하여 눈금이 조정되어 진다.) GAIN 제어 손잡이로 0에서 10(dB) 단위의 연속적인 가변 증폭 이득을 제공한다.

CENTER FREQUENCY 제어 손잡이는 증폭기를 변조 신호와 같은 주파수로 맞추기 위해 사용된다. BANDWIDTH 선택 스위치는 원하는 증폭 대역폭(20Hz 또는 100Hz)을 선택하는데 사용된다.

정재파비 측정기를 측정 관점에 정리하면, 기본적으로 1(KHz) 구형파로 검파된 신호를 이용하여 간접적으로 초고주파 신호의 크기에 대한 상대 크기를 측정하는 것으로 설명할 수 있다. 검파된 신호의 1(KHz) 주파수와 측정 장비 내에서 이 주파수로 동작하는 소자를 일치시켜 주어 눈금으로 표시되는 지시가 최대로 되도록 장비 외부에서 조절할 수 있는 CENTER FREQUENCY 손잡이를 조정하여 좀 더 편리하고 정확하게 측정할 수 있다. 10(dB) STEP 스위치는 크기의 비교치가 10(dB)이상인 경우는 이 스위치를 이용하여 10dB 간격으로 이득을 올려줌으로써, 후에 이를 감안하여 비교값을 더 넓은 측정 범위까지 측정할 수 있도록 해준다.

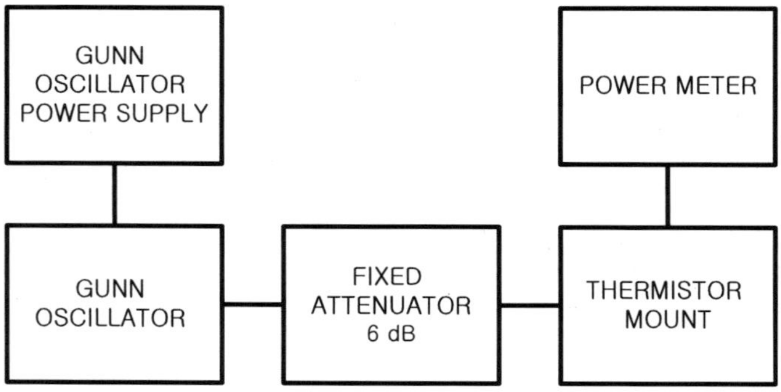

그림 4.7 건 발진기에 의해 전달되는 전력 측정 구성도

4-6 초고주파 신호 검파 특성 및 감쇠 측정 실습

4-6-1 초고주파 신호 검파 특성 실습

(1) 모든 스위치를 끄고, thermistor mount를 연결하기 전에 나사가 도파관 내부로 나오지 않게 하기 위하여 나사를 완전히 분리시킬 필요는 없지만 나사를 돌려 내부에 나타나지 않게 한 상태에서, (그림4-7)과 같이 연결한다.

(2) 두 개의 도파관 지지대를 설치하라.(하나는 Gunn 발진기 아래에, 다른 하나는 thermistor mount 밑에 설치한다.)

(3) Gunn 발진기 전원을 다음과 같이 조정한다.

VOLTAGE.. : MIN
MODE... : DC
METER RANGE... : 10 V

(4) Gunn 발진기 전원과 전력 측정기를 켜서 5(dBm)으로 선택하고 기기의 안정화를 위해 2분을 기다린다. 전력 측정기의 ZERO ADJUST 손잡이를 사용하여 0(mW)로 조정한다.

(5) Gunn 발진기의 공급 전압을 8.5(V)로 조정한다.

(6) 전력 측정기에 최대의 전력이 지시되도록 thermistor mount의 움직일 수 있는

단락판의 위치와 정합용 나사를 조정한다.

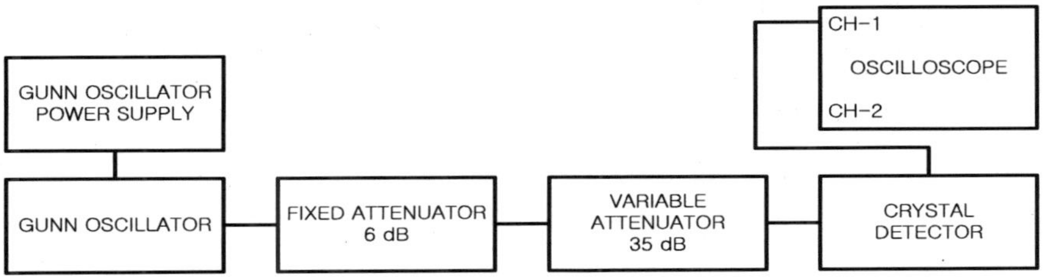

그림 4.8 수정 검파기 감도 특성 측정을 위한 구성도

(7) thermistor에 공급되는 최대 전력을 기록한다.

최대 전력 = ____________________ dBm

(8) 먼저 전력 측정기의 스위치를 끄고 다시 Gunn 발진기 전원의 스위치를 끈다. 그림 4.8과 같이 연결하고, 가변 감쇠기를 0.00(mm)로 조정한다.

(9) oscilloscope를 다음과 같이 조정한다.

Time Base.. : 1μs/DIV
Channel 1.. : 0.2V/DIV
Input Coupling...................................... : GND
Vertical Mode.. : Channel 1
Trigger... : Channel 1
Trigger Coupling.................................... : AC
Trigger Mode... : Auto

〈표4-1〉 수정 검파기 감도 특성

감쇠량(dB)	감쇠기 눈금(mm)	전달 전력 (dBm)	검파기 전압	
			V_D(V)	$20\log V_D$ (dBV)
0				
5				
10				
15				
20				
25				

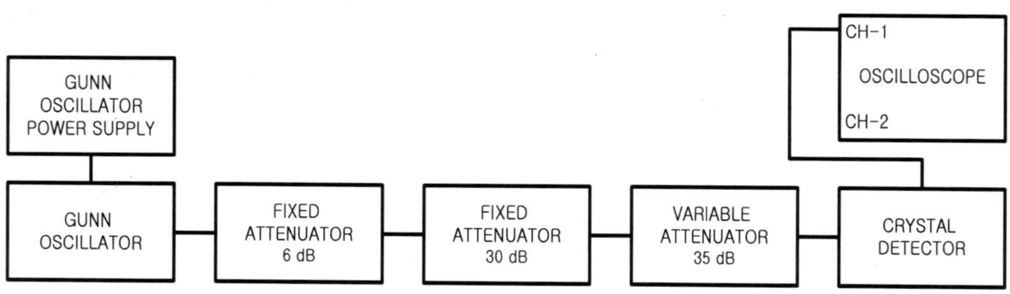

그림 4.9 수정 검파기 감도 특성 측정을 위한 구87성도(30dB이상)

(10) Gunn 발진기 전원을 키고 oscilloscope trace의 수직 위치를 눈금의 맨 아래에서 두 번째 줄로 맞춘다. Channel 1에 대해 DC Coupling을 선택한다.

(11) 〈표4-1〉의 각각의 감쇠값에 대하여 아래 절차를 수행한다.

a. 앞서 얻은 가변 감쇠기의 감쇠 특성 곡선을 사용하여, 필요한 감쇠값에 대한 감쇠기 눈금의 위치를 구하고, 〈표4-1〉 감쇠기 눈금 칸에 그 위치를 기록하고 필요한 만큼 조정한다.

b. 아래의 공식을 사용하여 수정 검파기에 입력되는 전력을 계산하고 〈표4-1〉의 전달 전력 칸에 기록한다.

전달 전력(dBm) = 최대 전력(dBm) - 감쇠양(dB)

note : (7)에서 측정된 전력이 최대 전력이다.

c. oscilloscope 화면에서 전압을 측정하고, 〈표4-1〉의 검파기 전압 칸에 기록한다. 수직 편향이 2 눈금보다 작을 때에는 Channel 1의 민감도(V/DIV)를 0.1V/DIV나 그 이하로 증가시킨다.

d. 20logV_D를 계산하고 〈표2-1〉의 20logV_D 칸에 기록한다.

(12) Gunn 발진기 전원을 끈다. 그림 4.9처럼 30(dB)의 고정 감쇠기를 6(dB)의 고정 감쇄기와 35(dB)의 가변 감쇠기 사이에 삽입한다.

(13) Gunn 발진기 전원을 켜고, 〈표4-2〉의 주어진 각각의 감쇠값에 대해 아래의 절차를 수행한다.

a. 가변 감쇠기가 필요한 감쇠량을 구하기 위해서 〈표4-2〉의 감쇠량 칸에 제시된 감쇠량에서 30(dB)를 빼고 〈표4-2〉의 감쇠기 눈금 칸에 그 위치를 기록하고, 이에 알맞게 가변 감쇠기를 조정한다.

b. 수정 검파기에 인가되는 전력을 구하고 〈표4-2〉의 전달 전력 칸에 기록한다.

c. oscilloscope에서 읽은 전압을 측정하고 검파기 전압 칸에 기록한다. 이 측정을 하기 위해서는 Channel 1의 민감도(V/DIV)를 0.1V/DIV 이하로 증가시키는 것이 필요하다. 만일 검파기의 전압이 너무 낮아 oscilloscope에서 읽을 수 없다면 〈표4-2〉의 맨 밑의 칸을 채울 수 없을 수도 있다. 20logV_D 를 계산하여 칸에 기록한다.

(14) 〈표4-1〉과 〈표4-2〉에서 얻어진 결과로부터 수정 검파기의 민감도 곡선을 얻기 위해서 가로축을 dBm 단위로 인가되는 전력으로 하고(-45dBm에서 +10dBm으로 지정) 세로축을 dBV 단위로 출력되는 전압 20logV_D으로(-80dBV에서 +20dBV로 지정) 하여 민감도 특성 곡선을 그린다.(가로축과 세로축의 1dB당 눈금의 간격은 동일하게 한다.)

민감도 곡선의 자승 법칙 영역을 결정하기 위해, 민감도 곡선에 아래의 기울기를 가지는 접선을 그린다.

기울기 : △20logV_D / △전달 전력 = 2

민감도 곡선이 접선에서 △20logV_D = 2(dB)이상 벗어나는 지점에서의 최소 전력을 dBm 단위로 구하여 기록한다.

전력 = ________________________ dBm

이 값이 1dB 범위 내에서 수정 검파기의 자승 법칙 영역을 나타낸다.

note : -40에서 -30dBm 사이에서 민감도 곡선이 접선으로부터 벗어나는 지점이 생기는 경우도 있다. 이것은 검출 전압이 매우 낮아 발생되는 오류이다.

(15) Gunn 발진기 전원을 끄고 (그림4-10)처럼 구성한다. 가변 감쇠기를 11(mm)로 조정한다.

note : 증폭기를 수정 검파기에 직접 연결한다. D형 증폭기 전원 공급 케이블을 전력측정기의 윗부분에 있는 D형 접속 소켓에 연결한다. 증폭기의 출력인 BNC 형태의 접속 소켓을 oscilloscope의 Channel 1에 연결한다.

〈표4-2〉 수정 검파기 감도 특성(30dB이상)

감쇠량(dB)	감쇠기 눈금(mm)	전달 전력 (dBm)	검파기 전압	
			V_D(V)	$20\log V_D$ (dBV)
30				
35				
40				
45				

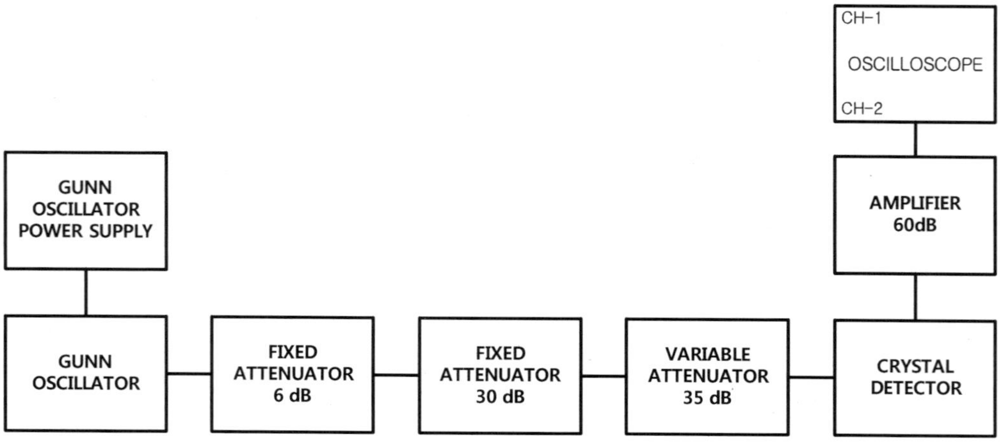

그림 4.10 수정 검파기 임계 감도 특성 측정을 위한 구성도

(16) Gunn 발진기 전원과 oscilloscope를 다음과 같이 조정한다.

Gunn 발진기 전원에서

MODE.. : 1KHz

Oscilloscope에서

Time Base.. : 0.2ms/DIV

Channel 1.. : 50mV/DIV

Input Coupling.. : AC

(17) 오실로스코프의 trace를 중앙에 맞춘다.

(18) Gunn 발진기의 전원을 킨다. (그림4-3)과 같은 파형이 oscilloscope 화면에 나타나도록 가변 감쇠기를 조정한다.

note : 만일 신호의 진폭이 너무 낮아 필요한 파형을 얻기 어려우면, Gunn 발진기 전원을 끄고 30(dB)의 고정 감쇠기를 제거한 후 (18)을 반복한다.

(19) 가변 감쇠기의 눈금의 위치를 기록한다.

가변 감쇠기 눈금의 위치 = ____________________ mm

가변 감쇠기의 감쇠 특성 곡선을 이용하여 눈금의 위치에서의 감쇠량을 기록한다.

감쇠량 = ____________ dB

만일 (18)에서 30(dB)의 고정 감쇠기를 제거하지 않았다면, 위에서 구한 값에서 30(dB)를 더하여 총 감쇠량을 계산하여 기록한다.

총 감쇠량 = ____________________ dB

(7)에서 얻은 최대 전력에서 총 감쇠량을 빼서 수정 검파기의 입력 신호 전력을 계산한다. 이 값은 증폭기의 대역폭이 10(KHz)일 때 임계 감도이다.

임계 감도 = ________________ dBm

(20) Gunn 발진기 전원에서 VOLTAGE 제어 손잡이를 MIN 위치로 조정한다. 모든 전력을 끄고 장비를 해체하여 정리한다.

4-6-2 초고주파 신호 감쇠 측정 실습

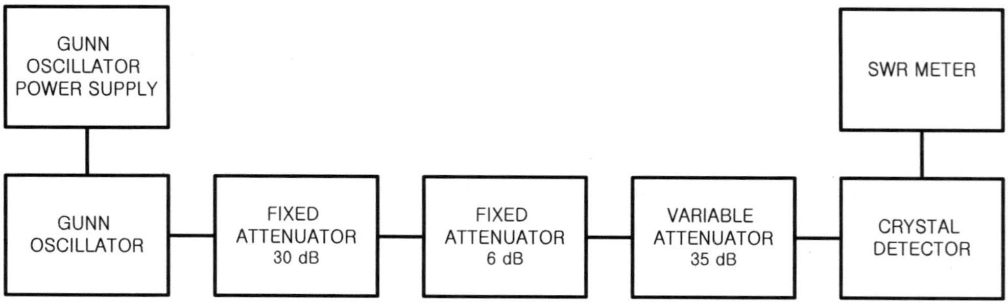

그림 4.11 기준 신호 측정을 위한 구성도

(1) 모든 전원 스위치를 끄고, 그림 4.11과 같이 연결한다.

(2) Gunn 발진기 전원과 정재파비 측정기와 가변 감쇠기를 다음과 같이 조정한다.

Gunn 발진기 전원에서 :

VOLTAGE.. : MIN

MODE.. : 1KHz

METER RANGE................................... : 10V

정재파비 측정기에서 :

RANGE... : -30dB

GAIN.. : 10dB(Fully CW)

SCALE.. : NORMAL

BANDWIDTH...................................... : 20Hz

가변 감쇠기에서 :

눈금의 위치...................................... : 11mm

(3) Gunn 발진기 전원과 정재파비 측정기를 켜고 장비의 안정화를 위해 1분을 기다린 후 Gunn 발진기의 공급 전압을 8.5(V)로 맞춘다.

(4) 정재파비 측정기에서 -5(dB)의 측정값을 지시 하도록 가변 감쇠기의 눈금을 조정한다. 이것이 어렵다면 정재파비 측정기의 RANGE를 -40(dB)로 바꾸어 시도한다.

(5) 최대 신호를 얻도록 CENTER FREQUENCY 제어 손잡이를 조정한다.
note : 최대 신호는 지시 바늘이 가장 오른쪽으로 향할 때임을 기억한다.

(6) 가변 감쇠기의 눈금을 0.00(mm)로 조정한다.

(7) -2(dB)를 지시하도록 정재파비 측정기의 GAIN 손잡이를 조정한다.

(8) Gunn 발진기의 전력 공급 케이블을 Gunn 발진기 전원에서 분리하여 (그림 4-12)와 같이 연결한다.

(9) Gunn 발진기의 전력 공급 케이블을 Gunn 발진기 전원에 다시 연결한다. 정재파비 측정기에서 -2(dB)를 지시하도록 가변 감쇠기를 조정하고, 이때의 가변 감쇠기 눈금의 위치를 기록한다.

가변 감쇠기 눈금의 위치 = ____________________ mm

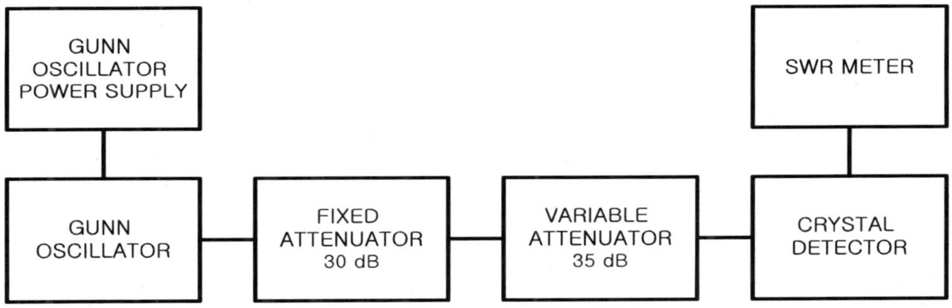

그림 4.12 6(dB) 감쇠기의 삽입 손실 측정을 위한 구성도

(10) 가변 감쇠기의 감쇠 특성 곡선을 사용하여 두 개의 눈금의 위치에 따른 감쇠값을 구하여 기록한다.

(9)에서의 눈금의 위치에 따른 감쇠값 = ____________________ dB

0.00mm에서의 감쇠값 = ____________________ dB

두 감쇠값의 차이를 구하여 기록한다.

차이= ______________ dB

(11) Gunn 발진기 전원에서 VOLTAGE 제어 손잡이를 MIN 위치로 조정한다. 모든 전력을 끄고 장비를 해체하여 정리한다.

4-7 학습 평가

01 crystal detector 회로와 동작 원리 및 특성을 정리하여 square-law region과 linear region을 구분해 본다.

02 voltage sensitivity와 tangential sensitivity의 의미를 정리해 본다.

03 -25(dBm)의 초고주파 입사 전력에 대하여 크리스털 검파기에서 10(mV)의 신호가 발생한 경우에 검파기의 감도(mV/mW)를 구하시오.

해답 3.16×10^3(mV/mW)

04 정재파비 측정기를 이용하여 상대적인 크기를 측정하는 방법을 설명하시오.

4-8 참고 문헌

(1) Lab-volt, ***Microwave Fundamentals(Microwave Training Kit Student Manual)***, Third Edition, August, 2004

(2) Lab-volt, ***Microwave Technology(Microwave Training Kit Instructor Guide)***, First Edition, June, 1998

(3) David M. Pozar, ***Microwave Engineering***, fourth edition, John Wiley & Sons INC., 2011

(4) Allan W. Scott, ***Understanding Microwave***, John Wiley & Sons INC., 1993

Chapter 05

초고주파 신호 도파관 내의 전파 특성

이 장에 기술된 관계 지식을 학습하고 실습을 마치게 되면

- 도파관의 특성 임피던스와 전파 상수를 구하는 원리를 이해 및 유도 할 수 있으며
- slotted line을 사용하여 도파관 내의 정재파 패턴을 측정할 수 있고
- 측정된 정재파 패턴으로부터 도파관의 관내 파장과 신호의 주파수, 특성 임피던스를 계산할 수 있다.

5-1 개 요

통신을 원론적으로 정의하면 정보의 전달을 의미하고 공학적인 관점에서는 신호, 즉 에너지의 전달을 기반으로 하는 시스템의 구축을 의미한다. 신호가 전달되는 채널이나 선로는 신호의 특성에 따라 선택되어져야 한다. 초고주파 신호 대역에서는 송신기와 수신기 사이의 채널에는 자유 공간인 대기가 주로 사용되고 시스템 내의 신호 전송에는 동축 선로와 도파관이 널리 사용된다. 신호가 전달되는 원리는 동일하나 선로에 따라 경계 조건을 달리 적용해야 한다.

이 장에서는 도파관 내에서 신호의 전달 원리를 이해하고 공학적인 특성을 파악함으로써 초고주파 신호 및 시스템에 대한 기본 개념을 파악하고자 한다. 먼저 도파관에 대한 기본적인 소개와 도파관의 특성을 공학적으로 분석할 수 있도록 전파 전파 원리를 기술한다. 그리고 공학적인 개념과 특성 변수에 대하여 설명한다. 이들 이론적인 배경을 바탕으로 초고주파 신호의 전파 전파 특성을 실험적으로 측정하여 그 원리를 익힌다. 실습에 대한 본문의 설명과 실습 내용은 labvolt의 초고주파 훈련 장비인 labvolt-8090을 기반으로 기술하였다.

5-2 선로에 대한 기본 이해

어떠한 형태의 전송 선로이든지 회로나 시스템에서 이를 사용하기 위해서는 전송 선로의 특성을 알아야 하는데 전송 선로의 특성 중에서 가장 중요하고 필수적으로 성능을 분석 하는데 필요한 특성이 선로의 특성 임피던스 Z_0와 전파 상수 β이다. 이 두 가지 특성만 파악하면 선로에 의한 거의 모든 중요한 전기적 성능을 파악할 수 있다. 즉, 특성 임피던스는 선로를 연결함에 있어서 정합에 의한 영향을 파악할 수 있고, 전파 상수는 선로를 거치게 됨으로 인하여 발생되는 시간 지연과 감쇠 특성을 파악할 수 있다. 그런데 이 두 특성을 구하기 위해서는 선로상의 전자계 분포를 파악하거나 전압과 전류의 특성을 파악하여야 한다. 이제 이러한 특성을 구하는 과정을 구형 도파관을 가지고 단계별로 기술하고자 한다.

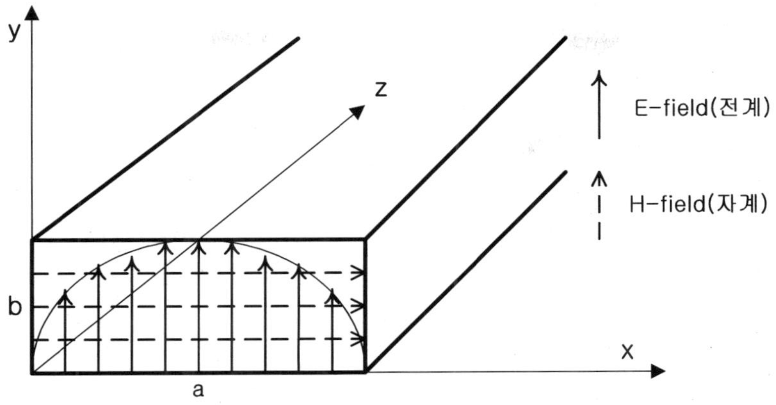

그림 5.1 구형 도파관의 전파 전파

5-3 도파관에 대한 기본 이해

도파관(waveguide)은 여러 전송 선로 중의 한 가지로 일종의 속이 비어있는 금속관이다. 그림 5.1과 같이 속이 비어있는 금속관 가운데를 통하여 전자파가 효율적으로 전송되도록 만들어진 것이며, 단면이 구형 또는 원형으로써 신호가 전송되는 길이 방향으로는 그 모양과 크기가 변하지 않는다. 여기서는 일반적인 산업 현장에서 많이 사용되는 단면이 구형(square형)인 구형 도파관을 사용하여 원리 및 이론을 설명한다. 단면이 원형인 원형 도파관에도 좌표 변환을 사용하여 적용하면 같은 원리로 설명될 수 있으며, 일반적으로 높은 Q가 요구되는 시스템 내의 여파기 등에 원형 도파관이 사용된다.

5-4 도파관 내의 전자계 분포 특성

일반적으로 전자계 분포를 구하고자 할 때는 도파관뿐만 아니라 어떠한 선로나 환경에서도 전자계가 만족해야 하는 법칙이 존재한다. 이 법칙이 회로망이나 전자파 해석의 근본이 되는 식(5-1)에 나타낸 Maxwell 방정식이다.

$$\nabla \times E = -\frac{\partial B}{\partial t} = -j\omega\mu H \qquad \cdots\cdots \text{(5-1-a)}$$

$$\nabla \times H = \frac{\partial D}{\partial t} = j\omega\epsilon E \quad \cdots\cdots \text{(5-1-b)}$$

$$\nabla \cdot D = 0 \quad (\rho = 0) \quad \cdots\cdots \text{(5-1-c)}$$

$$\nabla \cdot B = 0 \quad \cdots\cdots \text{(5-1-d)}$$

상기의 맥스웰 방정식은 자유 공간 상에서 만족하는 경우이며, 전계와 자계의 자체 특성과 전자계의 상호 관련 특성을 나타낸다. 이러한 일반적인 물리적인 법칙에다가 도파관이 갖는 특수한 조건인 경계 조건을 부과하여 도파관 내의 전계와 자계를 구할 수 있다. 요약하면 어떠한 경우에도 적용되는 일반적인 맥스웰 방정식과 도파관이라는 특수한 조건에 적용되는 경계 조건으로부터 도파관 내의 전자계 분포를 구한다.

전계와 자계는 크기와 방향을 가지는 벡터이므로 위치를 직각 좌표계를 이용하여 나타내는 경우에 식(5-2)와 같이 나타낼 수 있다.

$$E = E_x\hat{x} + E_y\hat{y} + E_z\hat{z} \quad \cdots\cdots \text{(5-2-a)}$$

$$H = H_x\hat{x} + H_y\hat{y} + H_z\hat{z} \quad \cdots\cdots \text{(5-2-b)}$$

또한 전계와 자계의 각 성분은 시간과 공간의 함수로 시간과 위치에 따라 값이 변화한다. 이를 E_x의 경우로 예를 들면 식(5-3)과 같이 나타낼 수 있다. 즉, x, y, z, t 값에 따라 E_x의 값이 달라지게 된다.

$$E_x = X(x)Y(y)Z(z)T(t) \quad \cdots\cdots \text{(5-3)}$$

이제 도파관만의 경계 조건을 살펴보면, 도파관은 금속인 도체로 둘러싸여 있고, 전계가 도체에 접한 경우는 그 값이 0이다. 왜냐하면, 전계란 단위 전자에 미치는 힘으로 해석할 수 있는데 전자가 도체 상에서는 이동하는데 힘이 전혀 들지 않기 때문이다. 그림 5.1의 구조에서 전계의 각 성분은 식(5-4)와 같은 경계 조건을 갖는다. 즉, 각 성분이 도체 면에 접한 지점에서는 그 크기가 0이 된다는 의미이다.

$$E_z = 0 \quad at \;\; x = 0,\, x = a,\, y = 0,\, y = b \quad \cdots\cdots \text{(5-4-a)}$$

$$E_y = 0 \quad at \;\; x = 0,\, x = a \qquad \cdots\cdots \; (5\text{-}4\text{-}b)$$

$$E_x = 0 \quad at \;\; y = 0,\, y = b \qquad \cdots\cdots \; (5\text{-}4\text{-}c)$$

여기서 전자계 문제를 풀거나 이해하고자 할 때, 항상 일반적으로 적용되는 기본 사항을 먼저 설명하고자 한다. 모든 전계 및 자계의 시간에 대한 함수는 지수 함수 형식인 $e^{j\omega t}$로 표시된다. 여기서 ω는 각속도로 $2\pi f$이다. 지수 함수로 나타내는 이유는 실제 값을 나타내는 삼각 함수는 수식 적용상의 번거로움으로 많은 경우에 지수 함수 형식으로 수식을 적용하여 계산을 마치고, 결과를 보고자 할 때 지수 함수 형식에 실수 부분을 취함으로써 편리하게 최종 결과를 얻을 수 있다. 이를 수식으로 설명하면 $\cos\omega t = Re[e^{j\omega t}]$이고 Re는 실수 부분을 나타낸다. 전자파가 진행되어 가는 방향이 z방향이고 전파 손실을 무시할 수 있는 경우에, 어떠한 방향 성분의 전계 및 자계도 전파 방향인 z에 대한 함수를 지수 함수 형식으로 나타내면 $e^{-j\beta z}$로 나타낼 수 있다. 여기서 β는 전파 상수를 나타내며 단위는 rad/m가 된다. 즉, 식(5-3)의 Z(z)가 $e^{-j\beta z}$이고 T(t)가 $e^{j\omega t}$라는 것을 의미한다. 전파의 진행 방향과 시간상의 변화만을 고려하면 전계 및 자계는 $\cos(\omega t - \beta z) = Re[e^{j(\omega t - \beta z)}]$의 형태로 나타냄을 알 수 있다.

수식 적용상에는 지수 함수 형식을 사용하므로, 진행 방향인 z방향으로의 변화를 나타내는 미분을 적용하면 $\frac{\partial}{\partial z} = -j\beta$로 적용할 수 있고, 시간의 변화를 나타내는 미분을 적용하면 $\frac{\partial}{\partial t} = j\omega$을 적용할 수 있음을 알 수 있다.

이러한 기본적인 개념을 가지고 앞에서 설명한 물리적인 법칙과 경계 조건을 만족하는 전계 및 자계를 구하면 되는데, 이를 구하기 위한 과정을 순서대로 기술하기로 한다.

5-5 파동 방정식의 유도

식(5-1)에서 전속 밀도 D와 자속 밀도 B는 식(5-5)에 나타낸 바와 같이 전계와 전계로 각각 나타낼 수 있으므로 식(5-1)은 전계와 자계에 대한 연립 방정식으로 생각할 수 있다.

$$D = \epsilon E \qquad \cdots\cdots \text{(5-5-a)}$$

$$B = \mu H \qquad \cdots\cdots \text{(5-5-b)}$$

일반적으로 연립 방정식의 미지수가 두 개인 경우에 미지수를 한 개로 방정식을 정리하여 푸는 것이 편리하다. 이를 위하여 식(5-1-a)의 양변에 curl($\nabla \times$)을 취하여 식(5-1-b)를 대입하면 식(5-6)과 같이 나타낼 수 있다.

$$\nabla \times \nabla \times E = \nabla(\nabla \cdot E) - \nabla^2 E = -\mu \frac{\partial}{\partial t}(\nabla \times H) = -\mu\epsilon \frac{\partial^2 E}{\partial t^2} \qquad \cdots\cdots \text{(5-6)}$$

식(5-6)에서 전계에 대한 2중 curl에 대한 적용은 벡터에 대한 등식을 사용하였다. 대기 중에서는 $\nabla \cdot E = 0$이므로 식(5-6)은 식(5-7)과 같은 전계만의 방정식으로 나타낼 수 있는데 식(5-8)과 같은 형태의 방정식을 파동 방정식이라고 한다. 여기서 k는 $\omega\sqrt{\mu\epsilon}$로 매질의 파동수(wave number)로 불린다.

$$\nabla^2 E = \frac{\partial^2 E}{\partial x^2} + \frac{\partial^2 E}{\partial y^2} + \frac{\partial^2 E}{\partial z^2} = \mu\epsilon \frac{\partial^2 E}{\partial t^2} = -\omega^2 \mu\epsilon E = -k^2 E \qquad \cdots\cdots \text{(5-7)}$$

$$\nabla^2 E + k^2 E = 0 \ : \text{파동 방정식} \qquad \cdots\cdots \text{(5-8)}$$

실습문제 | 5.1

E에 적용한 같은 방법으로 H에 대한 파동 방정식을 유도하시오.

해답 $\nabla^2 H + k^2 H = 0$

5-6 구성 전계 및 자계 성분 유도

식(5-1)의 맥스웰 방정식과 식(5-2)를 $\frac{\partial}{\partial z} = -j\beta_g$ 와 $\frac{\partial}{\partial t} = j\omega$를 적용하여 전계 및 자계의 성분을 유도한다. 전자파의 진행 방향인 z방향 성분의 전계 E_z가 0인 경우를 TE파라고 하고, 전자파의 진행 방향인 z방향 성분의 자계 H_z가 0인 경우를 TM파라고 한다. 실제 도파관을 사용하고 해석하는 것은 뒤에서 설명될 TE 기본 모드이므로, TE파의 경우를 감안하여 수식을 전개한다. 여기서 β_g는 도파관 내의 전파 상수를 나타내기 위하여 g(guided)를 아래 첨자로 붙인 것이다.

식(5-1-a)는 식(5-9)와 같이 나타낼 수 있고 식(5-1-b)는 식(5-10)과 같이 나타낼 수 있다.

$$\nabla \times E = -\frac{\partial B}{\partial t} = -j\omega\mu H \qquad \cdots\cdots \text{(5-1-a)}$$

$$E = E_x\hat{x} + E_y\hat{y} + E_z\hat{z} \qquad \cdots\cdots \text{(5-2-a)}$$

$$H = H_x\hat{x} + H_y\hat{y} + H_z\hat{z} \qquad \cdots\cdots \text{(5-2-b)}$$

$$\nabla \times E = \begin{vmatrix} \hat{x} & \hat{y} & \hat{z} \\ \frac{\partial}{\partial x} & \frac{\partial}{\partial y} & \frac{\partial}{\partial z} \\ E_x & E_y & E_z \end{vmatrix} = -j\omega\mu(H_x\hat{x} + H_y\hat{y} + H_z\hat{z}) \qquad \cdots\cdots \text{(5-9)}$$

$$\nabla \times H = \frac{\partial D}{\partial t} = j\omega\epsilon E \qquad \cdots\cdots \text{(5-1-b)}$$

$$\nabla \times H = \begin{vmatrix} \hat{x} & \hat{y} & \hat{z} \\ \frac{\partial}{\partial x} & \frac{\partial}{\partial y} & \frac{\partial}{\partial z} \\ H_x & H_y & H_z \end{vmatrix} = j\omega\epsilon(E_x\hat{x} + E_y\hat{y} + E_z\hat{z}) \quad \cdots\cdots (5\text{-}10)$$

식(5-9)를 풀어서 정리하면 식(5-11)과 같이 나타낼 수 있다.

$$j\beta_g E_y = -j\omega\mu H_x \quad \cdots\cdots (5\text{-}11\text{-}a)$$

$$j\beta_g E_x = j\omega\mu H_y \quad \cdots\cdots (5\text{-}11\text{-}b)$$

$$\frac{\partial E_y}{\partial x} - \frac{\partial E_x}{\partial y} = -j\omega\mu H_z \quad \cdots\cdots (5\text{-}11\text{-}c)$$

식(5-10)를 풀어서 정리하면 식(5-12)와 같이 나타낼 수 있다.

$$\frac{\partial H_z}{\partial y} + j\beta_g H_y = j\omega\epsilon E_x \quad \cdots\cdots (5\text{-}12\text{-}a)$$

$$-j\beta_g H_x - \frac{\partial H_z}{\partial x} = j\omega\epsilon E_y \quad \cdots\cdots (5\text{-}12\text{-}b)$$

$$\frac{\partial H_y}{\partial x} - \frac{\partial H_x}{\partial y} = 0 \quad \cdots\cdots (5\text{-}12\text{-}c)$$

식(5-11)과 식(5-12)를 정리하여 H_z를 제외한 모든 전계 및 자계를 H_z의 함수로 정리하면 식(5-13)과 같이 나타낼 수 있다.

$$E_x = \frac{-j\omega\mu}{\omega^2\epsilon\mu - \beta_g^2}\frac{\partial H_z}{\partial y} \quad \cdots\cdots (5\text{-}13\text{-}a)$$

$$E_y = \frac{j\omega\mu}{\omega^2\epsilon\mu - \beta_g^2}\frac{\partial H_z}{\partial x} \qquad \cdots\cdots \text{(5-13-b)}$$

$$H_x = \frac{-j\beta_g}{\omega^2\epsilon\mu - \beta_g^2}\frac{\partial H_z}{\partial x} \qquad \cdots\cdots \text{(5-13-c)}$$

$$H_y = \frac{-j\beta_g}{\omega^2\epsilon\mu - \beta_g^2}\frac{\partial H_z}{\partial y} \qquad \cdots\cdots \text{(5-13-d)}$$

이제 H_z를 구하면 식(5-13)을 이용하여 모든 전자계 성분을 구할 수 있음을 알 수 있다. H_z는 앞에서 설명한 파동 방정식과 경계 조건으로부터 구할 수 있다.

5-7 H_z 성분 유도

앞 절에서 구한 파동 방정식을 H_z성분에 적용하면 식(5-14)와 같이 나타낼 수 있다.

$$\nabla^2 H_z + k^2 H_z = 0 \qquad \cdots\cdots \text{(5-14)}$$

$\nabla^2 = \frac{\partial^2}{\partial x^2} + \frac{\partial^2}{\partial y^2} + \frac{\partial^2}{\partial z^2}$이므로 식(5-14)는 식(5-15)와 같이 나타낼 수 있다.

$$\frac{\partial^2 H_z}{\partial x^2} + \frac{\partial^2 H_z}{\partial y^2} + (k^2 - \beta_g^2)H_z = 0 \qquad \cdots\cdots \text{(5-15)}$$

식(5-15)를 면밀히 살펴보면 H_z는 x와 y에 대하여 두 번 미분하여 원래의 형태를 갖는 함수이어야만 식을 만족할 수 있다. 이러한 특성을 만족할 수 있는 함수로 삼각함수를 유추해 낼 수 있고 z에 대한 함수로는 앞서 설명한 대로 $e^{-j\beta z}$로 나타낼 수 있어 식(5-15)에 대한 해를 식(5-16)과 같은 형태로 나타낼 수 있다.

$$H_z = (A_1 \cos k_x x + A_2 \sin k_x x) \cdot (B_1 \cos k_y y + B_2 \sin k_y y) \cdot e^{-j\beta_g z} \qquad \cdots\cdots (5\text{-}16)$$

식(5-16)에서 미지수인 A 및 B와 k_x및 k_y를 구하기 위하여 도파관이라는 특수한 환경의 경계 조건을 적용한다. 앞서 설명한 대로 도파관 내부의 도체면에 접한 전계 성분은 0이므로, 우선 E_x가 y=0 및 y=b에서 0이 되어야 하므로, B_2=0이고 $k_y = \frac{n\pi}{b}$ 임을 알 수 있다. 또한 E_y도 x=0 및 x=a에서 0이 되어야 하므로, A_2=0이고 $k_x = \frac{m\pi}{a}$이어야 한다. 고로 H_z는 식(5-17)과 같이 나타낼 수 있다.

$$H_z = A \cos \frac{m\pi}{a} x \cdot \cos \frac{n\pi}{b} y \cdot e^{-j\beta_g z} \qquad \cdots\cdots (5\text{-}17)$$

크기를 나타내는 A는 도파관에 입사된 전력에 따라 구할 수 있고, n과 m은 양의 정수이다. m과 n값에 대응하는 전자계를 모드(mode)라고 한다. m과 n은 동시에 0이 될 수 없으나 임의의 값을 가질 수 있어 도파관 내에는 여러 개의 모드가 존재할 수 있다. 이렇게 m과 n의 조합에 따라 H_z 값은 무한개의 모드의 합으로 식(5-18)과 같이 나타낼 수 있다. 하지만 실제 도파관을 사용하는 경우에는 도파관 내에 기본 모드 한 가지만 존재하도록 주파수 범위를 설정하여 사용하므로 기본 모드만을 해석함으로써 도파관의 특성을 파악할 수 있다.

$$H_z = \sum_{m=0}^{\infty} \sum_{n=0}^{\infty} H_{mn} \cos \frac{m\pi}{a} x \cdot \cos \frac{n\pi}{b} y \cdot e^{-j\beta_g z} \qquad \cdots\cdots (5\text{-}18)$$

5-8 기본 모드

앞서 설명한 대로 도파관을 사용할 때는 최저차인 기본 모드 한 가지만 존재하도록 도파관을 사용한다. 이를 구체적으로 알아보기 위하여 도파관 내에서 전자파가 전파되기 위한 조건을 살펴보기로 한다. 식(5-17)이나 식(5-18)을 식(5-15)에 대입하면 식(5-19)와 같은 관계를 유도할 수 있다.

$$-(\frac{m\pi}{a})^2-(\frac{n\pi}{b})^2+k^2-\beta_g^2=0 \qquad \cdots\cdots \ (5\text{-}19)$$

식(5-19)를 β_g에 대하여 정리하면 식(5-20)과 같이 나타낼 수 있다.

$$\beta_g=\sqrt{k^2-(\frac{m\pi}{a})^2-(\frac{n\pi}{b})^2} \qquad \cdots\cdots \ (5\text{-}20)$$

식(5-20)에서 도파관 내에서 전자파가 전파되기 위한 조건을 구할 수 있다. 즉, 자승근 내의 값이 양수이어야 한다는 것이다. 자승근 내의 값이 음수인 경우에, β_g가 허수이므로 $e^{-j\beta_g z}$가 전파되는 방향으로 지수 함수적으로 감쇠한다는 것이어서, 에너지가 전달되지 않는다는 것을 의미한다. 도파관 내에서 전자기 에너지가 전파되기 위한 조건을 식(5-21)과 같이 나타낼 수 있다.

$$k \ > \ \sqrt{(\frac{m\pi}{a})^2+(\frac{n\pi}{b})^2} \qquad \cdots\cdots \ (5\text{-}21)$$

이제 도파관 내에서 전자파 에너지가 전달되는 임계 주파수를 모드 별로 알아보기 위하여 차단 주파수를 구해보자. 즉, 임계점인 차단 파동수(cutoff wave number) k_c를 먼저 구하면 식(5-22)와 같다.

$$k=k_c=\sqrt{(\frac{m\pi}{a})^2+(\frac{n\pi}{b})^2} \qquad \cdots\cdots \ (5\text{-}22)$$

이제 k_c를 차단 주파수의 형태로 나타내면 식(5-23)과 같이 나타낼 수 있어 차단 주파수 f_c는 식(5-24)와 같이 나타낼 수 있다.

$$k_c = \omega_c \sqrt{\epsilon\mu} = 2\pi f_c \sqrt{\epsilon\mu} = \frac{2\pi}{\lambda_c} \qquad \cdots\cdots \text{(5-23)}$$

$$f_c = \frac{1}{2\pi\sqrt{\epsilon\mu}} \sqrt{(\frac{m\pi}{a})^2 + (\frac{n\pi}{b})^2} \qquad \cdots\cdots \text{(5-24)}$$

앞에서 언급한 기본 모드는 차단 파장이 가장 긴 모드, 바꾸어 말하면 차단 주파수가 가장 낮은 모드가 최저차인 기본 모드로, a가 b보다 긴 경우에는 m=1이고 n=0인 TE_{10} 모드가 구형 도파관에서의 기본 모드가 된다. 식(5-25)는 기본 모드에 대한 차단 주파수를 나타낸다.

$$f_{c10} = \frac{1}{2a\sqrt{\epsilon\mu}} \qquad \cdots\cdots \text{(5-25)}$$

식(5-26)은 차단 파장을 나타내고, 식(5-27)은 기본 모드에 대한 차단 파장을 나타낸다.

$$\lambda_c = \frac{2}{\sqrt{(\frac{m}{a})^2 + (\frac{n}{b})^2}} \qquad \cdots\cdots \text{(5-26)}$$

$$\lambda_{c10} = 2a \qquad \cdots\cdots \text{(5-27)}$$

실습문제 | 5.2

a=0.9(inch), b=0.4(inch)인 X밴드(8-12.4GHz)용 WR90 도파관의 최저차에서 3번째 저차 모드까지의 차단 주파수를 구하라. (1(inch)=2.54(cm))

해답

1) TE10 f_c=6.562(GHz)

2) TE20 f_c=13.123(GHz)

3) TE01 f_c=14.764(GHz)

4) TE11/TM11 f_c=16.156(GHz))

5-9 기본 모드의 전자계 분포

앞서 설명한 대로 실제 도파관을 사용할 때는 최저차 모드인 기본 모드 하나만이 존재하는 주파수 범위에서만 사용된다. 구형 도파관에서 최저차 모드는 TE_{10} 모드이며, 이 기본 모드에 의한 전자계 분포는 식(5-15)와 식(5-13)에 m=1과 n=0를 대입함으로써 구할 수 있다. 식(5-28)에 기본 모드의 전자계 분포를 나타냈다.

$$H_z = H_{10}\cos\frac{\pi x}{a}e^{-j\beta_g z} \quad \cdots\cdots \text{(5-28-a)}$$

$$E_y = \frac{-j\omega\mu a}{\pi}H_{10}\sin\frac{\pi x}{a}e^{-j\beta_g z} \quad \cdots\cdots \text{(5-28-b)}$$

$$H_x = \frac{j\beta_g a}{\pi}H_{10}\sin\frac{\pi x}{a}e^{-j\beta_g z} \quad \cdots\cdots \text{(5-28-c)}$$

$$E_x = E_z = H_y = 0 \quad \cdots\cdots \text{(5-28-d)}$$

식(5-16)에서 전자계의 크기를 나타내는 H_{10}는 도파관에 입사되는 전력에 의해 결정되는 값으로, 도파관 내에서 전자계 에너지가 z방향으로 진행하고 있으므로 전력을 E_y와 H_x에 곱으로 나타낼 수 있다. 이를 수식으로 나타내면 식(5-29)과 같다. 식

(5-29)에서 입사 전력을 알면 식(5-28)의 전자계 크기를 나타내는 H_{10}를 구할 수 있다.

$$P_{10} = \frac{1}{2}\int_0^a \int_0^b E \times H^* \cdot \hat{z} dydx = \frac{1}{2}\int_0^a \int_0^b -E_y H_x^* dydx \qquad \cdots\cdots (5\text{-}29)$$
$$= \frac{\omega\mu a^2 \beta_g}{2\pi^2} H_{10}^2 \int_0^a \int_0^b \sin^2 \frac{\pi x}{a} dydx = \frac{\omega\mu a^3 b \beta_g}{4\pi^2} H_{10}^2$$

5-10 도파관의 특성 변수

이제 전계와 자계를 구하였으므로 도파관의 모든 특성 변수를 구할 수 있다. 앞서 설명한 대로 도파관도 일종의 전송 선로이므로 가장 중요한 특성 변수가 특성 임피던스와 전파 상수이다. 전파 상수는 식(5-20)으로부터 구할 수 있다. 이를 다시 한 번 정리하면 식(5-30)과 같아, 식(5-30)으로부터 도파관의 관내 파장(guide wavelength) λ_g를 구하면, $\beta_g = \frac{2\pi}{\lambda_g}$, $k = \frac{2\pi}{\lambda}$, $k_c = \frac{2\pi}{\lambda_c}$ 이므로 $(\frac{2\pi}{\lambda_g})^2 = (\frac{2\pi}{\lambda})^2 - (\frac{2\pi}{\lambda_c})^2$ 이어서 식(5-31)과 같이 나타낼 수 있다.

$$\beta_g = \sqrt{k^2 - k_c^2} \qquad \cdots\cdots (5\text{-}30)$$

$$\lambda_g = \frac{\lambda}{\sqrt{1 - (\frac{\lambda}{\lambda_c})^2}} \qquad \cdots\cdots (5\text{-}31)$$

도파관의 특성 임피던스는 전자파가 z방향으로 진행하고 있으므로 자유 공간에서의 임피던스 η가 $\sqrt{\frac{\mu}{\epsilon}} = 120\pi$이고, 파동수 k가 $\omega\sqrt{\mu\epsilon}$ 임을 고려하면, 식(5-32)와 같이 정리할 수 있다.

$$Z_{TE} = -\frac{E_y}{H_x} = \frac{\omega\mu}{\beta_g} = \frac{120\pi}{\sqrt{1-(\frac{\lambda}{\lambda_c})^2}} \quad \cdots\cdots \text{(5-32)}$$

도파관의 특성 변수를 신속하게 구하는 과정을 정리하면, 먼저 식(5-27)로부터 차단 파장을 구한 후, 지정된 주파수에서 $c(\text{광속}) = f\lambda = \frac{1}{\sqrt{\epsilon\mu}}$를 이용하여 자유 공간 파장을 구한다. 이제 식(5-31)을 이용하여 관내 파장을 구할 수 있다. $\beta_g = \frac{2\pi}{\lambda_g}$이므로 전파 상수를 구할 수 있고 식(5-32)로부터 특성 임피던스를 구할 수 있다.

실습문제 | 5.3

a=0.9(inch), b=0.4(inch)인 X밴드(8-12.4GHz)용 WR90 도파관을 사용하는 경우 10(GHz)에서 1)자유 공간에서의 파장, 2)차단 파장 3)관내 파장 4)특성 임피던스를 구하시오.

해답

1) 자유 공간에서의 파장 ; 3(cm)
2) 차단 파장 ; 4.572(cm)
3) 관내 파장 ; 3.976(cm)(전파 상수 ; 158.05(rad/m))
4) 특성 임피던스 ; 499.58(ohm))

5-11 공진 특성

공진(resonance)이란 특정 주파수에서만 특성이 이론상으로는 극단적인 특성을 나타내는 것으로, 여기서는 앞서 1장에서 설명한 대로, 회로나 시스템에서 공진 주파수라고 불리는 특정한 주파수에서만 신호를 통과 시키거나 통과하지 않도록 하는 특성을 의미한다. 즉, 발진기의 주파수를 결정하는 회로나 특정 주파수 성분만을 통과시키거나 저지해야하는 여파기 등에 널리 사용된다.

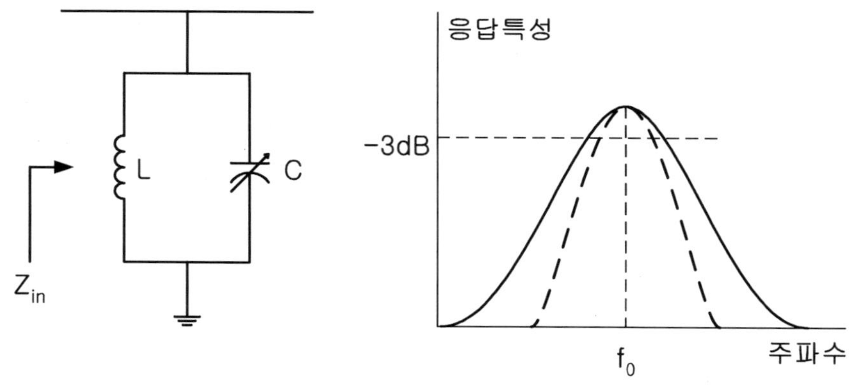

그림 5.2 병렬 회로 공진 특성

공진 특성을 가장 잘 이해할 수 있는 회로가 병렬 LC 회로나 직렬 LC 회로이다. LC 회로는 임피던스가 주파수에 따라 특성이 달러지게 되므로, 특정 주파수에서는 마치 회로가 단락(short)되었거나 개방(open)되어 있는 것으로 보이게 된다. 이것은 회로의 임피던스(impedance)나 어드미턴스(admittance)에서 허수 부분이 0으로 된다는 것을 의미한다. 이를 정량적으로 파악하기 위하여 병렬 회로를 사용하여 설명하면 (그림5-2)에서 회로의 어드미턴스 Y_{in}은 식(5-33)과 같이 나타낼 수 있다.

$$Y_{in} = \frac{1}{Z_{in}} = j\omega C + \frac{1}{j\omega L} = j\omega C(1 - \frac{1}{\omega^2 LC}) \qquad \cdots\cdots (5\text{-}33)$$

수식에서 알 수 있듯이 특정 주파수에서 $Y_{in} = 0$이 될 수 있어, 회로의 특성 임피던스 Z_{in}이 무한대의 값을 가질 수 있다. (그림5-2)의 응답 특성에서 공진 주파수 f_0에서는 마치 회로가 개방된 것 같아 아무런 손실 없이 신호가 지나갈 수 있음을 나타낸다. 이러한 공진 주파수는 식(5-33)에서 $\omega_0 = \frac{1}{\sqrt{LC}}$인 경우이므로 공진 주파수 f_0는 식(5-34)와 같이 나타낼 수 있다.

$$f_0 = \frac{1}{2\pi\sqrt{LC}} \quad \cdots\cdots (5\text{-}34)$$

그림 5.3과 같은 직렬접속의 경우는 공진 주파수에서 회로가 단락으로 동작되어, 신호를 흡수시켜 통과하지 않도록 할 수 있다.

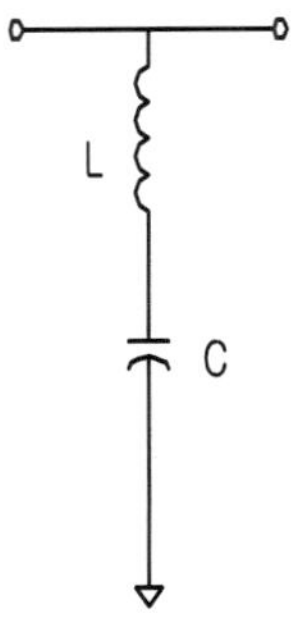

그림 5.3 직렬 회로

실습문제 | 5.4

그림 5.3과 같은 직렬 회로에서의 임피던스를 유도하여 공진 주파수를 구하시오.

해답 $f_0 = \frac{1}{2\pi\sqrt{LC}}$

단락이나 개방으로 나타나는 공진 주파수를 벗어나는 공진 주파수 근처에서는 이러한 특성이 나타나지 않아야 하는데, 얼마나 공진 주파수 근처에서 공진 특성이 급격하게 나타나지 않는 가를 나타내는 척도를 공진기의 Q(quality factor) 특성이라고 한다. 공진 주파수 근처에서 공진 특성이 완만하게 사라지는 경우에는 Q 값이 작고, 급격하게 사라지는 경우에는 Q 값이 크다는 것을 의미한다. (그림5-2)의 응답 특성에서 점선으로 나타낸 응답 특성은 실선으로 나타낸 응답 특성에 비하여 Q 값이 크다. Q 값을 정량적으로 나타내면 식(5-35)와 같다. 여기서 BW_{3dB}는 3dB 대역폭을 나타내며 중심 주파수를 중심으로 높은 주파수 쪽으로 -3(dB) 차단 주파수에서 낮은 쪽으로 -3(dB) 차단 주파수까지의 대역폭을 의미한다.

$$Q = \frac{f_0}{BW_{3dB}} \qquad \cdots\cdots \ (5\text{-}35)$$

그림 5.2와 그림 5.3에서는 이상적인 경우로 가정하고 회로 내부의 저항 성분을 나타내지 않았지만, 실제로는 손실을 나타내는 내부 저항이 존재하며 이 저항 값에 의해 Q(quality factor) 값이 결정된다. 계측기로 Q 값을 측정할 때, 앞서 설명한 대로 계측기의 내부 저항이 있어, 이를 고려하여 Q 값을 구해내야 한다. 계측기의 저항 값을 포함하여 측정한 Q 값을 loaded Q라고 하여 Q_L로 표시하며, 계측기의 내부 저항을 포함하지 않고 순수한 회로의 Q 값을 unloaded Q라고 하여 Q_U로 표시한다. 또한 회로 내의 저항을 제외하고 계측기의 내부 저항을 고려한 Q 값을 external Q라고 하여 Q_{EXT}로 표시하면, 이 세 가지 Q 값의 관계는 식(5-36)과 같이 나타낼 수 있다.

$$\frac{1}{Q_L} = \frac{1}{Q_U} + \frac{1}{Q_{EXT}} \qquad \cdots\cdots \ (5\text{-}36)$$

5-12 측정을 위한 정재파 특성 및 slotted line 설명

초고주파 신호 발생기가 도파관에 연결되면, 앞서 설명한 대로, 전계와 자계가 도파관을 따라 전파된다. 이를 회로적인 관점에서 전계와 자계 대신 전압과 전류로 생각할 수도 있다. 전압은 도파관의 위와 아래 사이에 존재하지만 전류는 도파관 벽을 따라 흐른다. 도파관의 특성 임피던스와 도파관의 종단 부하 임피던스에 따라 전압과 전류의 값이 결정된다. 부하 임피던스와 도파관의 임피던스가 일치하면 입사되는 모든 전력은 반사 없이 부하로 흡수된다. 이러한 경우에 도파관 내에는 신호 발생기에서 부하로 전파하는 유일한 전자파만이 존재한다.

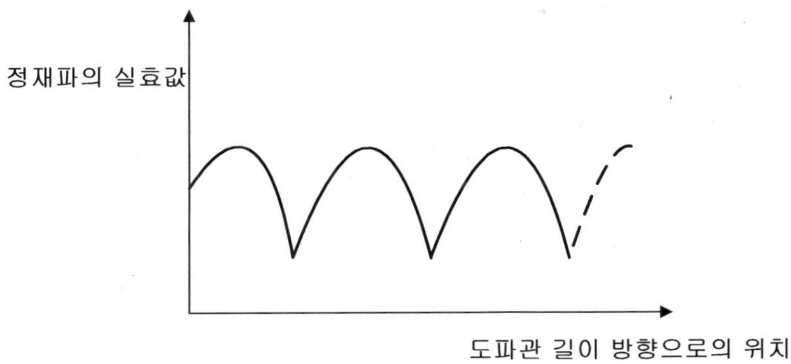

그림 5.4 측정을 위한 정재파 패턴

반면에 부하의 임피던스와 도파관의 특성 임피던스가 일치 하지 않는 경우에는 모든 입사 전력이 부하로 흡수되지 못한다. 흡수되지 못한 전자파의 일부는 다시 신호 발생기 쪽으로 반사된다. 서로 반대 방향으로 진행하는 두 진행파인 입사파와 반사파는 정재파(standing wave)를 형성하게 된다. (그림5-4)에 나타낸 바와 같이 입사파와 반사파가 합쳐지면 일정한 최소값과 최대값을 갖는 정지된 형태의 정재파가 발생한다.

전류에서 뿐만 아니라 전압에서도 이러한 정재파의 형태가 나타난다. 전압 정재파 형태는 도파관의 위치에 따른 초고주파 전압의 실효(rms) 진폭 분포에 대한 패턴상의 표현으로 나타낼 수 있다.

입사 전압과 반사 전압이 같은 위상으로 합쳐지면 최대값이 나타나고, 180(°)의 위상차를 가지고 합쳐지면 최소값이 나타난다. 최대값들뿐만 아니라 최소값들 사이의 길이는 신호의 반 파장에 해당된다.

뒤의 6장에서 자세히 설명 되겠지만, 최대값과 최소값의 진폭은 반사파의 진폭에 의해 결정되고, 반사파의 진폭은 부하에 의해 결정된다. 정재파의 최대값에 대한 최소값의 비율을 정재파비(SWR, Standing Wave Ratio)라고 부른다. 결국 정재파비의 값은 부하의 특성에 의해 결정된다. 예를 들어 부하가 단락판이라면, 모든 입사파는 반사되어 최대값의 진폭은 입사파의 진폭의 두배가 되고, 최소값의 진폭은 "0"이다. (실험적으로는 "0"에 가깝다).

이런 정재파의 성질은 도파관 내의 신호의 파장을 측정하는 데 사용될 수 있다. 파장을 측정하려면, 연속적으로 나타나는 두 최소값이나 최대값 사이의 거리를 알아야 한다. 이 거리에 2를 곱하면 파장이 된다. 이 신호의 주파수는 아래 식을 이용하여 계산할 수 있다.

$$f = 3 \times 10^8 \sqrt{(\frac{1}{\lambda_g})^2 + (\frac{1}{2a})^2} \quad \cdots\cdots \ (5\text{-}37)$$

여기서 a는 도파관 폭이고, λ_g는 도파관 내의 관내 파장을 나타낸다. 진폭은 최소값에서 더욱 현저하게 구분될 수 있기 때문에 일반적으로 최대값 사이의 거리보다 최소값 사이의 거리를 측정하는 것이 바람직하다. 또한 측정을 명확하고 편리하게 하기 위하여, 부하로써 단락판을 사용하여, 도파관 내에서 큰 반사파를 가지게 하는 것이 유리하다.

정재파의 최소값과 최대값 사이의 거리는 slotted line을 사용하여 측정한다. 그림 5.5는 slotted line의 사진을 나타내고, 그림 5.6은 slotted line의 단면도이다.

slotted line은 도파관 위쪽에 좁고 긴 틈(slot)이 있고, 이 틈을 통하여, 도파관 내의 전계를 추출하기 위한 깊이를 조정할 수 있는 probe가 삽입되어있다. probe는 수정 검파기에 연결되어 움직이는 운반대에 설치된다.

probe의 출력으로 유도되는 초고주파 전압은 수정 검파기에서 직류 전압으로 변환된다. 초고주파 신호가 1(KHz)의 주파수로 진폭 변조되어 있고, 수정 검파기의 출력 신호가 정재파비 측정기에 바로 연결되어 있다면, 측정값은 도파관 내의 전계의 세기 즉, probe의 출력에서의 초고주파 전압과 직접적인 관계를 가지게 된다. probe의 위치는 움직이는 운반대를 사용하여 조정할 수 있기 때문에, slotted line은 도파관 내에서 도파관의 위치에 따른 전계의 진폭 변화를 측정할 수 있다.

그림 5.5 slotted line

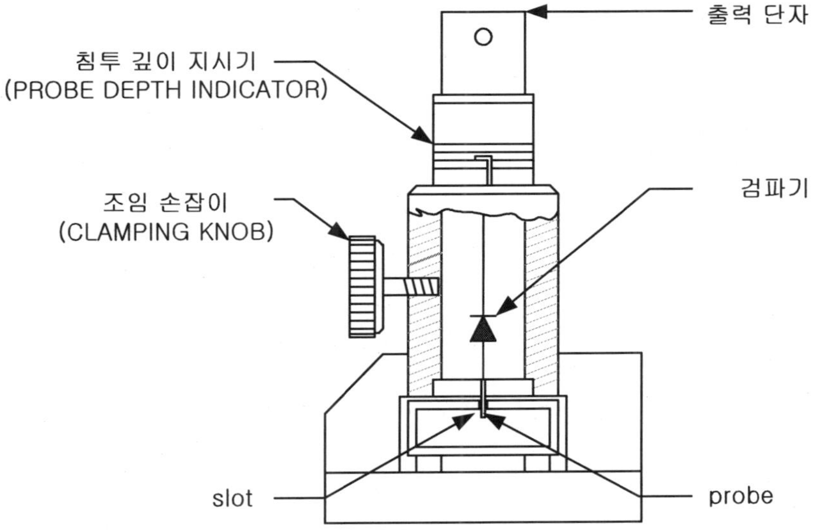

그림 5.6 slotted line 단면도

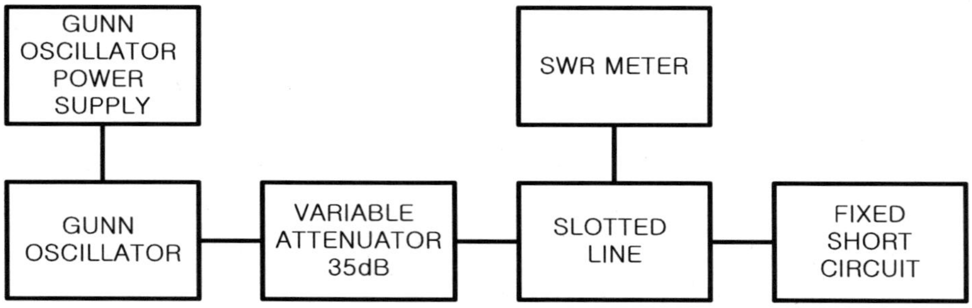

그림 5.7 도파관 특성 측정 실습도

5-13 도파관 전파 특성 측정 실습

(1) slotted line상에서 도파관 내부로 probe가 나오지 않도록, slotted line에서 조임 손잡이(clamping knob)를 느슨하게 한 상태에서 probe holder를 위로 잡아 당기고, 이 위치에서 probe가 고정되도록 조절 손잡이를 조인다. 모든 전력 스위치를 끈 상태에서 (그림5-7)과 같이 장비를 연결한다.

(2) Gunn 발진기 전원을 다음과 같이 조정한다.

VOLTAGE………………………………………… : MIN
MODE…………………………………………… : 1KHz
METER RANGE…………………………………… : 10V

(3) slotted line probe를 slot을 따라 40.0(mm)의 위치로 옮긴다. 가변 감쇠기의 감쇠 특성 그래프를 이용하여, 가변 감쇠기를 6(dB)의 감쇠 값을 갖도록 조정한다.

가변 감쇠기의 눈금 = ______________ mm

(4) 정재파비 측정기를 다음과 같이 조정한다.

RANGE………………………………………… : 0dB
SCALE………………………………………… : NORMAL
GAIN…………………………………………… : mid range
CENTER FREQUENCY……………………………… : mid position
BANDWIDTH…………………………………… : 100Hz

(5) slotted line 상에서 probe holder가 침투 깊이 지시기(probe depth indicator)에서

볼 때 최대의 1/3정도의 probe가 침투되도록 깊이를 조정한다.

(6) Gunn 발진기 전원과 정재파비 측정기를 켜고 장비의 안정화를 위해 1-2분을 기다린다. Gunn 발진기의 공급 전압을 8.5(V)로 조정한다.

(7) 최대값을 지시할 때까지 slotted line을 따라 probe를 이동시킨다.(필요하다면 정재파비 측정기의 GAIN과 RANGE를 조정한다. -40(dB) RANGE에서도 정재파비 측정기의 바늘의 움직임을 감지하기 어려운 경우에는 probe의 침투 깊이를 증가시켜 반복한다.)

(8) 정재파비 측정기의 BANDWIDTH를 20Hz로 변경하고, 정재파비 측정기의 바늘이 최대를 지시하도록 CENTER FREQUENCY 손잡이를 조정한다.

(9) 정재파비 측정기의 바늘이 0(dB)(SWR=1)를 지시하도록 GAIN을 조정한다.

(10) slotted line의 길이를 따라 probe를 이동시키고 〈표5-1〉에 최대값과 최소값의 위치를 기록한다. 정확한 측정을 위하여, 정재파비 측정기의 RANGE 만을 조정하고, GAIN 제어 손잡이는 조정하지 않도록 한다.

(11) 〈표5-1〉의 최소값들의 위치로부터 초고주파 신호의 관내 파장을 구한다.

〈표5-1〉 최대 최소 위치 표시

최소(mm)	최대(mm)

관내 파장 = ______________________ mm

(12) 초고주파 신호의 주파수를 계산하여 기록한다.

$$f = 3 \times 10^8 \sqrt{(\frac{1}{\lambda_g})^2 + (\frac{1}{2a})^2}$$

주파수 = ______________________ GHz

(13) 초고주파 신호의 대기 중에서의 파장을 구하여 기록한다.

$$f\lambda = c$$

대기 중에서의 파장 = ______________________ mm

(14) 도파관의 특성 임피던스를 계산하여 기록한다.

$$Z_{TE} = \frac{\omega\mu}{\beta_g} = \frac{120\pi}{\sqrt{1-(\frac{\lambda}{\lambda_c})^2}}$$

도파관 특성 임피던스 = ______________________ ohm

(15) Gunn 발진기 앞에 6dB 고정 감쇠기를 부착하고 스펙트럼 아날라이저를 이용하여 Gunn 발진기의 출력 신호 주파수를 측정하여 (12)에서 구한 주파수와 (14)에서 구한 도파관 특성 임피던스와 비교한다.

주파수 = ______________________ GHz

도파관 특성 임피던스 = ______________________ ohm

(16) Gunn 발진기 전원에서 VOLTAGE 제어 손잡이를 MIN 위치로 조정한다. 모든 전력을 끄고 장비를 해체하여 정리한다.

5-14 학습 평가

01 도파관 전파 모드에서 기본 모드란 무엇인지 기술하시오.

02 X-밴드용(8-12.4GHz) WR90 도파관의 단면 크기는 a=0.9(inch), b=0.4 (inch)이다.

① 이 도파관의 차단 파장과 차단 주파수를 구해보자.

해답 차단 파장 : 4.57(cm), 차단 주파수 : 6.56(GHz)

② 도파관에서 전파상수가 어떻게 유도되었는지 과정을 정리해보자.

③ 주파수가 9(GHz)인 경우의 관내 파장을 구하여 대기 중에서의 자유 공간 파장과 비교해보자.

해답 관내 파장 : 4.86(cm), 자유 공간 파장 : 3.33(cm)

④ 도파관에서 기본 모드를 포함하여 차단 주파수가 가장 낮은 4개의 모드와 각 경우의 차단 주파수를 구해보자.

해답 TE10 : 6.562GHz, TE20 : 13.123GHz, TE01 : 14.764GHz,
TE11 : 16.156GHz

⑤ 주파수가 9(GHz)인 경우 전파 상수와 특성 impedance를 구해보자.

해답 특성 임피던스 : 550.75(ohm), 전파 상수 : 129.28(rad/m)

03 공진 개념과 Q-factor에 대하여 설명하시오.

5-15 참고 문헌

(1) Lab-volt, ***Microwave Fundamentals(Microwave Training Kit Student Manual)***, Third Edition, August, 2004

(2) Lab-volt, ***Microwave Technology(Microwave Training Kit Instructor Guide)***, First Edition, June, 1998

(3) David M. Pozar, ***Microwave Engineering***, fourth edition, John Wiley & Sons INC., 2011

(4) Keysight Technology, ***N9320B Spectrum Analyzer Data Sheet***, 2014

Chapter 06

초고주파 신호 반사 및 정재파 특성

이 장에 기술된 관계 지식을 학습하고 실습을 마치게 되면

- 전자파의 반사와 정재파(standing wave)에 대한 개념을 정립할 수 있고
- 방향성 결합기의 원리와 특성을 이해하고 결합도와 방향성을 측정할 수 있으며
- 방향성 결합기를 이용한 임의의 부하에 대한 반사 손실 측정 기술을 확보할 수 있고
- slotted line과 정재파비 측정기를 이용한 임의의 부하에 대한 정재파비(SWR) 측정 기술을 가질 수 있으며
- 측정된 반사 손실과 정재파비로부터 반사 계수나 정재파의 최대 및 최소의 상대적 크기 등의 관련 변수를 상호 유추하여 계산할 수 있다.

6-1 개 요

이번 장에서는 전자파의 반사와 정재파(standing wave)의 개념을 정립한다. 아울러 공학적인 계산으로 반사 계수와 정재파비 등의 특성 값을 구하는 방법을 익힌 후, 실습을 통하여 반사 계수와 정재파비를 측정함으로써, 전자파의 기본 특성인 전파의 반사에 대한 원리를 익힌다. 반사 특성을 측정하기 위한 소자로 방향성 결합기(directional coupler)를 사용하는데, 방향성 결합기는 방향성을 갖는 일종의 전력 분배기로 초고주파의 소자 특성과 초고주파 신호의 특성을 이해하는데 기본이 될 수 있는 소자이다. 아울러 소자의 특성을 측정하기 위해 적용되는 방법은 무선 통신 시스템의 주요 특성인 반사 및 손실 특성 측정에 많이 활용되는 방법으로, 기본적인 원리를 익힘으로써 초고주파 시스템 특성 측정에 대한 응용 기술을 익힐 수 있다. 끝으로 정재파 측정을 위한 정재파비 측정기의 원리와 사용 방법에 대하여 기술한다. 실습에 대한 본문의 설명과 실습 내용은 labvolt의 초고주파 훈련 장비인 labvolt-8090을 기반으로 기술하였다.

6-2 전자파의 반사

전자파가 장애물이 없는 대기 중으로 전파되어 가는 경우에는 전자파가 반사됨이 없이 전파되어 간다. 이 현상을 공학적으로 설명하면 대기라는 매질의 임피던스의 변화가 없기 때문으로 해석할 수 있다. 즉, 장애물이 생겼다는 것은 매질의 임피던스가 변했다는 것을 의미한다. 이처럼 반사의 원인은 매질의 변화 즉, 임피던스의 변화에 의해 발생한다. 그림 6.1에서 z=0인 지점에서 매질이 변화한 경우에 입사파는 z=0인 지점에서 반사 현상이 발생하여 반사파와 투과파가 발생한다.

임피던스의 변화에 의한 반사 특성을 나타내는 반사 계수는 입사파에 대한 반사파의 비를 나타낸다. 입사파가 매질의 특성 임피던스가 Z_0인 지역에서 전파되다가 임피던스가 Z_L인 매질을 만나는 경우에 반사 계수는 식(6-1)과 같이 나타낼 수 있다. 수식에서 알 수 있듯이 반사 계수는 임피던스 부정합의 정도를 나타내는 변수이다.

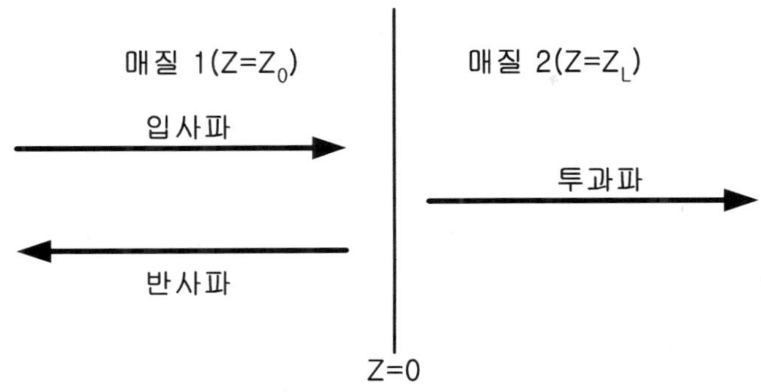

그림 6.1 전자파의 반사 및 투과

$$\Gamma(=\rho)=\frac{Z_L-Z_O}{Z_L+Z_O}=|\Gamma|\measuredangle\theta \quad \cdots\cdots (6\text{-}1)$$

반사 계수의 특성을 파악하기 위하여 식(6-1)을 유도해 보면, 우선 전자파의 진행 방향이 z방향인 경우이고 가장 단순한 형태인 평면파로 가정하고 공식을 전개한다.

평면파는 진행 방향의 수직 평면 상에서의 변화가 없으므로 x축 및 y축 방향으로는 변화가 없다. 또, 이러한 전자파 문제를 기술하는 경우에 시간에 대한 변화는 지수 함수 형식으로 나타내면 항상 $e^{j\omega t}$가 공통적으로 들어가므로 통상적으로 이를 생략하고 표현한다. 이렇게 페이저(phasor) 형식으로 전자파를 표시하는 경우에 앞서 5장에서 설명한 대로 실제로 결과 파형을 보고자 할 경우에는 페이저 형식인 극좌표 형식의 결과에 $e^{j\omega t}$를 곱한 후 실수 부분만을 취하면 된다.

이제 입사파와 반사파와 투과파를 수식으로 나타내면 식(6-2), 식(6-3), 그리고 식(6-4)로 각각 나타낼 수 있다. 수식에서 +는 +z방향으로 진행한다는 것을 의미하며, -는 -z방향으로 진행한다는 것을 의미한다. β_1은 (그림6-1)에서 매질1에서의 전파 상수이고, β_2는 매질2에서의 전파 상수이다.

$$\text{입사파}: E_{x1}^{+}=E_1^{+}e^{-j\beta_1 z},\quad H_{y1}^{+}=\frac{E_1^{+}}{Z_0}e^{-j\beta_1 z} \quad \cdots\cdots (6\text{-}2)$$

$$\text{반사파}: E_{x1}^{-}=E_1^{-}e^{j\beta_1 z},\quad H_{y1}^{-}=-\frac{E_1^{-}}{Z_0}e^{j\beta_1 z} \quad \cdots\cdots (6\text{-}3)$$

$$\text{투과파 : } E_{x2}^{+} = E_2^{+} e^{-j\beta_2 z}, \quad H_{y2}^{+} = \frac{E_2^{+}}{Z_L} e^{-j\beta_2 z} \qquad \cdots\cdots (6\text{-}4)$$

그림 6.1의 z=0인 지점에서는 입사파와 반사파의 합이 투과파와 같아야 하므로 식(6-5)와 식(6-6)과 같이 나타낼 수 있다.

$$E_{x1}^{+} \mid_{z=0} + E_{x1}^{-} \mid_{z=0} = E_{x2}^{+} \mid_{z=0} \qquad \cdots\cdots (6\text{-}5)$$

$$H_{y1}^{+} \mid_{z=0} + H_{y1}^{-} \mid_{z=0} = H_{y2}^{+} \mid_{z=0} \qquad \cdots\cdots (6\text{-}6)$$

식(6-2)와 식(6-3)과 식(6-4)를 식(6-5)와 식(6-6)에 대입하면 식(6-7)과 식(6-8)을 얻을 수 있다.

$$E_1^{+} + E_1^{-} = E_2^{+} \qquad \cdots\cdots (6\text{-}7)$$

$$\frac{E_1^{+}}{Z_0} - \frac{E_1^{-}}{Z_0} = \frac{E_2^{+}}{Z_L} \qquad \cdots\cdots (6\text{-}8)$$

반사 계수가 입사파와 반사파의 비이고 투과 계수가 입사파와 투과파의 비이므로, 반사 계수 Γ와 투과 계수 T를 구하면, 식(6-9)와 식(6-10)과 같은 복소수로 나타낼 수 있다. 반사 계수 Γ를 dB단위로 나타내어 반사 손실(return loss)이라고 불리기도 한다.

$$\Gamma = \frac{E_1^{-}}{E_1^{+}} = \frac{Z_L - Z_O}{Z_L + Z_O} = |\Gamma| \measuredangle \theta \qquad \cdots\cdots (6\text{-}9)$$

$$T = \frac{E_2^{+}}{E_1^{+}} = \frac{2Z_L}{Z_L + Z_O} = |T| \measuredangle \theta \qquad \cdots\cdots (6\text{-}10)$$

실습문제 | 6.1

$Z_0 = 50(\Omega)$, $Z_L = 25 + j75$인 경우에 반사 계수와 투과 계수를 구하여 크기와 위상각으로 표현되는 극좌표 형식으로 나타내고, 반사손실(RL, Return Loss)을 구하시오. ($RL = -20\log|\Gamma|$)

(계산기의 극좌표 기능을 활용하는 방법을 익힌다.)

해답 $\Gamma = 0.745\measuredangle 63.4°$, $T = 1.49\measuredangle 26.56°$, $RL = 2.56(\text{dB})$

6-3 정재파

매질의 임피던스의 변화로 반사된 반사파는 입사되는 진행파와 합쳐져서, 마치 전자파가 서있는 것과 같이 보이는 정재파(standing wave)를 발생시킨다. 이 현상을 쉽게 이해하기 위하여 입사파가 도체판에서 완전 반사되는 극단적인 경우를 먼저 살펴보기로 한다.

정재파는 입사파인 진행파와 반사파가 합쳐진 것이므로 식(6-11)과 같이 나타낼 수 있고, 진행파가 도체판으로 가로 막혀 있는 경우에는 도체판에 의한 반사 계수 Γ가 -1인 전반사인 경우이므로 식(6-12)와 같이 된다.

$$E_{x1} = E_{x1}^{+} + E_{x1}^{-} = E_1^{+} e^{-j\beta_1 z} + \Gamma E_1^{+} e^{j\beta_1 z} \qquad \cdots\cdots (6\text{-}11)$$

$$E_{x1} = E_1^{+}(e^{-j\beta_1 z} - e^{j\beta_1 z}) = -j2E_1^{+}\sin\beta_1 z \qquad \cdots\cdots (6\text{-}12)$$

식(6-11)과 식(6-12)는 페이저(phasor) 형태로 실제로 물리적인 파형을 보기위해서는, 앞서 설명한 대로 페이저 형태의 결과에 $e^{j\omega t}$를 곱한 후 실수 부분만을 취하면, 식(4-13)과 같은 최종 결과를 얻을 수 있다.

$$e_{x1} = Re[-j2E_1^{+}\sin\beta_1 z \cdot e^{j\omega t}] = 2E_1^{+}\sin\beta_1 z \cdot \sin\omega t \qquad \cdots\cdots (6\text{-}13)$$

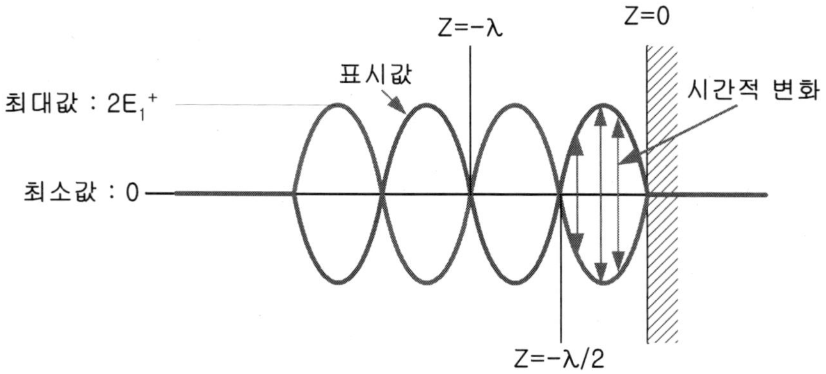

그림 6.2 정재파 파형 구성도

식(6-13)에 나타난 정재파 파형을 살펴보면, 시간적으로는 사인파 형태로 크기가 변화하지만, 진행 방향인 거리에 대하여는 고정되어 있는 것을 알 수 있다. 이를 그림으로 나타내면 그림 6.2와 같다. 파형이 시간적으로 변화하는 것을 감안하면, 검침기(probe)로 파형을 검출할 때, 각 지점에서 파형의 첨두값인 위 부분만으로 구성되는 포락선(envelope)만이 나타나게 될 것이다.

이제 일반적인 경우로 확장해 보면 완전 반사가 아니고 일부만이 반사되므로, 반사계수는 식(6-14)와 같아, 반사파와 입사파의 합인 정재파는 식(6-15)와 같이 나타낼 수 있다.

$$\Gamma = |\Gamma| \measuredangle \theta = |\Gamma| e^{j\theta}, \quad 0 \leqq |\Gamma| \leqq 1 \qquad \cdots\cdots (6\text{-}14)$$

$$E_x = E_1^+ (e^{-j\beta_1 z} + |\Gamma| e^{j(\beta_1 z + \theta)}) \qquad \cdots\cdots (6\text{-}15)$$

식(6-15)에서 정재파가 최대인 경우는 $-\beta_1 z_{\max} - (\beta_1 z_{\max} + \theta) = 2n\pi$인 경우이므로, 식(6-16)과 같고, 최대인 지점은 식(6-17)과 같이 나타낼 수 있다.

$$E_x|_{\max} = E_1^+ (1 + |\Gamma|) \qquad \cdots\cdots (6\text{-}16)$$

$$-\beta_1 z_{\max} = \frac{\theta}{2} + n\pi \qquad \cdots\cdots (6\text{-}17)$$

식(6-15)에서 정재파가 최소인 경우는 $-\beta_1 z_{\min} - (\beta_1 z_{\min} + \theta) = 2n\pi + \pi$인 경우이므로, 식(6-18)과 같고, 최소인 지점은 식(6-19)와 같이 나타낼 수 있다.

$$E_x \mid_{\min} = E_1^+(1 - |\Gamma|) \quad \cdots\cdots (6\text{-}18)$$

$$-\beta_1 z_{\min} = \frac{\theta}{2} + n\pi + \frac{\pi}{2} \quad \cdots\cdots (6\text{-}19)$$

정재파의 특성을 나타내는 변수인 정재파비는 정재파의 최대값과 최소값의 비로 정의할 수 있다. 정재파비 역시 반사의 정도를 나타내는 변수로, 임피던스 부정합에 관한 특성을 나타내는 것이다. 일반적으로 정재파비를 나타낼 때, 전압에 해당하는 전계에 대한 정재파의 최대값과 최소값을 식(6-20)과 같이 VSWR(Voltage Standing Wave Ratio)로 표시한다.

$$VSWR = \frac{E_{\max}}{E_{\min}} = \frac{1 + |\Gamma|}{1 - |\Gamma|} \quad \cdots\cdots (6\text{-}20)$$

정재파를 검침기(probe)로 파형을 검출하면, 앞서 설명한 대로 포락선만이 나타나게 되고, 식(6-17)과 식(6-19)에서 알 수 있듯이 최대인 지점과 최소인 지점 사이는 $\beta_1(z_{\max} - z_{\min}) = \pi/2$이므로, 식(6-21)과 같이 1/4 파장임을 알 수 있다. 고로 최소와 최소 혹은 최대와 최대 사이의 간격인 통상적인 한 파장이 아니고 반 파장임을 유의하여야 한다.

$$z_{\max} - z_{\min} = \frac{\lambda}{4} \quad \cdots\cdots (6\text{-}21)$$

앞서 지적한 대로 정재파비는 반사의 정도를 나타내는 척도로, 전반사인 경우는 정재파비가 VSWR=∞이고, 반사가 전혀 일어나지 않는 경우는 정재파비가 VSWR=1이다. 즉, 정재파비의 범위는 1에서 무한대임을 알 수 있다.

실습문제 | 6.2

$Z_0 = 50(\Omega)$, $Z_L = 25 + j75$인 경우에 정재파비를 계산하시오.

해답 VSWR=6.85

6-4 방향성 결합기의 원리

방향성 결합기(directional coupler)는 방향성을 갖는 일종의 초고주파 소자로 초고주파 신호의 특성을 이해하는데 기본이 될 수 있는 소자이다. 뒤의 실습에서는 도파관(waveguide) 형태의 소자를 사용하나, 일반적인 초고주파 회로 내에서도 신호 분배 및 결합 기능을 필요로 하는 경우에 필수적인 소자로, 마이크로스트립 선로(microstrip line) 형태나 동축 선로 형태 등으로 다양하게 구현 될 수 있다.

아울러 소자의 특성을 측정하기 위해 적용되는 방법은, 무선 통신 시스템의 주요 특성인 반사 및 손실 특성 측정에 많이 활용되는 방법으로, 기본적인 원리를 익힘으로써 초고주파 시스템 특성 측정에 대한 응용 기술을 익힐 수 있다. 방향성 결합기는 (그림6-3)에 나타낸 바와 같이 4단자(port) 회로이다. 1번 단자인 입력 단자로 입력된 신호는, 대부분의 신호가 2번 단자인 출력 단자로 가는데, 신호의 일부가 결합되어 3번 단자인 결합 단자로 출력되도록 설계된 회로이다. 어느 만큼의 신호를 결합 시킬 것인가에 따라 방향성 결합기의 결합도가 결정된다.

예를 들어, 신호의 1/10을 결합하는 경우는 10(dB) 방향성 결합기라고 부르며, 1/100을 결합하는 경우는 20(dB) 방향성 결합기라고 부른다. 만약 입력 단자로 입력된 신호의 반이 출력 단자로 출력되고 나머지 반이 결합 단자로 출력된다면 3(dB) 방향성 결합기로 일반적인 전력 분배기가 된다.

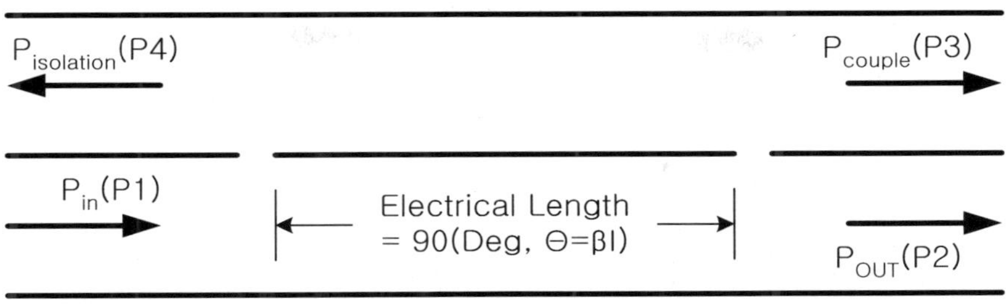

그림 6.3 방향성 결합기의 구성도

그림 6.3의 구조를 보면 1번 입력 단자에서 2번 출력 단자로 이어지는 주 전송로에서, 3번 단자 결합 단자와 4번 고립 단자 사이의 보조 전송로로 신호가 결합되는 결합 지점이 두 군데가 있다. 4번 고립 단자에서 정상적인 상태에서는 1번 단자로 입력된 신호가 출력되지 않는다. 그 이유는 두 결합 지점 사이의 거리가 1/4 파장 즉, 전기적 길이로 90° 로 설계되어, 첫 번째 결합 지점으로 결합된 신호와 두 번째 결합 지점에서 결합된 신호가 다시 되돌아와 4번 고립 단자에서 만나게 되면, 두 신호의 위상이 180° 차이를 가지게 되어 서로 상쇄되기 때문이다.

그림 6.4는 방향성 결합기의 외형도를 나타내며, 그림 6.5는 4번 고립 단자가 통상적으로 50(ohm)인 정합 부하(matched load)로 연결되어 있어, 3단자 회로로 보이는 ED-3000의 방향성 결합기를 나타낸다. (그림6-6)은 실습에 사용될 labvolt -8090의 cross guide 방향성 결합기의 사진이다.

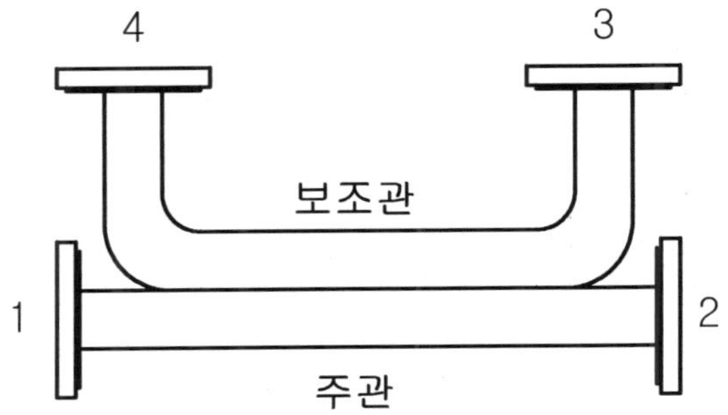

그림 6.4 방향성 결합기의 외형도

그림 6.5 3단자 형태의 방향성 결합기

cross guide 방향성 결합기는 서로 직각인 두 도파관의 결합으로 이루어진다. 두 도파관이 접해있는 벽에 두 십자형의 통로가 있다. 원형 통로보다 십자형의 통로가 더 유리한 면이 있다. 왜냐하면 같은 정도의 결합(coupling)에 대해서 십자형에 의한 불연속성이 원형에 의한 불연속성보다 더 작기 때문이다. 그림 6.7은 cross guide 방향성 결합기의 구조를 나타낸다.

그림 6.6 실습에 사용될 방향성 결합기의 사진

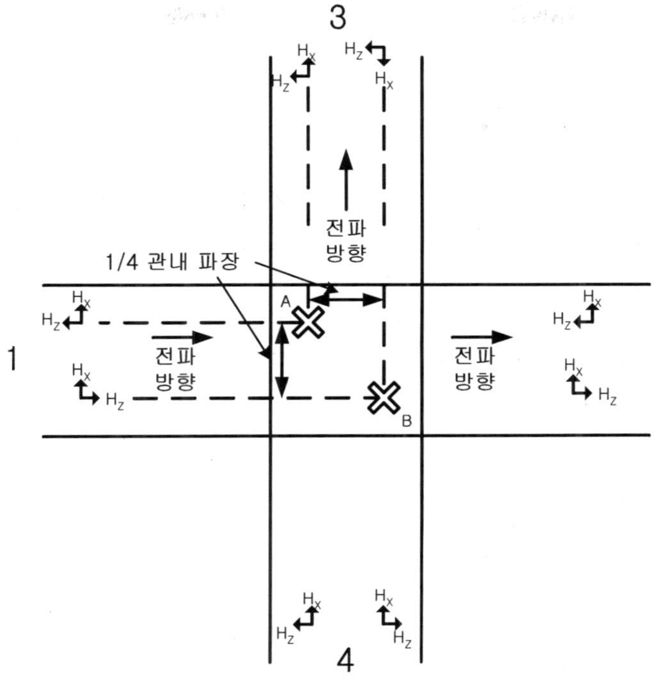

그림 6.7 cross guide 방향성 결합기의 구조

방향성 결합기의 원리를 설명하기 위하여, 신호의 진행 방향에서 자계의 성분인 H_z를 생각해 보자. 통로 A와 B는 그림 6.7에서 보여주듯이 도파관 중앙의 양쪽에 위치한다. 통로 B를 통해 결합된 진행 방향의 자계 성분은 통로 A를 통해 결합된 신호와 180(°)의 위상차를 갖는다. 그러나 통로 B를 통해 결합되어 단자 ③으로 진행하는 신호는 통로 A를 통해 결합된 신호보다 반 파장 더 진행해야 하므로, 두 신호의 위상차에 180(°)를 더해야한다. 사실상, 이러한 두 신호의 위상 변환은 단자 ③에서 결국 같은 위상이 되어 하나의 신호로 합쳐진다. 반면에 단자 ④를 따라 진행하는 결합된 신호들은 같은 거리를 진행하고 위상을 달리하므로, 서로 상쇄되어 단자 ④를 따라 진행하는 신호는 없게 된다.

그림 6.7은 파가 단자 ①로 입사되었을 때, cross guide 방향성 결합기에서 자계 성분의 방향을 보여준다. 신호의 결합은 주로 자계에 의해 발생된다.

방향성 결합기의 기능을 구체적으로 이해하기 위하여, 실제 시스템에서 사용되는 적용 예를 들어 기능을 설명하기로 한다. 이동 통신이나 위성 통신용 기지국의 최종 출력단인 고출력 증폭기(HPA, High Power Amplifier)와 안테나 사이에 방향성 결합기가 설치되어 있다고 하자. 고출력 증폭기가 정상적으로 동작하는지를 알기 위해서는 고출력 증폭기의 출력을 측정해야 하는데, 방향성 결합기가 설치되지 않은 경우에는 출력을 직접 측정하기 위해서 서비스를 중단시키고 증폭기의 출력단에 전력 측정기나 스펙트럼 분석기를 연결하여 전력을 측정하여야 한다. 하지만 방향성 결합기가 장착된 경우에는 서비스의 중단 없이 결합 단자의 신호를 측정함으로써, 방향성 결합기의 결합도를 감안하여, 고출력 증폭기의 전력을 지속적으로 감시할 수 있다. 또 안테나나 안테나 외부에 문제가 생겨 신호가 안테나를 통하여 빠져나가지 못하고 반사되어 되돌아오는 경우에는, 신호가 출력 단자인 2번 단자로 입력되는 경우이므로 4번 단자인 고립 단자로 결합도에 따라 반사된 신호의 일부가 출력된다. 고립 단자의 신호를 측정함으로써 시스템의 이상 유무를 지속적으로 감시할 수 있다. 실제로 반사가 발생하여 고출력 증폭기의 출력단으로 입력되는 경우에는 고출력 증폭기에 치명적인 손상을 가져올 수 있다.

6-5 방향성 결합기의 특성

방향성 결합기의 특성을 나타내는 변수로 결합도와 방향성, 그리고 고립도를 들 수 있다. 결합도(coupling coefficient)는 입사 전력에 대한 결합된 신호에 대한 비로, 통상적으로 dB 단위의 양(+)의 수로, 식(6-22)와 같이 나타낼 수 있다.

$$C = 10\log\frac{P_1}{P_3} \qquad \cdots\cdots \text{(6-22)}$$

방향성(directivity)은 1번 단자인 입력단으로 입사한 신호에 대하여 결합된 순방향 신호와 출력 단자인 2번 단자에서 반사되어 돌아오는 역방향 신호에 대한 결합된 신호의 비로 식(6-23)과 같다. 모든 단자가 임피던스 정합된 경우에 이상적인 방향성 결합기는 무한대의 방향성을 가진다. 방향성은 뒤에 상세하게 설명하겠지만 2번 출력 단자에 연결된 측정 대상 소자(DUT, Device Under Test)에 대한 반사 계수를 나타낸다.

$$D = 10\log\frac{P_3}{P_4} \qquad \cdots\cdots \text{(6-23)}$$

고립도(isolation)는 입력된 신호와 2번 단자에서 반사되어 되돌아오는 신호에 대하여 결합된 신호의 비로 식(6-24)와 같아 식(6-25)의 관계를 가진다. 방향성과 마찬가지로 정합 상태에서 이상적인 방향성 결합기의 경우에는 무한대의 고립도를 가져야 한다.

$$I = 10\log\frac{P_1}{P_4} \quad \cdots\cdots (6\text{-}24)$$

$$I = D + C \ (dB) \quad \cdots\cdots (6\text{-}25)$$

방향성 결합기를 이용하여 소자나 시스템의 반사 손실을 측정하는 원리를 살펴봄으로써 초고주파 시스템의 특성 측정 기술을 이해하는데 도움을 가질 수 있다. 실제로 계측기 내부에서도 똑같은 원리를 가지고 반사 특성과 관련된 특성을 측정한다.

6-6 방향성 결합기를 이용한 반사 특성 측정

그림 6.8은 방향성 결합기와 vectorial voltmeter를 이용한 반사 계수 측정의 예를 나타낸다. vectorial voltmeter는 부하에 대한 입사 및 반사 신호에 대한 두 전압의 크기와 위상차를 측정하여 위상 특성을 포함한 완전한 반사 계수를 측정할 수 있다.

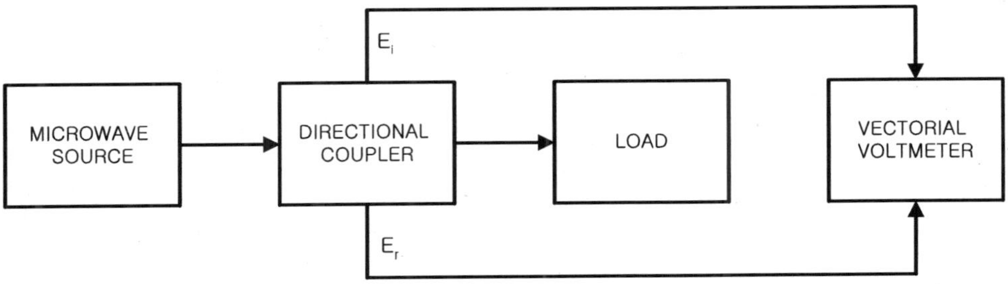

그림 6.8 방향성 결합기와 vectorial voltmeter를 이용한 반사 계수 측정

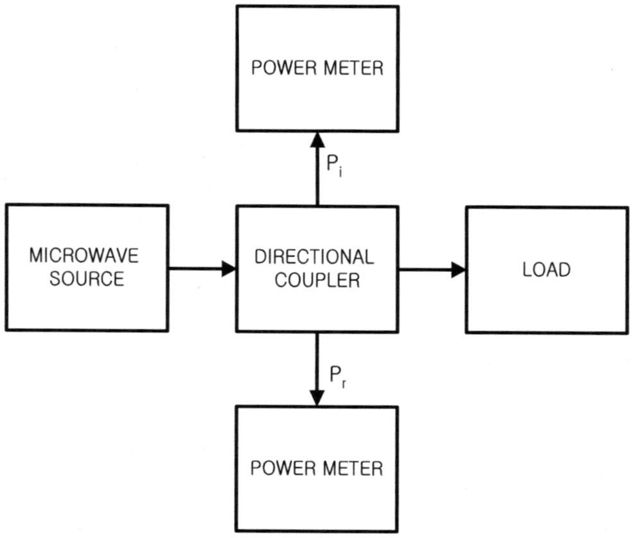

그림 6.9 방향성 결합기와 전력 측정기를 이용한 반사계수 측정

대부분의 경우에 반사 계수의 크기는 모든 필요한 정보를 제공하므로, 반사 계수의 위상을 특별히 측정할 필요는 없다. 그러한 경우에 더욱 단순한 방법으로 반사 계수의 크기를 측정할 수 있다. 예를 들어, 그림 6.9에서 볼 수 있듯이, 두 개의 전력 측정기로 입사파와 반사파의 전력을 측정할 수 있다. 이 방법의 장점은 전력의 절대 측정값을 제공한다는 것이다. 그리고 전력의 절대 측정값으로부터, 반사 손실(return loss)과 반사 계수의 크기를 계산할 수 있다.

그림 6.9의 시스템은 상용 전송 시스템을 감시하고 시험하는데 사용된다. 이번 실습에서는 그림 6.10에서 나타낸 것처럼 간단하지만 정확한 방법을 사용한다. 이 장치에서는 전력 측정기 대신에 정재파비 측정기를 사용하고, 1(KHz)의 주파수로 진폭 변조된 초고주파 신호가 사용된다.

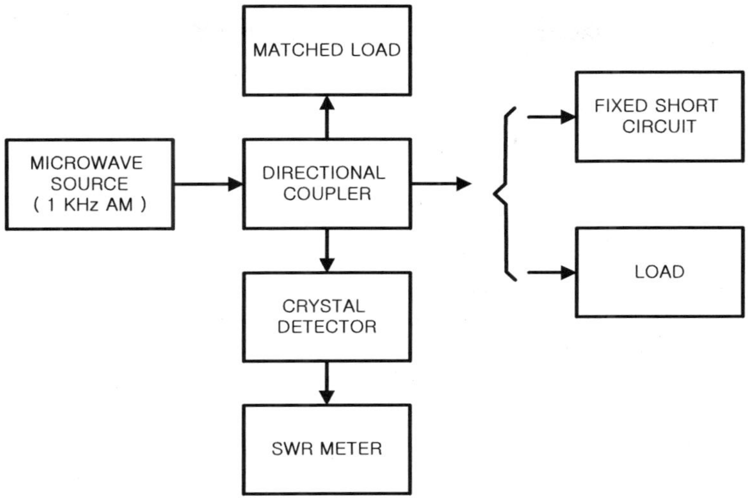

그림 6.10 방향성 결합기와 정재파 측정기를 이용한 반사 계수 측정

이와 같은 구성에서 반사 계수는 오직 반사된 신호의 크기를 측정함으로써 얻을 수 있다. 정재파비 측정기는 먼저 단락판으로 종단된 도파관으로부터 기준을 잡아야 한다. 단락판에서 반사된 신호는 0(dB)의 반사 손실(return loss)을 갖는다. 이 0(dB)의 기준값으로부터 다른 부하의 반사 손실(return loss)을 계산 할 수 있다. 이 방법은 방향성 결합기의 삽입 손실로 발생되는 측정 오차를 제거할 수 있는 장점이 있다. 이 방법의 정밀도는 검파기의 특성과 연관된다. 이 방법으로 측정 될 수 있는 가장 큰 반사 손실은 방향성 결합기의 방향성(directivity)에 의해 제한을 받는다.

6-7 정재파비(SWR) 측정기의 원리와 사용

기본적으로 정재파비 측정기는, 앞에서 설명한 대로, 상대적인 크기를 측정할 수 있는 계측기이다. 또한 초고주파 신호를 직접 측정하는 것이 아니고, 구형파로 변조된 초고주파 신호를 검파한 구형파 펄스로부터, 간접적으로 상대적인 크기를 넓은 범위에서 측정할 수 있는 장비이다. 상대적인 신호의 크기를 측정할 수 있으므로, 정재파 패턴의 최대와 최소에 대한 상대적인 크기를 측정하면 정재파비의 정의로부터 정재파비를 바로 얻을 수 있다. 즉, 정재파 패턴의 최대와 최소가 10(dB)라면, 이를 일반적인 비율로 환산하면 3.16이 되므로, 정재파비 측정기의 10(dB) 눈금과 정재파비

3.16을 같이 표시함으로써 정재파비를 직접 얻을 수 있다. 다음은 정재파 측정기를 이용하여 정재파비를 측정하는 방법을 원리를 포함하여 기술하였다.

(1) SCALE을 NORMAL로 선택한다.

(2) 정재파비 측정기의 지시가 최대로 되도록 CENTER FREQUENCY 및 slotted line의 probe의 위치를 이동한다.(필요하다면 RANGE와 GAIN을 조정한다.)

(3) RANGE와 GAIN을 조정하여 정재파비 측정기가 SWR 눈금의 1.0을 지시하도록 한다. 이것은 정재파의 최대점을 0(dB)에 위치시킨 상태를 의미한다.

(4) 정재파비 측정기의 지시가 최소가 되도록 slotted line의 probe의 위치를 이동한다. 이것은 정재파의 최소점을 찾아, 최대와 최소의 차이를 dB단위로 알게 하여, 이에 상응하는 정재파비로 환산된 계기의 눈금을 읽는 것을 의미한다.

a) 정재파비 측정기가 SWR 위쪽 눈금의 1.0과 3.2사이를 지시하면 지시치를 읽는다. 예로, 최대와 최소값의 차이가 0dB이면 SWR은 1이다. 왜냐하면 SWR= 0(dB)=1(∵20logx=0)이기 때문이다. 또한 최대와 최소값의 차이가 10(dB)이면 SWR은 3.16이다. 왜냐하면 SWR=10(dB)=3.16(∵20logx=10)이기 때문이다.

b) SWR이 3.2이상인 경우에는

1) RANGE를 10(dB) 더 낮은 값으로 선택하고, SWR 아래쪽 눈금(3.2-10)을 읽는다.

2) SWR이 10이상인 경우 RANGE를 10(dB) 더 낮은 값으로 선택하고, SWR 위쪽 눈금(1.0-4)을 읽어 10을 곱한다.

3) SWR이 32이상인 경우 RANGE를 10(dB) 더 낮은 값으로 선택하고 SWR 아래쪽 눈금(3.2-10)을 읽어 10을 곱한다.

c) 낮은 SWR(1.0-1.33)의 눈금을 확장해서 보고 싶을 경우에는

최대와 최소값의 차이가 2.5(dB)이면 SWR은 1.33이다. 왜냐하면 SWR=2.5 (dB)=1.33(∵20logx=2.5)이기 때문이다.

1) SCALE을 EXPANDED로 선택한다.

2) 정재파비 측정기가 최대를 지시하도록 slotted line의 probe의 위치를 이동하고 GAIN VR로 SWR 눈금 1.0에 맞춘다.

3) slotted line의 probe의 위치를 이동하여 정재파비 측정기의 지시가 최소가 되도록 한다.

4) EXPANDED 눈금의 아래쪽(SWR) 눈금을 읽는다.

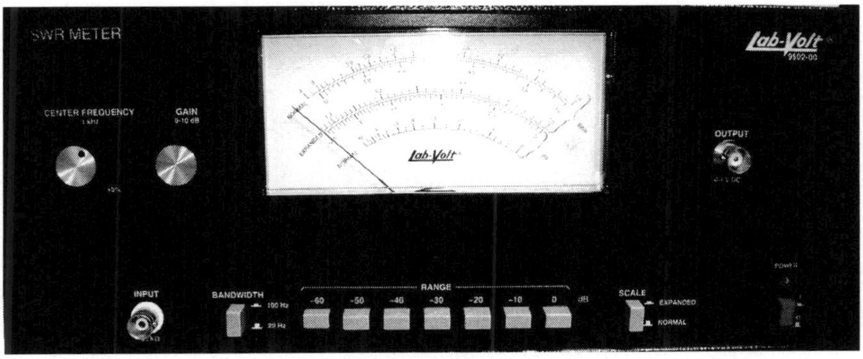

그림 6.11 정재파비 측정기

그림 6.11의 정재파비 측정기에서 볼 수 있듯이, 정재파비 측정기에서 직접 정재파비의 값을 구하는 네 가지의 눈금이 있다. SWR NORMAL과 SWR EXPANDED와 dB NORMAL과 dB EXPANDED이다. 먼저 정재파비가 1과 4사이에 있을 때에는 SWR NORMAL 눈금으로부터 직접 정재파비를 읽을 수 있다. 주어진 RANGE에서 측정값이 1.33보다 작을 때 1에서 1.33 사이의 눈금이 있는 SWR EXPANDED를 선택하면 더욱 정확한 측정값을 얻을 수 있다. 0에서 10(dB) 사이의 dB단위 정재파비는 dB NORMAL 눈금을 이용하여 측정하는데, 2.5dB보다 낮게 가리킬 때는 EXPANDED dB 눈금을 사용하여 정확한 측정값을 얻을 수 있다.

6-8 반사 및 정재파 특성 측정 실습

6-8-1 방향성 결합기 특성 실습

(1) 모든 전원 스위치를 끈 상태에서 그림 6.12과 같이 연결한다. 가변 감쇠기의 눈금을 4.50(mm)에 맞춘다.

(2) Gunn 발진기 전원을 다음과 같이 조정한다.

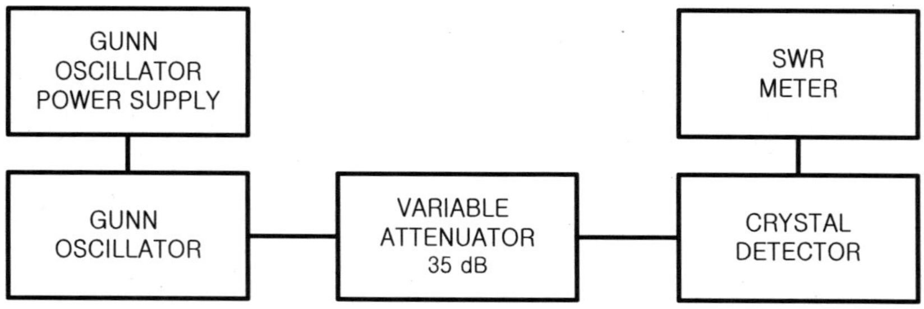

그림 6.12 기준 신호 측정을 위한 실습 구성도

VOLTAGE……………………………………………… : MIN
MODE………………………………………………… : 1KHz
METER RANGE……………………………………… : 10 V

(3) 정재파비 측정기에서 -30(dB) RANGE 스위치를 선택하고 GAIN 제어 손잡이를 최대값으로 조정한다. 20(Hz) BANDWIDTH를 선택한다.

(4) Gunn 발진기 전원과 정재파비 측정기를 켜고 장비의 안정화를 위해 1-2분을 기다린다. Gunn 발진기 전원의 전압을 8.5(V)로 조정한다.

(5) 정재파비 측정기에서 -35(dB)의 측정값을 얻도록 가변 감쇠기를 조정한다.

(6) 정재파비 측정기의 CENTER FREQUENCY 손잡이를 조정하여 신호가 최대를 지시하게 한다.

(7) 정재파비 측정기에서 -30(dB)의 측정값을 얻도록 가변 감쇠기를 조정한다. 이 값이 실습의 기준값으로 사용될 것이다.

(8) Gunn 발진기 전원으로부터 Gunn 발진기의 전력 공급 케이블을 분리한다. 그림 6.13과 같이 연결한다.
note : 연결 및 조립을 할 때 가변 감쇠기를 변화시키지 않도록 한다.

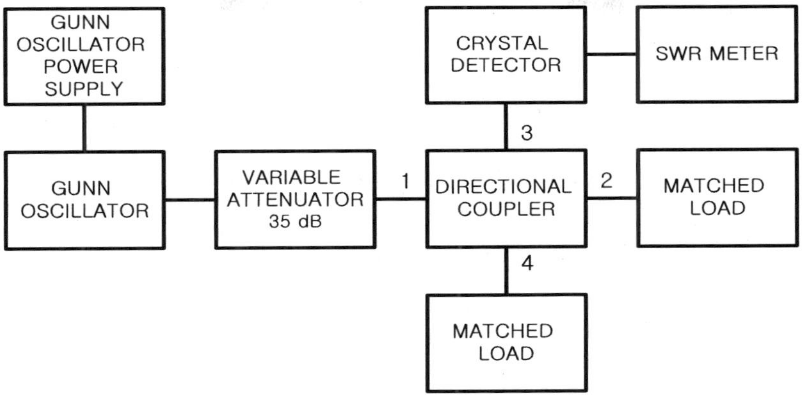

그림 6.13 결합계수 측정을 위한 실습 구성도

(9) Gunn 발진기의 전력 공급 케이블을 Gunn 발진기 전원에 다시 연결한다.

(10) 정재파비 측정기의 GAIN 제어 손잡이를 재조정하지 말고, 지시된 신호의 상대적 크기를 dB 단위로 읽기 위해 적당한 RANGE를 선택하여 그 크기를 기록한다.

지시된 신호 크기 = ______________________ dB

(11) -30(dB)의 기준값으로부터 지시된 상대적인 신호 크기를 빼줌으로써, 방향성 결합기의 결합 계수를 계산하여 기록한다.

결합 계수 C = -30.0dB - ___________ dB = ___________ dB

(12) 정재파비 측정기에서 -30(dB) RANGE를 선택한다.

(13) 정재파비 측정기가 -30(dB)를 지시하도록 가변 감쇠기를 조정한다. 만약 -30(dB)의 지시값을 얻을 수 없다면, 편리한 지시값을 얻도록 가변 감쇠기를 조정하여 이 값을 기록한다.(새로운 기준값이 되는 것임)

기준값 = ___________________ dB

(14) Gunn 발진기 전원으로부터 Gunn 발진기의 전력 공급 케이블을 분리한다. 그림 6.14와 같이 장비를 연결한다.

(15) Gunn 발진기 전원에 Gunn 발진기의 전력 공급 케이블을 다시 연결한다.

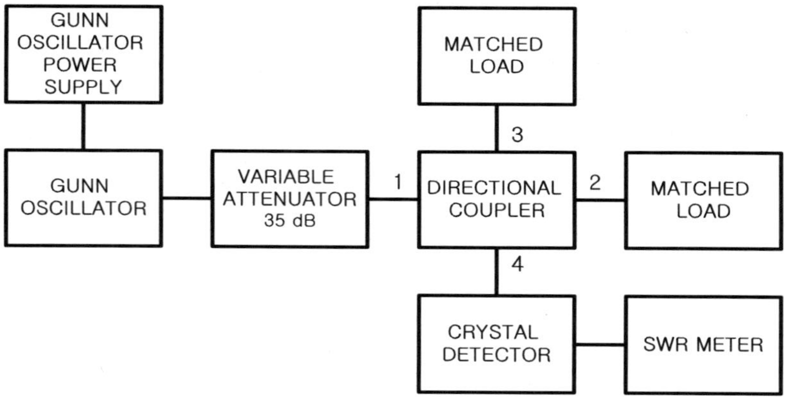

그림 6.14 방향성 측정을 위한 실습 구성도

(16) 정재파비 측정기에서 상대적 크기를 측정하기 위해 필요한 RANGE를 선택하여, 방향성 결합기의 고립 단자(isolated port, 4번 단자)에서 신호의 상대적 크기를 측정하여 기록한다.

고립 단자의 상대적 신호 크기 = ____________________ dB

(17) (13)항의 기준값으로부터 고립 단자에서의 신호 크기을 빼줌으로써, 방향성 결합기의 방향성(directivity)를 계산한다.

방향성 D = __________ dB - ________ dB = ____________ dB

(18) Gunn 발진기 전원의 VOLTAGE 제어 손잡이를 MIN으로 맞추고, 모든 전력 스위치를 끈 상태에서 장비를 해체하여 정리한다.

6-8-2 반사 계수 측정

(1) 모든 전력 스위치를 끈 상태에서 그림 6.15와 같이 장비를 연결하고, 가변 감쇠기의 눈금을 0.00(mm)에 맞춘다.

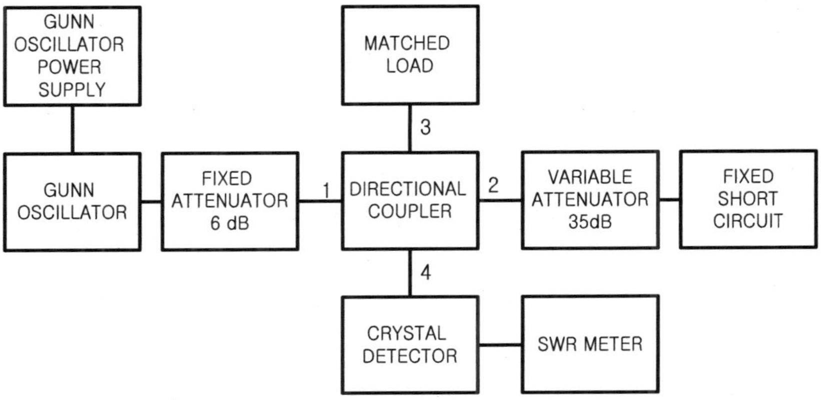

그림 6.15 부하에 따른 반사 손실 측정 실습 구성도

(2) Gunn 발진기 전원을 다음과 같이 맞춘다.

VOLTAGE.. : MIN

MODE.. : 1KHz

METER RANGE... : 10V

(3) 정재파비 측정기에서 -20(dB) RANGE 스위치를 선택하고, GAIN 제어 손잡이를 최대 위치로 조정하고 20(Hz) BANDWIDTH를 선택한다.

(4) Gunn 발진기 전원과 정재파비 측정기를 켜고 장비의 안정화를 위해 1-2분을 기다린다. Gunn 발진기 전원의 전압을 8.5(V)로 맞춘다.

(5) 정재파비 측정기에서 -25(dB)의 지시값을 얻도록 GAIN 제어 손잡이를 조정한다. 만일 선택된 -20(dB) RANGE 상에서 이 지시값을 얻기 어려우면, -30(dB) RANGE를 선택하고 GAIN 제어 손잡이를 조정하여 -35(dB)의 지시값을 얻도록 한다.

(6) 지시값을 최대로 하기 위해 CENTER FREQUENCY 제어 손잡이를 조정한다.

(7) -22(dB)의 지시값을 얻도록 정재파비 측정기의 GAIN 제어 손잡이를 조정한다. (5)에서 -30(dB) RANGE를 선택하여 -22(dB)의 지시값이 불가능하면,

-32(dB)의 지시값을 얻도록 GAIN 제어 손잡이를 조정한다. 이것이 기준값이다.(-22dB 이거나 -32dB임)

(8) 〈표6-1〉에서 주어진 각각의 감쇠값에 대하여 다음과 같은 절차를 수행한다.

a. 기준값은 실습 구성에서 가변 감쇠기가 있을 때 얻은 값이므로, 가변 감쇠기의 눈금이 0(mm)의 위치에 있을 때의 삽입 손실을 고려해야 한다. 그러므로 가변 감쇠기의 눈금이 0(mm)일 때의 가변 감쇠기의 삽입 손실을 〈표6-1〉의 각각의 감쇠값에 더하여 두 번째 칸에 기입한다.

b. 가변 감쇠기 특성 곡선을 사용하여, 〈표6-1〉의 두 번째 칸의 감쇠값에 대한 감쇠기의 위치를 계산하고, 〈표6-1〉의 세 번째 칸에 가변 감쇠기 눈금의 위치를 기입한다.

〈표6-1〉 반사 계수 및 반사 손실 기록

감쇠값 (dB)	삽입 손실 (dB)	가변 감쇠기 눈금 위치 (mm)	상대적인 신호 크기 (dB)	반사 손실 (RL) (dB)	$\rho = 10^{\frac{-RL(dB)}{20}}$
0		0			
2.5					
5					
7.5					
10					

c. 〈표6-1〉의 네 번째 칸에 상대 신호 크기를 dB 단위로 기입한다. 필요하다면 다른 RANGE를 선택해도 되지만, GAIN 제어 손잡이를 재조정하지 않도록 한다.

d. (7)항의 기준값에서 이 지시값을 빼줌으로써 부하의 반사 손실(RL, Return Loss)을 계산하고 〈표6-1〉의 RL칸에 기록한다.

e. 부하의 반사 계수의 크기 ρ를 구하여 〈표6-1〉의 ρ칸에 기록한다.

$$\rho = 10^{\frac{-RL(dB)}{20}}$$

〈표6-1〉에서 Return Loss와 감쇠값의 관계를 기술한다.

____

____

____

(9) Gunn 발진기 전원으로부터 Gunn 발진기의 전력 공급 케이블을 분리한다. thermistor mount를 연결하기 전에, 나사가 도파관 내부로 나오지 않게 하기 위하여 나사를 완전히 분리시킬 필요는 없지만 나사를 돌려 내부에 나타나지 않게 한 상태에서, (그림6-16)과 같이 장비를 연결한다. 가변 감쇠기의 눈금을 3.5(mm)에 맞춘다.

(10) 전력 측정기의 전원을 킨다. 전력 측정기에서 0.3(mW) RANGE를 선택하고 장비의 안정화를 위해 2분간 기다린 후, ZERO ADJUST 손잡이를 이용하여 눈금을 "0"으로 맞춘다.

(11) Gunn 발진기의 전력 공급 케이블을 Gunn 발진기 전원에 다시 연결한다. 정재파비 측정기에서 -30(dB) RANGE를 선택한다.

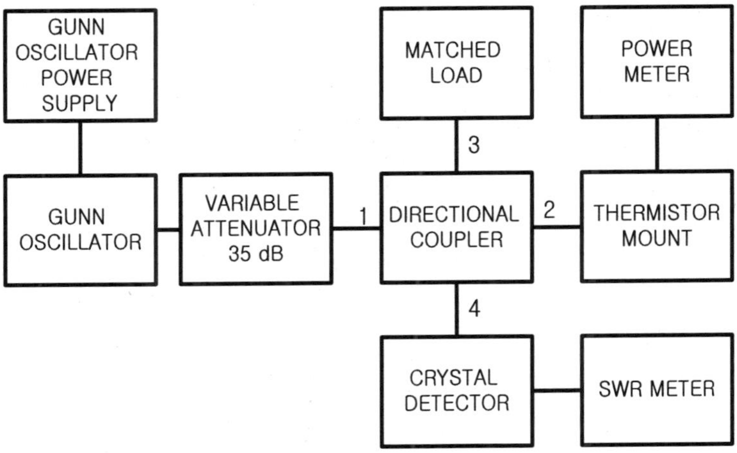

그림 6.16 전력 측정기를 이용한 측정 실습 구성도

(12) 전력 측정기에서 약 0.1(mW)의 지시값을 얻도록 가변 감쇠기를 조정한다. 전력 측정기에서 지시값이 최대가 되도록 thermistor mount의 정합용 나사

와 이동용 단락판의 위치를 조정한다. thermistor mount가 정합되었다면, 전력 측정기에서 0.2(mW)의 지시값을 얻도록 가변 감쇠기를 재조정한다.

(13) Gunn 발진기 전원에서 Gunn 발진기의 전력 공급 케이블을 분리한다. (그림6-17)과 같이 thermistor mount 대신에 고정 단락판으로 대체한다. 전력 측정기를 곧 다시 사용할 것이므로 전력 측정기의 균형이 유지되도록 전력 측정기에 thermistor mount를 연결한 상태로 둔다. 또한 이동용 단락판과 정합용 나사의 위치도 이전의 정합된 위치에 고정시켜 둔다.

(14) Gunn 발진기 전력 공급 케이블을 Gunn 발진기 전원에 다시 연결한다. 정재파비 측정기에서 GAIN 제어 손잡이를 조정하여 -32(dB)의 기준값을 얻도록 한다. 이것이 어려우면 다른 RANGE를 선택하고 GAIN 제어 손잡이를 다시 조정하여 편리한 기준값을 얻도록 한다. 이 값이 단락판에서 얻은 반사 손실에 대한 0(dB) 기준값이다. 이 기준값을 아래에 기록한다.

기준값(0dB 반사 손실) = ______________________ dB

note : 기준값의 절대값은 반사 손실을 계산하기 위해 편리한 대로 선택하고 기록하는 것이지, 기준값 그 자체는 중요한 것이 아니다. 일단 기준값을 얻었다면, 정재파비 측정기에서 GAIN 제어 손잡이를 재조정하지 않도록 한다.

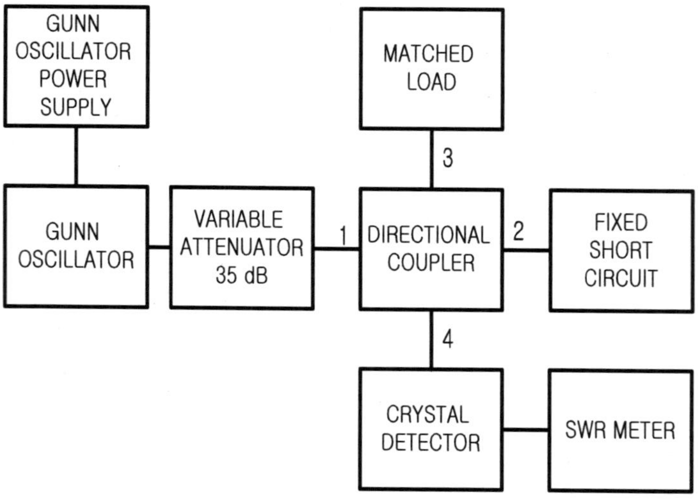

그림 6.17 기준 크기 측정을 위한 실습 구성도

(15) Gunn 발진기 전원으로부터 Gunn 발진기의 전력 공급 케이블을 분리한다. 그림 6.16과 같이 고정 단락판을 정합된 thermistor mount로 교체한다. 필요하다면 전력 측정기의 ZERO ADJUST 손잡이를 사용하여 전력 측정기를 0으로 영점을 맞춘다.

(16) Gunn 발진기의 전력 공급 케이블을 Gunn 발진기 전원에 다시 연결한다. GAIN 제어 손잡이를 재조정하지 말고 정재파비 측정기에서 적당한 RANGE를 선택하여 지시값을 읽는다. thermistor mount로 정합되었기 때문에 반사된 전력의 크기는 (14)항에서 얻었던 기준값보다 훨씬 낮다. (14)항에서 얻었던 기준값에서 반사된 전력 크기를 빼줌으로써, 정합된 thermistor mount의 반사 손실을 계산하여 기록한다.

정합된 반사 손실 = 기준값 - 반사 전력

정합된 반사 손실 = ________ dB - ________ dB = ____________ dB

(17) (16)항의 삽입 손실로부터 반사 계수의 크기 ρ를 계산하여 기록한다.

$$\rho = 10^{\frac{-RL(dB)}{20}}$$

반사 계수의 크기 ρ = ____________________________

(18) thermistor mount에 흡수되는 입사 전력의 백분율을 구하여 기록한다.

$$Power\ Absorbed(\%) = (1-\rho^2)\times 100\%$$

정합되어 흡수된 전력 = __________________ %

(19) 3(dB)의 반사 손실을 가진 불완전하게 정합된 thermistor mount에 흡수되는 입사 전력의 백분율을 계산하여 기록한다.

$$Return\ Loss\ RL = -20\log\rho$$

$$Power\ Absorbed(\%) = (1-\rho^2)\times 100\%$$

3(dB) 반사 손실에 대한 흡수된 전력 = ______________ %

이런 경우 0.20(mW)의 입사 전력에 대해 thermistor mount에 흡수된 전력은 얼마인지 계산하여 기록한다.

3(dB) 반사 손실에 대한 흡수된 전력 = ________________ mW

(20) 정재파비 측정기에서 기준값을 얻기 위해 사용된 RANGE를 선택한다. 3(dB) 반사 손실에 대한 반사 전력 크기를 구하기 위하여, 14)항의 0(dB) 반사 손실의 기

준값으로부터 3(dB)를 뺀다. 이 크기를 아래 빈칸에 기록한다.

반사 전력 크기 = 기준값(dB) - 3dB

기준값(dB) - 3dB = ______________ dB

(21) thermistor mount 의 이동용 단락판를 밀어 놓고 나사가 도파관 내부로 나오지 않게 하기 위하여 정합용 나사를 풀어 정합 상태를 벗어나게 한다. 정재파비 측정기가 (20)항에서 얻은 반사 전력 크기를 지시할 때까지, 단락판을 서서히 움직인다. 이제 thermistor mount는 3(dB)의 반사 손실을 갖게 된 것이다.

note : 단락판을 thermistor mount의 후면에 끌어당김에 따라 정재파비 측정기의 지시값은 최소값과 최대값 사이에서 증가하거나 감소할 것이므로 쉽게 주어진 크기를 얻을 수 있다.

(22) 필요하다면 전력 측정기의 영점 조정을 시행한다. 이제 전력 측정기에서 불완전하게 정합된 thermistor mount에 흡수된 전력을 읽어 기록한다.

3(dB) 반사 손실에 대해 흡수된 전력 = ____________________ mW

이 결과가 19)항에서 계산된 전력과 일치하는지 확인한다.

□ 예 □ 아니오

(23) Gunn 발진기 전원의 VOLTAGE 제어 손잡이를 MIN으로 맞춘다. 모든 스위치를 끈 상태에서 장비를 해체하여 정리한다.

6-8-3 SWR 측정

6-8-3-1 정재파 패턴 측정

(1) slotted line상에서 도파관 내부로 probe가 나오지 않도록 slotted line에서 조임 손잡이(clamping knob)를 느슨하게 한 상태에서 probe holder를 위로 잡아당기고, 이 위치에서 probe가 고정되도록 조절 손잡이를 조인다. 모든 전력 스위치를 끈 상태에서 그림 6.18과 같이 장비를 연결한다.

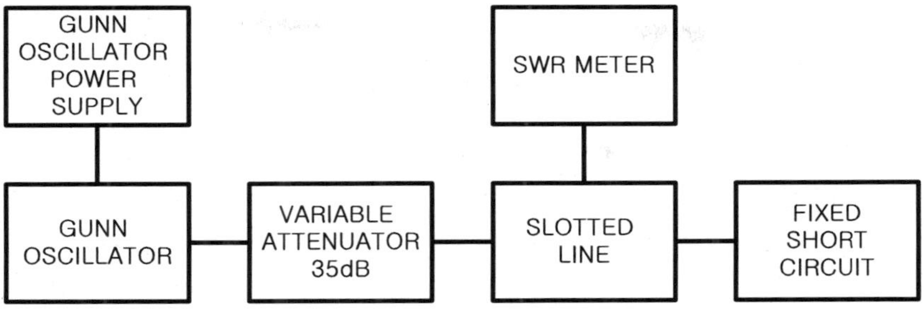

그림 6.18 단락판 정재파 패턴도 측정 실습 구성도

(2) Gunn 발진기 전원을 다음과 같이 조정한다.

VOLTAGE.. : MIN
MODE.. : 1KHz
METER RANGE.. : 10V

(3) slotted line의 probe를 slot을 따라 40.0(mm)의 위치로 옮긴다. 가변 감쇠기의 감쇠 특성 곡선를 이용하여, 가변 감쇠기를 6(dB)의 감쇠값을 갖도록 조정한다.

가변 감쇠기의 눈금 = ____________________ mm

(4) 정재파비 측정기를 다음과 같이 조정한다.

RANGE.. : 0dB
SCALE.. : NORMAL
GAIN... : mid range
CENTER FREQUENCY................................. : mid position
BANDWIDTH.. : 100Hz

(5) slotted line 상에서 probe holder가 침투 깊이 지시기(probe depth indicator)에서 볼 때 최대의 1/3정도의 probe가 침투되도록 깊이를 조정한다.

(6) Gunn 발진기 전원과 정재파비 측정기를 켜고 장비의 안정화를 위해 1-2분을 기다린다. Gunn 발진기의 공급 전압을 8.5(V)로 조정한다.

(7) 최대값을 지시할 때까지 slotted line의 slot을 따라 probe를 이동시킨다.(필요하다면 정재파비 측정기의 GAIN과 RANGE를 조정한다. -40(dB) RANGE에서도 정재파비 측정기의 바늘의 움직임을 감지하기 어려운 경우에는 probe의 침투 깊이를 증가시켜 반복한다.)

(8) 정재파비 측정기의 BANDWIDTH를 20(Hz)로 변경하고 정재파비 측정기의 바늘이 최대를 지시하도록 CENTER FREQUENCY 손잡이를 조정한다.

(9) 정재파비 측정기의 바늘이 0(dB)(SWR=1)을 지시하도록 GAIN을 조정한다.

(10) slotted line의 길이를 따라 probe를 이동시키고 〈표6-2〉에 최대값과 최소값의 위치를 기록한다. 정확한 측정을 위하여 정재파비 측정기의 RANGE만을 조정하고 GAIN 제어 손잡이는 조정하지 않도록 한다.

〈표6-2〉 단락판에 대한 최대 최소 위치 표시

최소(mm)	최대(mm)

(11) 부하에서 가장 근접한 최대값에 probe를 위치시키고 probe의 위치를 〈표6-3〉의 첫 번째 칸에 기록한다. 필요하다면, 바늘이 가장 오른쪽의 0(dB)를 지시하도록 정재파비 측정기의 GAIN 제어 손잡이를 조정하여 기준값을 재조정한다. 이 기준값(E_{max})을 〈표6-3〉의 E로 표시된 칸의 첫 번째 열에 기록한다.

〈표6-3〉 단락판에 대한 E/E_{max} 비율

위치(mm)	E(dB)	E/E_{max}(dB)	E/E_{max}
		0	1

다음의 최대값을 얻을 때까지 probe를 2.0(mm)씩 Gunn 발진기 쪽으로 이동시킨다. 각 위치에서 probe의 위치(mm단위)와 정재파비 측정기의 전압 지시값 E(dB단위)를 기록한다. 최대 지시값 E_{max}에서 이 지시값을 빼줌으로써, E/E_{max}(dB단위)를 계산하여 기록한다. 이 값과 아래 식을 이용하여 E/E_{max} (dB단위)의 비를 계산하여 기록한다.

$$\frac{E}{E_{max}} = 10^{\frac{E/E_{max}(dB)}{20}}$$

(12) 〈표6-2〉와 〈표6-3〉에서 기록된 측정값으로부터, 가로축을 부하로부터의 거리(120(mm)에서 0(mm)까지, 부하의 위치가 0mm임)로 하고 세로축을 E/E_{max}(0에서 1까지)로 하여 정재파 패턴을 그린다. 먼저 최소값들과 최대값들을 표시하고 E/E_{max}을 사용하여 최대값 사이의 전압 분포를 그린다. 정재파는 반파장마다 되풀이됨을 상기한다.

(13) Gunn 발진기 전원과 Gunn 발진기 사이의 케이블을 분리한다. 그림 6.19와 같이 장비를 연결한다.

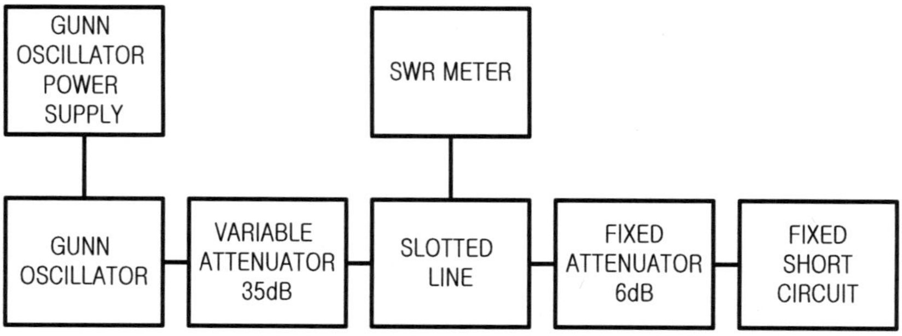

그림 6.19 단락된 6dB 감쇠기 정재파 패턴도 측정 실습 구성도

(14) Gunn 발진기 전원과 Gunn 발진기 사이의 케이블을 다시 연결한다.

(15) 부하에서 가장 가까이 있는 최대값에서 slotted line을 따라 probe를 움직여 〈표6-4〉에서 최소값과 최대값의 위치를 기록한다.

〈표6-4〉 단락된 6(dB) 감쇠기에 대한 최대 최소 위치 표시

최소(mm)	최대(mm)

(16) 부하에서 가장 근접한 최대값에 probe를 위치시키고 probe의 위치를 〈표6-5〉의 첫 번째 칸에 기록한다. 필요하다면, 바늘이 가장 오른쪽의 0(dB)를 지시하도록 정재파비 측정기의 GAIN 제어 손잡이를 조정하여 기준값을 재

조정한다. 이 기준값(E_{max})을 〈표6-5〉의 E로 표시된 칸의 첫 번째 열에 기록한다.

〈표6-5〉 단락된 6(dB) 감쇠기에 대한 E/E_{max} 비율

위치(mm)	E(dB)	E/E_{max}(dB)	E/E_{max}
		0	1

다음의 최대값을 얻을 때까지 probe를 2.0(mm)씩 Gunn 발진기 쪽으로 이동시킨다. 각 위치에서 probe의 위치(mm단위)와 정재파비 측정기의 전압 지시값 E(dB단위)를 기록한다. 최대 지시값 E_{max}에서 이 지시값을 빼줌으로써, E/E_{max}(dB단위)를 계산하여 기록한다. 이 값과 아래 식을 이용하여 E/E_{max}(dB단위)의 비를 계산하여 기록한다.

$$\frac{E}{E_{max}} = 10^{\frac{E/E_{max}(dB)}{20}}$$

(17) 〈표6-4〉와 〈표6-5〉에 기록된 값을 이용하여 (12)항에서와 같은 방법으로 정재파 패턴을 그린다.

(18) Gunn 발진기 전원과 Gunn 발진기 사이의 케이블을 분리하고 그림 6.20과 같이 장비를 연결한다.

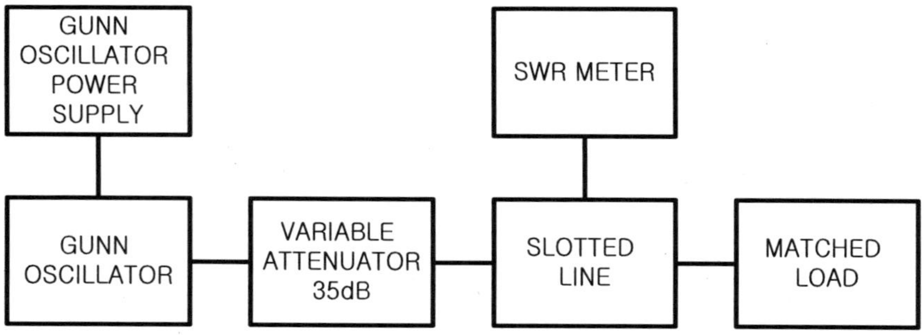

그림 6.20 정합 부하의 정재파 패턴도 측정 실습 구성도

(19) Gunn 발진기 전원과 Gunn 발진기 사이의 케이블을 다시 연결한다.

(20) slotted line에서 probe를 slot을 따라 40.0(mm) 눈금의 위치로 옮긴다. 정재파비 측정기의 GAIN 제어 손잡이를 조정하여 바늘이 -1(dB)를 지시하도록 한다. 이 기준값(E_{max})을 〈표6-7〉의 E로 표시된 칸의 첫 번째 열에 기록한다.

(21) 〈표6-7〉에 지시된 각각의 probe 위치에서 정재파비 측정기의 전압 E를 기록한다. 40.0(mm) 위치에서의 지시값 E_{max}에서 이 지시값을 빼줌으로써 E/E_{max}(dB단위)를 계산하여 기록한다. 이 값과 아래 식을 이용하여 E/E_{max}(dB단위)의 비를 계산하여 기록한다.

$$\frac{E}{E_{max}} = 10^{\frac{E/E_{max}(dB)}{20}}$$

〈표6-7〉 정합 부하에 대한 E/E_{max} 비율

위치(mm)	E(dB)	E/E_{max}(dB)	E/E_{max}
40		0	1
50			
60			
70			
80			
90			
100			
110			

(22) 〈표6-7〉에 기록된 값들로부터 (12)항과 같은 방법으로 정합된 부하에 대한 정재파 패턴을 그린다.

(23) Gunn 발진기 전원의 VOLTAGE 제어 손잡이를 MIN으로 맞춘다. 모든 스위치를 끈 상태에서 장비를 해체하여 정리한다.

6-8-3-2 정재파비 측정

(1) slotted line상에서 도파관 내부로 probe가 나오지 않도록 slotted line에서 조임 손잡이(clamping knob)를 느슨하게 한 상태에서 probe holder를 위로 잡아당기고 이 위치에서 probe가 고정되도록 조절 손잡이를 조인다. 모든 전력 스위치를 끈 상태에서 그림 6.21과 같이 장비를 연결한다.

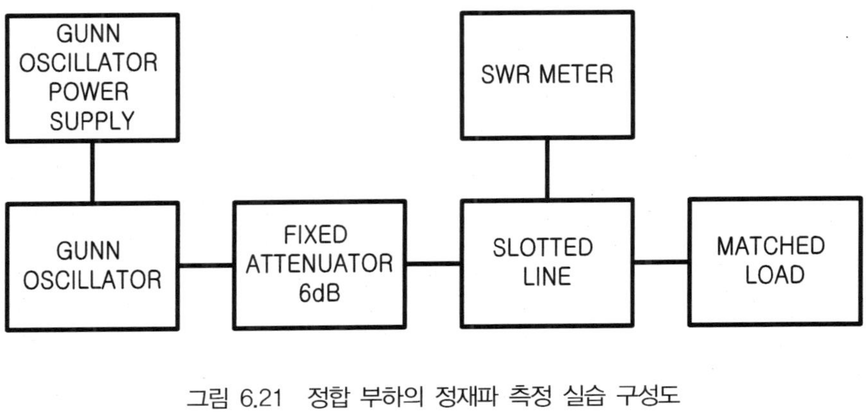

그림 6.21 정합 부하의 정재파 측정 실습 구성도

(2) Gunn 발진기 전원을 다음과 같이 조정한다.

VOLTAGE.. : MIN
MODE.. : 1KHz
METER RANGE.. : 10 V

(3) slotted line probe를 slot을 따라 40.0(mm)의 위치로 옮긴다.

(4) 정재파비 측정기를 다음과 같이 조정한다.

RANGE... : 0dB
SCALE.. : NORMAL
GAIN.. : mid range
CENTER FREQUENCY..................................... : mid position
BANDWIDTH.. : 100Hz

(5) slotted line 상에서 probe holder가 침투 깊이 지시기(probe depth indicator)에서 볼 때 최대의 1/3정도의 probe가 침투되도록 깊이를 조정한다.

(6) Gunn 발진기 전원과 정재파비 측정기를 켜고 장비의 안정화를 위해 1-2분을 기다린다. Gunn 발진기의 공급 전압을 8.5(V)로 조정한다.

(7) 최대값을 지시할 때까지 slotted line의 slot을 따라 probe를 이동시킨다.(필요하다면 정재파비 측정기의 GAIN과 RANGE를 조정한다. -40(dB) RANGE에서도 정재파비 측정기의 바늘의 움직임을 감지하기 어려운 경우에는 probe의 침투 깊이를 증가시켜 반복한다.)

(8) 정재파비 측정기의 BANDWIDTH를 20(Hz)로 변경하고 정재파비 측정기의 바늘이 최대를 지시하도록 CENTER FREQUENCY 손잡이를 조정한다.

(9) 정재파비 측정기의 바늘이 0(dB)(SWR=1)를 지시하도록 GAIN 제어 손잡이를 조정한다. 이 지시값이 기준값이 된다.

dB 눈금에서 0(dB)의 위치는 NORMAL과 EXPANDED SWR 계기판에서의 1.0의 지시값에 해당된다.

(10) 최소값을 얻을 때까지 slotted line의 probe를 이동시킨다. SWR NORMAL 계기판에서 바늘이 가리키는 값을 기록한다. 이 값이 정재파비에 해당된다.

정재파비(NORMAL Scale) = ______________________

(11) 정재파비 측정기에서 EXPANDED SCALE을 선택하고 이 계기판에서 가리키는 정재파비를 기록한다.

정재파비(EXPANDED Scale) = ____________________

(12) 정재파비 측정기에서 NORMAL SCALE을 선택한다.

(13) Gunn 발진기 전원에서 Gunn 발진기의 전력 공급 케이블을 분리하고 그림 6.22와 같이 연결한다.

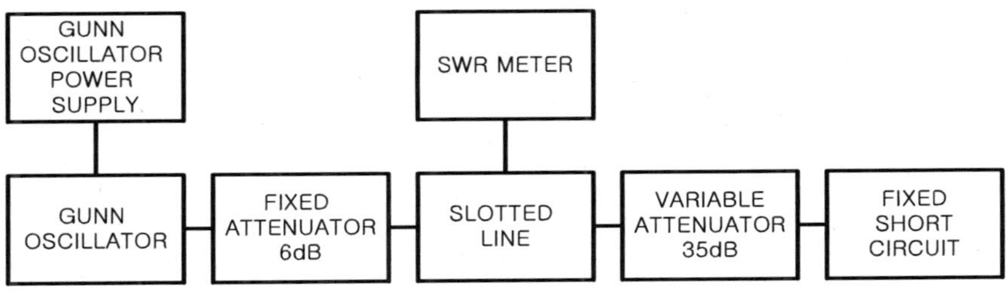

그림 6.22 단락된 감쇠기의 정재파비 측정 실습 구성도

(14) 가변 감쇠기의 특성 곡선을 사용하여, 가변 감쇠기를 3.7(dB)의 감쇠값으로 맞춘다.

가변 감쇠기의 눈금 = ____________________ mm

(15) Gunn 발진기 전원에서 Gunn 발진기의 전력 공급 케이블을 다시 연결한다.

(16) 부하에서 가장 근접한 최대값을 찾도록 slotted line의 slot을 따라 probe를 이동시킨다. 정재파비 측정기의 바늘이 0(dB)(SWR=1)을 지시하도록 GAIN 제어 손잡이를 조정한다.

(17) 부하에 가장 근접한 최소값을 찾도록 slotted line의 slot을 따라 probe를 이동시킨다. Normal SWR 계기판에서 가리키는 정재파비 뿐만 아니라, NORMAL dB 계기판에서 가리키는 상대적인 크기도 기록한다.

정재파비(NORMAL Scale) = ____________________

최소값 (NORMAL Scale) = ____________________ dB

(18) 최대값에서 최소값(17항)을 빼줌으로써 정배파비를 dB단위로 계산하여 기록한다.

정재파비 = 최대값 - __________ dB = __________ dB

(19) (17항)의 NORMAL SWR 계기판에서 측정한 정재파비의 값으로부터 정재파비를 dB단위로 계산하여 기록한다.

SWR(dB) = 20logSWR

정재파비 = _______________ dB

(20) 가변 감쇠기의 특성 곡선을 사용하여 가변 감쇠기를 1.5(dB)의 감쇠값으로 맞춘다.

가변 감쇠기의 눈금 = ______________________ mm

(21) 부하에서 가장 근접한 최대값을 찾도록 slotted line의 slot을 따라 probe를 이동시킨다. 정재파비 측정기의 바늘이 0(dB)(SWR=1)를 지시하도록 GAIN 제어 손잡이를 조정한다.

(22) 부하에 가장 근접한 최소값을 찾도록 slotted line의 slot을 따라 probe를 이동시킨다. 정재파비 값을 얻기 위해 한 칸 낮은 RANGE를 선택할 필요가 있을 것이다. 그러나 GAIN 제어 손잡이는 재조정하지 않도록 한다.

(23) 측정기에서 한 칸 낮은 RANGE를 선택하여 이득을 10(dB) 증가시켰기 때문에 3.2에서 10 사이의 눈금이 있는 계기판에서 정재파비를 기록한다. 또한 dB 단위로 최소값의 상대적인 크기를 기록한다.

정재파비(NORMAL Scale) = ________________________

최소값 (NORMAL Scale) = ______________________ dB

(24) 최대 크기에서 최소값(23항)을 빼줌으로써 정재파비를 dB단위로 계산하여 기록한다.

정재파비 = 최대 크기 - __________ dB = _________________ dB

(25) (23항)에서 구한 정재파비 값을 dB단위로 계산하여 기록한다.

SWR(dB) = 20 log SWR

정재파비 = _______________ dB

(26) Gunn 발진기 전원으로부터 Gunn 발진기의 전력공급 케이블을 분리한다. 그림 6.23과 같이 장비를 연결한다.

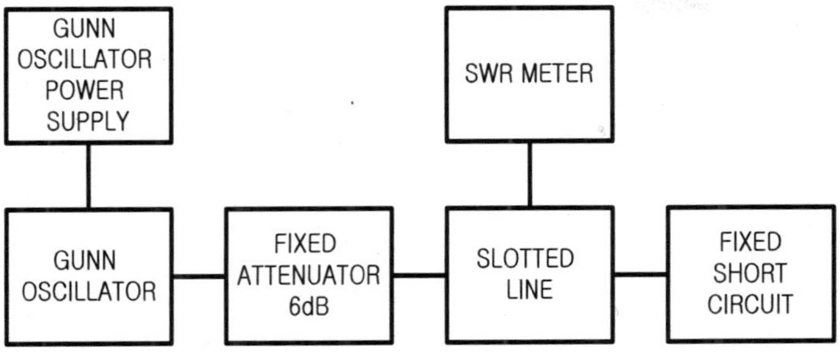

그림 6.23 단락된 감쇠기의 정재파 측정 실습 구성도

(27) 정재파비 측정기에서 -20(dB) RANGE를 선택한다.

(28) Gunn 발진기의 전력 공급 케이블을 Gunn 발진기 전원에 다시 연결한다.

(29) 부하에서 가장 근접한 최대값을 찾도록 slotted line의 slot을 따라 probe를 이동시킨다. 정재파비 측정기가 -20(dB)를 지시하도록 GAIN 제어 손잡이를 조정한다. GAIN 조정만으로 -20(dB)를 얻기 어려운 경우에는 probe의 깊이를 증가시킨다. GAIN 조정과 probe의 깊이의 증가로도 -20(dB)를 얻기 어려운 경우에는 최대로 얻을 수 있는 값을 기준값으로 하여 사용한다.

(30) 부하에 가장 근접한 최소값을 찾도록 slotted line의 slot을 따라 probe를 이동시킨다. 최소값을 얻기 위해서는 낮은 RANGE를 선택할 필요가 있을 것이다. 측정한 최소값을 기록한다.

note : 이 최소값을 구하기 위해서는 -50(dB), 또는 -60(dB) RANGE를 선택해야 한다. 이 레벨에서는 매우 조심스럽게 최소값에 접근시켜야한다. probe의 작은 움직임도 바늘이 아주 크게 움직일 수 있기 때문이다. 만일 바늘이 계기판의 끝을 넘어선다면, 바늘을 계기판상으로 오게 하기 위하여 더 높은 RANGE를 선택하고 다시 최소값에 접근시켜야 한다.

최소값 = ______________________ dB

(31) 단락판의 정재파비를 dB단위로 계산하여 기록한다.

정재파비 = ______________________ dB

(32) 정재파비와 반사계수의 크기를 계산하여 기록한다.

$$SWR = 10^{\frac{SWR(dB)}{20}}$$

정재파비 = ____________

$$\rho = \frac{SWR-1}{SWR+1}$$

ρ = ______________

(33) Gunn 발진기 전원의 VOLTAGE 제어 손잡이를 MIN으로 맞춘다. 모든 스위치를 끈 상태에서 장비를 해체하여 정리한다.

6-9 학습 평가

01 반사 및 정재파의 개념을 정리해 보고 반사 계수와 정재파비와의 수식 관계를 요약해 본다.

02 slotted line과 정재파비 측정기를 이용한 정재파비 측정 원리와 방법을 기술해 본다.

03 특성 impedance가 50(ohm)인 경우 부하가 아래의 각 경우에 대하여 부하에서의 반사계수와 VSWR을 계산을 통하여 구해본다.

① short
② open
③ 50(ohm)
④ 100+j50

해답

① 반사계수=-1, VSWR=∞

② 반사계수=1, VSWR=∞

③ 반사계수=0, VSWR=1

④ 반사계수=0.45∠26.57°, VSWR=2.62

04 방향성 결합기의 원리와 주요 특성 규격에 대하여 기술해 본다.

6-10 참고 문헌

(1) Lab-volt, ***Microwave Fundamentals(Microwave Training Kit Student Manual***), Third Edition, August, 2004

(2) Lab-volt, ***Microwave Technology(Microwave Training Kit Instructor Guide***), First Edition, June, 1998

(3) David M. Pozar, ***Microwave Engineering***, fourth edition, John Wiley & Sons INC., 2011

Chapter 07

임피던스 및 정합 특성

이 장에 기술된 관계 지식을 학습하고 실습을 마치게 되면

- 임피던스에 관한 개념과 회로 및 선로 상에서 임피던스를 계산할 수 있고
- 임피던스와 관련된 특성인 반사 계수와 정재파비 그리고 회로 및 선로 상의 임피던스를 스미스 도표를 이용하여 구하는 능력을 확보할 수 있고
- 미지의 부하에 대하여 slotted line과 스미스 도표를 이용하여 임피던스를 찾아낼 수 있으며
- 주어진 초고주파 회로 상의 임피던스 정합 과정에서 정합 조건 및 방법을 이해할 수 있다.

7-1 개 요

회로나 시스템을 설계함에 있어 가장 중요한 변수 중의 하나가 임피던스(impedance)이다. 회로나 시스템의 설계 과정이 회로나 시스템의 요구 기능과 성능을 갖추도록 부품과 모듈, 그리고 부속 시스템 간의 임피던스 정합 과정이라고 해도 과언이 아니다. 이만큼 임피던스의 개념과 정합에 대한 이해는 중요한 사항이다. 이번 장에서는 이 중요한 개념을 이해하기 위하여 먼저 임피던스의 정의와 기본적인 개념을 이해하고, 임피던스를 회로 및 선로 상에서 구하는 방법과 원리를 익힌다. 아울러 공학적인 계산으로 앞장에서 구한 임피던스와 관련된 특성인 반사 계수와 정재파비 등의 특성값을, 도식적인 방법으로 구하는 도구인 스미스 도표(Smith chart)의 원리와 사용법을 학습한다. 그리고 궁극적으로는 회로 및 시스템 상에서 임피던스 정합에 대한 개념을 가지고 적용할 수 있는 방법을 갖추도록 한다.

실제 임피던스 정합과 관련된 설계의 적용은 초고주파 회로 시뮬레이터인 Agilent의 ADS나 Ansoft의 Designer와 같은 상업용 CAD 소프트웨어를 이용한다. 하지만 이러한 소프트웨어를 제대로 사용하기 위해서는 이번 장에서 배우고자 하는 임피던스와 관련된 공학적인 개념과 계산 능력, 그리고 스미스 도표를 이용한 도식적인 방법의 원리와 적용 기술이 없이는 불가능하다. 실습에 대한 본문의 설명과 실습 내용은 labvolt의 초고주파 훈련 장비인 labvolt-8090을 기반으로 기술하였다.

7-2 임피던스에 대한 이해

임피던스(Impedance)란 기본적으로 전계에 대한 자계의 비로 정의할 수 있다. 이를 회로 상에서 적용하면 전압에 대한 전류의 비로 정의할 수 있어 이를 수식으로 나타내면 식(7-1)과 같다.

$$Z=\frac{V}{I}=\frac{E}{H} \qquad \cdots\cdots \text{(7-1)}$$

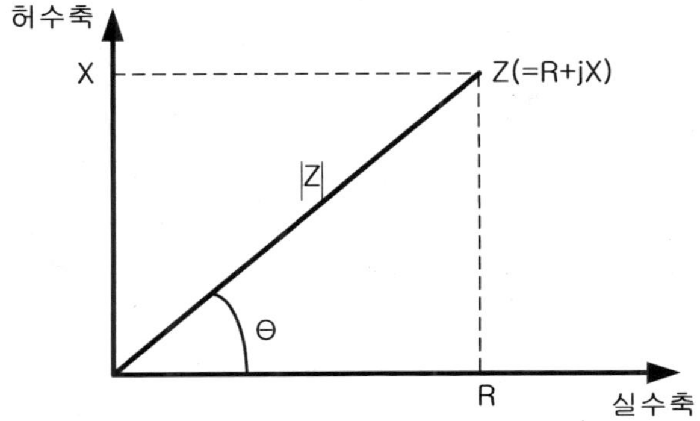

그림 7.1 임피던스 표현도

임피던스는 일반적으로 그림 7.1과 같이 실수 부분과 허수 부분으로 구성되는 복소수로 표시되며 이를 크기와 위상으로 나타내는 페이저(phasor) 형태로 표시할 수 있으며, 이를 수식으로 나타내면 식(7-2)와 같고 두 형태 간의 관계는 식(7-3)과 같다.

$$Z = R + jX = |Z| e^{j\theta} \qquad \cdots\cdots \text{(7-2)}$$

$$|Z| = \sqrt{R^2 + X^2},\ \ \theta = \tan^{-1}\frac{X}{R} \qquad \cdots\cdots \text{(7-3)}$$

임피던스에 대한 개념을 좀 더 구체적으로 가지기위해 몇 가지 예를 들어보면 자유 공간에서의 임피던스는 식(7-4)와 같아 377(=120π)(ohm)이다.

$$Z_0 = \sqrt{\frac{\mu_0}{\epsilon_0}} \qquad \cdots\cdots \text{(7-4)}$$

도파관에서의 임피던스는 앞 장에서 기술한 대로 식(7-5)와 같이 나타낼 수 있다.

$$Z_z = -\frac{E_y}{H_x} = \frac{\omega\mu}{\beta} \qquad \cdots\cdots \text{(7-5)}$$

이제 회로에서의 임피던스를 계산하기 위해 소자에 대한 각각의 임피던스를 살펴보면, 저항은 R로 그대로 적용할 수 있고, 캐패시턴스 C에 대한 임피던스 Z_c와 인덕터 L에 대한 임피던스 Z_L은 식(7-6)과 같다.

$$Z_C = \frac{1}{j\omega C},\ Z_L = j\omega L \qquad \cdots\cdots \ (7\text{-}6)$$

수식에서 알 수 있듯이 임피던스는 주파수에 따라 값이 변화한다. 어드미턴스(admittance, Y_{in})는 임피던스(impedance, Z_{in})의 역수이다. 회로 내에서 임피던스 값을 구하는 방법은 소자의 임피던스나 어드미턴스 값을 마치 저항의 직렬과 병렬연결 상태에서 전체의 저항 값을 구할 때와 마찬가지로 방법으로 구하면 된다.

실습문제 | 7.1

그림 7.3의 회로에서 10(MHz)에서 임피던스와 어드미턴스를 구하시오.

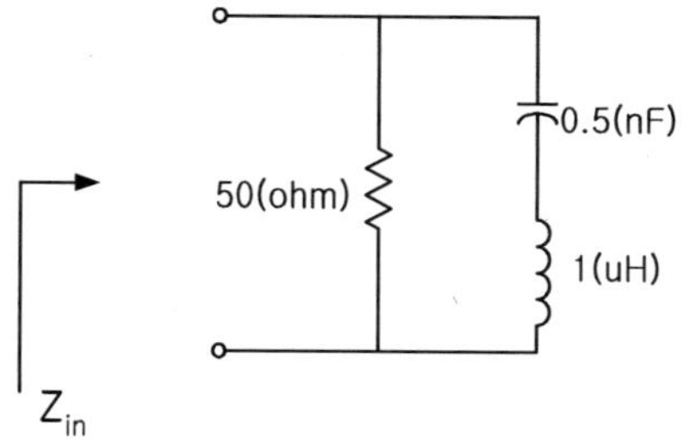

그림 7.3 회로의 임피던스 계산 예

해답 $Z_{in} = 15.37 + j23.05,\ \ Y_{in} = 0.02 - j0.03$

7-3 임의의 지점에서의 임피던스

사용 주파수가 낮은 경우는 선로상의 위치나 길이에 따른 특성의 변화를 무시할 수 있으나, 초고주파 대역에서는 파장이 짧아, 이에 대한 영향을 무시할 수 없다. 이 말은 선로의 길이나 위치에 대한 특성을 해석해야 한다는 것을 의미하며, 이것을 거꾸로 생각하면 선로의 길이나 특성을 이용하여 원하는 소자의 특성을 가지게 할 수 있다는 것을 의미한다. 실제로 선로의 임피던스와 길이를 조절하여 수동 소자를 대신하여 원하는 기능이 나타나도록 하여, 선로만으로도 원하는 회로의 특성을 가지게 할 수 있다.

이제 선로 상에서 임피던스의 변화를 해석해 보자. 그림 7.4와 같이 임피던스가 Z_L인 부하가 z=0인 지점에 연결되어 있는 경우에, z=0인 지점에서만 임피던스가 Z_L이고, 선로상의 임의의 지점에서는 더 이상 임피던스가 Z_L이라고 할 수 없다.

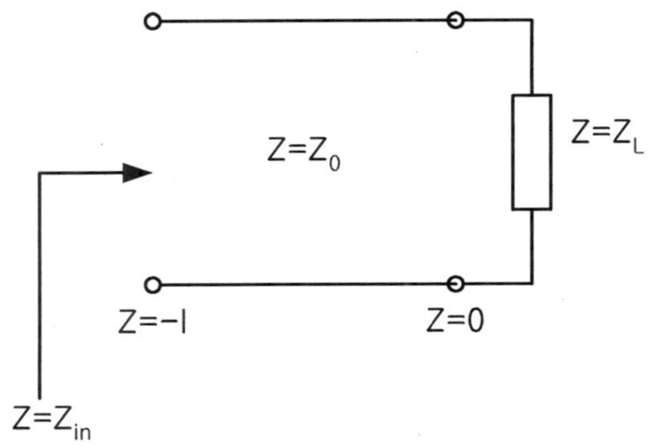

그림 7.4 선로상의 임의의 지점에서의 임피던스

저주파 회로의 경우는 파장이 회로의 물리적 길이에 비해 상대적으로 매우 길어 그 영향을 무시할 수 있었다. 그러나 사용 주파수가 높아짐에 따라 이에 대한 영향을 확실하게 고려하여야 한다. 선로의 특성 임피던스가 Z_0인 선로상의 z=-l인 지점에서의 임피던스는 식(7-7)과 같다.

$$Z_{in} = Z_o \frac{Z_L + jZ_o \tan\beta l}{Z_o + jZ_L \tan\beta l} \qquad \cdots\cdots \text{(7-7)}$$

식(7-7)은 매우 중요한 공식으로, 앞에서 언급한 임피던스와 정재파의 개념으로부터 구할 수 있다. 선로상의 임피던스는 선로상의 전계와 자계를 구하여, 그 비를 구함으로써 구할 수 있다. 식(7-8)와 식(7-9)은 선로상의 임의의 지점에서의 전계 및 자계를 각각 나타낸다. z방향으로의 임피던스이므로 E_x와 H_y의 비로 임피던스를 구할 수 있다. 식(7-10)에 나타낸 바와 같이 z=-l인 지점에서의 임피던스를 정리하면 식(7-7)

과 같은 결과를 얻을 수 있다.

$$E_x = E_1^+(e^{-j\beta z} + \Gamma e^{j\beta z}) \qquad \cdots\cdots \text{(7-8)}$$

$$H_y = \frac{E_1^+}{Z_0}(e^{-j\beta z} - \Gamma e^{j\beta z}) \qquad \cdots\cdots \text{(7-9)}$$

$$Z_{in}\mid_{z=-l} = \frac{E_x}{H_y}\mid_{z=-l} = Z_o\frac{e^{j\beta l} + \Gamma e^{-j\beta l}}{e^{j\beta l} - \Gamma e^{-j\beta l}} \qquad \cdots\cdots \text{(7-10)}$$

$$= Z_o\frac{e^{j\beta l} + \dfrac{Z_L - Z_0}{Z_L + Z_0}e^{-j\beta l}}{e^{j\beta l} - \dfrac{Z_L - Z_0}{Z_L + Z_0}e^{-j\beta l}} = Z_o\frac{Z_L + Z_0\dfrac{e^{j\beta l} - e^{-j\beta l}}{e^{j\beta l} + e^{-j\beta l}}}{Z_0 + Z_L\dfrac{e^{j\beta l} - e^{-j\beta l}}{e^{j\beta l} + e^{-j\beta l}}}$$

$$= Z_o\frac{Z_L + jZ_o\tan\beta l}{Z_o + jZ_L\tan\beta l}$$

선로의 길이에 의한 임피던스의 변화 특성을 극단적으로 볼 수 있는 경우인 $\lambda/4$ 임피던스 변환기(quarter wavelength line impedance transformer)는, 부하가 개방(open)되어 있는 경우는 단락(short)으로 변환되고, 부하가 단락인 경우는 개방으로 변환된다. 왜냐하면 βl이 $\pi/2$이므로 $\tan\beta l$이 무한대이어서, $\lambda/4$ 떨어진 지점에서의 임피던스 Z_{in}은 Z_0^2/Z_L이기 때문이다. 회로에서 단락을 만들기가 어려운 경우는 개방과 $\lambda/4$ 임피던스 변환기를 이용하여 단락을 만들 수 있으며, 개방을 만들기 어려운 경우는 단락과 $\lambda/4$ 임피던스 변환기를 이용하여 개방을 만들 수 있다. 뒤에서 언급할 임피던스 정합의 경우도 $\lambda/4$ 임피던스 변환기를 사용하여 선로의 특성 임피던스 Z_0를 조절함으로써 임피던스 변환을 수행하여 정합을 이룰 수 있다. 선로의 길이가 반파장인 경우는 βl이 π이므로 $\tan\beta l$이 0이어서, $\lambda/2$ 떨어진 지점에서의 임피던스 Z_{in}은 Z_L로 같은 부하 임피던스 값을 갖게 된다. 선로를 불가피하게 사용해야 하는 경우에 같은 특성을 유지하기 위해서는 $\lambda/2$ 선로(half wavelength line)를 사용하여 구현할 수 있다.

실습문제 | 7.2

특성 임피던스가 50(ohm)인 선로에서 부하 임피던스가 Z_L=25+j75 인 경우에 부하로부터 $\lambda/8$ 떨어진 지점에서의 임피던스와 반사 계수 및 VSWR을 구하시오.

해답 Z_{in}=100-j150, $\Gamma = 0.745\angle -26.56°$, VSWR=6.86

7-4 임피던스 정합(impedance matching)

임피던스가 서로 다른 두 매체나 두 소자가 연결된 경우에 전자파가 연결 지점을 통과할 때 반사가 발생된다. 반사가 발생되므로 에너지가 모두 전달될 수 없게 된다. 회로나 시스템의 설계가 회로 및 시스템 내에서 원하는 기능을 수행하도록 임피던스를 맞추는 정합 과정으로도 이해할 수 있다.

임피던스 정합은 최대 전력을 전달하기 위해 임피던스를 정합하는 방법으로 정의할 수 있다. 이를 실제적으로 이해하기 위해 소스의 임피던스가 순수 저항 성분으로 저항 값 R_s가 r인 신호 발생기에서, 부하의 임피던스도 순수 저항 성분으로 저항 값 R_L이 R인 그림 7.5와 같은 경우에, 부하에 전달될 수 있는 최대 전력과 조건을 구해보자. 우선 소스 및 부하에서의 저항은 식(7-11)과 같고 소스가 최대로 제공할 수 있는 이용 가능 전력은 식(7-12)와 같다. 여기서 V_s는 실효값(RMS)으로 나타낸 전압이다. 이제 부하 R_L에 전달되는 전력 P_R은 식(7-13)와 같이 나타낼 수 있다.

$$R_s = r, \quad R_L = R \qquad \cdots\cdots \text{(7-11)}$$

$$P_{available} = \frac{V_s^2}{r} \qquad \cdots\cdots \text{(7-12)}$$

$$P_R = \frac{V_s^2}{(r+R)^2} R \qquad \cdots\cdots \text{(7-13)}$$

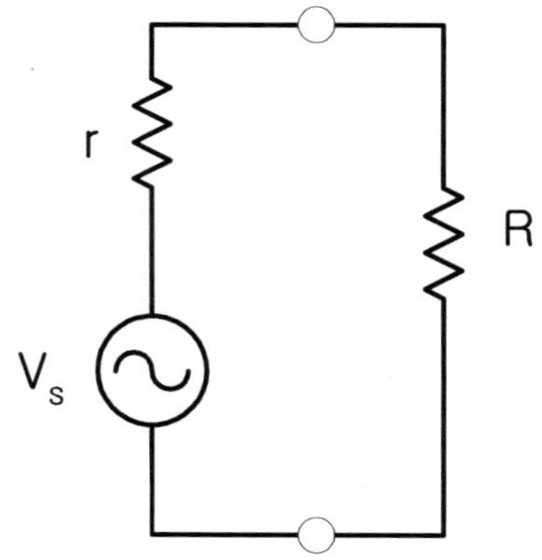

그림 7.5 임피던스 정합 예

이제 P_R이 최대가 되기 위해서는, 부하의 저항값 R에 대하여 식(7-13)을 미분하여 최대인 조건을 구할 수 있으며, 그 결과는 예상할 수 있듯이 R=r인 경우이다. 즉, 임피던스 정합을 위해서는 부하의 저항값이 소스의 저항값과 같아야 하며, 이 때 최대의 전력을 전달할 수 있다. 최대 전달 전력은 식(7-14)와 같고, 소스에서 최대로 제공할 수 있는 전력의 1/4이다.

$$P_{R,\max} = P_R\big|_{R=r} = \frac{1}{4}\frac{V_s^2}{r} \qquad \cdots\cdots (7\text{-}14)$$

이제 순수 저항이 아닌 일반적인 임의의 임피던스인 경우로 임피던스 정합 개념을 확장해 보면, 소스의 임피던스 Z_s와 부하의 임피던스 Z_L은 식(7-15)와 같다. 부하의 저항 성분에 전달되는 전력 P_R은 식(7-16)과 같이 나타낼 수 있다. 여기서 임의의 복소수인 Z에 대하여 Z^2는 $Z \cdot Z^*$임을 유의하여야 하며 Z^*는 복소수 Z의 공액 복소수를 나타낸다.

$$Z_s = r + jx, \quad Z_L = R + jX \qquad \cdots\cdots (7\text{-}15)$$

$$P_R = R\frac{|V_s|^2}{(r+R)^2 + (x+X)^2} \qquad \cdots\cdots (7\text{-}16)$$

식(7-16)에서 전력이 최대가 되기 위해서는, $X = -x$이고 R은 -값을 가질 수 없으므로, 앞의 순수 저항인 경우의 결과를 감안하면 R=r인 경우가 최대 전달 조건이 된다. 여기서 임피던스 정합의 중요한 개념이 나타나고 있는데, 반사가 발생하지 않기 위해서는 임피던스가 같은 경우가 최대의 전력 전달 조건이라고 생각할 수 있으나, 실제로는 복소 공액 정합(complex conjugate matching)으로, 식(7-17)과 같이, 실수 값은 같고 허수 값은 부호가 반대인 값을 가지는 경우가 임피던스 정합 조건이 된다는 점을 명심해야 한다. 즉, 임피던스 정합의 정의가 최대 전력 전달 조건을 의미하는 것이지, 반사가 일어나지 않는 조건이 아니라는 점이다. 반사가 일어나지 않기 위해서는 소스와 부하의 임피던스가 같아야 하며 이러한 조건은 영상 임피던스 정합(image impedance matching) 조건이라고 하며, 우리가 통상적으로 말하는 최대 전력 전달을 위한 임피던스 정합은 아니다.

$$Z_s = r + jx, \quad Z_L = r - jx \text{ : 정합 조건} \qquad \cdots\cdots \text{(7-17)}$$

실습문제 | 7.2

그림 5.6에서 $V_s = 10\sin(2\pi 10^9 t)$, L_s=10(nH), R_s=50(ohm)인 경우 부하에 최대 전력이 전달되기 위한

1) 부하 admittance(Y_L)는 얼마이고
2) 이때의 최대 전달 전력을 구하고
3) 정합 회로를 설계해보자.

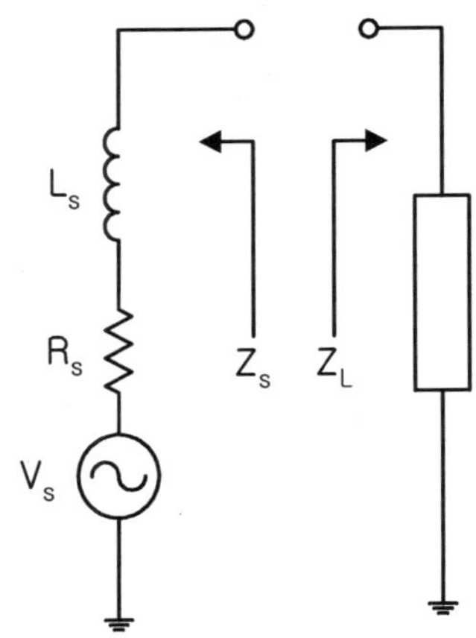

그림 7.6 임피던스 정합 연습 문제

해답

1) Y_L=0.00776+j0.00975(Z_L =50-j62.83)

2) $P_{L,\max}$=0.25(W)

3) 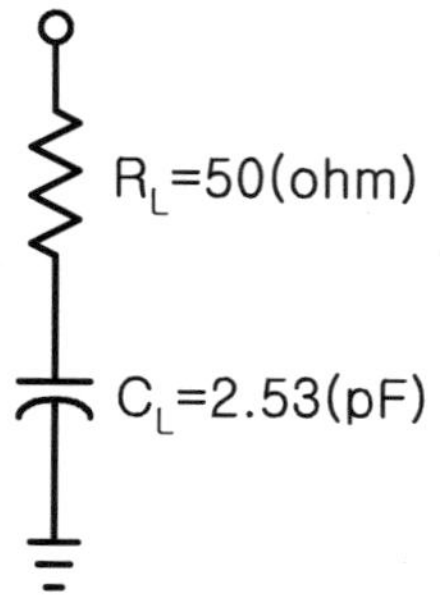

7-5 스미스 도표(Smith chart)에 대한 이해

이제까지 임피던스에 관련된 특성들을 개념을 기반으로 하여, 공학적인 계산으로 구하는 방법을 살펴보았다. 임피던스의 변화에 의한 특성을 계산으로 값의 변화를 정확하게 구하는 것보다는 변화의 추이나 예측을 빠르고 직감적으로 알기위해서는 도식적인 방법으로 특성을 파악하는 것이 편리한 경우가 많다. 이러한 도식적인 도구로 스미스 도표(Smith chart)를 널리 사용된다. 초고주파 CAD 시뮬레이터와 계측기 등에서도 결과 값을 수치로 제공할 뿐만 아니라, 스미스 도표 상으로도 함께 제공하고 있다.
스미스 도표로 구할 수 있는 특성을 정리하면, 주어진 부하 임피던스 Z_L에서 선로상의 임의의 지점에 대한 임피던스인 Z_{in}과 반사 계수 Γ, 그리고 정재파비 VSWR의 관계를 도식적인 방법으로 결과를 얻을 수 있다. 또한 회로 설계상에서 소자의 추가나 변경 시에 임피던스의 변화를 도식적으로 구하여 정합 관계를 파악하고, 임피던스 정합 과정 및 정합 회로 설계에도 널리 사용된다.

스미스 도표는 두 종류의 곡선 집합으로 이루어져 있다. 이 두 종류는 임피던스의 실수 부분인 순수 저항(resistance) 성분과 허수 부분인 리액턴스(reactance) 성분이다. 좀 더 구체적으로 설명하면, 선로나 시스템의 특성 임피던스로 정규화된 resistance r(=R/Z_0) 값의 궤적과 reactance x(=X/Z_0) 값의 궤적으로 구성된다.

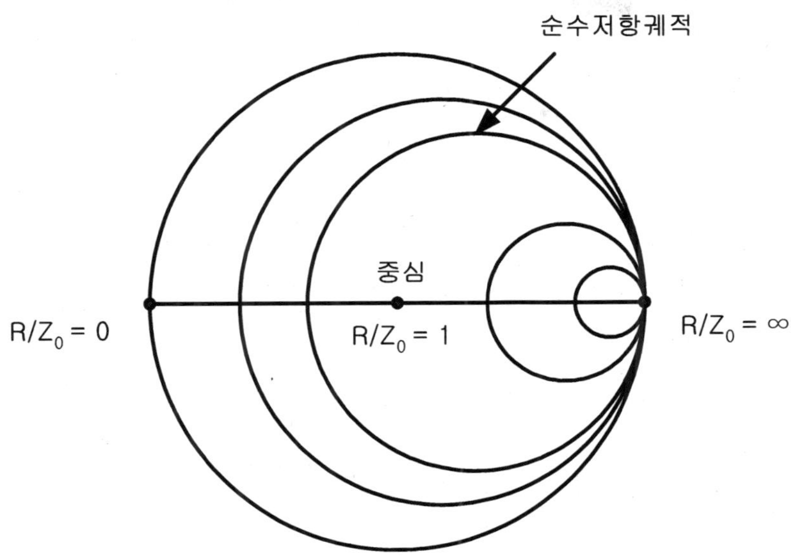

그림 7.7 스미스 도표의 정규화된 순수 저항치 궤적

먼저 그림 7.7은 정규화된 저항 r 값의 궤적을 나타낸다. 그림에서 원점을 지나는 원이 r=1인 원의 궤적이고, 원이 커짐에 따라 점점 작은 저항 값의 궤적을 나타내서 가장 직경이 큰 외곽 원이 r=0인 원의 궤적을 나타낸다. 거꾸로 직경이 작은 원이 정규화 저항 값이 큰 원을 나타내며, 직경이 0인 맨 오른쪽의 점이 r이 무한대인 점을 나타낸다.

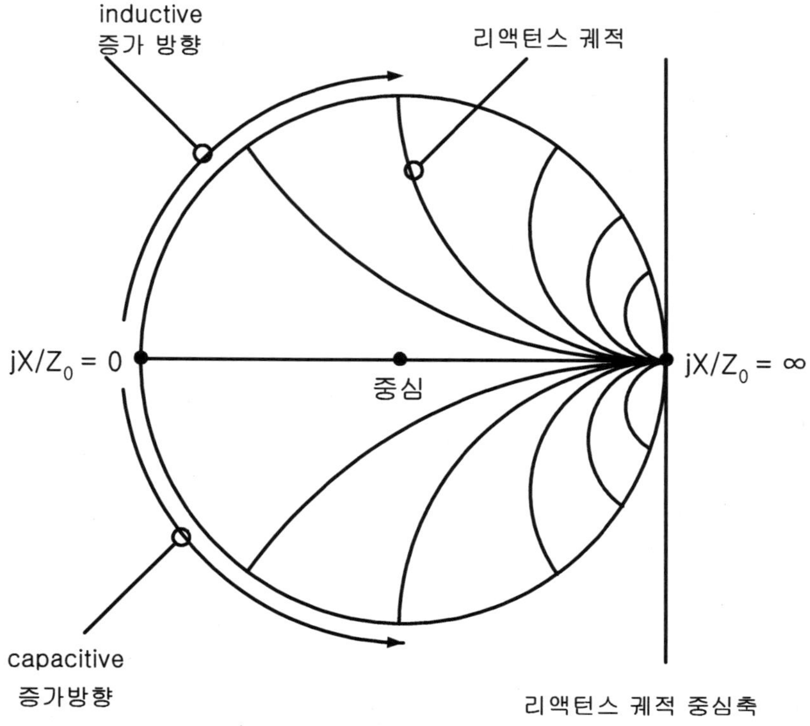

그림 7.8 스미스 도표의 정규화된 순수 리액턴스 궤적

그림 7.8은 정규화된 리액턴스의 궤적을 나타낸다. 외곽 원의 직경에 해당하는 직선이 정규화된 리액턴스 x=0인 궤적이고, 위쪽으로 올라갈수록 x 값이 양(+)으로 크기가 커지는 원호 모양의 궤적을 나타낸다. x=0인 궤적으로부터 아래쪽으로 내려갈수록 음(-)으로 크기가 작아지는 원호 모양의 궤적을 나타낸다.

부하 임피던스가 주어지면 순수 저항 값과 순수 리액턴스 값을 선로의 특성 임피던스로 정규화한 후, 그림 7.7상의 한 궤적과 그림 7.8상의 한 궤적이 지정되므로, 두 궤적이 만나는 지점인 한 지점으로 부하의 임피던스를 나타낼 수 있다. 도파관으로 구성된 실험 장비나 시스템의 경우는 도파관의 특성 임피던스로 정규화 하여야 한다.

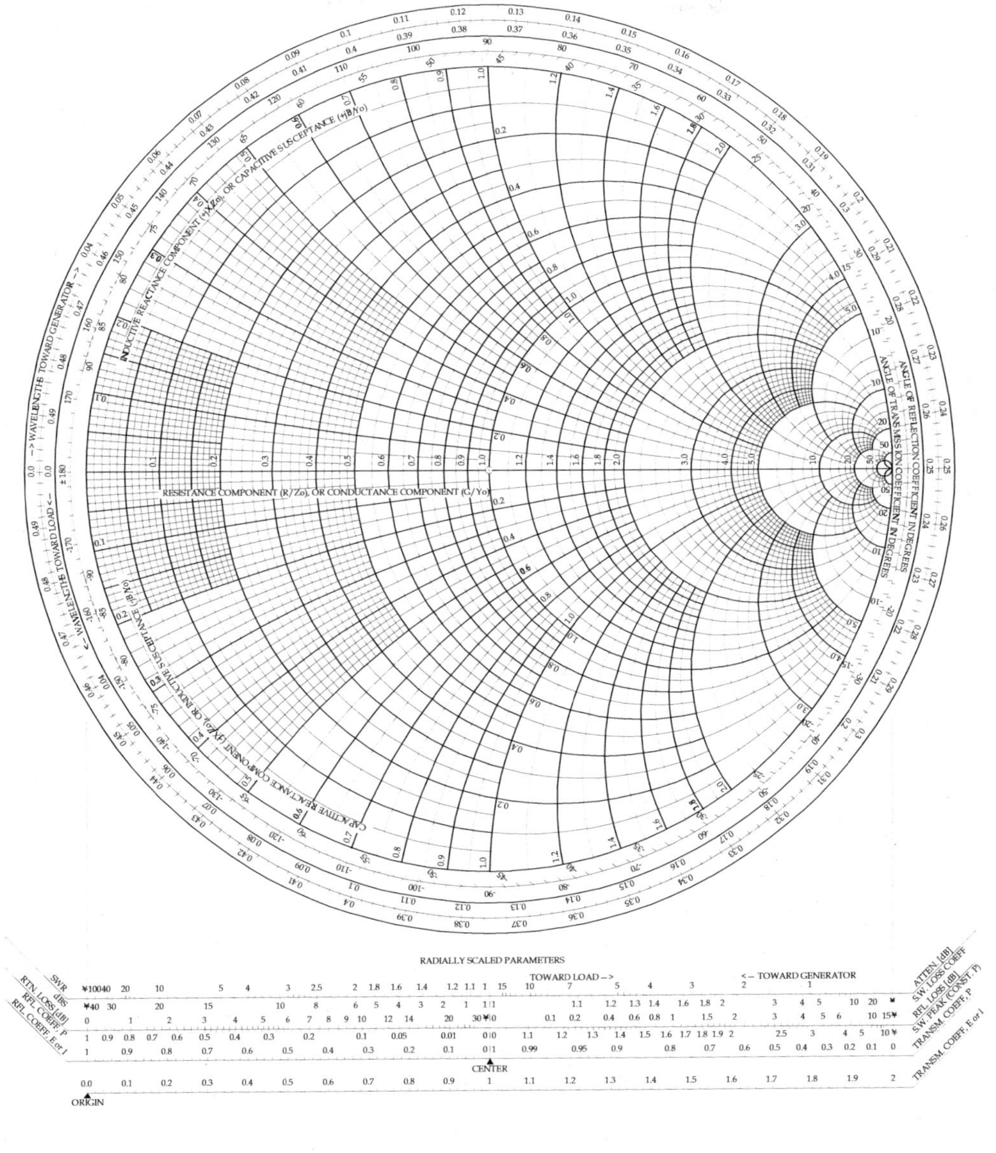

그림 7.9 임피던스 전용 스미스 도표

그림 7.9는 임피던스 전용 스미스 도표이다. 도표의 가장 자리에 있는 눈금은 전송선을 따라 관내 파장으로 정규화 된 파장의 거리를 나타낸다. 원주의 한 바퀴가 반 파장을 나타낸다. 원을 한 바퀴 돌게 되면, 앞의 정재파와 선로상의 임의의 지점의 임피던스에서 설명한 바와 같이, 반 파장을 이동한 것이 되어 원지점으로 돌아오게 되는 것을 알 수 있다. 전송 선로를 따라 이동하게 되는 경우에 부하 쪽으로(toward load) 이동하거나, 소스 쪽으로(toward generator) 이동하게 된다. 도표 상에 방향이 표시되어 있어, 원의 중심을 축으로 같은 반경을 유지하면서 관내 파장으로 정규화 거리만큼을 이동하면 된다.

스미스 도표의 아래에는 반사 계수(reflection coef.)와 정재파비(SWR) 등에 대한 눈금이 dB 및 일반 척도로 표시되어 있다. 원점에서 지정된 임피던스까지의 길이를 재서, 아래의 눈금자에서 해당되는 길이의 눈금을 읽으면 반사 계수의 크기와 정재파비를 얻을 수 있다.

그림 7.10은 임피던스 및 어드미턴스 겸용의 스미스 도표로 어드미턴스의 경우는 임피던스의 궤적과 대칭으로 생각하여 값을 읽으면 된다.

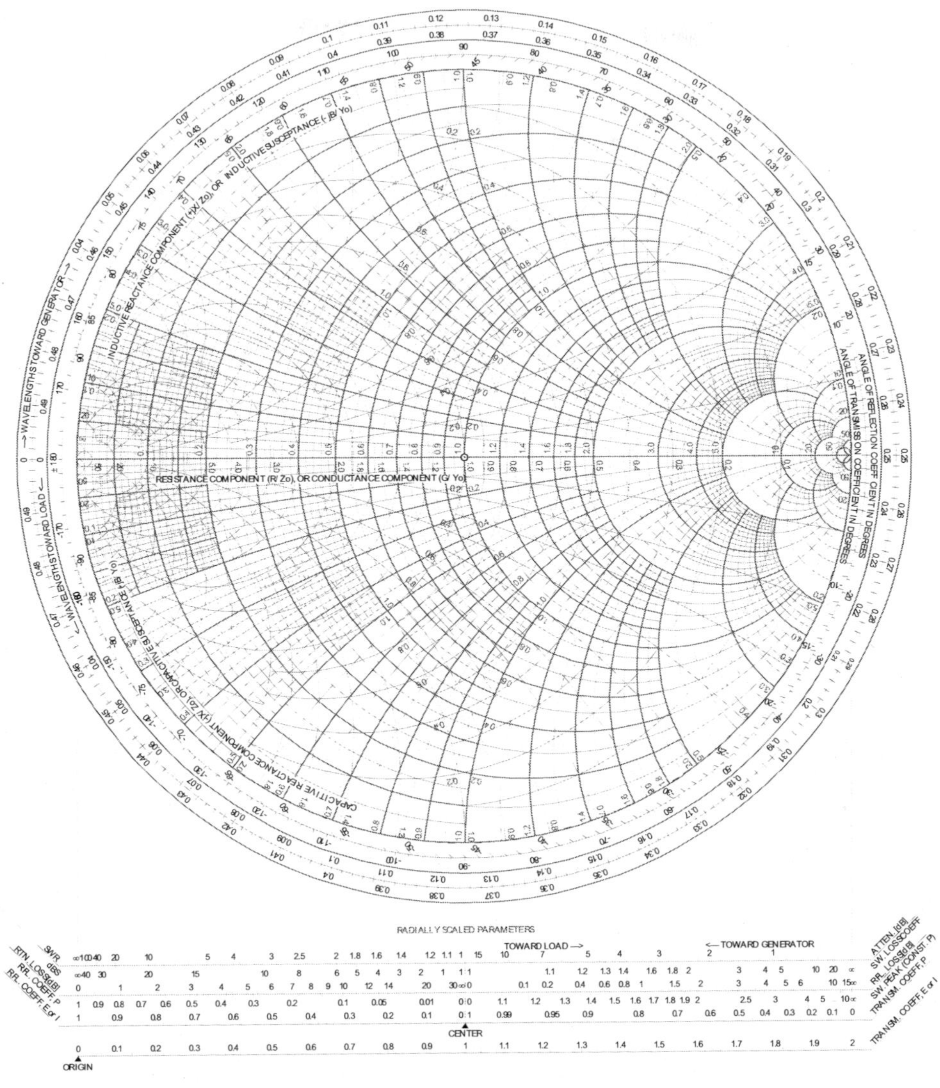

그림 7.10 임피던스 및 어드미턴스 겸용 스미스 도표

실습문제 | 7.2

선로의 특성 임피던스가 50(ohm)이고 부하의 임피던스가 Z=50+j50인 경우에 1)정규화된 임피던스와 2)정규화된 어드미턴스와 3)어드미턴스를 계산으로 구해보고 4)정규화된 임피던스와 정규화된 어드미턴스를 스미스 도표에 표시해 보시오.(임피던스 및 어드미턴스 겸용 스미스 도표가 없는 경우는 임피던스만 표시하시오.)

해답 z=1+j1, y=0.5-j0.5, Y=0.01-j0.01

7–6 스미스 도표(Smith chart) 연습

(1) 특성 임피던스가 50(ohm)인 경우 Z_L=5+j25(ohm)을 도표 상에 표시해 보면, 우선 특성 임피던스로 정규화해야 하므로 정규화된 임피던스는 0.1+j0.5이므로, r=0.1인 궤적과 x=0.5인 원호가 만나는 지점으로 그림 7.11의 A점이다.

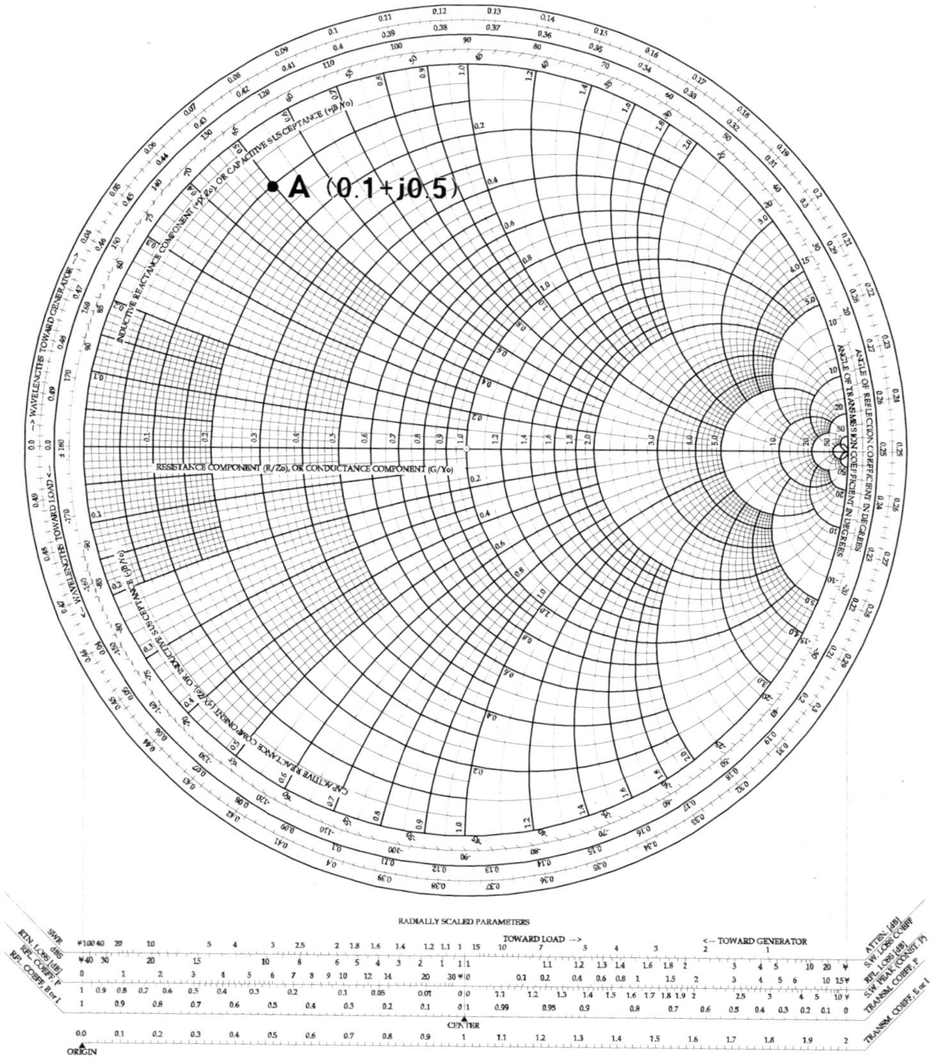

그림 7.11 스미스 도표 상에 임피던스 표시

(2) Z_L=50+j35(ohm)인 경우의 VSWR을 구해보면, 우선 앞에서와 같이 특성 임피던스로 정규화한 후에, 정규화된 임피던스인 1+j0.7을 나타내는 그림 7.12의 A지점과 원점 간의 길이를, 스미스 도표 아래의 'standing wave'의 'voltage ratio'의 눈금에서 길이를 읽음으로써 구할 수 있다. 또한 이 길이를 원점에서 정규화된 리액턴스가 0인 직경상의 눈금으로도 같은 값을 얻을 수 있다. (VSWR=2.0)

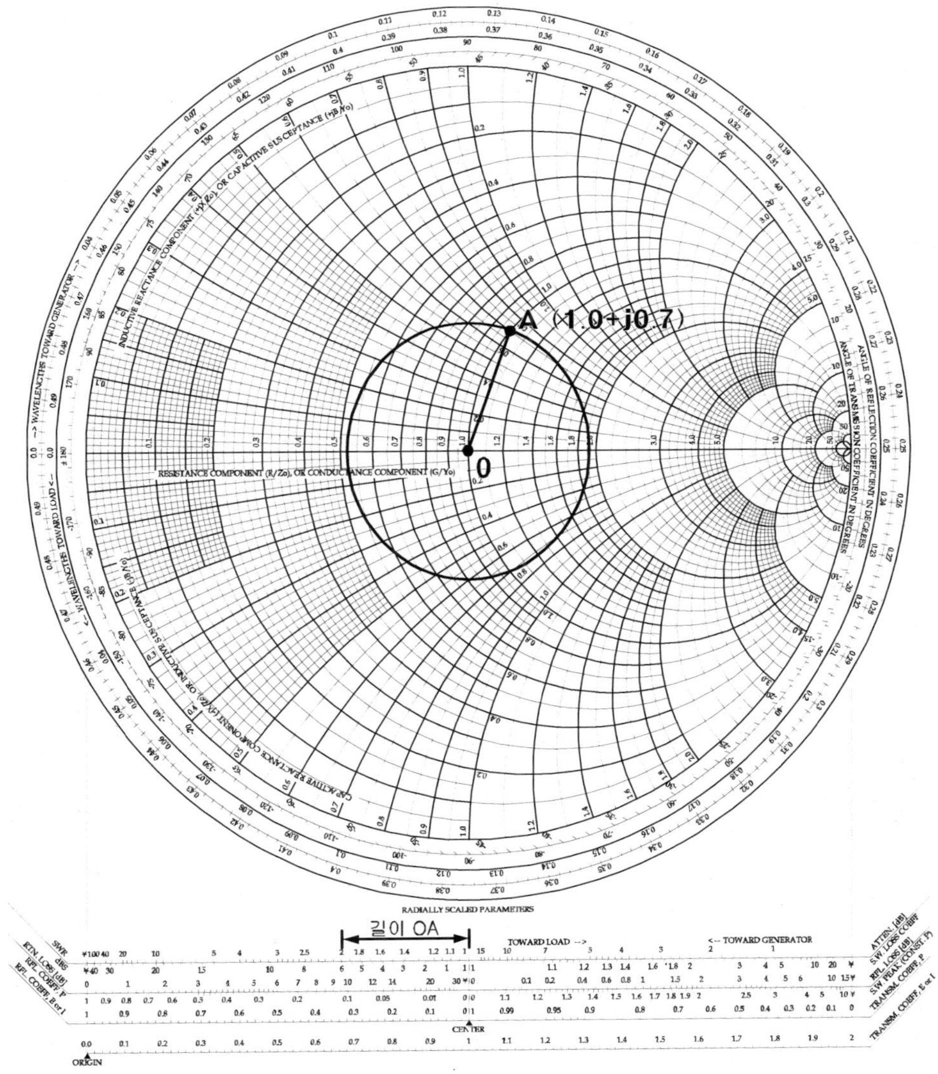

그림 7.12 스미스 도표 상에서 정재파비 구하기 예

(3) Z_L=150+j100(ohm)인 경우의 반사 계수를 구해보면, 우선 정규화된 임피던스인 3+j2인 그림 7.13의 A지점과 원점 사이의 길이를, 도표 아래의 'Reflection Coeff.'의 'voltage' 눈금에서 크기를 구할 수 있고, 정규화된 리액턴스가 0인 직경과 선OA와 이루는 각도로 위상각을 구할 수 있다. : $\Gamma = 0.63\angle 18^\circ$

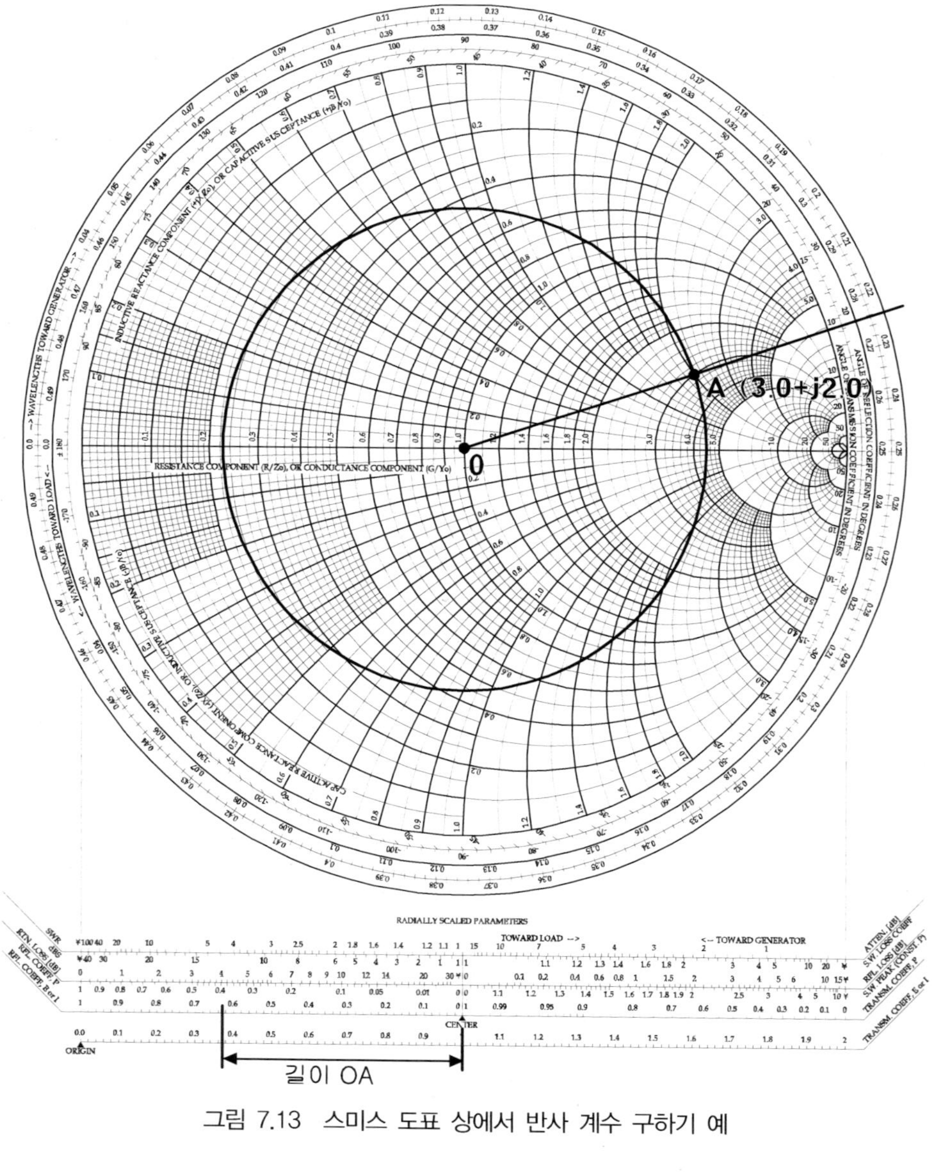

그림 7.13 스미스 도표 상에서 반사 계수 구하기 예

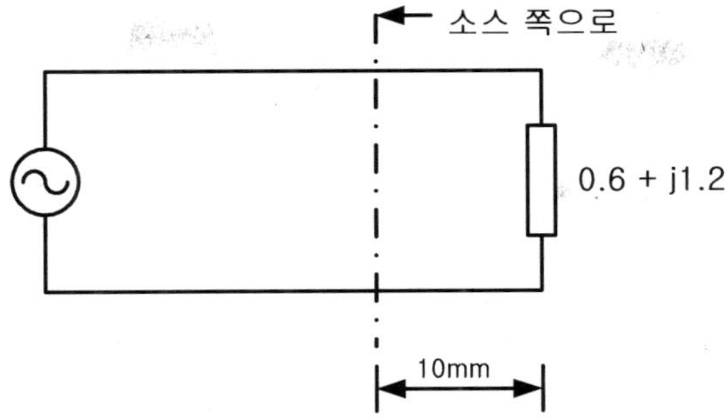

그림 7.14 선로 상의 임피던스를 구하는 예

(4) 정규화 부하 임피던스가 0.6+j1.2이고 도파관의 관내 파장 λ_g가 42(mm)인 경우에, 부하로부터 10(mm) 떨어진 지점에서의 임피던스를 구해보자. 그림 7.14에 나타낸 대로 정규화 부하 임피던스를 소스 쪽으로 10(mm) 만큼 이동한 지점에서의 임피던스를 구하는 것이다.

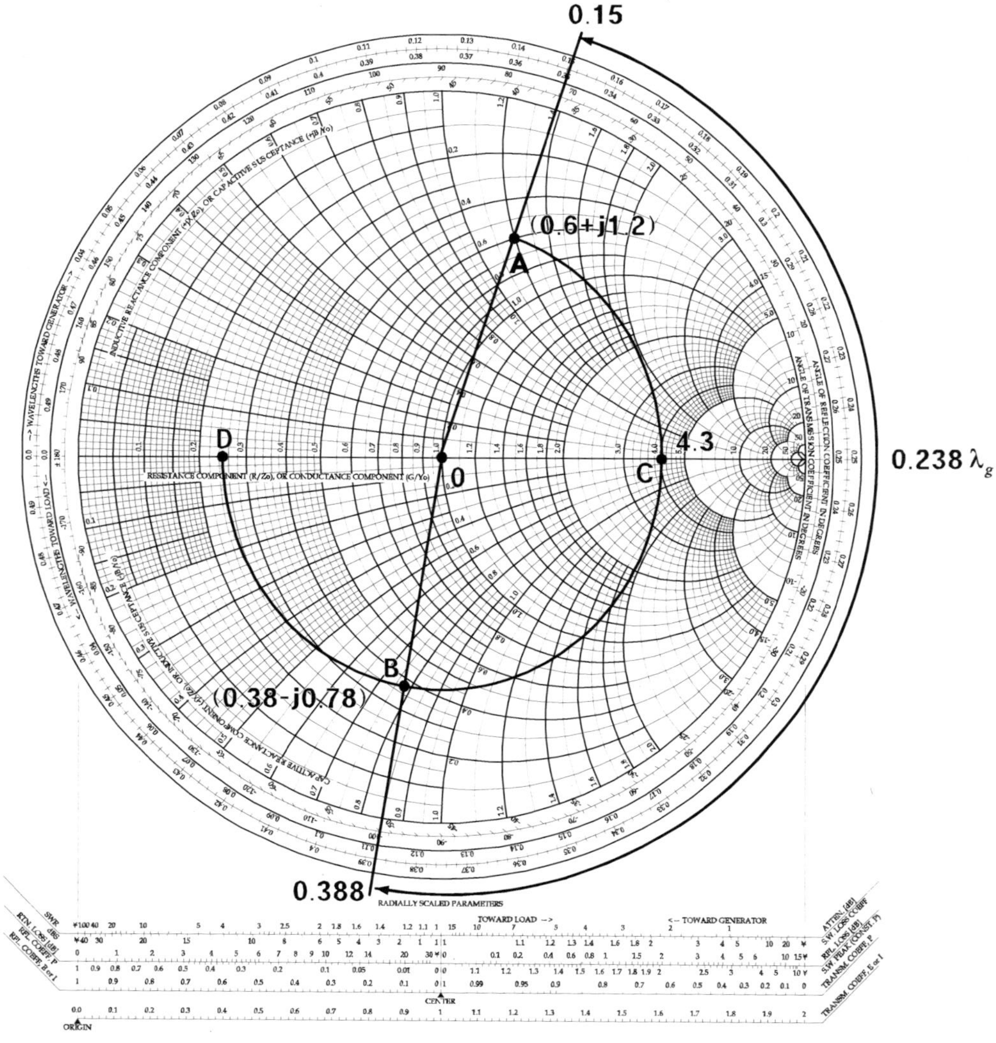

그림 7.15 스미스 도표를 이용한 선로상의 임피던스를 구하는 예

먼저 정규화 부하 임피던스 0.6+j1.2를 그림 7.15에서와 같이 스미스 도표상의 A지점에 표시하고 원점과 A지점을 이은 선OA와 도표상의 외곽 눈금과 만나는 눈금 값인 0.15를 표시해둔다.

전송선을 따라 10(mm) 이동하는 것은, 관내 파장이 42mm이므로 관내 파장으로 정규화 하면 10÷42=0.238이므로 0.238 파장만큼을 이동하는 것과 같다. 그림 7.14에서 나타낸 대로 소스, 즉 generator쪽으로 0.238 파장만큼 이동하는 것이므로, 표시한 0.15지점에서 0.238을 더하면 0.388이 되므로, 반경을 유지하면서 외곽 눈금이 0.388인 지점으로 이동시키면, 10(mm) 이동한 선로상의 정규화 임피던스 0.38-j0.78를 얻을 수 있다.

정재파비는 점 C에서 바로 4.3이라는 것을 알 수 있다. 점 C는 저항 성분으로 볼 때 최대가 되는 지점으로 정재파 패턴에서 최대값을 나타내고, 점 D는 저항 성분으로 볼 때 최소가 되는 지점으로 정재파 패턴에서 최소값을 나타낸다. 첫 번째 최소값인 점 D는 A로부터 소스인 generator 쪽으로 0.35 파장 (=0.50-0.15) 거리이다.

(5) 정재파 측정기(SWR meter)를 이용하여 임의의 소자에 대한 임피던스를 알아내는 방법으로, 정재파에 대한 개념과 스미스 도표를 사용하여, 정재파에 대한 측정으로부터 소자의 입력 임피던스를 측정 방법을 정리하면 다음과 같다.

가) 임피던스를 알고자하는 소자를 slotted line에 접속하고, 정재파비와 최대값과 최소값의 위치를 측정하여 기록한다.

나) 소자 대신에 단락판을 연결한 상태에서, 정재파 패턴을 측정하여 인접한 두 최소값 사이의 거리를 정확하게 측정한다.

다) 최소값들의 위치를 비교하여 임피던스를 결정한다.

이제 실제 연습을 적용하여 소자의 임피던스를 구하는 과정을 예를 들어 설명하기로 한다. 소자에 대한 정재파비 SWR이 3인 경우에 대하여 적용하기로 한다. slotted line을 움직이면서 최대값과 최소값이 나타나도록 (그림7-16)과 같이 거리에 대한 눈금을 명확하게 기록한다. 소자 대신에 단락판을 접속하여 (그림7-16)과 같이 정재파 패턴을 기록한다. (그림7-16)으로부터 관내 파장을 구하면, 단락판에 의한 최소점인 두 null 지점 간의 거리가 반 파장이므로, 관내 파장 λ_g는 $2(NULL_2\text{-}NULL_1)$가 되어 2(55.2-36.2)=36.6(mm)이다.

SWR이 3인 원을 그림 7.17과 같이 스미스 도표 상에 그린 후, (그림7-16)의 정재파 패턴의 최소점이나 최대점으로부터 소자의 측정 지점(단락판에 의한 정재파 패턴의 최소점 위치)까지의 거리를 이동함으로써 소자의 임피던스 값을 구할 수 있다.

그림 7.16에서 소자의 최소점과 단락판에 의한 null 간의 거리 d를 관내 파장으로 정규화 하면, d=$NULL_2$-MIN =55.2-42.9=12.3(mm)=0.336λ_g이므로, 그림 7.17의 스미스 도표에서 정재파비가 3인 원의 최소점인 정규화 리액턴스가 0인 직경의 왼쪽 지점에서, 소스인 generator 쪽으로 0.336λ_g를 이동한 지점이

므로, 소자의 정규화된 임피던스는 0.95-j1.13을 나타낸다. 이 정규화 임피던스에 도파관의 특성 임피던스를 곱하면 소자의 임피던스를 구할 수 있다.

이 원리를 반사 계수의 각도 관점에서 수식으로 정리하면, 반사 계수의 각도가 $\Phi = 180°(1 - \frac{4d}{\lambda_g})$이므로, 이를 구함으로써 임피던스의 위치를 구할 수 있다.

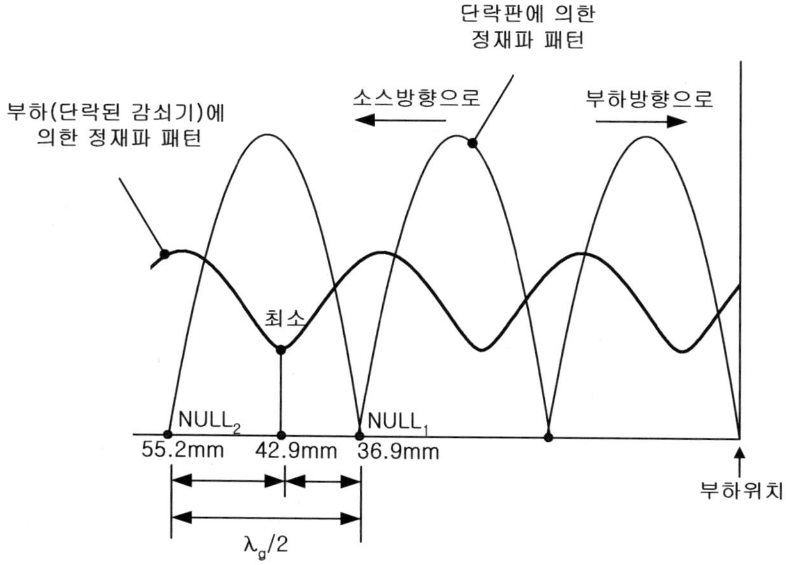

그림 7.16 임피던스 측정 원리

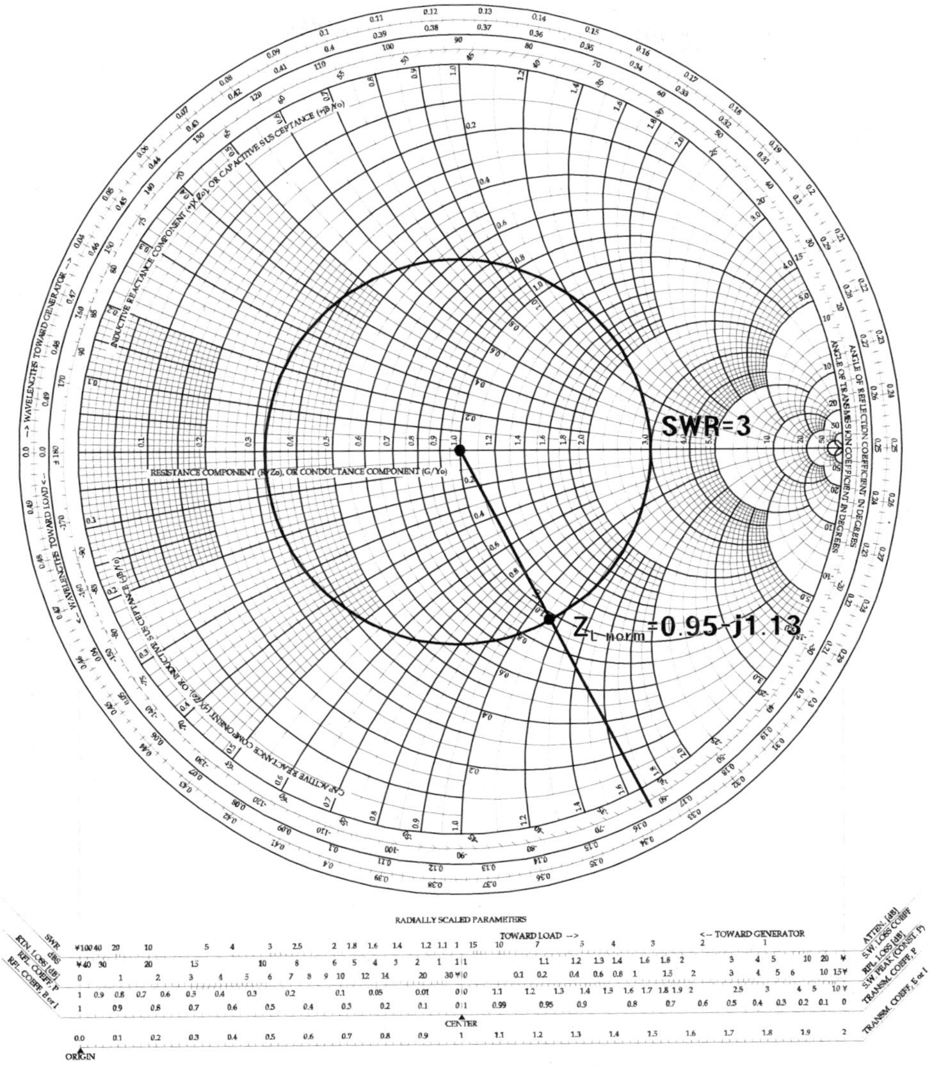

그림 7.17 스미스 도표를 이용한 임피던스 측정 예

실습문제 | 7.5

스미스 도표를 사용하여 특성 impedance가 50(ohm)인 선로에서 부하가 25+j75인 경우에, 부하로부터 $\lambda/8$ 떨어진 지점에서의 impedance와 반사 계수 및 VSWR을 구하시오.

해답 Z_{in}=100-j150, $\Gamma = 0.745\angle -26.57^\circ$, VSWR=6.86

7-7 리엑티브(reactive) 임피던스

도파관 내부의 크기를 변화시키면 도파관에 불연속 지점이 발생된다. 불연속인 지점에서는 전계와 자계 사이의 관계가 불연속 지점이 없는 경우와는 다르게 분포된다. 이러한 변화는 리액턴스 성분의 임피던스가 병렬로 연결되어 있는 것으로 해석할 수 있다. 만약 불연속인 지점에서 전계가 증가되어지면 리액턴스는 캐패시턴스 성분을 가지고, 자계가 증가되어지면 인덕턴스 성분을 갖게 된다. 이런 효과를 도파관 시스템에서 수동 회로 소자를 만드는데 응용할 수 있다.

널리 사용되는 불연속성을 일으키게 하는 소자 중의 하나로 iris 또는 diaphragm을 들 수 있다. 그림 7.18과 같이 캐패시턴스 성분의 iris는 도파관의 폭은 그대로 두고 높이를 감소시키면, 불연속 지점에서의 전계가 커지므로 캐패시터가 병렬로 연결된 것으로 생각할 수 있다.

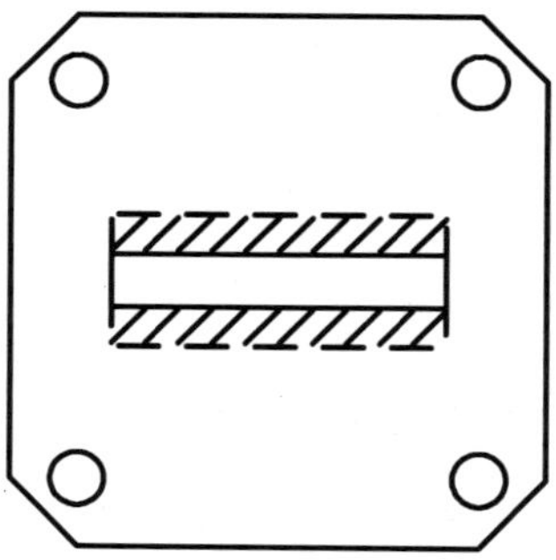

그림 7.18 캐패시티브 iris 구조

반면에 인덕턴스 성분의 iris는 그림 7.19와 같이 도파관의 폭을 감소시키고 높이를 그대로 두어 구현할 수 있다.

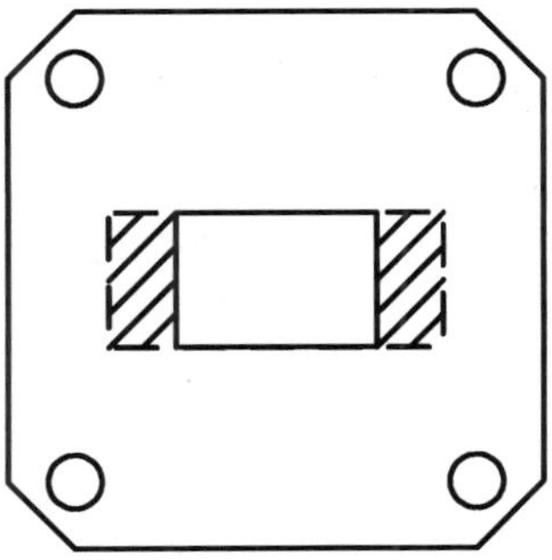

그림 7.19 인덕티브 iris 구조

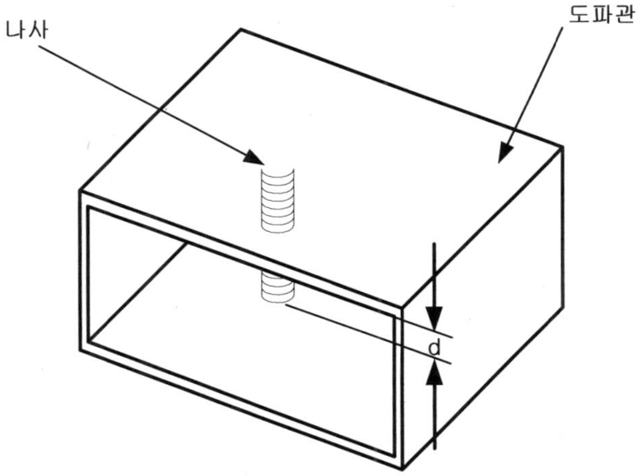

그림 7.20 동조 나사(tuning screw)의 구조

이러한 개념을 응용한 소자가 민감한 특성을 나타내는 screw tuner이다. 그림7.20에서 볼 수 있듯이 도파관의 한 부분에 원통형 나사가 끼워져 있는 형태이다. 이 나사가 도파관을 꿰뚫은 길이 d에 의해 나타나는 특성이 다양하다. 만약 나사가 도파관으로 1/4파장보다 적게 나오면 캐패시턴스 성분의 리액턴스가 생기고, 도파관으로 1/4 파장보다 더 나오면 인덕턴스 성분의 리액턴스가 생긴다. 만약 나사가 도파관으로 1/4 파장만큼 나오면 공진 특성을 나타낸다.

그림 7.21 slide screw tuner

screw tuner는 이동할 수 있는 운반기(carriage)상에 축 방향으로 뚫려있는 긴 틈새 구멍(slot)에 나사를 장착함으로써 더욱 유용하게 사용될 수 있다. 이러한 경우에 리액턴스의 위치와 침투 깊이 모두를 조정할 수 있다. 그림 7.21은 실습에서 사용하게 될 slide screw tuner의 사진을 나타낸다.

단락판으로 도파관에서 캐패시턴스나 인덕턴스 성분의 리액턴스를 만드는 것이 가능하다. 이러한 경우에 도파관에서 측정된 리액턴스는 측정 지점으로부터 단락판까지의 거리에 의해 좌우된다.

iris와 screw tuner는 종단된 소자가 아니기 때문에 리액턴스를 구하기 위한 특별한 기술이 사용된다. 뒤의 실습에서는 iris의 리액턴스를 측정하기 위한 방법 중의 하나를 사용하게 된다. 이 방법은 iris 뒤에 정합된 부하를 연결시켜, iris 평면에서 측정된 전체 임피던스는, 정합된 부하의 임피던스와 iris의 리액턴스의 병렬연결로 생각하는 것이다. 일단 iris 평면에서 전체 임피던스가 측정되었다면, 전체 임피던스로부터 정합된 부하의 임피던스에 대한 효과를 계산함으로써 iris의 리액턴스를 구할 수 있다.

이러한 계산은 임피던스 대신에 어드미턴스를 사용함으로써 더욱 간단하게 식 (7-18)과 같이 나타낼 수 있다.

$$Y = \frac{1}{Z} = G + jB \qquad \cdots\cdots \text{(7-18)}$$

여기서 G는 컨덕턴스(conductance)로 어드미턴스의 실수 부분이고, B는 서스셉턴스(susceptance)로 어드미턴스의 허수 부분이다.

이상적인 iris와 이상적으로 정합된 부하의 경우에는 iris 평면에서의 컨덕턴스 G는 정합된 부하의 컨덕턴스에만 의존하고, 서스셉턴스 B는 iris의 서스셉턴스에만 의존한다. 왜냐하면 이상적으로 정합된 부하는 순수한 저항 성분의 소자이고, 이상적인 iris는 순수한 리액턴스 성분의 소자이기 때문이다. 그러므로 iris의 어드미턴스는 iris 평면에서의 전체 어드미턴스에서 정합된 부하의 어드미턴스를 빼줌으로써 쉽게 구할 수 있다.

7-7-1 스미스 도표를 이용하여 임피던스를 어드미턴스로 바꾸기

임피던스와 어드미턴스 겸용이 아닌 임피던스 전용 스미스 도표를 사용하여 임피던스를 어드미턴스로 바꾸는 과정을 예를 통해 기술하였다. 정규화된 임피던스 Z_{norm}=1-j1을 갖는 부하로 종단된 도파관을 생각해보자. Z_{norm}을 정규화된 어드미턴스 Y_{norm}으로 바꿔주기 위해서, 먼저 차트에 Z_{norm}을 표시한다.(그림 7.22에서 A점) 차트의 중심(1+j0)에서 A점까지 벡터를 그린다. 그리고 B점까지 벡터를 180(°) 회전시킨다. B점의 좌표는 정규화 된 어드미턴스 Y_{norm}을 나타낸다. 즉, $Y_{norm} = Y/Y_o = 0.5 + j0.5$이고, 여기서 Y_0는 도파관의 특성 어드미턴스(=1/Z_0)이다.

도파관에서는 임피던스(어드미턴스)를 항상 정규화된 값으로 생각하는 것이 편리하다. 왜냐하면 도파관의 특성 임피던스는 주파수에 따라 변하기 때문이다.

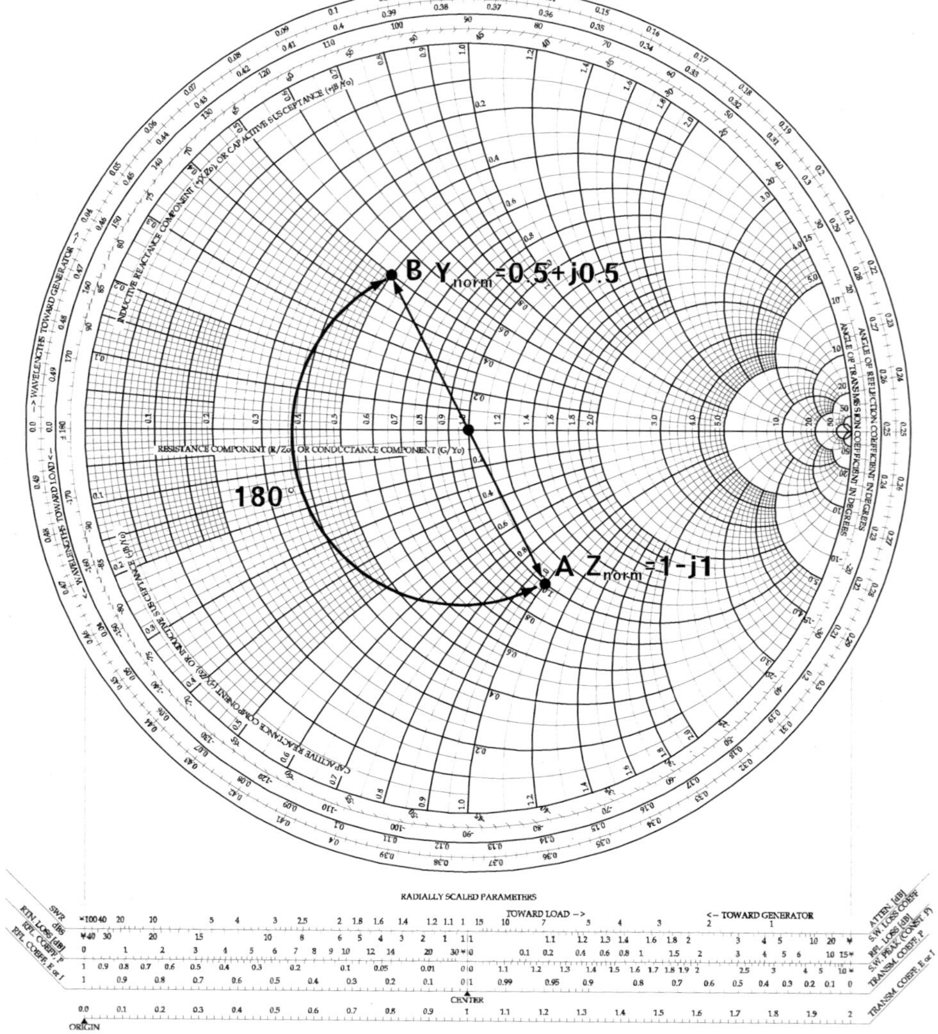

그림 7.22 임피던스를 어드미턴스로 변환을 위한 스미스 도표

어드미턴스를 임피던스로 바꾸는 과정은 기본적으로 임피던스를 어드미턴스로 바꾸는 과정과 같다. 먼저 어드미턴스를 임피던스로 생각하고 차트에 정규화된 어드미턴스를 표시하라. 그리고 그 점까지의 벡터를 그리고, 벡터를 180(°) 회전시킨다. 이 벡터가 정규화된 임피던스를 가리키게 된다.

앞에서 변환했듯이, 스미스 도표에서 특성 어드미턴스 Y_0에 대해 정규화된 어드미턴스를 사용할 수 있다. 그러나 어드미턴스에 의한 반사 계수를 구하고자 한다면 먼저 어드미턴스를 임피던스로 바꾸어 주어야만 한다.

7-7-2 iris의 임피던스와 어드미턴스 측정하기

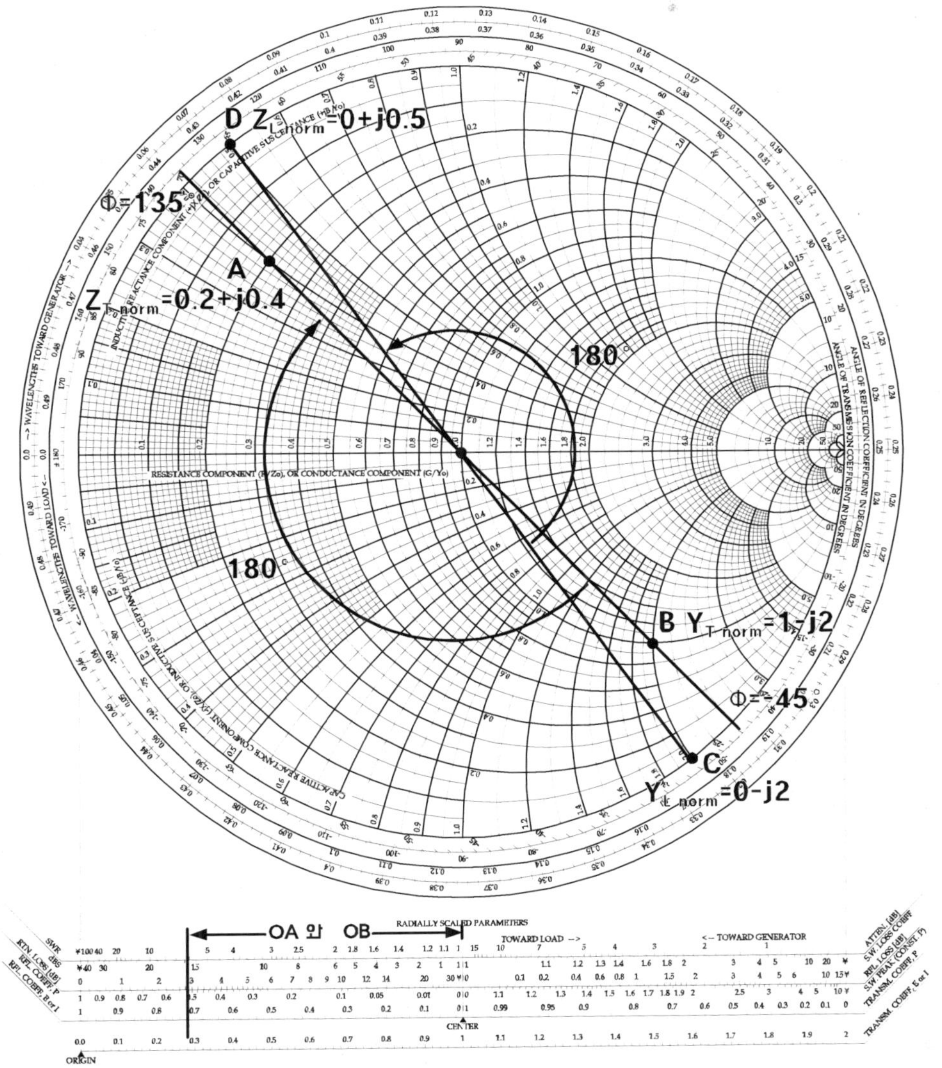

그림 7.23 iris의 임피던스 및 어드미턴스를 구하기 위한 스미스 도표

iris의 어드미턴스를 측정하는 과정은 그림 7.23과 같다. Y_{Lnorm}=1+j0의 정합된 부하로 종단된 iris의 어드미턴스를 구하는 과정으로, iris 평면에서 측정된 반사 계수가 0.71∠135° 라고 하자.

a. 다음과 같이 반사 계수로부터 정규화된 전체 임피던스를 구함으로써, iris 평면에서의 정규화된 전체 어드미턴스를 구한다.

- 차트의 중심을 지나고 'ANGLE OF REFLECTION COEFFICIENT IN DEGREES'에서 135(°)와 −45(°)를 연결하는 선을 그린다. 정규화된 임피던스는 중심으로부터 135(°)를 지나는 선위에 위치하고, 정규화된 어드미턴스는 차트의 중심으로부터 −45(°) 방향으로 같은 거리에 위치한다.
- 차트 아래의 'VOLTAGE REFLECTION COEFFICIENT' 눈금에서 0에서 0.71에 이르는 거리((그림7-23)에서 OA와 OB)를 콤파스로 재서, 위에서 그렸던 선에 거리를 표시한다. A점은 전체 정규화된 임피던스 Z_{Tnorm} =0.2+j0.4를 나타내고, A점으로부터 180(°)인 B점은 전체 정규화된 어드미턴스 Y_{Tnorm}=1-j2를 나타낸다.

b. iris 평면에서의 전체 정규화된 어드미턴스 Y_{Tnorm}=1-j2에서, 정합된 부하의 정규화된 어드미턴스 Y_{Lnorm}=1+j0를 빼줌으로써, iris의 정규화된 어드미턴스 $Y_{Inorm} = jB_{Inorm}$을 구한다.

즉, $Y_{Inorm} = jB_{Inorm} = Y_{Tnorm} - Y_{Lnorm}$ =(1-j2)-(1+j0)=0-j2이다.

7-8 임피던스 정합 실습 이론

입력파와 반사파 사이의 상대 위상각은 도파관을 따라 주기적으로 변한다. 반사 계수는 반사파 대 입력파의 비이기 때문에 이것의 위상각도 마찬가지로 도파관을 따라 주기적으로 변한다. 도파관을 따라 주어진 관측 지점과 부하에서의 반사 계수에 부가적인 위상 부분을 더한 것이다. 이 위상 부분은 주어진 관측 지점과 부하 사이의 거리에 의해 결정된다.

손실이 없는 도파관에서 반사 계수의 크기는 도파관을 따라 일정하다. 반사 계수의 위상은 부하에서의 초기 위상각과 도파관에서의 거리에 따라 발생하는 부가적인 위상각의 합이다.

어떤 기준이 되는 반사 계수로부터 도파관의 한 점에서의 임피던스 계산은 스미스 도표를 사용하여 쉽게 구할 수 있다. 필요한 것은 기준점의 위치와 그

지점에서의 반사 계수이다. 스미스 도표에서 반사 계수 원은 정재파비 원과 같이 생각하면 된다. 반사 계수 원은 주어진 부정합된 부하의 임피던스 궤적을 나타낸다. 즉, 정합되지 않은 조건 또는 주어진 정재파비에 대한 무손실 전송상에 나타나는 모든 임피던스를 의미한다. 전송선상의 모든 임피던스가 반파장마다 반복되면서 나타난다.

7-8-1 도파관에서 임의의 지점에서의 임피던스 측정

기준 반사 계수로부터 도파관의 한 점에서의 임피던스를 구하는 방법을 예제를 통해 설명한다.

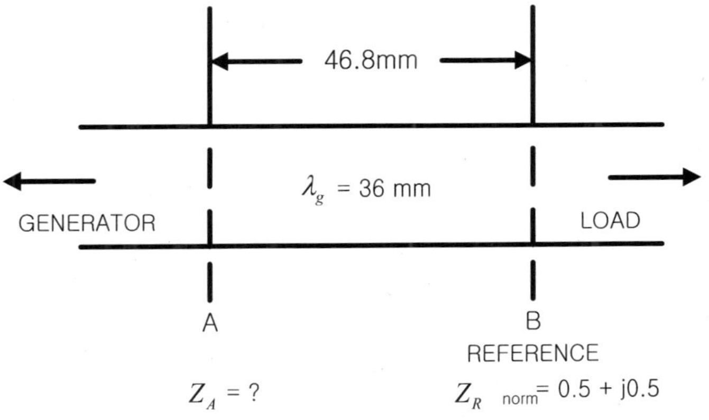

그림 7.24 도파관 선로상의 임피던스를 구하기 위한 설명도

그림 7.24에서처럼 기준점 B와 발생기 사이에 위치한 점 A에서의 임피던스를 구하는 문제로, 정규화된 기준 임피던스 Z_{Rnorm}은 0.5+j0.5이고, 도파관 내의 관내 파장이 36(mm)라고 하면, 발생기 쪽으로 46.8(mm) 더 가까운 곳에서의 임피던스를 구하는 과정은 아래와 같다.

그림 7.25의 스미스 도표 상에서 기준점에서의 임피던스를 표시한다. 이 지점(점 B)에서 WAVELENGTHS TOWARD GENERATOR 눈금은 $0.088\lambda_g$를 가리킨다. 거리 46.8(mm)는 $1.3\lambda_g$에 해당된다. 손실이 없는 전송선에서 임피던스는 반 파장마다 되풀이되므로 차트를 완전히 회전하는 것은 $0.5\lambda_g$의 거리를 나타낸다. 그러므로 기준점 B로부터 $1.3\lambda_g$의 임피던스는 기준점으로부터 $0.3\lambda_g$의 임피던스와 정확히 같다는 것을 의미한다. 발생기 쪽으로 반사 계수를 $0.3\lambda_g$만큼 회전시키면, 파장 눈금

이 $0.3\lambda_g+0.088\lambda_g=0.388\lambda_g$인 점A에서의 반사 계수를 나타낸다. 점 A에서 정규화된 임피던스는 0.59-j0.66이다.

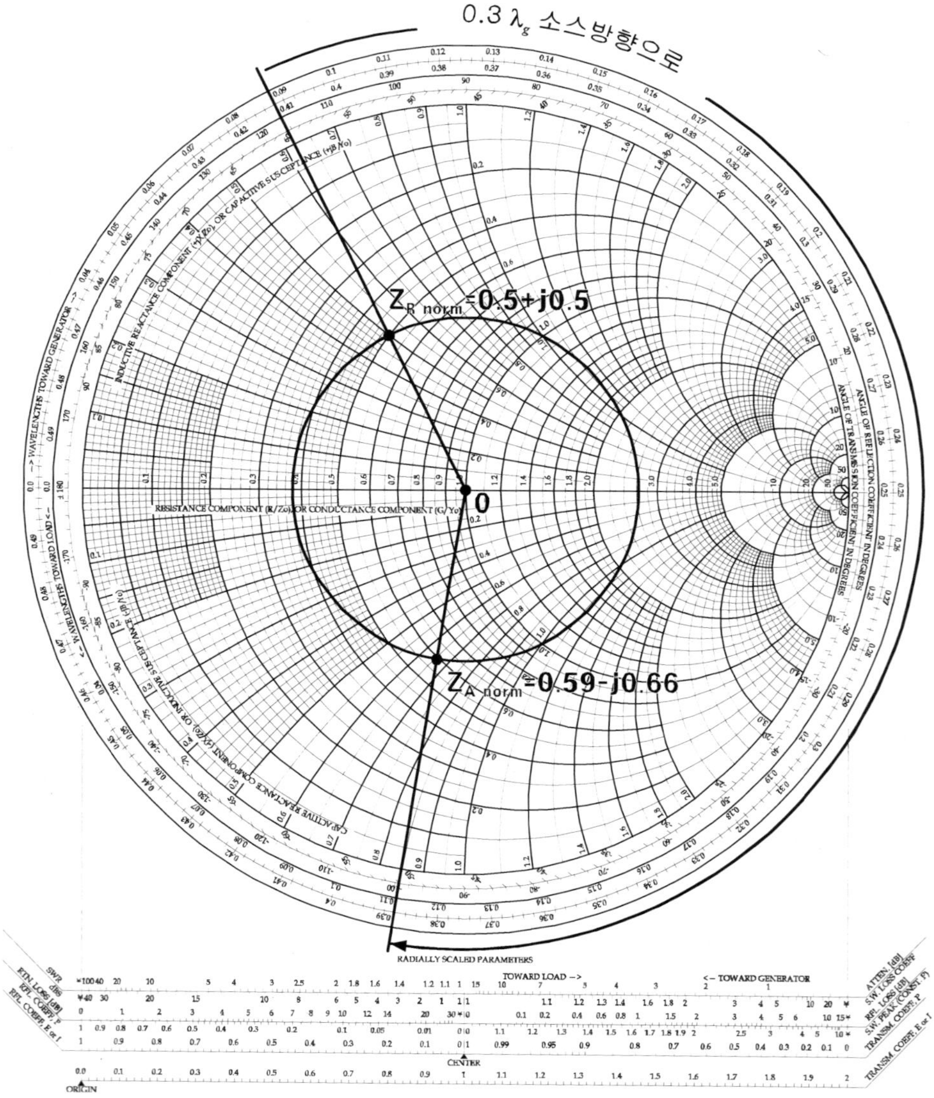

그림 7.25 도파관 선로 상의 임피던스를 구하기 위한 스미스 도표

7-8-2 임피던스 정합 측정

초고주파 주파수에서 정합된 부하는 신호 발생기에 의해 공급되는 모든 전력을 흡수함으로써 반사파를 제거한다. 이러한 정합은 초고주파 회로에 적절한 임피던스를 추가함으로써 행해질 수 있다. 초고주파 회로에 임피던스를 추가해 주는 가장 간단한 방법은 병렬 회로를 추가하는 것이다. 이런 이유 때문에 어드미턴스를 사용하여 계산하는 것이 편리하다.

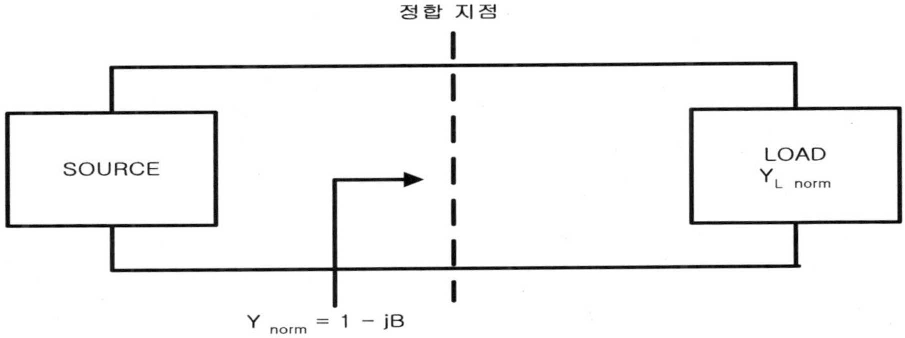

(a) 정합 전

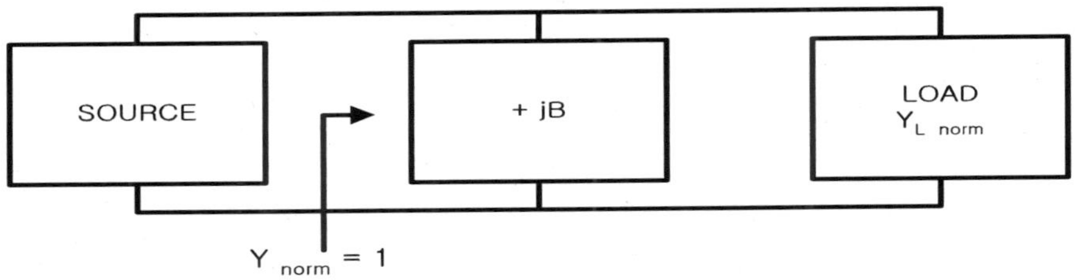

(b) 정합 후

그림 7.26 임피던스 정합 과정

임피던스 정합을 얻는 가장 간단한 방법은 도파관의 특정한 지점에서 필요한 값의 순수한 서스셉턴스를 추가해 주는 것이다. 그 위치는 전송선을 따라 정규화된 컨덕턴스가 1인 지점으로 결정하면 된다. 예를 들어, 정합되는 지점에서 정규화된 어드미턴스가 1-jB라면, 그림 7.26에서 나타낸 바와 같이 더해질 정규화된 서스셉턴스는 +jB이다.

정합한 후에는 발생기와 정합 지점 사이에는 반사파가 없어진다. 왜냐하면 정합 지점에서의 어드미턴스가 도파관의 이 구간 사이에서의 특성 어드미턴스 Y_0와 같기 때문이다.

서스셉턴스가 더해질 정확한 위치는 다음과 같은 과정을 통해 결정된다.

a. 스미스 도표에서 부하의 임피던스와 정재파비 원을 그린다.
b. 임피던스를 어드미턴스로 전환한다.
c. 어드미턴스가 컨덕턴스가 1인 원 위에 위치할 때까지 어드미턴스에 부합되는 벡터를 정재파비 원을 따라 회전시킨다.
d. TOWARD THE GENERATOR로부터 회전각과 같은 파장 단위의 거리를 읽고 이것을 실제 거리로 환산한다.

예를 들어, 정규화된 부하 Z_{Lnorm}=3+j0을 생각해보자. 그림 7.27의 스미스 도표에서 A점이고, 도파관 내의 관내 파장 λ_g는 36(mm)이다.

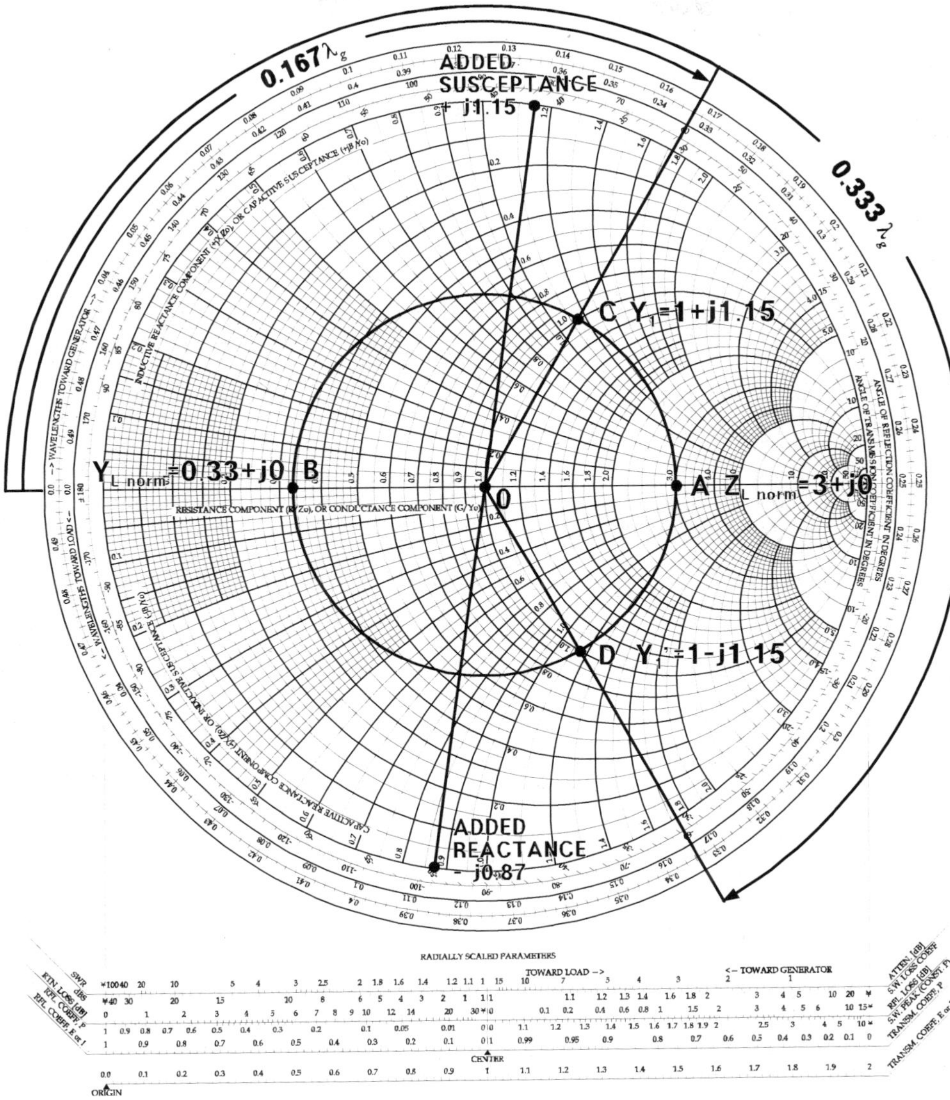

그림 7.27 임피던스 정합 과정 스미스 도표

a. 180(°)회전시켜서, 임피던스를 정규화된 어드미턴스(점 B) $Y_{\mathrm{L}norm}$ =0.33+j0로 전환한다.

b. 어드미턴스가 INDUCTIVE SUSCEPTANCE COMPONENT에서 컨덕턴스가 1인 원위에 위치 할 때까지, 정규화된 어드미턴스와 같은 벡터 OB를 발생기 쪽으로 회전시킨다.

c. WAVELENGTHS TOWARD GENERATOR 눈금에서, 이 점은 $0.333\lambda_g$임을 알 수 있다. 이것을 밀리미터 단위로 환산하면 이것은 $d=0.333\lambda_g \times 36mm/\lambda_g=12.0(mm)$의 거리이다.

부하를 정합시키기 위해 정규화된 서스셉턴스 +j1.15를 부하로부터 12.0(mm)에서 더해 주어야 한다. 그림 7.27에서 더한 +j1.15의 서스셉턴스는 -j0.87의 리액턴스와 같다.

스미스 도표에서 D점 대신 C점을 택한다면, C점의 어드미턴스가 $Y_1=1+j1.15$임을 알 수 있다. 정합시키기 위해서는 -j1.15의 서스셉턴스나 +j0.87의 리액턴스가 부하로부터 6.0(mm)에 위치해야 한다.

많은 응용 분야에 있어서 부하를 정합시키기 위해 앞에서 설명한 방법이 사용된다. 그러나 slide screw tuner와 같이 적당한 위치에서 서스셉턴스를 조정할 수 있는 기기에서는 정합을 계산할 필요 없이 수행할 수 있다. 리액턴스의 값은 변화되고, 그 위치에서 도파관에서 반사 계수가 최소화 되도록 조정된다.

일반적으로 probe는 부하에 의한 서스셉턴스가 인덕턴스 성분을 갖는 거리에 위치시킨다. 이것은 두 가지 이유 때문이다. 첫째는 일반적으로 인덕턴스 성분의 영역에서보다 캐패시턴스 성분의 영역에서 서스셉턴스를 조정하기 쉽다. 또한 나사의 침투 깊이 측면에서도 캐피시턴스 성분의 영역이 더 얕은 곳에서 나타나기 때문에, 나사에 의해 손실되는 초고주파 전력을 줄일 수 있다.

7-9 임피던스 및 정합 특성 실습

7-9-1 임피던스 측정

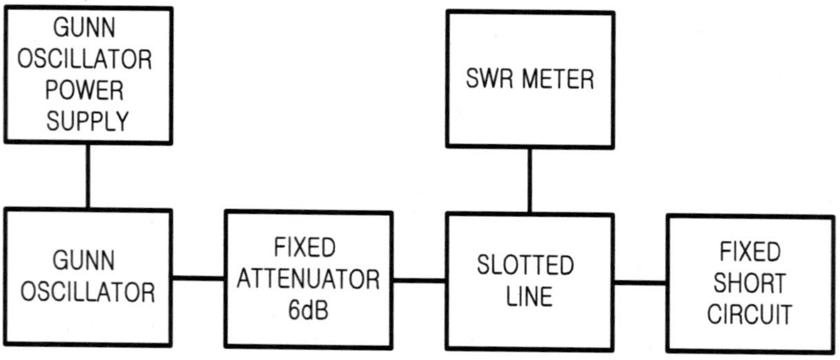

그림 7.28 기준 지점 지정을 위한 실습 구성도

(1) 모든 스위치를 끄고 slotted line의 probe 침투 깊이가 최소가 되도록 조정한 상태에서 그림 7.28과 같이 장비를 연결한다.

(2) Gunn 발진기 전원을 다음과 같이 조정한다.

VOLTAGE.. : MIN.

MODE.. : 1KHz

METER RANGE.. : 10V

(3) 정재파비 측정기를 다음과 같이 조정한다.

RANGE... : 0dB

SCALE... : NORMAL

GAIN... : mid range

CENTER FREQUENCY.. : mid position

BANDWIDTH.. : 100Hz

(4) slotted line probe를 slot을 따라 40.0(mm)의 위치로 옮긴다.

(5) slotted line 상에서 probe holder가 침투 깊이 지시기(probe depth indicator)에서 볼 때 최대의 1/3정도의 probe가 침투되도록 깊이를 조정한다.

(6) Gunn 발진기 전원과 정재파비 측정기를 켜고 장비의 안정화를 위해 1-2분을 기다린다. Gunn 발진기의 공급 전압을 8.5(V)로 조정한다.

(7) 최대값을 지시할 때까지 slotted line을 따라 probe를 이동시킨다.(필요하다면 정재파비 측정기의 GAIN과 RANGE를 조정한다. -40(dB) RANGE에서도 정재파비 측정기의 바늘의 움직임을 감지하기 어려운 경우에는 probe의 침투 깊이를 증가시켜 반복한다.)

(8) 정재파비 측정기의 BANDWIDTH를 20(Hz)로 변경하고 정재파비 측정기의 바늘이 최대를 지시하도록 CENTER FREQUENCY 손잡이를 조정한다.

(9) 단락판에 가장 근접한 최소 전압 $NULL_1$ 점을 만날 때까지 slotted line의 probe를 이동시키고 아래 빈칸에 그 위치를 기록한다. 필요하면 정재파비 측정기의 RANGE를 변경한다.

note : slotted line의 probe가 단락판의 위치까지 도달할 수 없기 때문에 측정할 수 있는 가장 근접한 위치의 최소값을 찾는 것임

$NULL_1$의 위치 = ______________ mm

(10) Gunn 발진기 쪽으로 두 번째 최소 전압인 $NULL_2$ 점을 만날 때까지 slotted line의 probe를 이동시켜 아래의 빈칸에 그 위치를 기록한다. 필요하면 정재파비 측정기의 RANGE를 변경한다.

$NULL_2$의 위치 = ____________________ mm

신호의 관내 파장을 계산하여 기록한다.

관내 파장 = __________________ mm

(11) Gunn 발진기 전원으로부터 Gunn 발진기의 전력 공급 케이블을 분리하고 그림 7.29와 같이 장비를 연결한다.

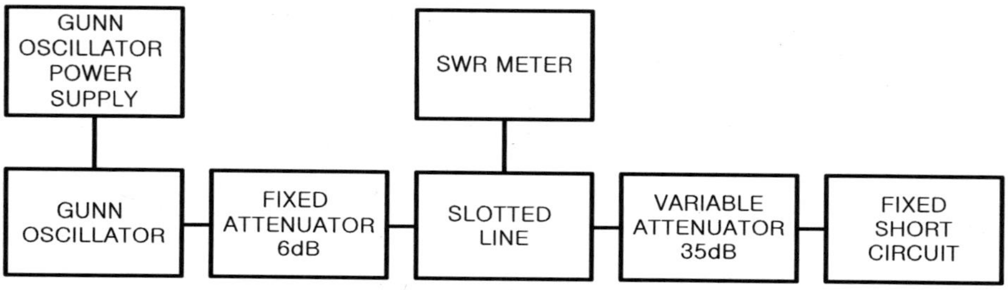

그림 7.29 단락된 가변 감쇠기의 임피던스 측정을 위한 실습 구성도

(12) 가변 감쇠기의 특성 곡선을 이용하여, 5(dB)의 감쇠값을 갖도록 가변 감쇠기를 조정한다.

가변 감쇠기의 눈금 위치 = ____________________ mm

(13) Gunn 발진기의 전력 공급 케이블을 다시 Gunn 발진기 전원에 연결한다.

(14) 정재파비 측정기의 RANGE를 적절히 선택하여 부하(단락된 가변 감쇠기)에 가장 근접한 최대 전압이 지시되도록 slotted line을 따라 probe를 이동시킨다.

(15) 정재파비 측정기의 바늘이 0(dB)(SWR=1)를 지시하도록 GAIN 제어 손잡이를 조정한다. 이것이 불가능할 경우에는 정재파비 측정기의 한 칸 낮은 RANGE로 변경하여 GAIN을 재조정한다.

note : 정재파비 측정기의 -40(dB) RANGE에서도 불가능할 경우에는 probe의 침투 깊이를 증가시켜 반복한다.

(16) 단락판을 사용하여 측정했던 최소값들 사이에서 최소값(MIN)을 만날 때까지 slotted line의 probe을 이동시켜 정재파비와 최소값(MIN)의 위치를 기록한다.

정재파비 = ______________________

MIN의 위치 = ________________ mm

위의 (10항)에서 단락판을 사용하여 측정했던 두 번째 최소값과 부하(단락된 가변 감쇠기)를 사용하여 측정된 최소값(MIN)사이의 거리 d를 계산하여 기록한다.

d = $NULL_2$ - MIN = ________________ mm

(17) 아래 식을 사용하여 반사계수의 위상각을 계산하여 기록한다.

$$\Phi = 180°(1 - \frac{4d}{\lambda_g})$$

Φ = ______________________ °

(18) 스미스 도표에 측정된 정재파비에 해당하는 원을 그리고, 각 Φ에 해당하는 원위의 점을 찾아 정규화된 부하 임피던스를 읽어 기록한다.

Z_{Lnorm} = _______________ + j ______________

(19) 가변 감쇠기의 특성 곡선을 이용하여 1.5(dB)의 감쇠값을 갖도록 가변 감쇠기를 조정한다.

가변 감쇠기의 눈금 위치 = ________________________ mm

(20) 이 부하에 대하여 (14항)에서 (17항)까지를 반복하여 기록한다.

정재파비 = _____________________

MIN 의 위치 = _______________ mm

d = ___________________ mm

Φ = ________________ °

스미스 도표에 측정된 정재파비에 해당하는 원을 그리고, 각 Φ에 해당하는 원위의 점을 찾아 정규화된 부하 임피던스를 읽어 기록한다.

Z_{Lnorm} = ______________ + j _______________

(21) Gunn 발진기 전원의 VOLTAGE 제어 손잡이를 MIN으로 맞춘다. 모든 스위치를 끈 상태에서 장비를 해체하여 정리한다.

7-9-2 reactance 임피던스 측정

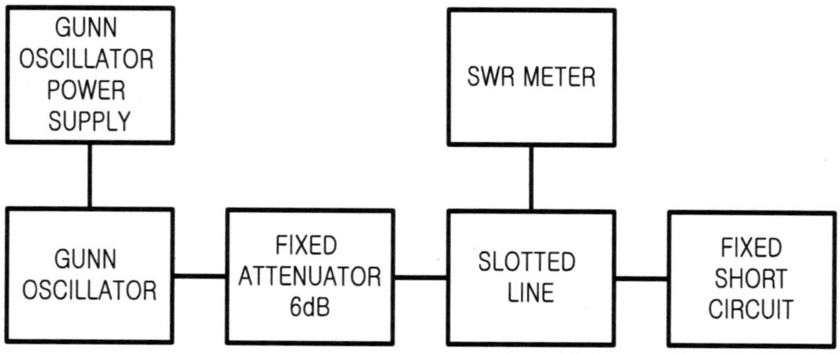

그림 7.30 reactance 측정용 기준 지점 지정을 위한 실습 구성도

(1) 모든 스위치를 끄고 slotted line의 probe 침투 깊이가 최소가 되도록 조정한 상태에서 그림 7.30과 같이 장비를 연결한다.

(2) Gunn 발진기 전원을 다음과 같이 조정한다.

VOLTAGE.. : MIN.
MODE... : 1KHz
METER RANGE.. : 10V

(3) 정재파비 측정기를 다음과 같이 조정한다.

RANGE.. : 0dB
SCALE.. : NORMAL
GAIN... : mid range
CENTER FREQUENCY... : mid position
BANDWIDTH.. : 100Hz

(4) slotted line의 probe를 slot을 따라 40.0(mm)의 위치로 옮긴다. slotted line 상에서 probe holder가 침투 깊이 지시기(probe depth indicator)에서 볼 때 최대의 1/3정도의 probe가 침투되도록 깊이를 조정한다.

(5) Gunn 발진기 전원과 정재파비 측정기를 켜고 장비의 안정화를 위해 1-2분을 기다린다. Gunn 발진기의 공급 전압을 8.5(V)로 조정한다.

(6) 최대값을 지시할 때까지 slotted line을 따라 probe를 이동시킨다.(필요하다

면 정재파비 측정기의 GAIN과 RANGE를 조정한다. -40(dB) RANGE에서도 정재파비 측정기의 바늘의 움직임을 감지하기 어려운 경우에는 probe의 침투 깊이를 증가시켜 반복한다.)

(7) 정재파비 측정기의 BANDWIDTH를 20(Hz)로 변경하고 정재파비 측정기의 바늘이 최대를 지시하도록 CENTER FREQUENCY 손잡이를 조정한다.

(8) 고정된 단락판에 가장 근접한 최소 전압 $NULL_1$ 점을 만날 때까지 slotted line의 probe를 이동시키고 아래 빈칸에 그 위치를 기록한다. 필요하면 정재파비 측정기의 RANGE를 변경한다.

$NULL_1$의 위치 = ____________________ mm

(9) Gunn 발진기 쪽으로 두 번째 최소 전압인 $NULL_2$ 점을 만날 때까지 slotted line의 probe를 이동시켜 아래의 빈칸에 그 위치를 기록한다. 필요하면 정재파비 측정기의 RANGE와 GAIN을 변경한다.

$NULL_2$의 위치 = ____________________ mm

신호의 관내 파장을 계산하여 기록한다.

관내 파장 = ____________________ mm

(10) Gunn 발진기 전원으로부터 Gunn 발진기의 전력 공급 케이블을 분리하고 그림 7.31과 같이 장비를 연결한다.

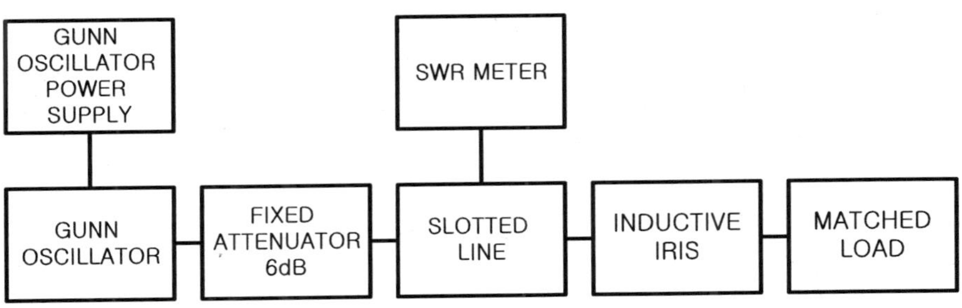

그림 7.31 인덕티브 iris의 리액턴스 측정을 위한 실습 구성도

(11) Gunn 발진기의 전력 공급 케이블을 Gunn 발진기 전원에 다시 연결한다. 정재파비 측정기의 RANGE를 적절히 선택한 상태에서 slotted line의 probe를 이동시켜 인덕턴스 성분의 iris에 가장 근접한 곳에서 최대값을 지시하도록 한다.

(12) 정재파비 측정기의 바늘이 현재의 RANGE에서 0(dB)(SWR=1)를 지시하도록 GAIN 제어 손잡이를 조정한다.

note : 정재파비 측정기의 -40(dB) RANGE에서도 불가능할 경우에는 probe의 침투 깊이를 증가시켜 반복한다.

(13) probe를 천천히 이동시켜 (8항)과 (9항)에서 찾은 고정된 단락판에 의한 최소값 $NULL_1$과 $NULL_2$ 사이에 위치한 최소값(MIN)을 찾는다. 정재파비 측정값과 최소값(MIN)의 위치를 기록한다.

정재파비 = ______________________

MIN = ______________________ mm

반사계수 ρ의 크기를 계산하여 기록한다.

$$\rho = \frac{SWR-1}{SWR+1} = \text{______________________}$$

정재파 패턴에서 이동된 거리 d를 계산하여 기록한다.

d = $NULL_2$ - MIN = ______________________ mm

(14) 아래 식을 사용하여 반사 계수의 위상각 ø 을 계산하여 기록한다.

$$\Phi = 180^{\circ}\left(1 - \frac{4d}{\lambda_g}\right)$$

위상각 Φ = ________________ °

반사 계수를 구하여 기록한다.

$\Gamma = \rho \angle \phi$ = ____________ ∡ ________________ °

(15) 스미스 도표 상에서 측정된 반사 계수에 해당하는 점을 표시하여, 정규화된 전체 임피던스 Z_{Tnorm}을 구하여 기록한다.

Z_{Tnorm} = ______________________

스미스 도표로부터 정규화된 전체 어드미턴스 Y_{Tnorm}을 구하여 기록한다.

Y_{Tnorm} = ____________________

(16) 인덕턴스 성분의 iris Y_{Inorm}의 정규화된 어드미턴스를 구하기 위해, 정규화된 전체 어드미턴스로부터 정합된 부하의 정규화된 어드미턴스(Y_L=1.0+j0)를 빼준다. Y_{Inorm}은 순수한 서스셉턴스가 될 것이다. iris의 정규화된 서스셉턴스 B_{Inorm}을 얻기 위해 Y_{Inorm}의 작은 실수 부분은 무시한다.

$$Y_{Inorm} = Y_{Tnorm} - Y_{\mathrm{L}norm}$$

Y_{Inorm} = ________________

$-jB_{Inorm}$ = -j ____________

note : Y_{Inorm}의 작은 실수 부분은 반올림 등으로 인한 오차에 의해 발생된다.

(17) 스미스 도표 상에 인덕턴스 성분의 iris의 정규화된 서스셉턴스를 표시한다. 이제 도표상에서 역 iris의 정규화된 리액턴스를 표시하여 기록한다.

jX_{Inorm} = j____________

(18) Gunn 발진기 전원의 VOLTAGE 제어 손잡이를 MIN으로 맞춘다. 모든 스위치를 끈 상태에서 장비를 해체하여 정리한다.

7-9-3 임피던스 정합 실습

(1) 모든 스위치를 끄고 slotted line의 probe 침투 깊이가 최소가 되도록 조정한 상태에서 그림 7.32와 같이 장비를 연결한다.

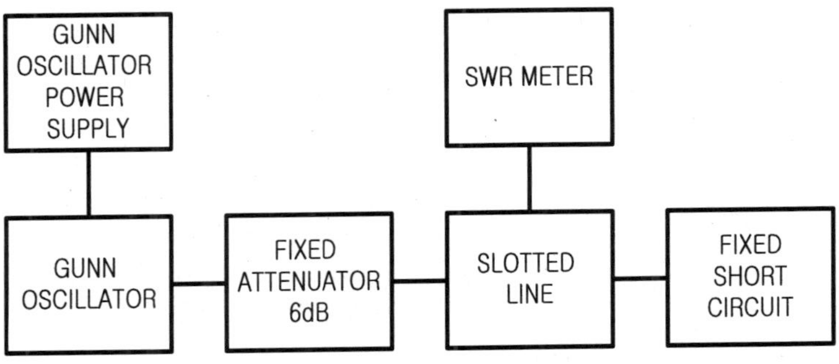

그림 7.32 기준 위치 측정을 위한 실습 구성도

(2) Gunn 발진기 전원을 다음과 같이 조정한다.

VOLTAGE.. : MIN
MODE.. : 1KHz
METER RANGE... : 10V

(3) 고정 단락판에 대한 첫 번째 최소 측정값을 얻기 위해 실습 7-9-1의 (3항)에서 (9항)까지를 반복하여 위치를 기록하라.

$NULL_1$의 위치 = ______________________ mm

(4) probe를 GUNN 발진기 방향으로 이동시켜서 두 번째 전압 최소값의 위치를 찾아, 그 위치를 기록한다.

$NULL_2$의 위치 = ______________________ mm

(5) 신호의 관내 파장을 계산하여 기록한다.

관내 파장 λ_g = ______________________ mm

(6) Gunn 발진기의 전력 공급 케이블을 Gunn 발진기 전원에서 분리하고 그림 7.33과 같이 장비를 연결한다.

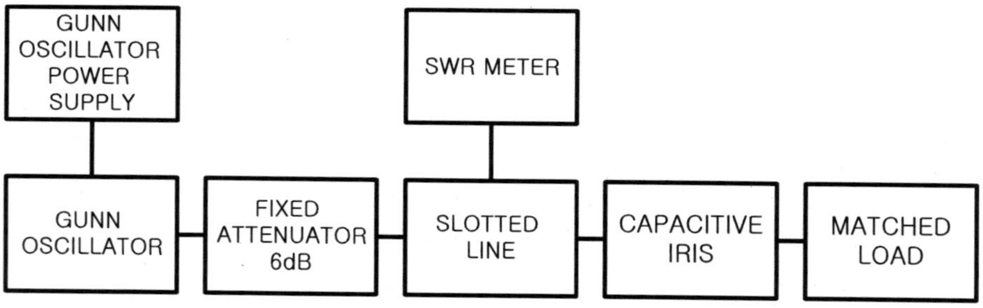

그림 7.33 캐패시티브 iris의 리액턴스 측정을 위한 실습 구성도

note : iris를 설치할 때, iris의 네 개의 구멍이 연결되어야 할 프렌지(frange)의 구멍과 제대로 일치되었는가를 확인한다. iris의 구멍이 잘못 회전되어 연결된 경우에는 iris의 임피던스에 영향을 주므로, 주의해야 한다.

(7) Gunn 발진기의 전력 공급 케이블을 Gunn 발진기 전원에 다시 연결한다. 정재파비 측정기의 RANGE를 적절히 선택한 상태에서 slotted line의 probe를 이동시켜 부하(정합된 캐패시티브 iris)에 가장 근접한 곳에서 최대값을 지시하도록 한다.

(8) 정재파비 측정기의 바늘이 현재의 RANGE에서 0(dB)(SWR=1)를 지시하도록 GAIN 제어 손잡이를 조정한다. 필요하다면 정재파 측정기의 RANGE를 한 칸 낮은 RANGE로 이동하여 GAIN을 재조정한다.

note : 정재파비 측정기의 -40(dB) RANGE에서도 불가능할 경우에는 probe의 침투 깊이를 증가시켜 반복한다.

(9) 부정합된 부하에 가장 근접한 곳에 있는 최소값을 얻을 때까지 probe를 slotted line을 따라 이동시킨다. 최소값(MIN)의 위치와 정재파비를 기록한다.

정재파비 = ____________________

MIN = ________________ mm

부정합된 부하에서 측정된 최소값과 (4항)에서 얻은 두 번째 최소값 사이의 거리 d를 계산하여 기록한다.

d = $NULL_2$ - MIN = ____________________ mm

정재파비가 정합된 부하에 대한 것인지 판단해 보고 이유를 설명해본다.

□ 예 □ 아니오

____

____

____

(10) 아래 식을 사용하여 반사계수의 위상을 계산하여 기록한다.

$$\Phi = 180^\circ \left(1 - \frac{4d}{\lambda_g}\right) = \_\_\_\_\_\_\_\_\_\_ {}^\circ$$

스미스 도표에서 측정된 정재파비에 대응하는 원을 그리고, 각 Φ에 대응하는 반경을 그려, 정규화된 부정합 부하 임피던스 Z_{Lnorm}을 구하여 기록한다.

Z_{Lnorm} = ____________________

(11) Gunn 발진기 전원으로부터 Gunn 발진기 전력 공급 케이블을 분리한 후에 그림 7.34와 같이 장비를 연결한다.

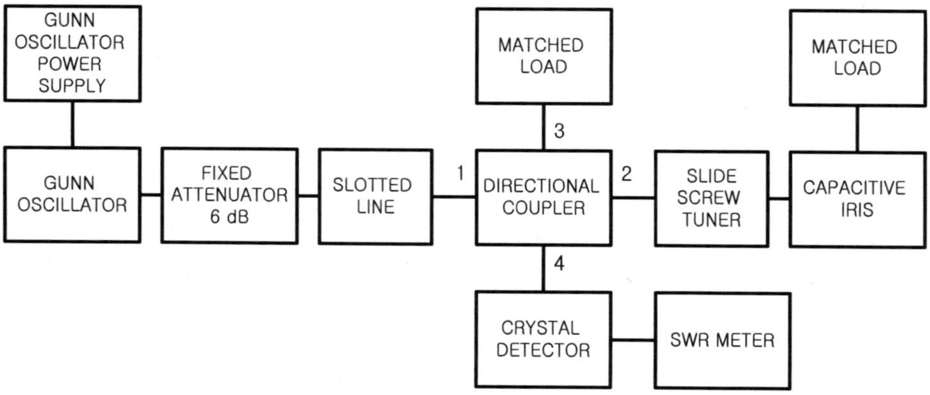

그림 7.34 slide screw tuner 조정을 위한 실습 구성도

(12) slide-screw tuner에서 probe 침투 깊이를 0.00(mm)로 조정한다. Gunn 발진기의 전력 공급 케이블을 Gunn 발진기 전원에 연결한 후, 정재파비 측정기에서 -40(dB) RANGE를 선택하고 -43(dB) 정도의 값을 지시 얻도록 GAIN을 조정하라.

slide screw tuner의 probe를 40(mm)의 위치로 이동한다. 반사된 신호의 진폭이 약 1dB 증가하거나 감소할 때까지, slide screw tuner에서 probe의 침투 깊이를 증가시킨다.

(13) 반사된 신호의 진폭이 증가한다면 지시값이 최소화 되도록 slide screw tuner의 probe를 이동시킨다. 필요하다면 정재파 측정기의 다른 RANGE를 선택한다.

(14) 측정값을 최소화하도록 slide screw tuner의 probe의 위치와 침투 깊이를 조정하여 probe의 위치를 기록한다.

위치 = ____________________ mm

(15) Gunn 발진기 전원으로부터 Gunn 발진기의 전력 공급 케이블을 분리하고 그림 7.35와 같이 장비를 연결한다.

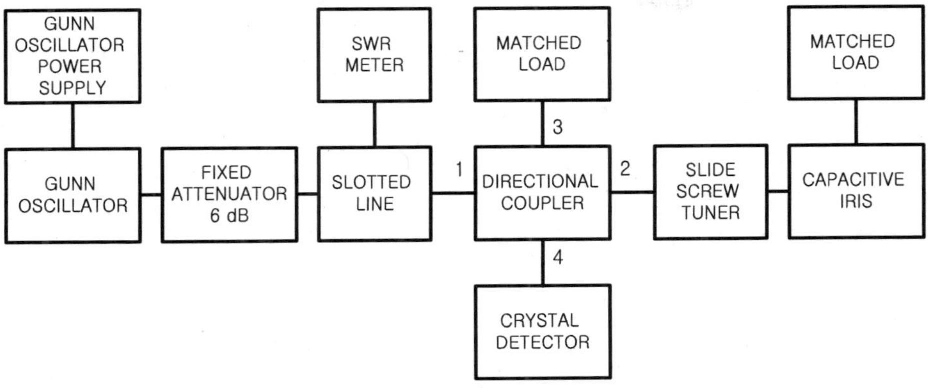

그림 7.35 정합 부하 정재파비 측정을 위한 실습 구성도

(16) 정재파비 측정기에서 -20(dB) RANGE를 선택하고 Gunn 발진기 전원에 Gunn 발진기 전력 공급 케이블을 연결한다.

필요하다면 정재파비 측정기의 RANGE를 변경하면서 부하에 가장 근접한 최대값을 얻도록 slotted line을 따라 probe를 이동시킨다.

정재파비 측정기의 바늘이 현재의 RANGE에서 0(dB)(SWR=1)를 지시하도록 GAIN 제어 손잡이를 조정한다.

(17) 부하에서 가장 근접한 최소값을 얻도록 slotted line의 probe를 이동시켜 정재파비를 기록한다.

정재파비 = ____________________

정재파비가 정합된 부하에 대한 것인지 판단해 보고 이유를 설명해본다.

□ 예 □ 아니오

____

____

(18) (10항)에서 구한 정규화된 부정합 부하 임피던스와 앞의 7-9-2절의 임피던스 정합 과정, 그리고 스미스 도표를 이용하여 slide screw tuner의 probe가 이동해야 할 이론적인 위치를 계산해본다.

정규화된 부하 어드미턴스 Y_{Lnorm}= ____________________

회전시킨 어드미턴스 Y_1= 1 - j ______________

관내 파장 단위의 이동한 거리 = ______________ λ_g

mm 단위의 이동한 거리 = ______________ mm

위에서 계산된 이동된 거리와 (14항)에서 측정된 거리는 얼마나 차이가 있는지 비교해본다.

____

____

____

도파관 회로에 부가된 slide screw tuner의 정규화된 임피던스는 얼마인가?

부가된 정규화된 임피던스 = ________________

(19) Gunn 발진기 전원의 VOLTAGE 제어 손잡이를 MIN으로 맞춘다. 모든 스위치를 끈 상태에서 장비를 해체하여 정리한다.

7-10 학습 평가

01 Impedance란 무엇인지 정의해 보고 개념을 정리해 본다.

02 임의의 지점에서의 임피던스 수식 관계를 요약해 본다.

03 Smith Chart의 원리와 사용 방안 및 사용 방법을 정리해 본다.

04 특성 impedance가 50(ohm)인 경우 부하가 아래의 각 경우에 대하여 부하에서의 반사 계수와 VSWR을 스미스 도표를 이용하여 구해본다.

① short

② open

③ 50(ohm)

④ 100+j50

해답

① 반사계수=-1=1∡180°, VSWR=∞

② 반사계수=1=1∡0°, VSWR=∞

③ 반사계수=0, VSWR=1

④ 반사계수=0.45∡26.57°, VSWR=2.62

05 (4항)의 각 경우에 대하여 부하로부터 0.125 파장 떨어진 지점에서의 impedance와 반사계수와 VSWR을 계산 및 smith chart를 이용하여 각각 구해 본다.

해답

① impedance=j50(ohm), 반사계수=1∡90°, VSWR=∞

② impedance=-j50(ohm), 반사계수=1∡−90°, VSWR=∞

③ impedance=0(ohm), 반사계수=0, VSWR=1

④ impedance=50-j50(ohm), 반사계수=0.45∡−63.43°, VSWR=2.62

06 아래 그림에서 $V_s = 10\sin(2\pi 10^8 t)$이고 L_s=50(nH), C_s=10(pF)이고 R_s=75(ohm)인 경우 부하에 최대 전력이 전달되기 위한

① 부하 admittance(Y_L)은 얼마이고

② 이때의 최대 전달 전력을 구하고

③ 정합 회로를 설계해 봅시다.

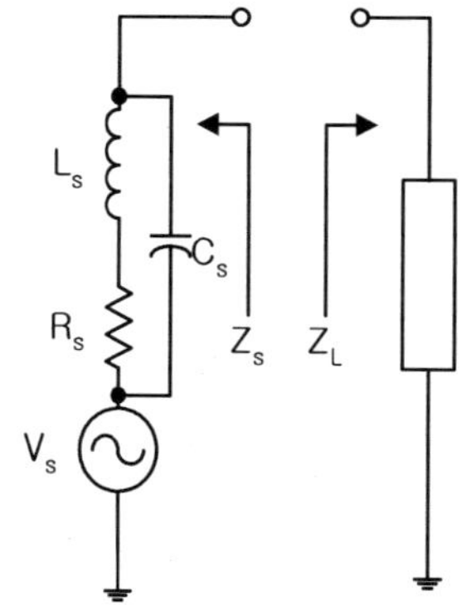

그림 7.38 임피던스 정합 학습 평가 문제

해답

① $Y_L = 0.01134 - j0.00153 = 0.01144 \angle -7.687$

$(Z_L = 86.57 + j11.69 = 87.36 \angle 7.687)$

② $P_L = 0.1444(W)$

③ $R_L = 86.57$(ohm)과 $L_L = 18.60$(nH)의 직렬 연결 회로

7-11 참고 문헌

(1) Lab-volt, ***Microwave Fundamentals(Microwave Training Kit Student Manual)***, Third Edition, August, 2004

(2) Lab-volt, ***Microwave Technology(Microwave Training Kit Instructor Guide)***, First Edition, June, 1998

(3) David M. Pozar, ***Microwave Engineering***, fourth edition, John Wiley & Sons INC., 2011

PART 03

초고주파 실무 기술 적용: 여파기 설계 및 제작

Chapter 08

초고주파 회로 해석

이 장에 기술된 관계 지식을 학습하고 해석 연습을 마치게 되면

- 일반적인 전기 회로의 특성 표현 방식에 대한 개념을 가질 수 있고
- 주어진 회로의 특성을 [Z], [Y], [ABCD] 변수 등의 기본적인 방식을 이용하여 공학적으로 표현할 수 있으며
- 초고주파 회로나 시스템에서 널리 사용되는 산란 변수인 [S] 변수에 대한 개념을 확보할 수 있고
- 일반적인 전개 방식과 산란 변수 방식과의 연계성을 파악함으로써 일반적인 회로를 산란 변수로 나타낼 수 있다.

8-1 개 요

공학의 궁극적인 목적은 생활 속에서 삶을 풍요롭게 하기 위한 서비스나 제품을 개발하는 것이다. 이러한 서비스나 제품을 개발하기 위해서는 원하는 기능과 성능을 갖춘 제품을 설계할 수 있어야 하는데, 이제까지 주로 공부해온 내용은 회로나 시스템의 해석에 관한 것이었다. 이것은 설계 기술을 갖추기 위해서는 기본적으로 공학적인 해석을 할 수 있어야만 가능하기 때문이다. 이를 위한 중간 단계로 회로나 시스템을 공학적으로 표현하는 방법을 익혀야 한다. 회로나 시스템을 공학적으로 표현하는 방법은 여러 가지 방법이 존재한다. 초고주파 대역이라고 해서 기본적인 이론이 다른 것은 아니나 초고주파 대역에서 편리하기 때문에 많이 사용되는 방식이 있다.

이 장에서는 일반적인 전자 회로나 시스템의 특성을 표현하는 여러 가지 공학적인 방식에 대하여 먼저 살펴본다. 기본적인 방식의 이해를 통하여 주어진 회로를 공학적으로 표현하는 방법을 익힌다. 그리고 초고주파에서 널리 사용되는 산란 변수(scattering parameter)인 [S] 변수(parameter)에 대한 개념에 대하여 기술한다. [S] 변수 방식과 일반적인 전개 방식과의 연계성을 살펴봄으로써 [S] 변수에 대한 구체적인 적용 능력을 갖출 수 있도록 한다.

8-2 2단자 회로망의 표현 방식

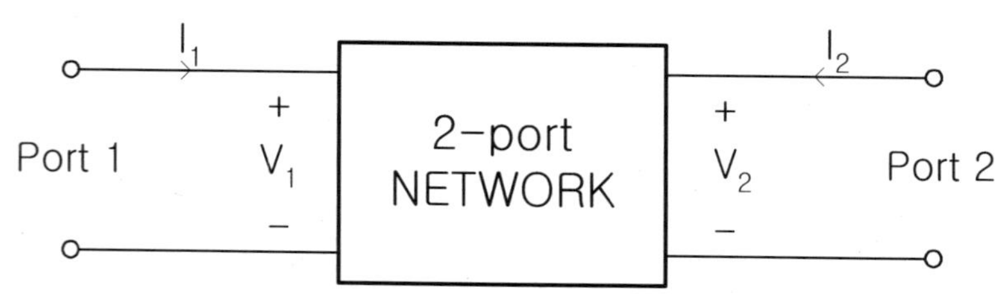

그림 8.1 2단자 회로망의 구성

회로나 시스템 중에서 가장 일반적인 경우는 입력단과 출력단이 존재하는 그림 8.1과 같은 2단자 회로망이다. 물론 1단자 회로망 형태인 발진기나 4단자 회로망 형태인 방향성 결합기 등과 같은 소자도 존재한다. 가장 일반적인 2단자 회로망에 대한 표현 방식과 전개 방식을 익힘으로써 다른 형태의 회로망에 대한 적용으로도 확장할 수 있다.

2단자 회로나 시스템에서 회로나 시스템 내부의 구성은 모르더라도 입력단과 출력단의 전압과 전류에 대한 특성을 파악할 수 있다면 2단자 회로나 시스템의 원하는 특성을 모두 알아낼 수 있다. 여기서 원하는 특성이란 회로나 시스템에서 알 필요가 있는 이득이나 입력 및 출력 임피던스 등을 의미한다. 결국 설계라는 것은 원하는 기능과 성능을 가질 수 있도록 공학적인 표현 방식으로 원하는 회로나 시스템을 나타내고, 표현된 공학적인 변수가 나올 수 있도록 부품이나 모듈을 사용하여 제품을 구현하는 것을 말한다. 여기서는 우선 회로의 공학적인 표현 방식과 회로 해석 관점에서 관계 이론을 전개한다.

8-3 임피던스 변수(Z parameter) 표현 방식

2단자 회로망을 표현하는 방식 중에서 가장 일반적인 방식이 식(8-1)과 같은 임피던스 행렬 표현 방식이다.

$$\begin{pmatrix} V_1 \\ V_2 \end{pmatrix} = \begin{pmatrix} Z_{11} & Z_{12} \\ Z_{21} & Z_{22} \end{pmatrix} \begin{pmatrix} I_1 \\ I_2 \end{pmatrix} \qquad \cdots\cdots \text{(8-1)}$$

식(8-1)을 풀어서 나타내면 식(8-2)와 같으므로 임피던스 변수(Z parameter)로 회로의 특성을 나타내는 경우에 각 임피던스의 구성 성분은 식(8-3)과 같다. Z_{11}은 I_2가 0인 상태이므로 단자2를 개방한 상태에서의 입력 임피던스를 나타내고, Z_{22}는 I_1이 0인 상태이므로 단자1을 개방한 상태에서의 출력 임피던스를 타나낸다.

$$V_1 = Z_{11} I_1 + Z_{12} I_2 \qquad \cdots\cdots \text{(8-2-a)}$$

$$V_2 = Z_{21} I_1 + Z_{22} I_2 \qquad \cdots\cdots \text{(8-2-b)}$$

$$Z_{11} = \frac{V_1}{I_1} \mid_{I_2 = 0} \quad : \text{ input impedance} \qquad \cdots\cdots \text{(8-3-a)}$$

$$Z_{12} = \frac{V_1}{I_2} \mid_{I_1 = 0} \quad : \text{reverse transfer impedance} \qquad \cdots\cdots (8\text{-}3\text{-}b)$$

$$Z_{21} = \frac{V_2}{I_1} \mid_{I_2 = 0} \quad : \text{forward transfer impedance} \qquad \cdots\cdots (8\text{-}3\text{-}c)$$

$$Z_{22} = \frac{V_2}{I_2} \mid_{I_1 = 0} \quad : \text{output impedance} \qquad \cdots\cdots (8\text{-}3\text{-}d)$$

Z_{12}은 I_1이 0인 상태이므로 단자1를 개방한 상태에서의 역방향 변환 임피던스를 나타내고, Z_{21}은 I_2가 0인 상태이므로 단자2을 개방한 상태에서의 순방향 변환 임피던스를 나타낸다. 주어진 표현 방식으로부터 회로의 특성을 구하는 과정을 실습 연습을 통하여 구해보도록 한다.

실습문제 | 7.5

단자2가 Z_3로 연결된 경우의 전압 이득 $A_V(= V_2/V_1)$를 구하시오.

해답 $\dfrac{V_2}{V_1} = \dfrac{Z_3 Z_{21}}{Z_{11}Z_3 + Z_{11}Z_{22} - Z_{12}Z_{21}}$

8-4 어드미턴스 변수(Y parameter) 표현 방식

회로에서 입력단과 출력단을 개방한 상태에서 특성을 정의하는 임피던스 변수 표현 방식과는 달리 어드미턴스 변수 표현 방식에서는 입력단과 출력단을 단락한 상태에서 특성을 정의하는 방식이다. 일반적으로 개방이라 함은 임피던스 값이 무한대인 것이나 실제로 무한대의 값을 얻는 것은 불가능하며, 상대적으로 큰 임피던스 값을 가진 경우에 무한대의 값을 가진 것으로 근사화하여 적용한다. 이와는 달리 단락의 경우는 임피던스 값이 0이므로 실제 회로 상의 구현 관점에서 유리할 수 있다.
2단자 회로망에 대한 어드미턴스 변수(Y parameter) 표현 방식은 식(8-4)와 같다.

$$\begin{pmatrix} I_1 \\ I_2 \end{pmatrix} = \begin{pmatrix} Y_{11} & Y_{12} \\ Y_{21} & Y_{22} \end{pmatrix} \begin{pmatrix} V_1 \\ V_2 \end{pmatrix} \quad \cdots\cdots \text{(8-4)}$$

Y_{11}은 V_2가 0이므로 단자2를 단락한 상태에서의 입력 어드미턴스이며, Y_{22}는 V_1이 0이므로 단자1을 단락한 상태에서의 출력 어드미턴스이다. Y_{12}는 V_1이 0이므로 단자1을 단락한 상태에서의 역방향 변환 어드미턴스이고, Y_{21}은 V_2가 0이므로 단자2를 단락한 상태에서의 순방향 변환 어드미턴스이다. 식(8-5)에 각 어드미턴스 성분을 나타냈다.

$$Y_{11} = \frac{I_1}{V_1} \mid_{V_2 = 0} \quad : \text{input admittance} \quad \cdots\cdots \text{(8-5-a)}$$

$$Y_{12} = \frac{I_1}{V_2} \mid_{V_1 = 0} \quad : \text{reverse transfer admittance} \quad \cdots\cdots \text{(8-5-b)}$$

$$Y_{21} = \frac{I_2}{V_1} \mid_{V_2 = 0} \quad : \text{forward transfer admittance} \quad \cdots\cdots \text{(8-5-c)}$$

$$Y_{22} = \frac{I_2}{V_2} \mid_{V_1 = 0} \quad : \text{output admittance} \quad \cdots\cdots \text{(8-5-d)}$$

8-5 ABCD 변수(ABCD parameter) 표현 방식

ABCD(ABCD parameter) 표현 방식은 전송 행렬(transmission matrix) 방식이라고 불리는 회로망의 연결에 편리하게 적용할 수 있는 표현 방식으로, 회로망이 직렬로 연결된 경우에 단순한 행렬 계산으로 연결된 전체의 회로 특성을 분석할 수 있어 컴퓨터 simulation에서 많이 사용되는 방식이다. 회로 내에서 소자 하나 하나를 2단자 회로망으로 볼 수 있고, 이를 ABCD 표현 방식으로 계산하여 소자가 연결될 때마다 각 ABCD 행렬을 곱함으로써 전체 회로의 ABCD 변수를 구할 수 있다는 말이다.

식(8-6)은 2단자 회로의 ABCD 변수 표현 방식을 나타낸다. 그림 8.2에서 알 수 있듯이 회로망이 연결되는 경우에 첫째 회로의 단자2와 둘째 회로의 단자1이 연결되고 전압과 전류가 동일한 관계를 갖도록 정의되었다.

$$\begin{pmatrix} V_1 \\ I_1 \end{pmatrix} = \begin{pmatrix} A & B \\ C & D \end{pmatrix} \begin{pmatrix} V_2 \\ -I_2 \end{pmatrix} \qquad \cdots\cdots \text{(8-6)}$$

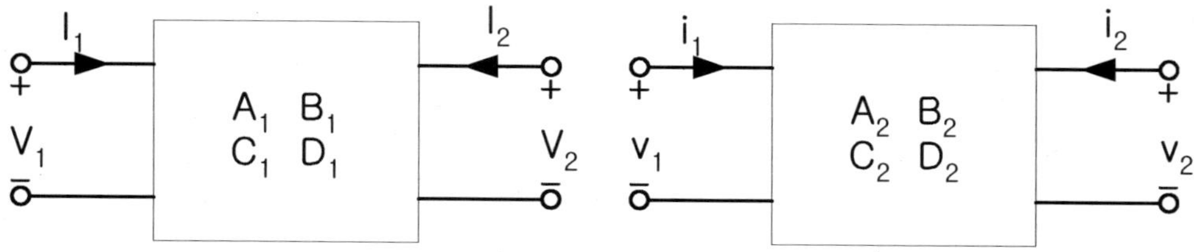

그림 8.2 2단자 ABCD 회로망 연결 구성도

그림 8.2에서 두 회로의 특성을 ABCD 변수로 나타내면 식(8-7)과 같고 두 회로를 연결한 경우에 첫째 회로의 단자1과 2의 전류와 전압의 관계가 식(8-8)과 같으므로 식(8-9)와 같이 나타낼 수 있다. 즉, 두 회로망을 연결한 경우에 전체의 ABCD 변수는 두 회로망의 ABCD 행렬의 곱으로 나타낼 수 있음을 알 수 있다.

$$\begin{pmatrix} V_1 \\ I_1 \end{pmatrix} = \begin{pmatrix} A_1 & B_1 \\ C_1 & D_1 \end{pmatrix} \begin{pmatrix} V_2 \\ -I_2 \end{pmatrix}, \quad \begin{pmatrix} v_1 \\ i_1 \end{pmatrix} = \begin{pmatrix} A_2 & B_2 \\ C_2 & D_2 \end{pmatrix} \begin{pmatrix} v_2 \\ -i_2 \end{pmatrix} \qquad \cdots\cdots \text{(8-7)}$$

$$\begin{pmatrix} V_2 \\ -I_2 \end{pmatrix} = \begin{pmatrix} v_1 \\ i_1 \end{pmatrix} \qquad \cdots\cdots \text{(8-8)}$$

$$\begin{pmatrix} V_1 \\ I_1 \end{pmatrix} = \begin{pmatrix} A_1 & B_1 \\ C_1 & D_1 \end{pmatrix} \begin{pmatrix} A_2 & B_2 \\ C_2 & D_2 \end{pmatrix} \begin{pmatrix} v_2 \\ -i_2 \end{pmatrix} \qquad \cdots\cdots \text{(8-9)}$$

이제까지 언급한 표현 방식들을 서로 다른 방식으로 표현할 수 있는데, 구체적인 이해를 위하여 임피던스 변수를 ABCD 변수로 나타내보기로 한다. 앞에서 언급한 대로 임피던스 변수 표현 방식은 아래의 식(8-1)과 식(8-2)와 같고 ABCD 변수 표현 방식은 식(8-6)과 같아 식(8-10)으로 나타낼 수 있다.

$$\begin{pmatrix} V_1 \\ V_2 \end{pmatrix} = \begin{pmatrix} Z_{11} & Z_{12} \\ Z_{21} & Z_{22} \end{pmatrix} \begin{pmatrix} I_1 \\ I_2 \end{pmatrix} \quad \cdots\cdots (8\text{-}1)$$

$$V_1 = Z_{11}I_1 + Z_{12}I_2 \quad \cdots\cdots (8\text{-}2\text{-}a)$$

$$V_2 = Z_{21}I_1 + Z_{22}I_2 \quad \cdots\cdots (8\text{-}2\text{-}b)$$

$$\begin{pmatrix} V_1 \\ I_1 \end{pmatrix} = \begin{pmatrix} A & B \\ C & D \end{pmatrix} \begin{pmatrix} V_2 \\ -I_2 \end{pmatrix} \quad \cdots\cdots (8\text{-}6)$$

$$V_1 = AV_2 - BI_2 \quad \cdots\cdots (8\text{-}10\text{-}a)$$

$$I_1 = CV_2 - DI_2 \quad \cdots\cdots (8\text{-}10\text{-}b)$$

식(8-10-b)를 정리하면 식(8-11)과 같아, 이 식을 식(8-10-a)에 대입하여 정리하면 식(8-12)와 같다. 이 식을 식(8-2-a)와 비교하면 Z_{11}과 Z_{12}를 식(8-13)과 같이 구할 수 있다.

$$V_2 = \frac{1}{C}I_1 + \frac{D}{C}I_2 \quad \cdots\cdots (8\text{-}11)$$

$$V_1 = \frac{A}{C}I_1 + \left(\frac{AD - BC}{C}\right)I_2 \quad \cdots\cdots (8\text{-}12)$$

$$V_1 = Z_{11}I_1 + Z_{12}I_2 \quad \cdots\cdots (8\text{-}2\text{-}a)$$

$$Z_{11} = \frac{A}{C}, \quad Z_{12} = \frac{AD - BC}{C} \quad \cdots\cdots (8\text{-}13)$$

식(8-11)과 식(8-2-b)를 비교함으로써 Z_{21}과 Z_{22}를 식(8-14)와 같이 구할 수 있다.

$$V_2 = \frac{1}{C}I_1 + \frac{D}{C}I_2 \quad \cdots\cdots (8\text{-}11)$$

$$V_2 = Z_{21}I_1 + Z_{22}I_2 \quad \cdots\cdots (8\text{-}2\text{-}b)$$

$$Z_{21} = \frac{1}{C}, \quad Z_{22} = \frac{D}{C} \quad \cdots\cdots (8\text{-}14)$$

실습문제 | 8.2 Z parameter로부터 ABCD parameter를 구하시오.

해답 $A = \frac{Z_{11}}{Z_{21}}, \quad B = \frac{Z_{11}Z_{22} - Z_{12}Z_{21}}{Z_{21}} = \frac{\Delta_Z}{Z_{21}}, \quad C = \frac{1}{Z_{21}}, \quad D = \frac{Z_{22}}{Z_{21}}$

8-6 2단자 회로망 해석 연습

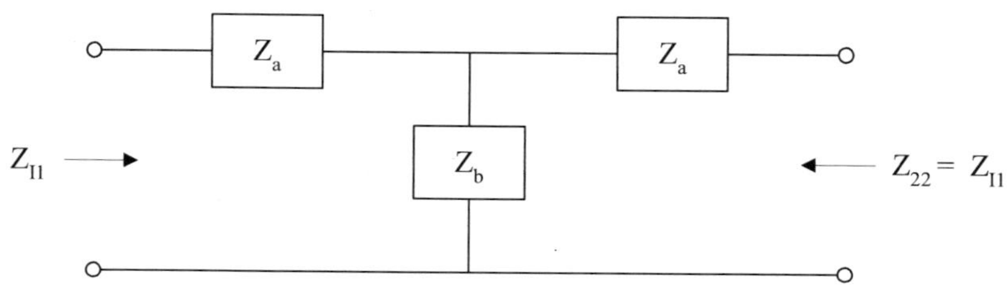

그림 8.3 T-section 회로 구성도

2단자 회로망에 대한 예로 그림 8.3의 T-section 회로에 대하여 ABCD 변수를 구하기로 하자.

식(8-6)에 나타난 ABCD 변수 표현 방식의 정의로부터 A는 I_2가 0인 조건에서 V_1과 V_2의 비이다. (그림8-4)에서 식(8-15)와 식(8-16)을 구할 수 있어, 식(8-17)과 같이 A를 구할 수 있다.

$$V_1 = (Z_a + Z_b)I_1 \quad \cdots\cdots (8\text{-}15)$$

$$V_2 = Z_b I_1 \quad \cdots\cdots (8\text{-}16)$$

$$A = \frac{V_1}{V_2} \mid_{I_2 = 0} = \frac{(Z_a + Z_b)}{Z_b} \quad \cdots\cdots (8\text{-}17)$$

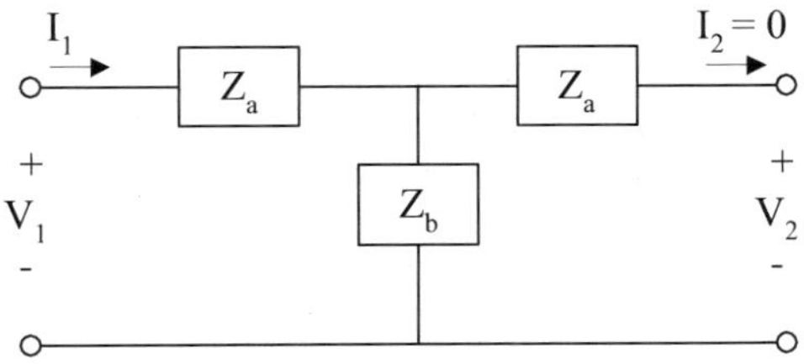

그림 8.4 T-section 회로에서 A를 구하기 위한 구성

B를 구하기 위해서는 V_2가 0인 조건에서 V_1과 I_2의 비를 구해야 하므로 그림 8.5에서 소자의 병렬 및 직렬 연결에 대한 전체 임피던스를 구하는 방법으로 식(8-18)을 구할 수 있고, 전류의 분배 법칙을 이용하여 식(8-19)를 얻을 수 있어 식(8-20)과 같이 B를 구할 수 있다.

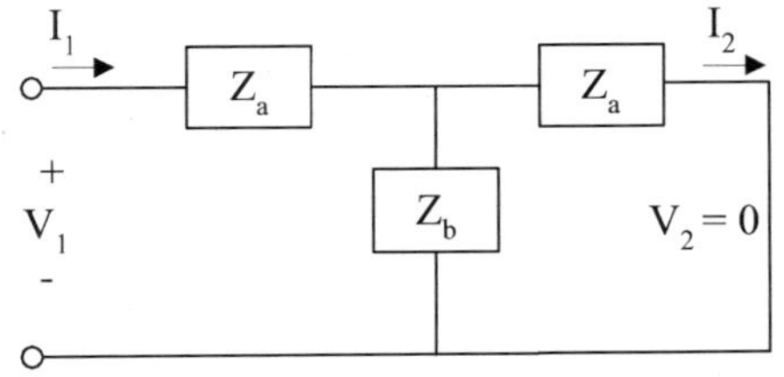

그림 8.5 T-section 회로에서 B를 구하기 위한 구성

$$V_1 = \frac{Z_a(Z_a + 2Z_b)}{Z_a + Z_b} I_1 \quad \cdots\cdots (8\text{-}18)$$

$$I_2 = \frac{Z_b}{Z_a + Z_b} I_1 \quad \cdots\cdots (8\text{-}19)$$

$$B = \frac{V_1}{I_2} \mid_{V_2 = 0} = \frac{Z_a(Z_a + 2Z_b)}{Z_b} \quad \cdots\cdots (8\text{-}20)$$

C는 I_2가 0인 조건에서 I_1과 V_2의 비이다. (그림8-4)에서 식(8-21)을 구할 수 있으므로 식(8-22)과 같이 C를 구할 수 있다.

$$V_2 = Z_b I_1 \qquad \cdots\cdots (8\text{-}21)$$

$$C = \frac{I_1}{V_2} \mid_{I_2 = 0} = \frac{1}{Z_b} \qquad \cdots\cdots (8\text{-}22)$$

D를 구하기 위해서는 V_2가 0인 조건에서 I_1과 I_2의 비를 구해야 하므로, (그림 8-5)에서 전류의 분배 법칙을 이용하여 식(8-19)를 얻을 수 있어, 식(8-23)과 같이 D를 구할 수 있다.

$$I_2 = \frac{Z_b}{Z_a + Z_b} I_1 \qquad \cdots\cdots (8\text{-}19)$$

$$D = \frac{I_1}{I_2} \mid_{V_2 = 0} = \frac{Z_a + Z_b}{Z_b} \qquad \cdots\cdots (8\text{-}23)$$

실습문제 | 8.3

그림 8.6의 π-section 회로망에 대한 아래의 답을 구하시오.(여기서 Y_1과 Y_2와 Y_3는 어드미턴스 값을 나타낸다.)

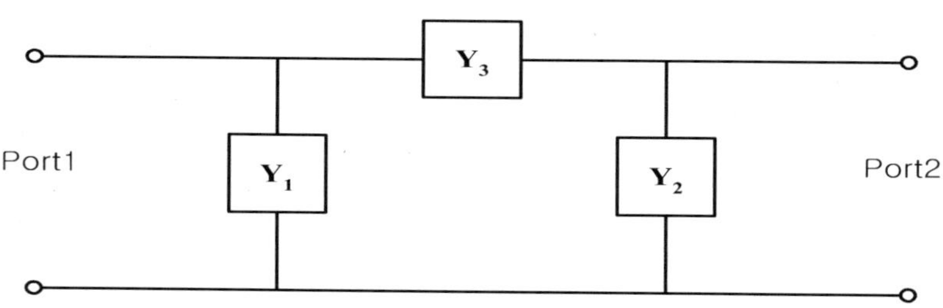

그림 8.6 π −section 회로 구성도

(1) ABCD parameter를 구하시오.

해답

$A = 1 + \frac{Y_2}{Y_3}$, $B = \frac{1}{Y_3}$

$C = Y_1 + Y_2 + \frac{Y_1 Y_2}{Y_3}$, $D = 1 + \frac{Y_1}{Y_3}$

(2) port2에 R_L을 연결하였을 경우의 전류 이득 $A_I(=I_2/I_1)$를 구하시오.

해답

- 회로망으로부터 직접 구한 경우

$$A_I = \frac{Y_3}{Y_1 + Y_3 + R_L(Y_1Y_2 + Y_2Y_3 + Y_1Y_3)}$$

- ABCD parameter로부터 구한 경우

$$A_I = \frac{1}{CR_L + D} = \frac{Y_3}{Y_1 + Y_3 + R_L(Y_1Y_2 + Y_2Y_3 + Y_1Y_3)})$$

실습문제 | 8.4 그림 8.7의 3dB 감쇠기 회로에 대하여 아래의 답을 구하시오.

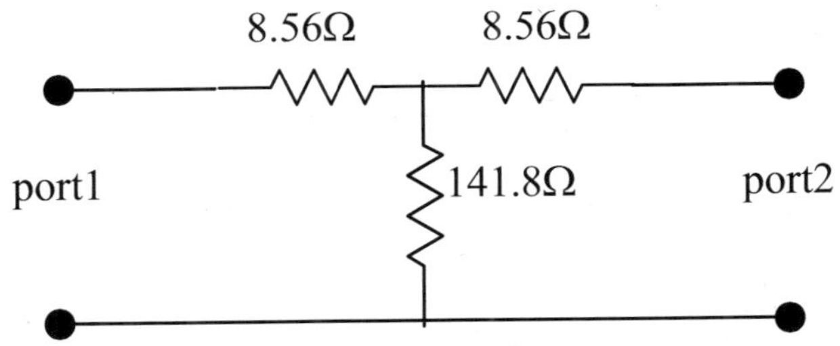

그림 8.7 3dB 감쇠기 회로 구성도

(1) impedance parameter를 구한다.

해답 Z_{11}= 150.36(ohm), Z_{12}= 141.8(ohm), Z_{21}= 141.8(ohm), Z_{22}= 150.36(ohm)

(2) ABCD parameter를 구한다.

해답 A=1.06, B=17.64, C=7.05×10^{-3}, D=1.06)

(3) (1항)에서 구한 임피던스 변수를 변환식을 사용하여 ABCD 변수를 구하여 (2항)에서 구한 값과 비교한다.

해답 A=1.06, B=17.64, C=7.05×10^{-3}, D=1.06)

(4) 저항 1개로 구성된 3개의 회로망이 연결된 것(8.56ohm 저항이 직렬로 연결된 회로망과 141.8ohm 저항이 병렬로 연결된 회로망, 그리고 다시 8.56ohm 저항이 직렬로 연결된 회로망)으로 생각하여 각각의 ABCD parameter를 구한 후 행렬의 곱셈을 통하여 전체의 ABCD parameter를 구하시오.

해답 A=1.06, B=17.64, C=7.05×10^{-3}, D=1.06)

(5) port2에 50(ohm) 저항을 연결하였을 경우에 전압 이득 $A_V(=V_2/V_1)$가 -3(dB)임을 증명해 보시오.

해답 $A_V=(V_2/V_1)$ = 0.707 = -3(dB))

8-7 산란 변수(S parameter, Scattering parameter)에 대한 이해

임피던스 정합에 관한 이론에서 배운 대로 (그림8-8)의 회로에서 부하로 전달 될 수 있는 최대 전달 조건은 부하의 임피던스 Z_L과 소스의 임피던스 Z_S가 공액 복소수 형식으로 정합된 경우이다. 여기서 부하 임피던스 Z_L과 소스 임피던스 Z_S는 식(8-24)와 같다.

$$Z_S=R_S+jX_S,\ Z_L=R_L+jX_L \qquad \cdots\cdots (8\text{-}24)$$

즉, 부하로 최대의 전력이 전달 될 수 있는 조건은 $Z_L=Z_S^*$이고 이러한 조건에서의 최대 전달 전력 P_a는 식(8-25)와 같다.

$$P_a=\frac{V_s^2}{4R_s}=\frac{|V+Z_sI|^2}{4R_s}=|a|^2 \qquad \cdots\cdots (8\text{-}25)$$

여기서 a는 입사 전력파(incident power wave)를 의미하며 제곱하였을 경우에 전력으로 나타나는 단위를 가진다. 식(8-25)로부터 a를 식(8-26)으로 정의할 수 있다.

$$a=\frac{(V+Z_sI)}{2\sqrt{Re(Z_s)}} \qquad \cdots\cdots (8\text{-}26)$$

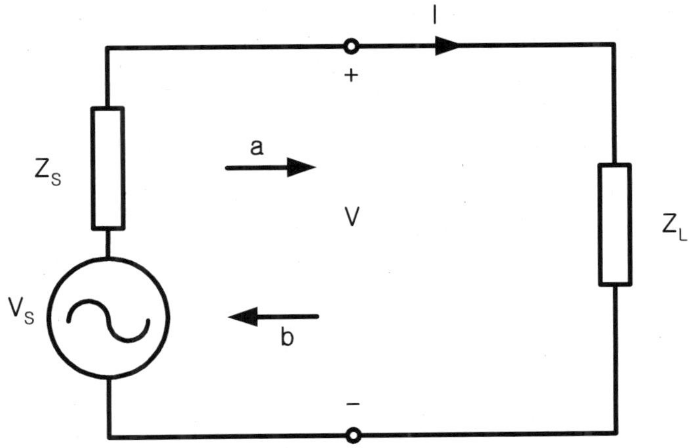

그림 8.8 산란 변수를 설명하기 위한 1단자 회로 구성도

그림 8.8의 회로에서 정합되지 않은 경우($Z_L \neq Z_S^*$)는 앞서 배운 대로 반사가 발생되어, 입사된 전력의 일부는 반사되고 일부는 부하로 전달되게 된다. 전자파에 대한 반사 특성을 회로의 정합 조건으로 설명한 것으로 정합되지 않은 경우에 부하로 전달되는 전력 P_L은 식(8-27)과 같이 나타낼 수 있다.

$$P_L = |I|^2 Re(Z_L) = Re(VI^*) \qquad \cdots\cdots \text{(8-27)}$$

식(8-26)과 같은 개념으로 반사 전력파(reflected power wave) b는 식(8-28)과 같이 정의할 수 있는데 b를 제곱하면 반사 전력을 나타낸다.

$$b = \frac{(V - Z_s^* I)}{2\sqrt{Re(Z_s)}} \qquad \cdots\cdots \text{(8-28)}$$

식(8-27)로 나타낸 부하로 전달되는 전력 P_L은 입사 전력에서 반사된 전력을 뺀 것으로, 복소수의 제곱은 복소수와 복소수의 공액 복소수를 곱한 것이라는 점을 상기하여 구해보면 아래와 같아 식(8-27)과 같은 결과를 얻을 수 있다.

$$|a|^2-|b|^2=\frac{1}{4Re(Z_S)}(|V+Z_SI|^2-|V-Z_S^*I|^2)$$

$$=\frac{1}{4Re(Z_S)}[(V+Z_SI)(V^*+Z_S^*I^*)-(V-Z_S^*I)(V^*-Z_SI^*)]$$

$$=\frac{1}{4Re(Z_S)}(IV^*\cdot 2Re(Z_S)+VI^*\cdot 2Re(Z_S))$$

$$=\frac{1}{2}(2Re(VI^*))=Re(VI^*)=P_L$$

요약하면 $|a|^2$는 소스로부터 이용 가능한 입사 전력이고, $|b|^2$는 부정합 조건 $(Z_L\neq Z_S^*)$에 의해 부하로부터 반사되는 전력을 나타낸다. 앞에서는 회로망에서 전압과 전류의 관계로부터 여러 가지 특성 변수를 나타냈었다. 산란 변수(S-parameter)는 회로망에서 전압과 전류의 관계가 아닌 입사파와 반사파의 관계로부터 특성을 나타낸다.

일반적인 회로에 익숙한 학습자를 위해 회로망과 전송 선로 개념을 이용하여 산란 변수를 구하도록 한다. a와 b의 단위가 전력의 제곱근 형태이므로 이를 전압파의 형태로 나타내면 식(8-29)와 같아 제곱하면 전력으로 됨을 알 수 있다. 여기서 V_1^+는 단자1의 입사파를 의미하며 V_1^-는 단자1의 반사파를 의미한다.

$$a_1=\frac{V_1^+}{\sqrt{Z_0}}\ :\ \text{입사파} \qquad \cdots\cdots\ (8\text{-}29\text{-}a)$$

$$b_1=\frac{V_1^-}{\sqrt{Z_0}}\ :\ \text{반사파} \qquad \cdots\cdots\ (8\text{-}29\text{-}b)$$

이제 일반적인 회로망 표현으로 나타내기 위하여 전압과 전류를 전압파와 전류파로 나타내면 식(8-30)과 같이 나타낼 수 있다.

$$V_1=V_1^++V_1^- \qquad \cdots\cdots\ (8\text{-}30\text{-}a)$$

$$I_1 = I_1^+ - I_1^- = \frac{V_1^+}{Z_0} - \frac{V_1^-}{Z_0} \qquad \cdots\cdots \text{(8-30-b)}$$

식(8-29)와 식(8-30)으로부터 a와 b를 일반적인 전압과 전류로 나타낼 수 있으며 결과는 식(8-31)과 같다.

$$a_1 = \frac{1}{2}\left(\frac{V_1}{\sqrt{Z_0}} + \sqrt{Z_0}\,I_1\right) \qquad \cdots\cdots \text{(8-31-a)}$$

$$b_1 = \frac{1}{2}\left(\frac{V_1}{\sqrt{Z_0}} - \sqrt{Z_0}\,I_1\right) \qquad \cdots\cdots \text{(8-31-b)}$$

산란 변수 S는 b=Sa로 1단자 회로에서는 입사파에 대한 반사파를 나타내므로 반사계수와 같음을 알 수 있다.

8-8 2단자 산란 변수(S parameter)

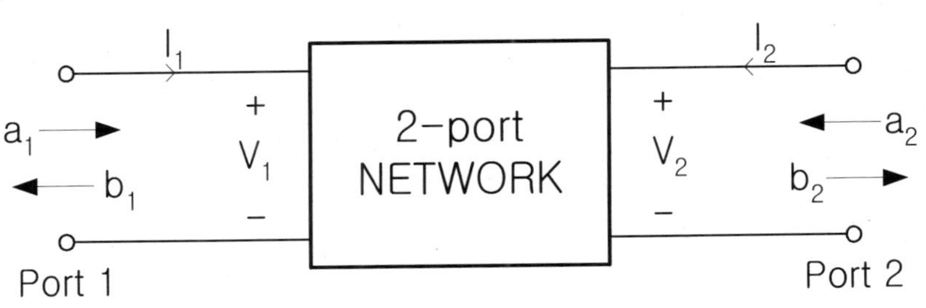

그림 8.9 산란 변수를 설명하기 위한 2단자 회로 구성도

그림 8.9와 같은 2단자 회로망에서 앞에서 일반적인 회로망의 변수를 정의한 같은 방법으로 산란 변수를 정의하면 식(8-32)와 같이 나타낼 수 있다. 가장 주목할 만한 차이점은 산란 변수를 정의하는 조건이 일반적인 임피던스나 어드미턴스의 경우는 단자를 개방하거나 단락한 상태였으나 여기서는 정합 조건을 사용한다. 실제로 주파수

가 높은 초고주파 회로의 경우에는 개방과 단락을 이용하기 보다는 통상적으로 정합 부하를 많이 사용한다. 많이 사용되는 정합 부하는 50(ohm)이나 특수하게 75(ohm)이나 300(ohm)을 사용하는 경우도 있다.

$$\begin{pmatrix} b_1 \\ b_2 \end{pmatrix} = \begin{pmatrix} S_{11} & S_{12} \\ S_{21} & S_{22} \end{pmatrix} \begin{pmatrix} a_1 \\ a_2 \end{pmatrix} \qquad \cdots\cdots \text{(8-32)}$$

식(8-32)에서 S_{11}은 a_2가 0인 상태에서 즉, 단자2가 정합된 상태에서 단자1에서의 입사파와 반사파의 비로 입력 반사 계수를 나타내며, S_{22}는 a_1이 0인 단자1이 정합된 상태에서 단자2에서의 출력 반사 계수를 나타낸다. S_{21}은 단자2가 정합된 상태에서 단자1에서의 입사파와 단자2에서의 반사파에 대한 비로 순방향 전송 이득을 나타내고, S_{12}는 단자1이 정합된 상태에서 단자2에서의 입사파와 단자2에서의 반사파의 비로 역방향 전송 이득을 나타낸다. 식(8-33)에 각 산란 변수를 나타냈다.

$$S_{11} = \left.\frac{b_1}{a_1}\right|_{a_2=0} \quad \text{: Input Reflection Coefficient} \qquad \cdots\cdots \text{(8-33-a)}$$

$$S_{22} = \left.\frac{b_2}{a_2}\right|_{a_1=0} \quad \text{: Output Reflection Coefficient} \qquad \cdots\cdots \text{(8-33-b)}$$

$$S_{21} = \left.\frac{b_2}{a_1}\right|_{a_2=0} \quad \text{: Forward Transmission Gain} \qquad \cdots\cdots \text{(8-33-c)}$$

$$S_{12} = \left.\frac{b_1}{a_2}\right|_{a_1=0} \quad \text{: Reverse Transmission Gain} \qquad \cdots\cdots \text{(8-33-d)}$$

2단자 회로에서 가장 중요한 변수 중의 하나인 이득은 $|S_{21}|^2$로 전력에 대한 이득이므로 dB로 나타내는 경우에 $10\log|S_{21}|^2$ 혹은 $20\log|S_{21}|$로 나타낼 수 있다.

1단자에서와 마찬가지로 a와 b를 회로의 전압과 전류로 나타내면 식(8-34)와 같이 나타낼 수 있다.

$$a_1 = \frac{1}{2}\left(\frac{V_1}{\sqrt{Z_{01}}} + \sqrt{Z_{01}}\,I_1\right) = \frac{1}{2}(v_1 + i_1) \qquad \cdots\cdots \text{(8-34-a)}$$

$$b_1 = \frac{1}{2}\left(\frac{V_1}{\sqrt{Z_{01}}} - \sqrt{Z_{01}}\,I_1\right) = \frac{1}{2}(v_1 - i_1) \qquad \cdots\cdots \text{(8-34-b)}$$

$$a_2 = \frac{1}{2}\left(\frac{V_2}{\sqrt{Z_{02}}} + \sqrt{Z_{02}}\,I_2\right) = \frac{1}{2}(v_2 + i_2) \qquad \cdots\cdots \text{(8-34-c)}$$

$$b_2 = \frac{1}{2}\left(\frac{V_2}{\sqrt{Z_{02}}} - \sqrt{Z_{02}}\,I_2\right) = \frac{1}{2}(v_2 - i_2) \qquad \cdots\cdots \text{(8-34-d)}$$

여기서 V_1과 I_1은 입력 전압과 입력 전류를 각각 나타내고, V_2와 I_2는 출력 전압과 출력 전류를 각각 나타낸다. Z_{01}과 Z_{02}는 입력단 특성 임피던스와 출력단 특성 임피던스를 각각 나타내며, 대부분의 경우는 $Z_{01} = Z_{02} = Z_0$로 50(ohm)을 나타낸다. v_1와 i_1는 정규화 입력 전압과 정규화 입력 전류를 나타내고, v_2와 i_2는 정규화 출력 전압과 정규화 출력 전류를 나타내어 $vi = VI$로 정규화 전력을 나타낸다.

2단자 회로망에 대한 상호 연관성을 보여주기 위하여 $Z_{01} = Z_{02} = Z_0$인 경우에 Z-parameter와 S-parameter와의 관계는 식(8-35)와 같이 나타낼 수 있다.

$$S_{11} = \frac{(Z_{11} - Z_0)(Z_{22} + Z_0) - Z_{12}Z_{21}}{\triangle Z} \qquad \cdots\cdots \text{(8-35-a)}$$

$$S_{12} = \frac{2Z_{12}Z_0}{\triangle Z} \qquad \cdots\cdots \text{(8-35-b)}$$

$$S_{21} = \frac{2Z_{21}Z_0}{\triangle Z} \qquad \cdots\cdots \text{(8-35-c)}$$

$$S_{22} = \frac{(Z_{11} + Z_0)(Z_{22} - Z_0) - Z_{12}Z_{21}}{\triangle Z} \qquad \cdots\cdots \text{(8-35-d)}$$

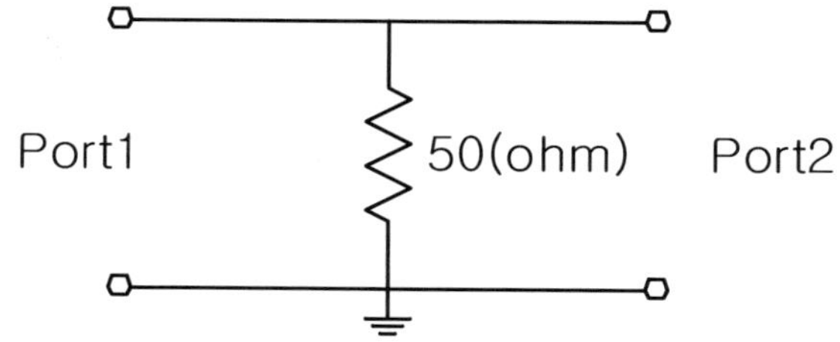

그림 8.10 산란 변수를 구하기 위한 2단자 회로 예

여기서 $\Delta Z = (Z_{11} + Z_0)(Z_{22} + Z_0) - Z_{12}Z_{21}$이다.

2단자 회로망에 대한 예로 그림 8.10과 같은 회로에서 입력 및 출력 임피던스 Z_0가 50(ohm)인 경우에 산란 변수를 구해보자.

먼저 S_{11}은 단자2가 50(ohm)으로 정합된 상태에서 단자1에서의 반사 계수이므로 식(8-36)와 같이 구할 수 있다.

$$S_{11} = \left.\frac{b_1}{a_1}\right|_{a_2=0} = \left.\frac{V_1^-}{V_1^+}\right|_{V_2^+=0} = \frac{Z_{IN} - Z_0}{Z_{IN} + Z_0} = \frac{25-50}{25+50} = -\frac{1}{3} \qquad \cdots\cdots (8\text{-}36)$$

여기서 단자1에서 바라본 입력 임피던스인 Z_{IN}은 회로 내의 50(ohm) 저항과 정합 부하인 50(ohm)이 병렬로 연결된 것이므로 25(ohm)이다.

S_{21}은 단자2가 정합된 상태에서 단자2에서의 반사파와 단자1에서의 입사파의 비로서 식(8-37)과 같이 구할 수 있다. 여기서 $V_1 = V_1^+ + V_1^- = V_1^+ - \frac{1}{3}V_1^+ = \frac{2}{3}V_1^+$이므로 단자1에서의 입사파 V_1^+는 $\frac{3}{2}V_1$이고, V_2^+가 0인 상태이므로 $V_2 = V_2^+ + V_2^- = V_2^-$ 이어서 식(8-37)과 같이 구할 수 있다.

$$S_{21} = \left.\frac{b_2}{a_1}\right|_{a_2=0} = \left.\frac{V_2^-}{V_1^+}\right|_{V_2^+=0} = \frac{V_2}{\frac{3}{2}V_1} = \frac{2}{3} \qquad \cdots\cdots (8\text{-}37)$$

그리고 회로가 입력과 출력이 대칭이므로 $S_{22} = S_{11}$이고 $S_{12} = S_{21}$이다.

실습문제 | 8.5

그림 8.11의 2단자 회로망에 대하여 S parameter를 구하시오. (Z_0=50ohm)

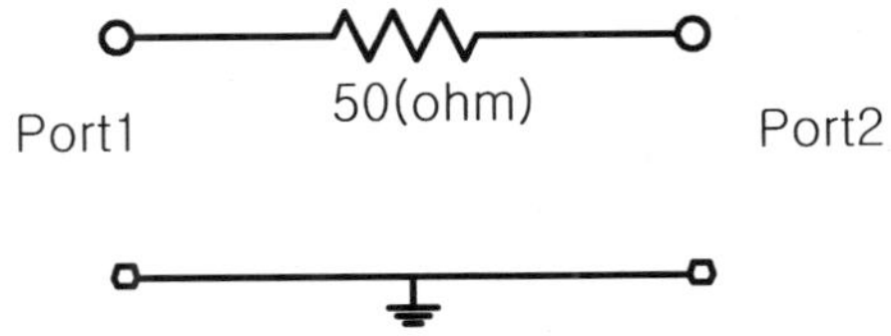

그림 8.11 산란 변수를 구하기 위한 2단자 회로 연습 문제 예

해답 $S_{22} = S_{11} = \frac{1}{3}$, $S_{12} = S_{21} = \frac{2}{3}$

8-9 전송 산란 변수 (transmission parameter, scattering transfer matrix)

전송 산란 변수는 앞의 ABCD 변수와 같은 개념으로, 직결 접속(cascade)된 회로망의 전체 산란 변수를 구하기 위한 산란 변수의 변환 형태로 식(8-38)과 같이 나타낸다.

$$\begin{bmatrix} b_1 \\ a_1 \end{bmatrix} = \begin{bmatrix} T_{11} & T_{12} \\ T_{21} & T_{22} \end{bmatrix} \begin{bmatrix} a_2 \\ b_2 \end{bmatrix} \qquad \cdots\cdots \text{(8-38)}$$

그림 8.12에서 보는 바와 같이 첫째 회로망의 출력단 반사파와 입사파가 연결된 둘째 회로망의 입력단의 입사파와 반사파와 같아, ABCD 변수에서와 마찬가지로 전체의 전송 산란 변수를 식(8-39)에서와 같이 각 단의 전송 산란 행렬을 곱함으로써 쉽게 구할 수 있다.

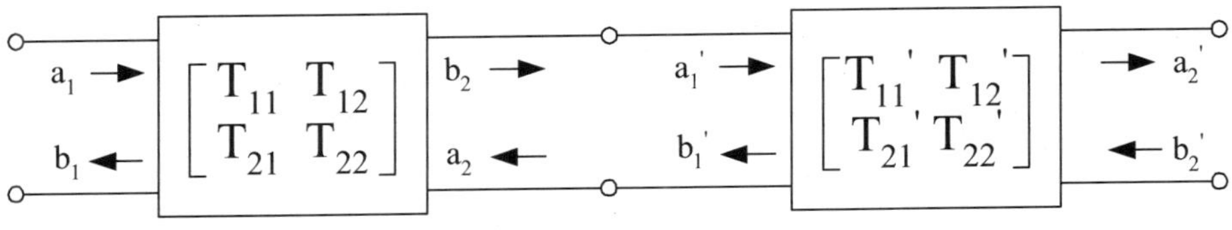

그림 8.12 전송 산란 변수를 위한 구성도

$$\begin{bmatrix} b_1 \\ a_1 \end{bmatrix} = \begin{bmatrix} T_{11} & T_{12} \\ T_{21} & T_{22} \end{bmatrix} \begin{bmatrix} T_{11}' & T_{12}' \\ T_{21}' & T_{22}' \end{bmatrix} \begin{bmatrix} b_2' \\ a_2' \end{bmatrix} \quad \cdots\cdots (8\text{-}39)$$

여러 단으로 구성된 회로나 시스템의 전체 산란 변수를 구하는 과정은 다음과 같다. 실제로 여러 단의 부품이나 모듈이 연결되어 있는 경우에 각 단의 산란 변수로부터 각 단의 전송 산란 변수를 구한다. 각 단의 전송 산란 변수를 행렬의 곱으로 계산하여 전체의 전송 산란 행렬의 구한다. 전체의 산란 변수를 구하기 위해서는 전체의 전송 산란 행렬로부터 전체 산란 행렬을 구한다.

이제 산란 변수 S로부터 전송 산란 변수 T를 구하는 과정을 설명하기로 한다. 산란 변수와 전송 산란 변수는 식(8-32)와 식(8-38)과 같고 식(8-32)를 전개하면 식(8-40)과 같다.

$$\begin{bmatrix} b_1 \\ a_1 \end{bmatrix} = \begin{bmatrix} T_{11} & T_{12} \\ T_{21} & T_{22} \end{bmatrix} \begin{bmatrix} a_2 \\ b_2 \end{bmatrix} \quad \cdots\cdots (8\text{-}38)$$

$$\begin{pmatrix} b_1 \\ b_2 \end{pmatrix} = \begin{pmatrix} S_{11} & S_{12} \\ S_{21} & S_{22} \end{pmatrix} \begin{pmatrix} a_1 \\ a_2 \end{pmatrix} \quad \cdots\cdots (8\text{-}32)$$

$$b_1 = S_{11}a_1 + S_{12}a_2 \quad \cdots\cdots (8\text{-}40\text{-}a)$$

$$b_2 = S_{21}a_1 + S_{22}a_2 \quad \cdots\cdots (8\text{-}40\text{-}b)$$

식(8-40-b)로부터 식(8-41)을 얻을 수 있고, 이를 식(8-40-a)에 대입하면 식(8-42)와 같이 정리할 수 있다.

$$a_1 = \frac{1}{S_{21}}(b_2 - S_{22}a_2) \quad \cdots\cdots (8\text{-}41)$$

$$b_1 = \frac{S_{11}}{S_{21}}(b_2 - S_{22}a_2) + S_{12}a_2 \quad \cdots\cdots (8\text{-}42)$$

$$= (S_{12} - \frac{S_{11}S_{22}}{S_{21}})a_2 + \frac{S_{11}}{S_{21}}b_2$$

식(8-41)를 전송 산란 변수 형태로 정리하면 식(8-43)과 같이 정리할 수 있어 식(8-44)와 같은 결과를 얻을 수 있다.

$$a_1 = -\frac{S_{22}}{S_{21}}a_2 + \frac{1}{S_{21}}b_2 \qquad \cdots\cdots \text{(8-43)}$$

$$T_{11} = S_{12} - \frac{S_{11}S_{22}}{S_{21}} \qquad \cdots\cdots \text{(8-44-a)}$$

$$T_{12} = \frac{S_{11}}{S_{21}} \qquad \cdots\cdots \text{(8-44-b)}$$

$$T_{21} = -\frac{S_{22}}{S_{21}} \qquad \cdots\cdots \text{(8-44-c)}$$

$$T_{22} = \frac{1}{S_{21}} \qquad \cdots\cdots \text{(8-44-d)}$$

실습문제 | 8.6

주어진 2단자 회로망에서 전송 산란 변수로부터 산란 변수를 구하시오.

해답

$$S_{11} = \frac{T_{12}}{T_{22}},\ S_{12} = T_{11} - \frac{T_{21}T_{12}}{T_{22}},$$

$$S_{21} = \frac{1}{T_{22}},\ S_{22} = -\frac{T_{21}}{T_{22}})$$

실습문제 | 8.7

그림 8.13의 3dB 감쇄기 회로에 대하여 아래의 답을 구하시오.

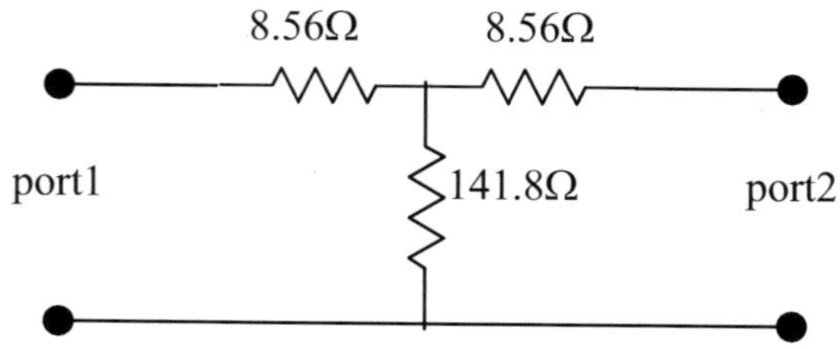

그림 8.13 산란 변수를 구하기 위한 회로 예

(1) 산란 변수를 구한다.

해답 S_{11}=0, S_{12}=0.707, S_{21}=0.707, S_{22}=0

(2) 〈실습 연습 8-4〉에서 구한 임피던스 변수로부터 식(8-35)의 변환식을 사용하여 산란 변수를 구하여 1)의 결과와 비교한다.

해답 S_{11}=0, S_{12}=0.707, S_{21}=0.707, S_{22}=0

(3) (1항)에서 구한 산란 변수를 변환식을 사용하여 전송 산란 변수를 구하여 3dB 감쇄기가 2개 연결된 경우의 산란 변수를 구하시오.

해답 S_{11}=0, S_{12}=0.5, S_{21}=0.5, S_{22}=0

8-10 주요 회로 및 변수 변환 요약표

〈표 8-1〉 유용한 회로의 ABCD 및 S 변수

회 로	ABCD변수		S변수	
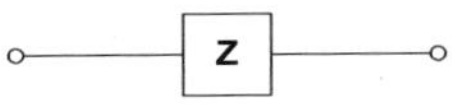	A = 1	B = Z	$S_{11} = \frac{Z}{Z+2Z_0}$	$S_{12} = \frac{2Z_0}{Z+2Z_0}$
	C = 0	D = 1	$S_{21} = \frac{2Z_0}{Z+2Z_0}$	$S_{22} = \frac{Z}{Z+2Z_0}$
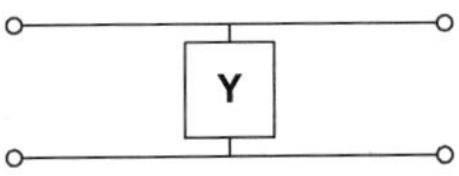	A = 1	B = 0	$S_{11} =- \frac{Y}{Y+2Z}$	$S_{12} = \frac{2Z_0}{Y+2Z_0}$
	C = Y	D = 1	$S_{21} = \frac{2Z_0}{Y+2Z_0}$	$S_{22} =- \frac{Y}{Y+2Z}$
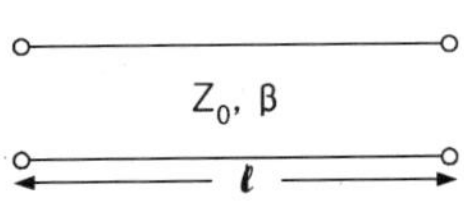	$A = \cos\beta l$	$B = jZ_0 \sin\beta l$	$S_{11} = 0$	$S_{12} = 1 \cdot e^{-j\beta l}$
	$C = jY_0 \sin\beta l$	$D = \cos\beta l$	$S_{21} = 1 \cdot e^{-j\beta l}$	$S_{22} = 0$

〈표8-2〉 2단자 회로의 변수 변환 요약

	S	Z	ABCD
S_{11}	S_{11}	$\frac{(Z_{11}-Z_0)(Z_{22}+Z_0)-Z_{12}Z_{21}}{\Delta Z}$	$\frac{A+B/Z_0-CZ_0-D}{A+B/Z_0+CZ_0+D}$
S_{12}	S_{12}	$\frac{2Z_{12}Z_0}{\Delta Z}$	$\frac{2(AD-BC)}{A+B/Z_0+CZ_0+D}$
S_{21}	S_{21}	$\frac{2Z_{21}Z_0}{\Delta Z}$	$\frac{2}{A+B/Z_0+CZ_0+D}$
S_{22}	S_{22}	$\frac{(Z_{11}+Z_0)(Z_{22}-Z_0)-Z_{12}Z_{21}}{\Delta Z}$	$\frac{-A+B/Z_0-CZ_0+D}{A+B/Z_0+CZ_0+D}$
Z_{11}	$Z_0\frac{(1+S_{11})(1-S_{22})+S_{12}S_{21}}{(1-S_{11})(1-S_{22})-S_{12}S_{21}}$	Z_{11}	$\frac{A}{C}$
Z_{12}	$Z_0\frac{2S_{12}}{(1-S_{11})(1-S_{22})-S_{12}S_{21}}$	Z_{12}	$\frac{AD-BC}{C}$
Z_{21}	$Z_0\frac{2S_{21}}{(1-S_{11})(1-S_{22})-S_{12}S_{21}}$	Z_{21}	$\frac{1}{C}$
Z_{22}	$Z_0\frac{(1-S_{11})(1+S_{22})+S_{12}S_{21}}{(1-S_{11})(1-S_{22})-S_{12}S_{21}}$	Z_{22}	$\frac{D}{C}$
A	$\frac{(1+S_{11})(1-S_{22})+S_{12}S_{21}}{2S_{21}}$	$\frac{Z_{11}}{Z_{21}}$	A
B	$Z_0\frac{(1+S_{11})(1+S_{22})-S_{12}S_{21}}{2S_{21}}0$	$\frac{\lvert Z\rvert}{Z_{21}}$	B
C	$\frac{1}{Z_0}\frac{(1-S_{11})(1-S_{22})-S_{12}S_{21}}{2S_{21}}$	$\frac{1}{Z_{21}}$	C
D	$\frac{(1-S_{11})(1+S_{22})+S_{12}S_{21}}{2S_{21}}$	$\frac{Z_{22}}{Z_{21}}$	D

$$\lvert Z\rvert = Z_{11}Z_{22}-Z_{12}Z_{21},\quad \Delta Z=(Z_{11}+Z_0)(Z_{22}+Z_0)-Z_{12}Z_{21}$$

8-11 학습 평가

01 2단자 회로망을 그리고 전압과 전류를 표시한 후 임피던스 변수(Z)와 어드미턴스 변수(Y), 그리고 ABCD 변수를 행렬 형태로 나타내시오.

02 2단자 회로망에서 산란 변수(S)의 구성 성분에 대한 일반적인 정의를 요약해보고 전압과 전류를 이용하여 어떻게 표현할 수 있는지 정리하시오.

03 ABCD 변수와 전송 산란 변수(T parameter, Transmission Scattering Parameter)를 정의하고 공통적인 사용 목적을 설명하시오.

04 아래의 2단자 회로망에 대하여 임피던스 변수(Z parameter)와 산란 변수(S parameter)를 구하시오.(먼저 직접 구한 후에 ABCD를 구하여 변환하여 값을 확인해 본다.)

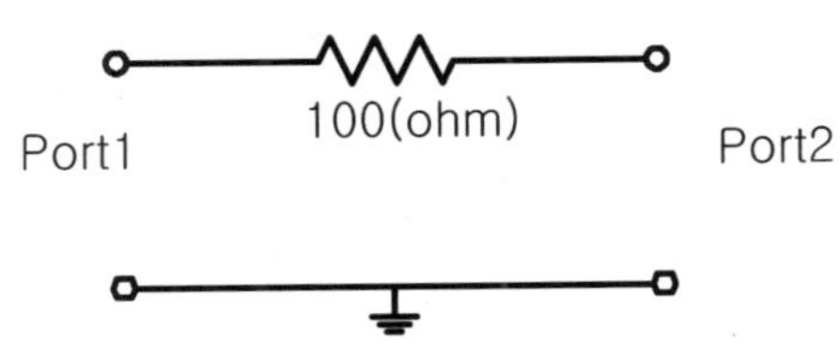

그림 8.14 산란 변수를 구하기 위한 평가 문제 회로 예

해답 Z11=Z12=Z21=Z22=∞, S11=S12=S21=S22=0.5

05 S_{11}=0.3+j0.7, S_{12}=S_{21}=j0.6, S_{22}=0.3-j0.7인 2단자 회로 2개가 직렬로 연결되어 있는 경우에 전체의 산란 변수를 구하시오.

해답 S11=0.043+j0.1, S12=-0.857, S21=-0.857, S22=0.043-j0.1

8-12 참고 문헌

(1) David M. Pozar, ***Microwave Engineering***, fourth edition, John Wiley & Sons INC., 2011

(2) 홍희식, 박일, 유태훈, 전영훈, 이해선, ***초고주파공학(4판)***, 복두출판사, 2014

Chapter 09

여파기 설계 이론

이 장에 기술된 관계 지식을 학습하고 설계 실습을 마치게 되면

- 제품의 설계 절차에 대한 기본 개념을 가질 수 있고
- 여파기에 대한 기본 이론과 설계 이론을 확보할 수 있으며
- 주어진 요구 성능에 대한 저역 통과 여파기 회로 구성과 소자 값을 구할 수 있는 설계 기술을 확보할 수 있다.

9-1 개 요

공학적인 제품을 개발하여 생산하는 과정은 제품이 소자이건 시스템이건 간에 통상적으로 공통적인 절차가 있다. 먼저 제품의 규격과 성능을 결정하고, 설계 이론에 입각하여 기본 설계와 상세 설계 과정을 거쳐 설계를 마치게 된다. 설계 과정 중에 혹은 설계를 마친 상태에서 컴퓨터 모의실험을 통하여 성능에 대한 구현 가능성과 설계에 대한 최적화 작업을 수행하게 된다. 모의실험을 마친 후에 초도(prototype) 개발 모델을 만들어 생산 가능성과 제품의 성능을 점검하여 생산을 위한 마무리 작업을 수행한다. 생산 과정을 통하여 생산된 제품의 성능을 검사하기 위한 시험 절차를 거쳐서 제품을 출하하게 된다.

초고주파 실무 기술 적용을 위하여 이번 장부터 마지막 장에 걸쳐, 초고주파 소자 중에서 공학적으로 가장 기본적이고 많이 사용되는 저역 통과 여파기에 대하여, 설계 이론의 학습과 설계, 컴퓨터 모의실험, 제작과 성능 시험, 그리고 개발 보고서 작성의 전 과정을 학습하고자 한다. 이를 통하여 회사에서 제품을 개발할 때 필요한 실무 적용 기술을 가질 수 있도록 하였다. 이번 장에서는 제품 설계에 대한 기본 개념과 여파기에 대한 기본 이론을 학습하고 여파기 설계에 필요한 이론과 절차를 익히게 된다.

9-2 설계 절차에 대한 이해

공학적인 제품을 개발하는 경우에 첫 단계로 해당 서비스에 대한 요구 사항과 제약 사항을 먼저 파악함으로써 제품에 대한 규격과 성능을 지정할 수 있다. 서비스의 요구 사항은 서비스의 종류와 범위, 그리고 지역 등을 파악해야 하며 제약 사항으로는 사용 주파수와 제품의 크기 혹은 관련 법규나 비용, 그리고 사용 전력 등이 고려되어야 한다. 초고주파 공학과 관련된 무선 통신 시스템의 경우에 공학적인 측면에서의 성능 규격으로, 디지털 시스템은 비트 오율(BER, Bit Error Rate)로, 아날로그 시스템은 신호 대 잡음비(S/N, Signal to Noise Ratio)나 SINAD(Signal to Noise and Distortion Ratio)로 잡을 수 있다. 그리고 제약 사항으로는 전력 소모나 전자파 간섭에 관련된 EMC(Electro Magnetic Compatibility)관련 특성을 고려해야 한다. 구성 소자에 대한 성능 규격은 시스템 성능 규격으로부터 시스템 엔지니어에 의해 상호 연동 사항(interface)을 고려하여 결정된다. 보통 모의실험 등을 통하여 구성 소자의 성능 규격을 분리하여 지정하고 조정한다. 이러한 과정을 예비 설계 단계(PDR, Preliminary Design Review)라고 부른다. 구성 소자의 규격이 확정되면 모의실험과 엔지니어링 모델의 제작 등을 통하여 세부 설계로 들어가게 되는데 이러한 과정을 상세 설계 단계(CDR, Critical Design Review)라고 한다.

9-3 성능 규격의 표현 방식

일반적인 성능 표현 방식으로 서술적 표현이나 표 혹은 그림에 의한 표현 등을 들 수 있다. 그림 9.1과 같이 지정된 주파수까지는 지정된 이득을 유지하다가 지정된 주파수 이상에서는 감쇠 특성을 가지는 저역 통과 여파기 특성을 가지는 경우에, 서술적인 표현이나 표 혹은 그림에 의해 나타낸 특성을 공학적으로 구현하는 것은 불가능에 가깝다. 이러한 표현은 공학적이라기보다는 일반적인 특성에 대한 경향이나 이상적인 특성에 대한 표현으로 이를 공학적으로 구현하기 위해서는 일반적인 표현을 공학적으로 공식화 및 수치화를 통하여 공학적인 표현 방식으로 나타내야 한다.

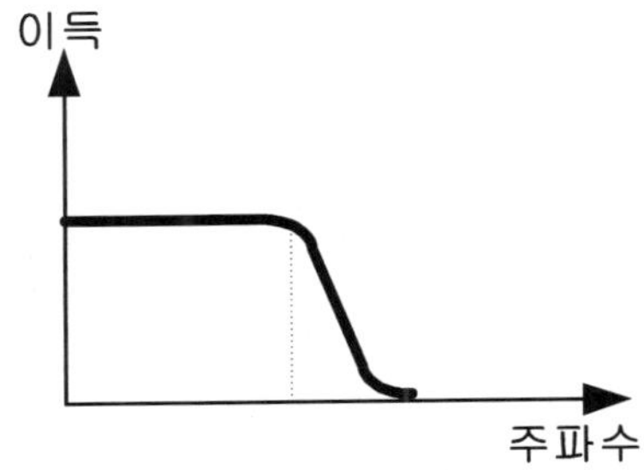

그림 9.1 특성의 도식적 표현

객관적이고 실현 가능성을 감안한 표현 방식으로 수학적 다항식을 기반으로 한 그림 9.2와 같은 특성 곡선 형태나 8장에 기술된 행렬식에 의한 임피던스 변수나 산란 변수 등을 통하여 특성을 표현해야 한다.

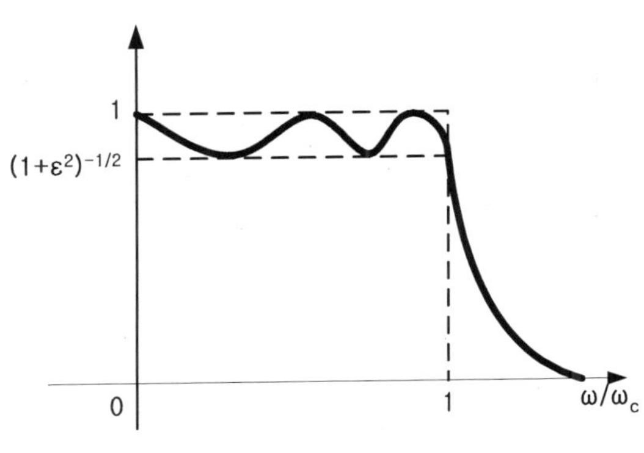

그림 9.2 수학적 공식에 근거한 특성의 도식적 표현 예

9-4 여파기(filter)에 대한 이해

여파기(filter)는 기본적으로 원하는 주파수 영역의 신호를 분리해내는 소자이다. 원하는 주파수 대역에서만 임피던스 정합이 되어 있고, 원하지 않는 주파수 영역에서는 대부분의 신호가 반사가 되도록 함으로써 기능을 수행하는 것으로 이해할 수 있다. 실제로 여파기는 신호의 분리뿐만 아니라 회로 내에서나 시스템 내에서 임피던스 정합을 위한 정합 회로로도 이해될 수 있다.

9-4-1 여파기의 성능 규격

여파기의 특성을 나타내는 규격은 이득에 관련된 특성과 위상에 관련된 특성으로 나누어 생각할 수 있다. 이득과 관련된 특성으로 통과 대역 내의 삽입 손실, 대역 내의 변동(ripple) 특성, 입력단과 출력단에서의 반사 특성, 그리고 차단 대역에서의 저지 특성(rejection level) 등을 들 수 있다.

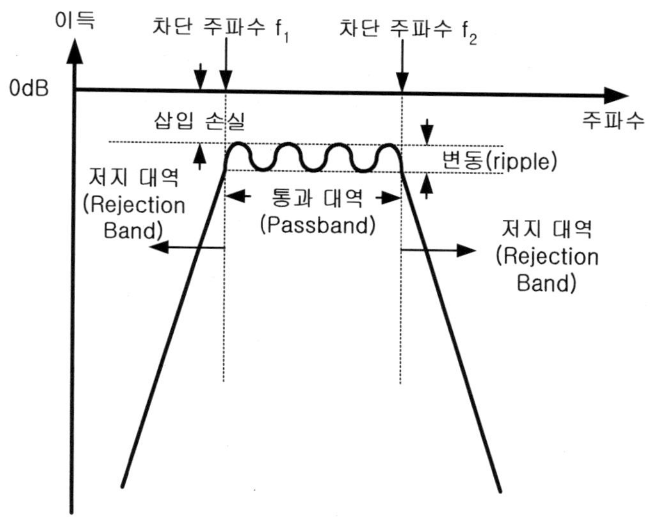

그림 9.3 여파기 특성 표시도

그림 9.3에 나타낸 바와 같이 삽입 손실은 통과 대역 내의 신호가 여파기를 통과함으로써 발생하는 손실로 송신단의 경우는 송신 전력에 대한 직접적인 감소를 야기하고 수신단에서는 수신 신호의 감소와 잡음 지수에 영향을 미친다. 대역 내의 평탄도를 나타내는 변동(ripple)은 통신 신호의 왜곡을 발생시켜 결국에는 시스템

성능의 저하를 가져온다. 이상적인 경우에 삽입 손실과 변동 특성은 0(dB)이다.

입력단과 출력단에서의 반사 특성은 입력단과 출력단의 임피던스 정합에 관련된 사항으로 초고주파 여파기의 경우 통상적으로 통과 대역 내에서 입력 임피던스와 출력 임피던스가 50(ohm)을 유지하는가에 대한 특성을 나타낸다. 반사 특성은 반사 계수인 반사 손실이나 정재파비로 특성을 나타내며, 이상적인 경우는 무한대의 반사 손실과 정재파비가 1인 경우이다.

저지(rejection) 특성은 차단 주파수를 벗어난 통과 대역 밖의 신호에 대한 감쇠 가능 정도를 나타내는 것으로 이상적인 경우는 무한대의 감쇠를 가져야 한다. 보통 여파기의 중심 주파수에서 일정 주파수 떨어진 지점에서의 최소 감소량으로 규격을 설정한다. 뒤에서 자세히 언급하겠지만 여파기의 특성이 변동 특성을 양호하게 설계하려는 경우에는 저지 대역 특성이 안 좋아지고, 저지 대역 특성을 양호하게 설계하려면 변동 특성이 나쁘게 되어 두 특성 간에 적정한 타협점을 가져야 한다.

위상에 관련된 여파기의 특성으로 군 지연(group delay) 특성은 식(9-1)과 같이 나타낼 수 있다. 일반적으로 위상은 신호가 여파기를 지나감에 따라 발생하는 시간 지연을 나타낸다. 군 지연 특성은 위상의 주파수에 대한 변화율로 대역 내의 신호에 대한 주파수 성분별로 지연 시간의 차이를 나타낸다. 디지털 시스템의 경우에 전송 속도가 높을수록 군 지연 특성에 의해서 비트 오율 성능이 심각한 영향을 받는다.

$$\tau_{group\ delay} = \frac{d\Phi}{d\omega} \qquad \cdots\cdots (9\text{-}1)$$

9-4-2 여파기의 분류 및 종류

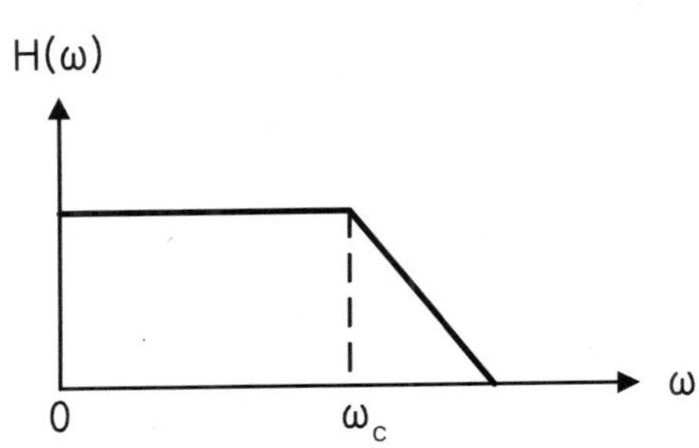

그림 9.4 저역 통과 여파기(LPF) 특성

여파기를 분류하는 방법은 여러 가지이나 가장 일반적인 분류는 주파수에 따른 분류로 어떤 대역 부분의 신호를 통과시키고 저지시키는 가에 따른 것이다. 저역 통과 여파기(LPF, Low Pass Filter)는 그림 9.4에 나타낸 바와 같이 DC에서 원하는 차단(cutoff) 주파수 이내의 신호만을 통과시키는 여파기이다. 그림에서 ω는 각속도로 $2\pi f$를 나타내고, $H(\omega)$는 여파기의 전달 함수 즉, 이득 특성을 나타낸다.

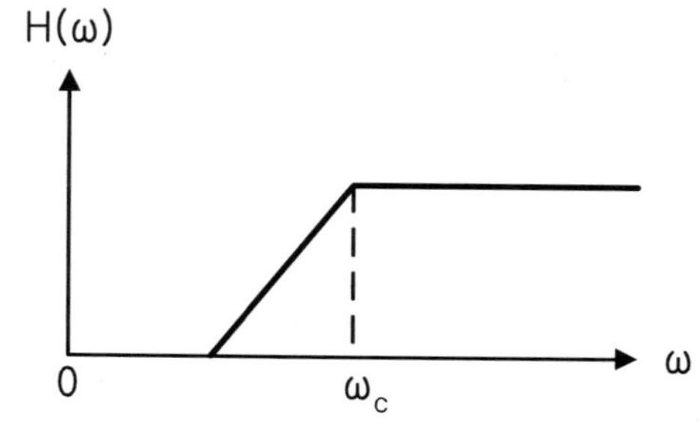

그림 9.5 고역 통과 여파기(HPF) 특성

고역 통과 여파기(HPF, High Pass Filter)는 원하는 차단 주파수 이상의 신호만을 통과시키는 여파기이다. 고역 통과 여파기의 특성은 그림 9.5와 같다.

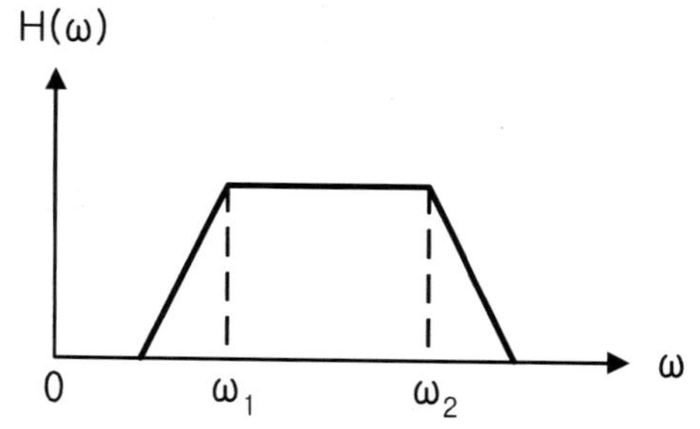

그림 9.6 통과 대역 여파기(BPF) 특성

대역 통과 여파기(BPF, Band Pass Filter)는 그림 9.6과 같이 원하는 대역폭만큼의 통과 대역 주파수 성분만을 통과시키는 여파기이다.

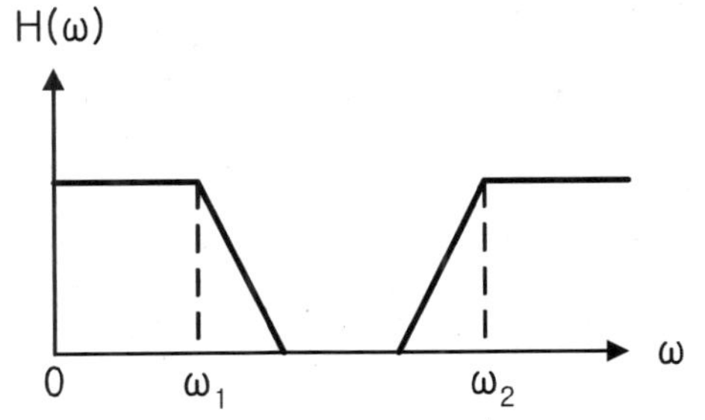

그림 9.7 대역 저지 여파기(BRF) 특성

대역 저지 여파기(BRF, Band Rejection Filter 혹은 BSP, Band Stop Filter)는 그림 9.7과 같이 원하는 대역 내의 신호 성분을 통과하지 못하도록 저지하는 여파기이다.

마지막으로 전통과 여파기(APF, All Pass Filter)는 그림 9.8과 같이 모든 주파수 성분의 크기는 통과시키고 위상만을 지연시키는 여파기로 지연 선로 선형 증폭기(delay line linear amplifier)에 사용되며 실제 구현은 초 광대역 대역 통과 여파기(ultra wide BPF)로 구현된다.

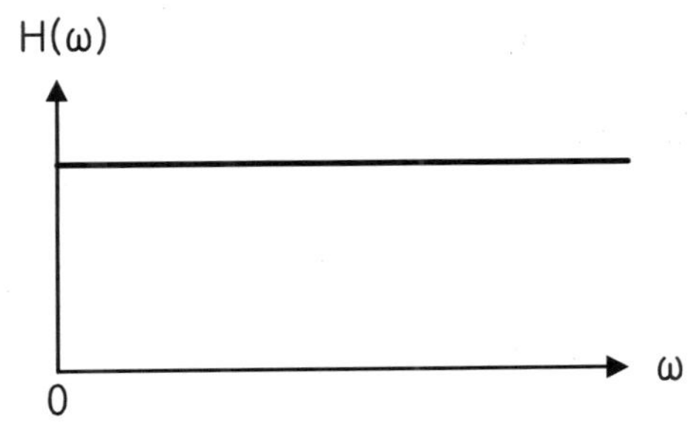

그림 9.8 전통과 여파기(APF) 특성

여파기의 구조(structure)에 따라서 능동 여파기와 수동 여파기로 분류할 수 있는데, 능동 여파기(active filter)는 주로 OP-Amp와 같은 증폭 소자를 사용한 여파기로 Op-Amp에 의해 사용 가능한 상한 주파수가 결정되며 OP-Amp의 제한 주파수는 1(GHz)정도까지 사용되고 있다. 초고주파 대역에서는 초고주파 능동 소자를 이용하여 구현될 수 있다.

수동 여파기(passive filter)는 무손실(lossless) 소자인 인덕터(L)와 콘덴서(C)의 특성을 이용하여 구현된다. 저주파 대역에서는 집중 소자 여파기(lumped element filter)로 구현되는데, 집중 소자 회로는 소자의 물리적 길이에 대한 전기적 길이를 무시할 수 있는 회로로, 소자의 길이에 대한 위상이 입출력에서 동일하게 해석할 수 있다는 의미이다. 즉, 여파기 내의 소자나 선로의 물리적 길이에 의한 영향을 고려하지 않아도 된다는 의미이다. 집중 소자 여파기의 예로는 통상적인 L과 C를 사용한 LC 여파기와 압전 소자(piezoelectric)나 자성체 구조(magneto structure)를 이용한 여파기 등을 들 수 있다.

초고주파 대역에서 널리 사용되는 분포 소자 여파기(distributed element filter)는 분포 정수 회로 개념을 사용하여 여파기를 구현한다. 분포 정수 회로는 소자나 연결 선로의 물리적 길이에 의한 위상 특성을 감안해야 하는 회로로, 소자나 선로의 물리적 길이에 의한 영향을 명확하게 정량적으로 분석하여야 한다. 역으로 생각하면 선로나 구조에 대한 특성을 이용하여 회로를 구성할 수 있다는 것을 의미한다. 주파수 측면에서 신호가 전기적으로 소자나 선로 내에 분포되어 전기적 길이에 의한 영향을 이용하여 설계된다. 실제로 마이크로스트립(microstrip) 선로나 동축 선로와 같은 전송선을 이용하거나 헬리컬(helical)이나 동축(coaxial), 혹은 도파관 형태의 공동기(cavity)를 이용하여 구현된다.

9-5 여파기 설계 이론

9-5-1 여파기 설계 과정

일반적으로 여파기를 설계하는 과정은 원형(prototype) 여파기 형태를 거쳐서 설계하는 정형화된 과정이 있다. 먼저 이 과정을 개념적으로 정리해 보면 원하는 요구 기능으로부터 여파기의 성능 규격이 작성되면 어떠한 주파수 대역 특성이건 간에 이 주파수 규격에 대응되는 저역 통과 여파기 규격을 작성하여야 한다. 즉, 고역 통과 여파기건 통과 대역 여파기건 간에 통과 대역과 저지 대역의 특성이 저역 통과 여파기의 규격으로 대응하는 저역 통과 여파기 규격을 작성하여야 한다는 의미이다. 이 작성된 저역 통과 여파기 규격으로부터 여파기의 차단 주파수와 종단 임피던스로 정규화한 원형(prototype) 여파기 규격을 작성하여 먼저 원형 여파기를 설계한다. 설계된 저역 통과 여파기 형태이고 차단 주파수와 종단 임피던스로 정규화 되어있는 원형 여파기로부터 원하는 여파기 형태로 변환하기 위하여 원형 여파기의 소자 값과 구조를 실제의 여파기 형태에 따라 변환한다. 이제 마지막으로 정규화된 임피던스와 주파수를 실제의 주파수와 임피던스로 변환되도록 소자 값을 변환하여 최종 설계 회로를 작성할 수 있다.

이제 원형 여파기를 이용한 설계 방법을 체계적으로 살펴보면 영상 변수 방법과 삽입 손실 방법의 두 가지 설계 방법이 있다. 두 방법 모두 어떠한 단위 회로망의 주파수 응답 특성이 그림 9.9와 같이 나타낼 수 있다는 전제를 기반으로 한다. 여기서 주파수 응답 특성이란 회로망의 주파수에 따른 이득 및 위상 특성으로 이해할 수 있다.

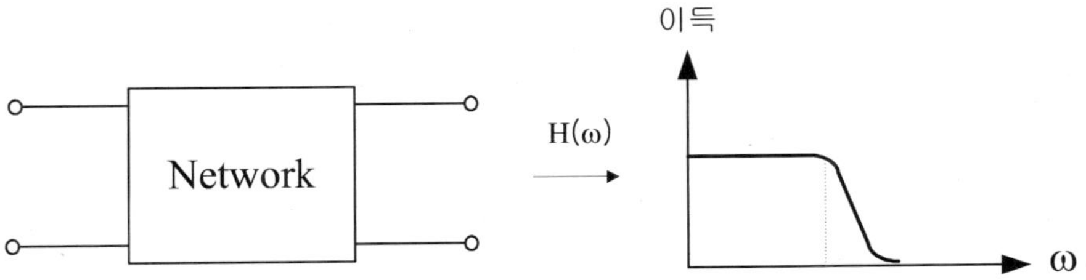

그림 9.9 저역 통과 여파기와 주파수 응답

영상 변수 방법(image parameter method)은 하나의 단위 특성을 갖는 회로망을 다단으로 연결하여 원하는 여파기 특성을 얻도록 회로를 합성하는 방법으로, 정확한 예측이 어렵기 때문에 반복 합성을 필요로 한다. 이 방법은 분석을 위한 해석(analysis) 중심의 회로 합성 방법으로 현재에는 잘 사용되지 않는다. 하지만 컴퓨터에 의한 정확한 합성 중심의 설계 방법이 현재와 같이 널리 사용되지 못한 시절에는 널리 사용되었던 방법이다.

삽입 손실 방법(insertion loss method)은 수학 함수의 전달 특성(S_{21})을 이용한 여파기 합성 방법으로, 합성(synthesis) 중심의 정확한 회로 합성에 널리 사용되는 방법이다. 즉, 공학적인 형태의 원하는 특성에 해당하는 회로의 구조와 소자 값을 구할 수 있는 방법이다. 좀 더 구체적으로 설명하면 기본 단위 회로의 입력 임피던스 $Z_{in}(\omega)$나 어드미턴스 $Y_{in}(\omega)$를 다단으로 연결하여 원하는 삽입 손실 특성이 나오도록 회로를 구현하는 것이다. 앞서 설명한 대로 원하는 특성이 일반적인 형태가 아니라 수학적으로 알려진 공학적인 형태의 특성을 이용한다.

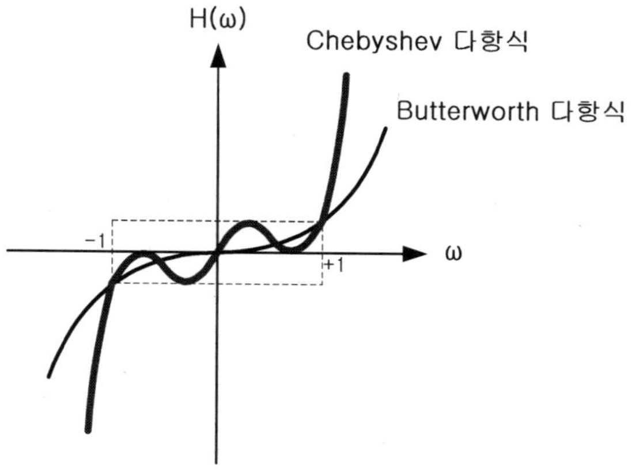

그림 9.10 Butterworth 와 Chebyshev 다항식의 함수 특성

원형 저역 통과 여파기의 합성은 그림 9.10에 나타낸 Butterworth 다항식과 Chebyshev(Tchebyshev라고 표시하기도 함) 다항식의 전달 함수(S_{21}) 특성인 감쇠 특성을 이용한다. 회로의 구조가 T형인 경우는 $Z_{in}(\omega)$을 이용하여 회로의 삽입 손실에 해당하는 전달 함수를 구하여 회로를 구현하는 것이 편리하고, 회로의 구조가 π형인 경우에는 $Y_{in}(\omega)$을 이용하여 회로의 전달 함수를 구하여 회로를 구현하게 된다. 각 방식에 대한 적용은 다음 절에서 기술하였다.

9-5-2 Butterworth 여파기

Butterworth 다항식의 전달 함수는 식(9-2)에 나타낸 바와 같이 주파수가 커짐에 따라 삽입 손실이 커지게 되어 저역 통과 여파기의 특성을 나타낼 수 있다. 수식에서 n은 차수를 나타내는 것으로, 이 공식을 회로망의 특성으로 나타내는 경우에는 단위 회로망의 수를 나타내며, 차수가 높을수록 더 급격한 저지 대역 특성을 나타낼 수 있음을 알 수 있다.

$$|S_{21}(\omega)| = \frac{1}{\sqrt{1+\omega^{2n}}} \qquad \cdots\cdots \text{(9-2)}$$

Butterworth 다항식에 의한 여파기 특성을 좀 더 구체적으로 이해하기 위하여 식(9-2)의 전달 함수를 ω가 1보다 작은 대역 내에서 2항 급수(binomial series)를 이용하여 전개하면 식(9-3)과 같이 나타낼 수 있다.

$$(1+\omega^{2n})^{-1/2} = 1 - \frac{1}{2}\omega^{2n} + \frac{3}{8}\omega^{4n} - \frac{5}{16}\omega^{6n} + \ldots \qquad \cdots\cdots \text{(9-3)}$$

주파수에 따른 식(9-2)의 특성을 살펴보기 위하여 수식을 ω에 대하여 미분하면 (2n-1)차 도함수까지 ω의 인수를 가지므로 $\omega = 0$에서 모든 도함수는 0 이다. 이 말은 차단 주파수보다 낮은 주파수($\omega = 0$근처)에서 $|S_{21}(\omega)|$의 도함수가 주파수에 따라 미세하게 변화하므로 함수가 최대로 평탄한(maximally flat) 특성을 가짐을 알 수 있다. 그래서 Butterworth 여파기를 maximally flat 여파기라고도 부른다. 그림 9.11은 Butterworth 여파기의 특성을 나타낸다.

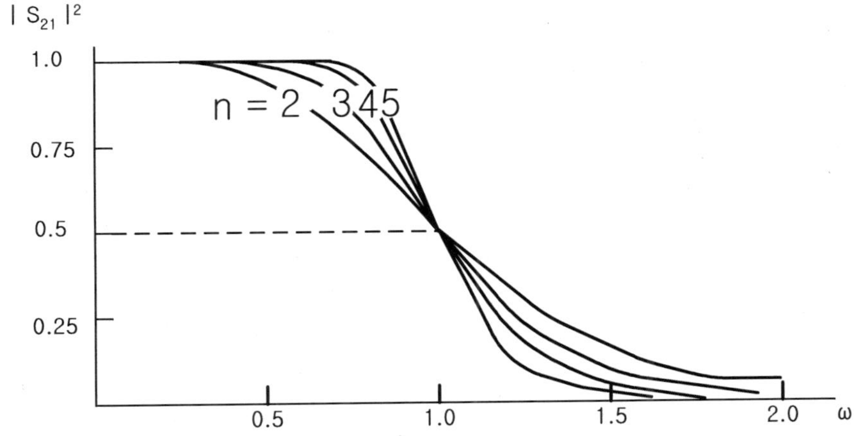

그림 9.11 Butterworth 저역 통과 여파기 주파수 특성

이제 식(9-2)와 같은 특성이 나오도록 하는 원형 여파기의 구조와 소자 값을 구하는 과정을 살펴보기로 하자. 식(9-2)를 dB 단위의 감쇠 특성으로 나타내면 식(9-4)와 같고 차단 주파수와 종단 임피던스로 정규화된 원형 여파기이므로 차단 주파수에 해당하는 각속도는 식(9-5)와 같다.

$$A_{dB} = 10\log[1 + (\frac{\omega}{\omega_c})^{2n}] \qquad \cdots\cdots \text{(9-4)}$$

$$\omega_c = 1 \qquad \cdots\cdots \text{(9-5)}$$

회로의 형태는 무손실 저역 통과 여파기 형태이므로 (그림9-12)와 같이 L과 C로 구성된 T 형태이거나 π 형태의 회로이다. 둘 중의 어떠한 형태라도 특성은 동일하다.

회로 내의 입력 및 출력 임피던스를 나타내는 g_0와 g_{n+1}은 종단 임피던스로 정규화 되어있으므로 식(9-6)과 같이 1이고, 각 원형 소자 값을 나타내는 g_n은 식(9-7)과 같이 나타낼 수 있다. 이러한 구조와 소자 값을 가지게 되면 그림 9.11의 특성을 가지게 된다는 것을 의미한다.

$$g_0 = g_{n+1} = 1 \qquad \cdots\cdots \text{(9-6)}$$

$$g_k = 2\sin\left[\frac{(2k-1)\pi}{2n}\right], \qquad k = 1,\ 2,\ \cdots,\ n \qquad \cdots\cdots \text{(9-7)}$$

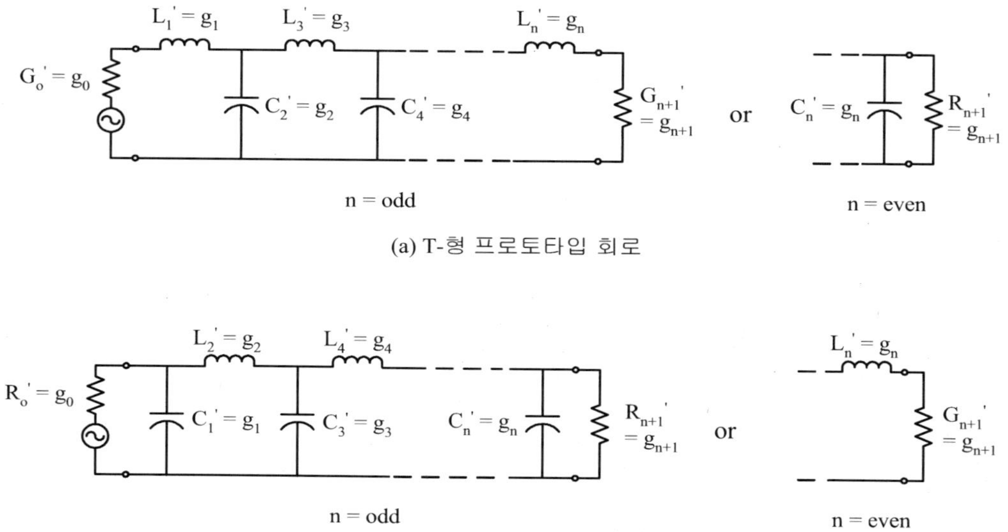

(a) T-형 프로토타입 회로

(b) π-형 프로토타입 회로

그림 9.12 원형 저역 통과 여파기 구조

그림 9.12에서 g_k는 k가 1에서 n까지 직렬로 연결된 인덕터의 인덕턴스 값을 나타내거나 병렬로 연결된 콘덴서의 캐패시턴스 값을 나타낸다. g_0는 $g_1 = C_1'$이면 소스의 내부 저항 값인 R_0'을 나타내고 $g_1 = L_1'$이면 소스의 내부 컨덕턴스(conductance) 값인 G_0'을 나타낸다. g_{n+1}은 $g_n = C_n'$이면 부하의 저항 값인 R_{n+1}'을 나타내고 $g_n = L_n'$이면 부하의 컨덕턴스 값인 G_{n+1}'을 나타낸다. 모든 소자 값에 ′이 붙은 것은 현재의 회로가 원형 여파기이므로 종단 임피던스와 차단 주파수에 대하여 정규화 되어있다는 것을 나타내기 위한 것이다.

9-5-3 Chebyshev 여파기

Chebyshev 여파기의 특성은 식(9-8)과 같이 나타낼 수 있다. 여기서 $C_n(\omega)$이 Chebyshev 다항식으로 식(9-9)와 같고 ϵ은 변동(ripple) 계수를 나타낸다.

$$|S_{21}| = \frac{1}{\sqrt{1+\epsilon^2 C_n^2(\omega)}} \qquad \cdots\cdots \text{(9-8)}$$

$$C_n(\omega) = \cos(n\cos^{-1}\omega) \qquad ; \quad 0 \leqq \omega \leqq 1 \qquad \cdots\cdots \text{(9-9-a)}$$

$$C_n(\omega) = \cosh(n\cosh^{-1}\omega) \qquad ; \quad \omega \geqq 1 \qquad \cdots\cdots \text{(9-9-b)}$$

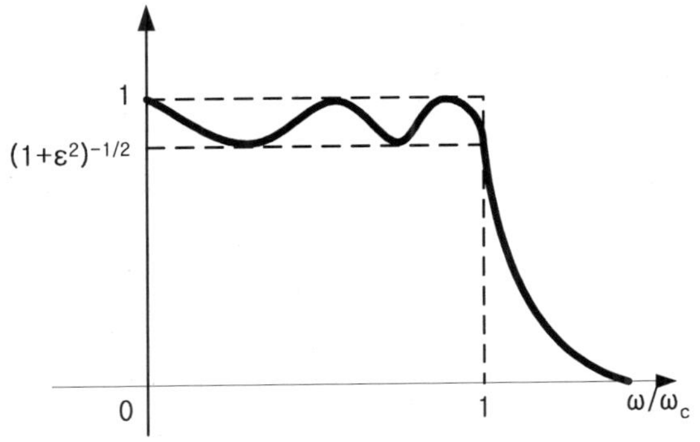

그림 9.13 Chebyshev 저역 통과 여파기 특성

그림 9.13은 Chebyshev 여파기의 특성을 나타낸다. 그림에서 정규화된 차단 주파수에 해당하는 각속도가 1로 표시되어 있다. 통상적으로 차단 주파수를 많은 경우에 손실이 3(dB)인 지점의 주파수로 표시하나, Chebyshev 여파기의 경우에는 변동 값에 해당하는 지점으로 표시한다는 것을 유의해야 한다. 드물게 Chebyshev 여파기의 경우에도 -3(dB) 지점으로 차단 주파수를 지정하는 경우가 있는데, 이런 경우에는 적용하는 결과 공식이 다르다는 것을 알고 적용해야 한다. 이 책에서는 변동 값에 해당하는 차단 주파수를 사용하였다.

여파기의 저지 대역을 나타내는 감쇠 특성을 dB 단위로 나타내면 식(9-10)과 같이 나타낼 수 있다. 차단 주파수 밖에서의 특정 주파수에서 최소의 감쇠량이 지정되면 지정된 감쇠량은 여파기 단수인 n에 따라 결정됨을 알 수 있다.

$$L(\omega) = -20\log\left\{\frac{1}{[1+\epsilon^2 C_n^2(\omega)]^{1/2}}\right\} \quad \cdots\cdots (9\text{-}10)$$

$$= 10\log\{1+\epsilon^2\cosh^2[n\cosh^{-1}(\omega)]\}\mid_{\omega>1} \quad \text{dB}$$

식(9-10)으로부터 원하는 여파기의 감쇠 특성을 얻기 위한 여파기의 단수를 구해 보면 식(9-11)과 같다.

$$n = \frac{\cosh^{-1}[(10^{L(\omega)/10}-1)/\epsilon^2]^{1/2}}{\cosh^{-1}(\omega)} \quad \cdots\cdots (9\text{-}11)$$

$$= \frac{\cosh^{-1}[(10^{L(\omega)/10}-1)/(10^{G_r/10}-1)]^{1/2}}{\cosh^{-1}(\omega)}$$

변동(ripple) 특성을 dB 단위로 나타내면 식(9-12)와 같이 나타낼 수 있다. 여파기를 설계할 때 변동 규격 G_r이 주어지면 식(9-12)를 이용하여 이에 해당하는 ϵ을 구해야 한다.

$$G_r = 1 - \frac{1}{(1+\epsilon^2)^{1/2}} \quad \cdots\cdots (9\text{-}12)$$

$$= 10\log(1+\epsilon^2)(\text{dB})$$

Butterworth 여파기와 마찬가지로 Chebyshev 원형 여파기의 원형 소자 값은 식(9-13)에서 식(9-17)과 같다. 원형 여파기의 구조는 (그림9-12)와 같고 소자에 대한 설명은 Butterworth 여파기의 경우와 동일하다.

$$\omega_c = 1 \quad \cdots\cdots (9\text{-}13)$$

$$g_0 = 1 \quad \cdots\cdots (9\text{-}14)$$

$$g_1 = 2a_1/\gamma \quad \cdots\cdots (9\text{-}15)$$

$$g_k = \frac{4a_{k-1}a_k}{b_{k-1}g_{k-1}} \quad \cdots\cdots (9\text{-}16)$$

$$g_{n+1} = 1, \quad n : odd \qquad \cdots\cdots (9\text{-}17)$$
$$= \coth^2(\frac{\beta}{4}), \quad n : even$$

위의 식들에서 β, γ, a_k, b_k는 식(9-18)에서 식(9-21)과 같다.

$$\beta = \ln[\coth(\frac{G_r}{17.37})] \qquad \cdots\cdots (9\text{-}18)$$

$$\gamma = \sinh(\frac{\beta}{2n}) \qquad \cdots\cdots (9\text{-}19)$$

$$a_k = \sin[\frac{(2k-1)\pi}{2n}] \qquad \cdots\cdots (9\text{-}20)$$

$$b_k = \gamma^2 + \sin^2(\frac{k\pi}{n}) \qquad \cdots\cdots (9\text{-}21)$$

회로의 형태는 Butterworth 여파기의 경우와 마찬가지로 무손실 저역 통과 여파기 형태이므로, (그림9-12)와 같이 L과 C로 구성된 T 형태이거나 π 형태의 회로이며, 둘 중의 어떠한 형태라도 특성은 동일하다. 이러한 구조와 소자 값을 가지게 되면 (그림9-13)의 특성을 가지게 된다.

Chebyshev 함수 형태의 여파기는 통과 대역 내에 전달 함수 특성이 평편한 Butterworth 여파기와는 달리 변동(ripple)이 존재한다. 이 변동으로 인하여 Chebyshev 여파기를 사용한 시스템의 특성이 나빠지게 되나, 동일한 단수에서 저지 대역 특성이 Butterworth 여파기에 비해 월등히 좋아 급격한 저지 대역 특성이 필요로 하는 많은 시스템에서 널리 사용되고 있다.

9-5-4 원형 여파기로부터 저역 통과 여파기 설계

실제적인 여파기를 설계하기 위해서는 원형 여파기의 각 다항식으로부터 유도된 원형 소자 값을 실제적인 주파수와 종단 임피던스를 감안한 실제적인 값으로 변환해야 한다.

먼저 임피던스를 변환하는 과정을 설명하면 그림 9.14에 나타낸 바와 같이 종단 임피던스로 정규화 하였으므로, 저항 값으로 나타내는 경우에는 종단 임피던스로 곱해줌으로써 변환해야 함을 알 수 있다. 즉, 입력 임피던스의 변화율만큼 출력 임피던스를 변화시키면 두 회로는 동일한 특성을 갖게 된다는 의미이다.

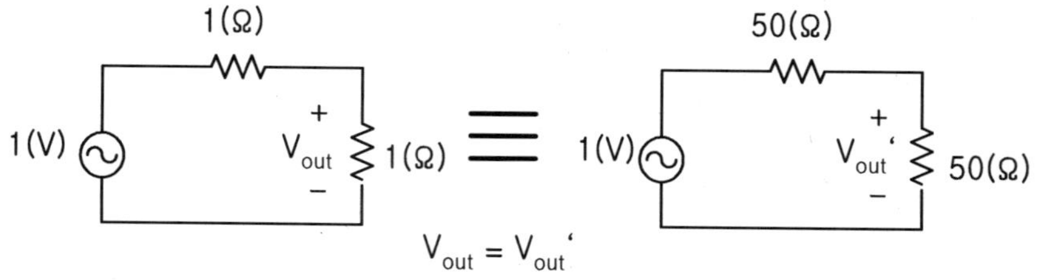

그림 9.14 임피던스 척도 변환을 설명하기 위한 회로도

이제 주파수를 변환하는 과정을 설명하면 그림 9.15에 나타낸 바와 같이 정규화된 차단 주파수(엄밀하게는 각속도) ω_1'을 실제적인 차단 주파수인 ω_1으로 변환하는 과정이므로 식(9-22)와 같은 비례식으로 나타낼 수 있어 원형 여파기의 ω'을 식(9-23)과 같이 나타냄으로써 실제적인 주파수 ω로 변환시킬 수 있다.

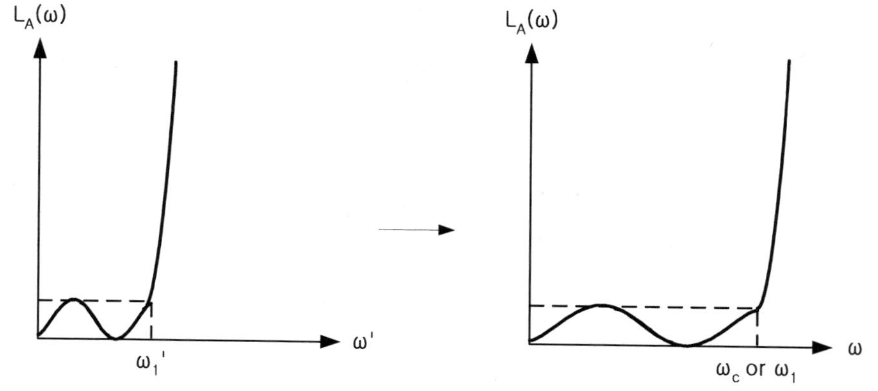

그림 9.15 주파수 변환도

$$\omega' : \omega_1' = \omega : \omega_1 \qquad \cdots\cdots (9\text{-}22)$$

$$\omega' = \frac{\omega_1'}{\omega_1}\omega \qquad \cdots\cdots (9\text{-}23)$$

모든 값에 ′이 붙은 것은 종단 임피던스와 차단 주파수에 대하여 정규화 되어있다는 것을 나타내기 위한 것으로 여기서 ω_1'이 정규화된 차단 주파수에 해당하는 각속도이므로 1(rad/sec)이다.

이제 원형 여파기의 소자 값인 $R^{'}$, $G^{'}$, $L^{'}$, $C^{'}$ 값으로부터 실제적인 종단 임피던스 R_0와 실제적인 차단 주파수 f_1을 감안한 ω_1이 적용된 여파기의 최종 소자 값인 R, G, L, C는 식(9-24)에서 식(9-26)에 나타낸 바와 같다. 수식에서 $R_0^{'}$ 와 $\omega_1^{'}$는 정규화된 임피던스와 주파수를 나타내므로 1이다.

$$R = \left(\frac{R_0}{R_0^{'}}\right) R^{'} \quad \text{or} \quad G = \left(\frac{G_0}{G_0^{'}}\right) G^{'} \qquad \cdots\cdots \text{(9-24)}$$

$$L = \left(\frac{R_0}{R_0^{'}}\right)\left(\frac{\omega_1^{'}}{\omega_1}\right) L^{'} = \left(\frac{G_0^{'}}{G_0}\right)\left(\frac{\omega_1^{'}}{\omega_1}\right) L^{'} \qquad \cdots\cdots \text{(9-25)}$$

$$C = \left(\frac{R_0^{'}}{R_0}\right)\left(\frac{\omega_1^{'}}{\omega_1}\right) C^{'} = \left(\frac{G_0}{G_0^{'}}\right)\left(\frac{\omega_1^{'}}{\omega_1}\right) C^{'} \qquad \cdots\cdots \text{(9-26)}$$

소자 값을 구하는 방법을 결론적으로 요약하면 저항 값 R은 정규화 저항 값이 1인 $R_0^{'}$에 종단 임피던스 R_0를 곱해주면 되고, 인덕터의 경우는 정규화 인덕터 값 $L^{'}$에 종단 임피던스 R_0를 곱하고 차단 주파수에 해당하는 각속도 ω_1으로 나누어주면 되며, 콘덴서의 경우는 정규화 캐패시턴스 값 $C^{'}$에 종단 임피던스 R_0로 나누고 차단 주파수에 해당하는 각속도 ω_1로 나누어줌으로써 최종 설계 값을 구할 수 있다.

저역 통과 여파기를 설계하는 과정을 요약하면 첫 단계로 원하는 규격으로부터 설계하려는 여파기의 응답 특성을 결정해야 한다. 즉, Butterworth 여파기 형태로 구현할 것인지, 혹은 Chebyshev 여파기 형태로 구현할 것인지, 혹은 다른 여파기 형태로 구현할 것인지를 결정해야 한다. 이 책에서는 언급하지 않았으나 이외에도 elliptic 함수 형태의 여파기나 또 다른 형태의 여파기도 존재한다. 여파기 형태가 결정되었으면, 두 번째 단계로 여파기의 저지 대역 특성으로부터 여파기의 단수를 결정하여야 한다. 세 번째 단계로 원형 여파기의 소자 값을 수식을 이용하여 구함으로써 원형 여파기 설계를 마친다. 이 책에서는 수식에 의해 소자 값들을 구했으나 참고 문헌에 수록된 책과 같은 많은 여파기 전문 서적에는 표 형태로 여파기의 형태와 단수에 따라 소자 값을 제공하므로 이를 이용할 수도 있다. 네 번째 단계로 원형 여파기의 소자 값을 종단 임피던스와 실제의 차단 주파수를 이용하여 임피던스와 주파수를 변환함으로써 최종 소자 값을 얻음으로써 설계를 마치게 된다.

9-6 여파기 설계 실습

9-6-1 고주파 저역통과 여파기 단수 결정 및 감쇠 특성 실습

실습 | 9.1

차단 주파수가 100(MHz)인 Butterworth 및 Chebyshev 저역 통과 여파기에서 주파수가 200(MHz)인 지점에서의 감쇠 특성이 30(dB) 이상이 되려면 여파기를 몇 단으로 설계해야 하는지 알아보고 각 여파기가 300(MHz)일 경우의 감쇠량을 구해본다. (단 Chebyshev의 경우 ripple 특성은 0.1dB 및 2.5dB 의 두 종류에 대하여 구할 것)

(1) Butterworth 여파기의 경우

$$L(\frac{\omega}{\omega_c}) = 10\log[1+(\frac{\omega}{\omega_c})^{2n}]$$

이므로

$$n = \frac{\log(10^{\frac{L(\omega)}{10}}-1)}{2\log(\frac{\omega}{\omega_c})} = \frac{\log(10^{\frac{30}{10}}-1)}{2\log(2)} = 4.98$$

n=5 인 경우 $f=2f_c$=200MHz에서 L=30.1(dB)이다.

n=5 인 경우 $f=3f_c$=300MHz에서는 47.7(dB)의 감쇠 특성을 나타낸다.

$$L(3) = 10\log[1+(3)^{2\cdot 5}] = 47.7(dB)$$

(2) Chebyshev 여파기의 경우

i) 0.1dB ripple

$$L(\frac{\omega}{\omega_c}) = 10\log\left\{1+\epsilon^2\cosh^2[n\cosh^{-1}(\frac{\omega}{\omega_c})]\right\}$$

이므로

$$n = \frac{\cosh^{-1}[(10^{L(\omega)/10}-1)/\epsilon^2]^{1/2}}{\cosh^{-1}(\omega)}$$

$$= \frac{\cosh^{-1}[(10^{L(\omega)/10}-1)/(10^{G_r/10}-1)]^{1/2}}{\cosh^{-1}(\omega)}$$

$$= \frac{\cosh^{-1}[(10^{30/10} - 1)/(10^{0.1/10} - 1)]^{1/2}}{\cosh^{-1}(2)} = 4.576$$

이므로 n=5이어야 한다.

n=5 인 경우 $f = 2f_c$=200(MHz)에서 L=34.9(dB)이다.

n=5 인 경우 $f = 3f_c$=300(MHz)에서는

$$L(3) = 10\log\{1 + 0.02329\cosh^2[5\cosh^{-1}(3)]\} = 54.2(dB)$$

이고 여기서, $\epsilon^2 = (10^{\frac{G_r}{10}} - 1)$이다.

ii) 2.5dB ripple

$$n = \frac{\cosh^{-1}[(10^{30/10} - 1)/(10^{2.5/10} - 1)]^{1/2}}{\cosh^{-1}(2)} = 3.24$$

이므로 n=4이다.

n=4 인 경우 $f = 2f_c$=200MHz에서 L=38.65(dB)이다.

n=4 인 경우 $f = 3f_c$=300MHz에서는

$$L(3) = 10\log\{1 + 0.7783\cosh^2[4\cosh^{-1}(3)]\} = 54.1(dB)$$

이다.

실습문제 | 9.1

차단 주파수가 1(GHz)인 Butterworth 및 Tchebyshev 저역 통과 여파기에서 주파수가 2(GHz)인 지점에서의 감쇠 특성이 50(dB) 이상이 되려면 여파기를 몇 단으로 설계해야 하는지 알아보고 각 여파기가 3(GHz)일 경우의 감쇠량을 구하시오. (단 Tchebyshev의 경우 ripple 특성은 0.1(dB) 및 2.5(dB)의 두 종류에 대하여 구할 것)

해답

Butterworth 여파기의 경우 ; n=9, 54.18(dB) at 2(GHz), 85.8(dB) at 3(GHz)

Chebyshev 여파기의 경우 ;

- 0.1(dB) ripple : n=7, 57.7(dB) at 2(GHz), 84.8(dB) at 3(GHz)
- 2.5(dB) ripple : n=5, 50.08(dB) at 2(GHz), 69.45(dB) at 3(GHz))

9-6-2 저역통과 여파기 설계 실습

실습 | 9.2

여파기의 요구 규격이 다음과 같을 때 Chebyshev 여파기를 설계해 본다.

규격 :I/O impedance = 50 (Ω), n = 5단, ripple = 0.01 (dB), $f_c = 500$ (MHz)

(1) Chebyshev 원형 여파기의 소자 값을 구한다.

$$\omega_c = 1$$

$$g_0 = 1$$

$$g_1 = \frac{2a_1}{\gamma}$$

$$g_k = \frac{4a_{k-1}a_k}{b_{k-1}g_{k-1}} \qquad k = 2, 3, ..., n$$

$$g_{n+1} = 1, \qquad n = odd$$

$$g_{n+1} = \coth^2\left(\frac{\beta}{4}\right), \qquad n = even$$

여기서,

$$\beta = \ln\left[\coth\left(\frac{G_r}{17.37}\right)\right]$$

$$\gamma = \sinh\left(\frac{\beta}{2n}\right)$$

$$a_k = \sin\left[\frac{(2k-1)\pi}{2n}\right]$$

$$b_k = \gamma^2 + \sin^2\left(\frac{k\pi}{n}\right)$$

이며 g_k 값을 계산하면

$$g_0 = 1 = g_6$$

$$g_1 = 0.7563 = g_5$$
$$g_2 = 1.3049 = g_4$$
$$g_3 = 1.5773$$

이다.

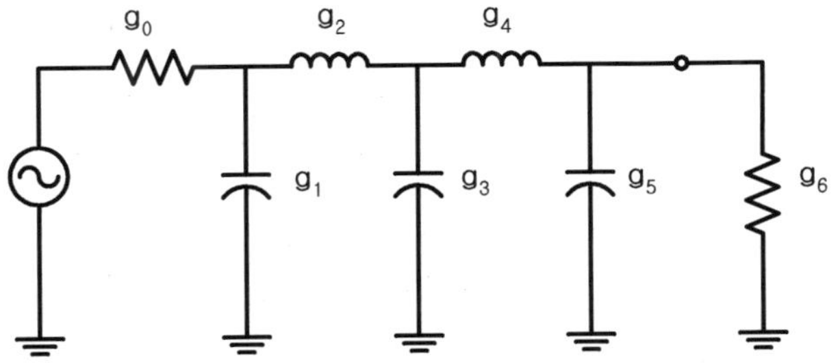

그림 9.16 〈실습 9–1〉의 원형 여파기 회로 구성

(2) 주파수 변환 및 임피던스 변환에 의한 소자 값 계산

$$R_0 = 1 \times 50 = 50\ \Omega$$

$$C_1 = g_1 \times \frac{1}{\omega_c} \times \frac{1}{Z_0} = 0.7563 \times \frac{1}{2\pi \times 0.5 \times 10^9} \times \frac{1}{50} = 4.814755338\ \text{pF} = C_5$$

$$C_3 = g_3 \times \frac{1}{\omega_c} \times \frac{1}{Z_0} = 1.5773 \times \frac{1}{2\pi \times 0.5 \times 10^9} \times \frac{1}{50} = 10.04140367\ \text{pF}$$

$$L_2 = g_2 \times \frac{1}{\omega_c} \times Z_0 = 1.3049 \times \frac{1}{2\pi \times 0.5 \times 10^9} \times 50 = 20.76812852\ \text{nH} = L_4$$

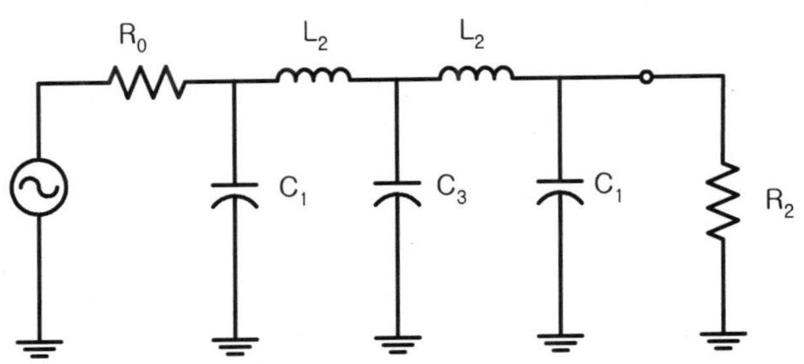

그림 9.17 〈실습 9–1〉의 저역 통과 여파기 회로 구성

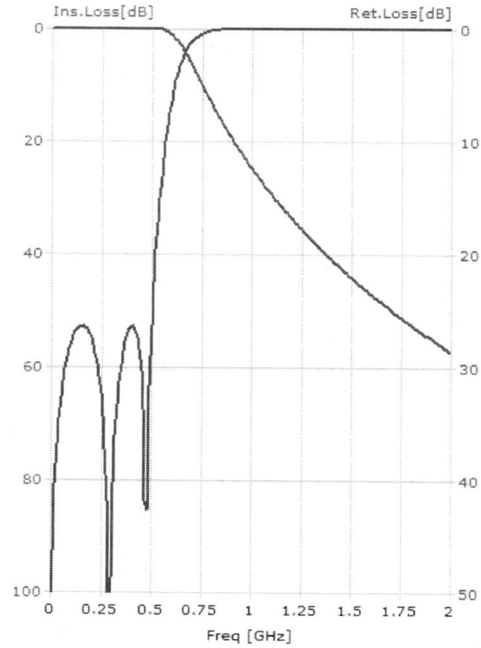

그림 9.18 〈실습 9-1〉의 저역 통과 여파기 특성

실습문제 | 9.2

Chebyshev 저역 통과 여파기의 변동(ripple)이 0.01(dB), 0.1(dB), 1(dB)에 대해 3, 5, 7, 9단인 T형 혹은 π형 저역 통과 여파기를 개인별로 한 개를 선택하여 설계하고 각 변동 값에 따른 감쇠 특성(attenuation)을 확인하라. (차단주파수 $f_c = 1(GHz)$)

해답 - $\epsilon = 0.1(dB)$, $n = 5$인 T형의 경우 ;

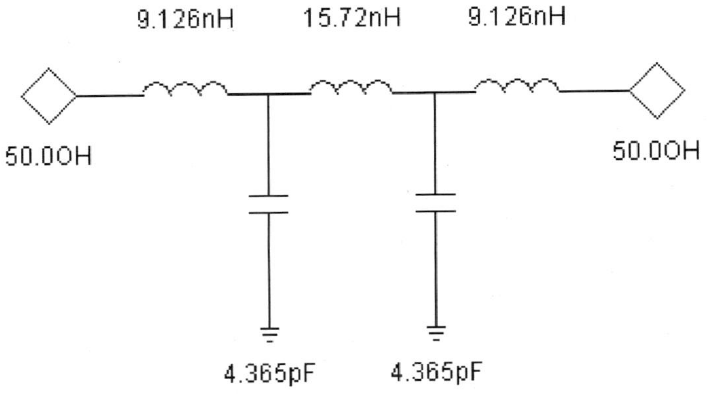

- $\epsilon = 0.1(dB)$, $n = 5$인 π형의 경우 ;

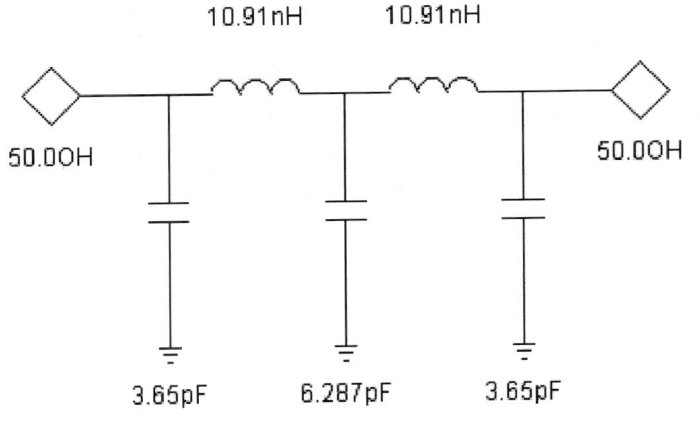

모의실험 결과

여파기의 단수와 리플 값이 증가할수록 감쇠 특성이 급격해지며 리플이 0.01dB, 0.1dB , 1dB로 변화하면 감쇠 특성은 10dB씩 개선된다. 단 단수와 리플 값이 증가하면 대역 내에서의 삽입 손실 특성이 악화된다.

(1) 동일 ripple 값에서의 단수에 대한 특성 변화(0.01dB 3 ,5, 7, 9단 특성)

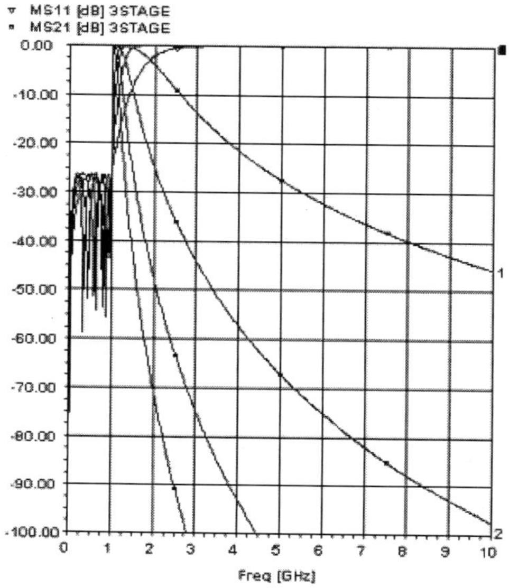

(2) 동일 ripple 값에서의 단수에 대한 특성 변화(0.1dB 3 ,5, 7, 9단 특성)

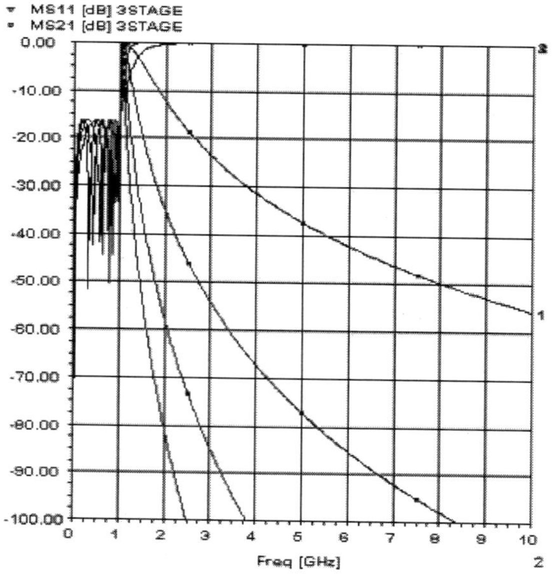

(3) 동일 ripple 값에서의 단수에 대한 특성 변화(1dB 3 ,5, 7, 9단 특성)

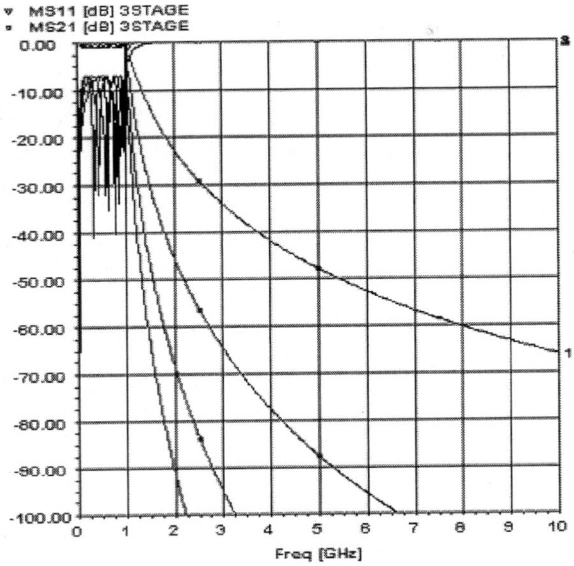

(4) 동일 단수에서의 ripple값에 대한 특성 변화(3단 0.01dB, 0.1dB, 1dB)

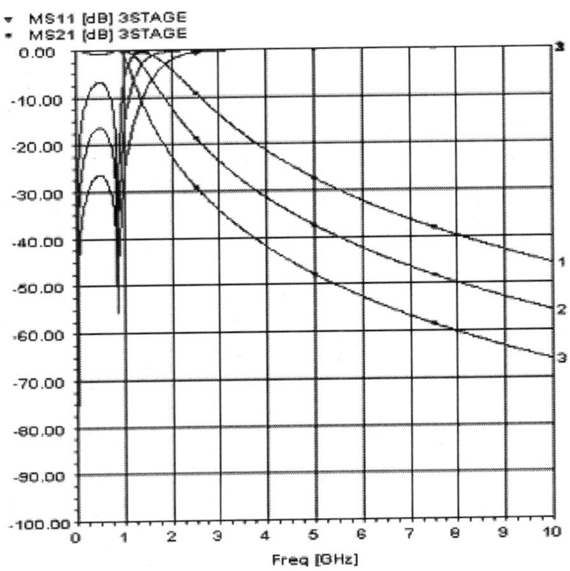

(5) 동일 단수에서의 ripple값에 대한 특성 변화(5단 0.01dB, 0.1dB, 1dB)

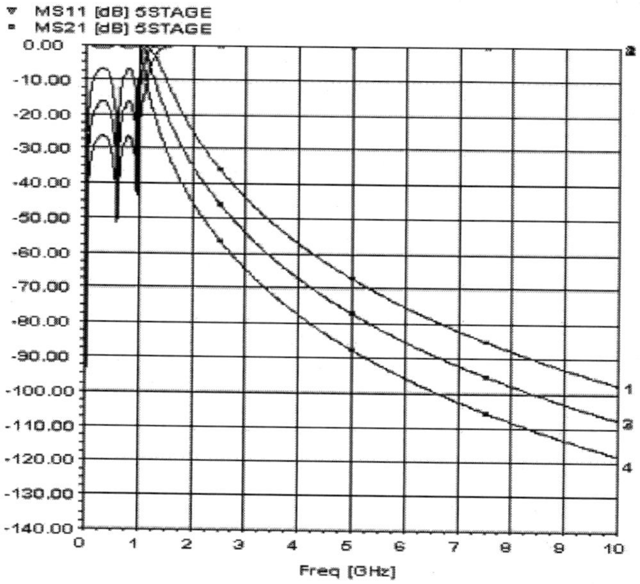

(6) 동일 단수에서의 ripple값에 대한 특성 변화(7단 0.01dB, 0.1dB, 1dB)

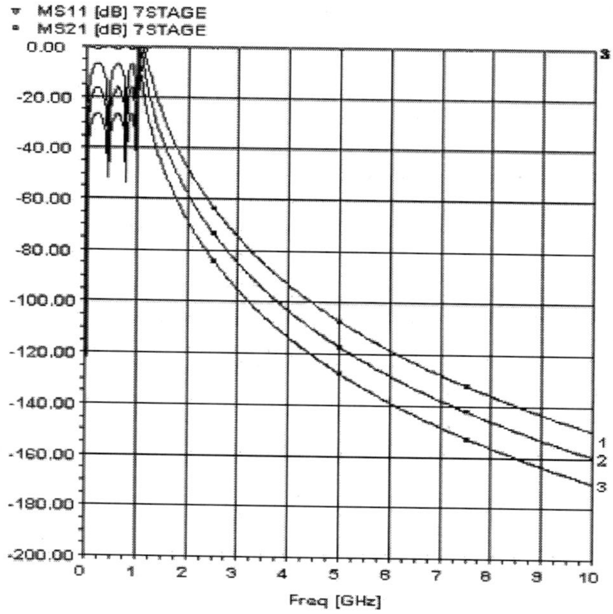

9-7 학습 평가

01 여파기의 기능과 종류에 대하여 기술해 보시오.

02 저역 통과 여파기를 설계하는 과정을 단계별로 기술해 보시오.

03 차단 주파수가 1(GHz)인 Butterworth 저역 통과 여파기와 ripple이 1(dB)인 Chebyshev 저역 통과 여파기에서 주파수가 1.5(GHz)인 지점에서의 감쇠 특성이 40(dB) 이상이 되려면 여파기를 몇 단으로 설계해야 하는지 알아보고 각 여파기가 3GHz일 경우의 감쇠량을 구하시오.

해답

Butterworth N=12, L(3GHz)=114.5dB

Chebyshev N=7, L(3GHz)=95.3dB

04 차단 주파수 f_c가 1.5(GHz)이고 단수가 5단이며 변동(ripple)이 0.5(dB)인 Chebyshev 저역 통과 여파기를 설계하시오.

해답 C1=C3=3.6(pF), C2=5.4(pF), L1=L2=6.5(nH)

9-8 참고 문헌

(1) David M. Pozar, ***Microwave Engineering***, fourth edition, John Wiley & Sons INC., 2011

(2) G. Matthaei, L. Young, and E.M.T. Jones, ***Microwave Filters, Impedance-Matching Networks, and Coupling Structures***, Mc-Graw Hill, 1964

Chapter 10

단파 대역 여파기 설계 및 제작

이 장에 기술된 관계 지식을 학습하고 설계 및 제작 실습을 마치게 되면

- 단파 대역 저역 통과 여파기에 대한 설계에서부터 모의실험, 제작, 특성 실험, 그리고 보고서 작성의 전 과정에 대한 이론과 기술을 체험함으로써 무선 통신 부품 및 시스템의 개발에 대한 구체적인 실무 적용 기술을 확보할 수 있고
- 단파 대역 회로에 대한 제작 과정에서 필요한 부품 선택 및 제작 기술을 가질 수 있으며
- 범용적인 회로 해석 프로그램(P-SPICE)을 이용하여 산란 변수(s-parameter)를 계산하고 여파기의 특성 검증 및 최적화하는 모의실험 기술을 가질 수 있고
- 회로망 분석기(network analyzer)를 이용한 측정 기술과 결과 데이터 처리 기술을 확보할 수 있다.

10-1 개 요

단파 대역이란 주파수가 3(MHz)에서 30(MHz) 사이의 대역으로, 이 주파수 대역의 신호는 지구 상공의 약 100(Km)부근부터 시작되는 전리층에서의 전파의 반사 특성으로 인하여 장거리 통신이나 방송에 널리 사용된다. 이 주파수 대역은 회로 설계 관점에서 보면 분포 정수 회로라고 하기에는 파장이 길어 집중 정수 회로에 가까우나, 일반적인 저주파 회로보다는 전파 간섭이나 손실 측면에서 세심한 주의를 필요로 한다. 이번 장에서는 분포 정수 회로 형태의 여파기 제작에 앞서 단파 대역 저역 통과 여파기에 대하여 설계부터 모의실험, 제작 및 특성 측정까지의 전 단계를 수행하는데 필요한 기술을 확보할 수 있도록 한다.

설계 이론에 입각하여 설계된 회로를 모의실험(simulation)에 의해 검증하고 최적화하는 도구로 범용적인 CAD 회로 해석 프로그램인 P-SPICE를 사용하도록 하였다. 또한 제작 과정에서 부품의 선택과 회로의 구성이 여파기의 성능에 미치는 영향을 고려할 수 있도록 하여 실무 기술 적용 능력을 가질 수 있도록 하였다. 그리고 여파기 소자인 인덕터를 단파 대역에서 제작하여 사용하는 방법을 기술하였다. 제작된 여파기의 성능을 고주파 신호 발생기와 스펙트럼 분석기를 이용하여 측정하는 방법과 회로망 분석기(network analyzer)를 이용하여 측정하는 방법을 모두 기술함으로써 특성 측정에 대한 이해를 넓힐 수 있도록 하였다. 측정된 특성 데이터를 보고 및 데이터 관리를 위하여 가공하는 방법과 보고서를 작성하는 방법을 제시함으로써 공학도가 간과하기 쉬운 서류화 작업 기술을 가질 수 있도록 하였다.

10-2 단파 대역 저역 통과 여파기 설계

규격이 주어지면 먼저 어떠한 형태의 여파기로 설계할 것인지를 결정해야한다. 통과 대역 내의 변동(ripple) 특성과 저지 대역의 감쇠 특성을 감안하여 시스템 엔지니어링 측면에서 결정되는데, 여기서는 가장 많이 사용되는 Chebyshev 여파기로 가정하고 설계과정을 정리하였다. 단수 n과 변동 허용 범위인 G_r이 결정되면 그림 10.1과 같은 구조의 원형 여파기에 대한 소자 값을 식(10-1)에서 식(10-5)를 이용하여 구할 수 있다.

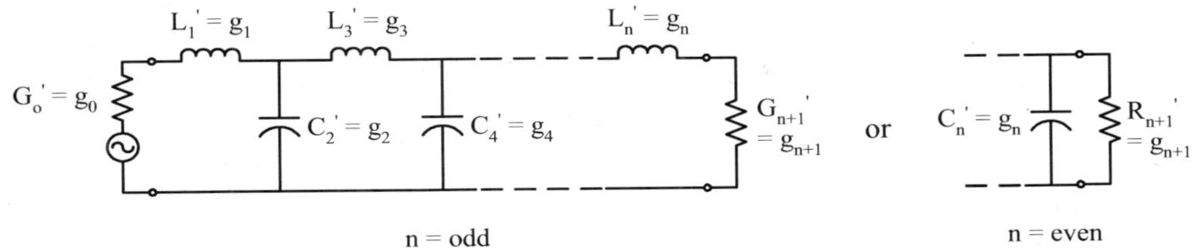

(a) T-형 프로토타입 회로

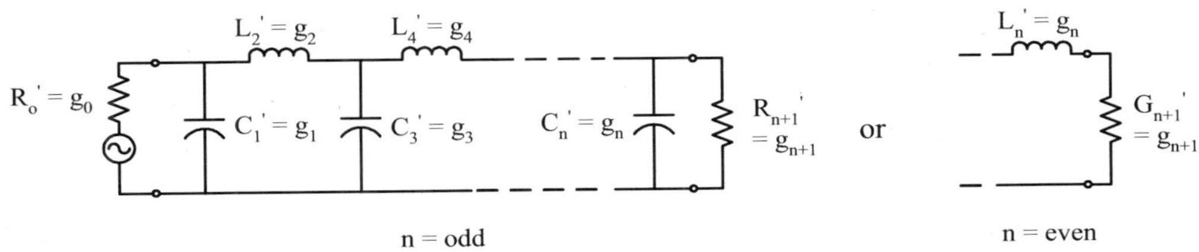

(b) π-형 프로토타입 회로

그림 10.1 원형 저역 통과 여파기 구조

$$\omega_c = 1 \qquad \cdots\cdots \ (10\text{-}1)$$

$$g_0 = 1 \qquad \cdots\cdots \ (10\text{-}2)$$

$$g_1 = 2a_1 / \gamma \qquad \cdots\cdots \ (10\text{-}3)$$

$$g_k = \frac{4a_{k-1}a_k}{b_{k-1}g_{k-1}} \qquad \cdots\cdots \ (10\text{-}4)$$

$$\begin{aligned} g_{n+1} &= 1, \quad n \ : odd \\ &= \coth^2\left(\frac{\beta}{4}\right), \quad n \ : even \end{aligned} \qquad \cdots\cdots \ (10\text{-}5)$$

위의 식들에서 β, γ, a_k, b_k는 식(10-6)에서 식(10-9)와 같다.

$$\beta = \ln\left[\coth\left(\frac{G_r}{17.37}\right)\right] \qquad \cdots\cdots \ (10\text{-}6)$$

$$\gamma = \sinh\left(\frac{\beta}{2n}\right) \qquad \cdots\cdots \ (10\text{-}7)$$

$$a_k = \sin\left[\frac{(2k-1)\pi}{2n}\right] \qquad \cdots\cdots \ (10\text{-}8)$$

$$b_k = \gamma^2 + \sin^2\left(\frac{k\pi}{n}\right) \qquad \cdots\cdots \ (10\text{-}9)$$

그림 10.1의 여파기 구조에서 설계자가 T형과 π형 중에서 하나를 선택하여 여파기 회로 구조를 결정해야 한다. 이론적으로는 동일한 특성을 가질 수 있으나 단파 대역에서는 인덕터의 개수를 작게 사용하여 제작할 수 있는 (그림10-2)와 같은 π형 여파기를 사용하는 것이 유리하다. 왜냐하면 일반적으로 콘덴서가 인덕터에 비해 가격이 저렴하고 공학적인 측면에서는 여파기 손실에 영향을 주는 Q값이 높기 때문이다. 그리고 뒤의 제작에서도 인덕터는 페라이트 코아(ferrite core)에 철심을 감아서 직접 만들어서 사용해야 하기 때문에 사용 개수를 줄이는 것이 바람직하다.

이제 원형 여파기의 소자 값을 실제의 차단 주파수와 종단 임피던스를 고려하여 실제의 소자 값으로 변환해 주어야 한다. 먼저 원형 여파기의 소자 값인 g_k로부터 그림 10.2에서와 같이 $R^{'}$, $L^{'}$, $C^{'}$ 값이 결정된다. 실제적인 종단 임피던스 Z_0와 실제적인 차단 주파수 f_1을 감안한 ω_1이 적용된 여파기의 최종 소자 값인 R, L, C는 식(10-10)에서 식(10-12)에 나타낸 바와 같이 구할 수 있다.

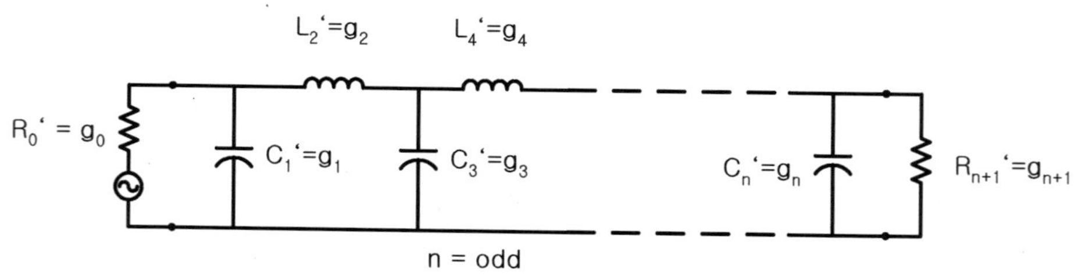

그림 10.2 설계에 적용되는 원형 저역 통과 여파기 구조

$$R = Z_0 R^{'} \qquad \cdots\cdots \ (10\text{-}10)$$

$$L = \left(\frac{Z_0}{\omega_1} \right) L' \qquad \cdots\cdots \ (10\text{-}11)$$

$$C = \left(\frac{1}{Z_0 \omega_1} \right) C' \qquad \cdots\cdots \ (10\text{-}12)$$

10-3 모의실험(simulation)

설계된 회로를 직접 제작하여 성능을 측정해 보는 것은 경제적인 관점과 공학적인 관점에서도 바람직하지 못하다. 설계된 회로가 원하는 특성을 가지는지를 검증하고 회로를 최적화하기 위해 제작에 앞서 모의실험 과정을 거치는 것이 현재의 추세이며 필수적인 과정으로 자리 잡고 있다. 여기서 최적화란 여러 가지 의미로 해석할 수 있으나, 우선은 설계된 값은 이론적인 값으로, 실제 구현이 불가능한 경우에 실제 적용 가능한 값을 찾는 과정으로 이해할 수 있다. 여기서는 단파 대역임을 감안하여 범용적인 회로 해석 프로그램인 P-SPICE version 8.0 학생판을 사용하여 모의실험을 수행하는 과정을 설명하였다.

프로그램에 따라 사용 방법상의 차이가 존재할 수 있으나 근원적인 원리와 사용 절차는 유사하여 다른 프로그램으로 적용하는데 무리가 없을 것으로 판단된다. 또한 초고주파용 모의실험 프로그램과 P-SPICE와 같은 범용적인 프로그램과는 집중 정수 회로를 해석하는 데에도 적용 방법상에 차이가 존재하나 원리를 이해함으로써 사용상에 지장이 없도록 처리하여 사용할 수 있다.

10-3-1 회로도(schematic) 작성

P-SPICE는 일반적인 회로 해석용 프로그램이므로, 일반적인 저주파 회로의 해석과 적용하는 방법과 초고주파 회로에서 적용하는 방법상의 차이를 감안하여, 회로도의 작성 및 모의실험을 실행해야 한다. 우선 일반적인 회로에서 전원과 같은 소스의 이상적인 내부 임피던스는 0(ohm)이므로 P-SPICE에서는 소스의 임피던스가 대부분 0(ohm)으로 설정되어 있다. 이와는 달리 고주파 회로에서는 소스나 부하의 임피던스가 50(ohm)을 사용하는 경우가 대부분이다. 이를 해결하기 위해서는 P-SPICE의 전압 소스 외부에 50(ohm) 저항을 삽입하여 모의실험을 실행한 후에 결과에서 이를 보상해 주어야 한다. 즉, 출력 전압의 경우에는 삽입한 50(ohm) 저항에 전압의 1/2이 걸

리게 되므로 6dB를 올려 주어야 한다. 이것은 외부에서 소스의 임피던스가 50(ohm)이 되도록 50(ohm) 저항을 추가하였으므로 최종 출력단에서 이 50(ohm)단에서 소모된 출력을 보상하는 것으로 이해할 수 있다.

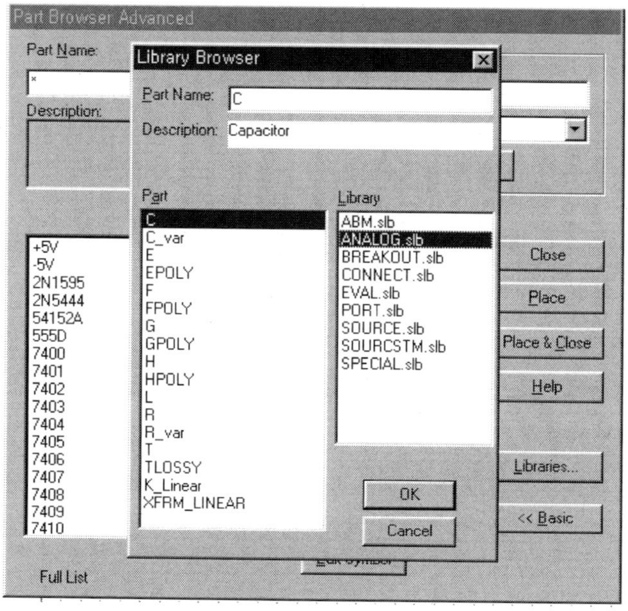

그림 10.3 부품 가져오기를 위한 메뉴 바

(1) 부품 가져오기 : 설계된 회로에서 사용되는 부품을 먼저 회로도로 가져온다. 여파기의 경우 저항 R, 인덕터 L, 콘덴서 C, 전압 소스 VAC, 접지 GND를 회로도로 불러와야 하는데 단축 아이콘인 [icon]을 사용하거나 'Draw' 메뉴 내부의 'Get New Part'에서 불러올 수 있다. 각 부품들은 부품의 성격별로 그림 10.3과 같이 심볼 라이브러리(slb, symbol library)에 모아져 있다. R, L, C의 경우는 'ANALOG.slb'에 VAC는 'SOURCE.slb'에 GND_analog는 'PORT.slb'에서 찾을 수 있다. 같은 부품을 여러 개 사용하는 경우는 부품을 복사해서 사용할 수 있다.

(2) 화면상에서 부품 배치하기: 회로도를 작성하기 위해서는 불러온 부품을 그림 10.4와 같이'EDIT'메뉴 바에서 'Rotate' 나 'Flip'을 활용하여 회로도 내에서 부품이 연결할 수 있도록 적절하게 배치한다.

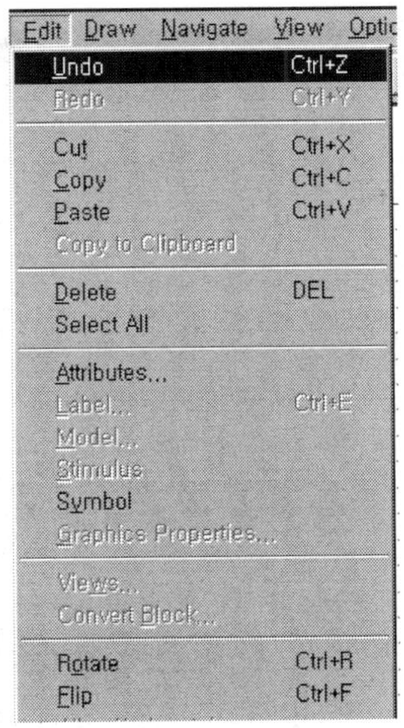

그림 10.4 부품 배치를 위한 EDIT 메뉴 바

(3) 선 그리기 : 회로도 내에서 부품의 배치가 끝나면 단축 아이콘인 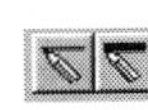를 이용하여 선을 그리거나 'Draw' 메뉴에 들어있는 'Wire'를 사용하여 선을 그림으로써 부품들을 연결하여 회로도를 완성한다. 단축 아이콘 중에서 굵은 선은 버스 라인으로 IC의 연결에 사용되는 것이다.

(4) 소자 값 입력하기 : 부품의 속성을 설계된 회로에 맞도록 바꾸어야 하는데 반 소자인 경우는 해당 부품을 더블 클릭(double click) 함으로써 (그림10-5)와 같은 창에서 소자 값을 바꾸어 주어야 한다. VAC의 경우는 주파수에 따른 이득 특성을 볼 것이므로 전압을 1(V)로 지정해 주면 된다.

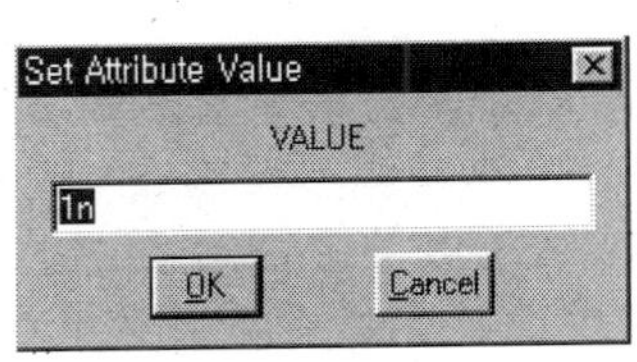

그림 10.5 부품의 소자 값 변경을 위한 창

(5) 출력단에 marker 설정하기 : 모의실험을 실행하여 살펴볼 결과를 지정해야 하는데, 소자에서의 전압이나 전류 등 여러 가지를 지정할 수 있다. 여기서는 부하에서의 전압을 측정함으로써 여파기의 전달 함수 특성을 보는 것이 목적이므로, 전원에서 1(V)의 입력에 따른 부하에서의 출력 전압을 보면 주파수에 따른 전달 함수인 S21 특성을 볼 수 있다.

전달 함수 특성을 dB 단위로 보는 것이 편리하므로 그림 10.6과 같이 'marker' 메뉴 내에 있는 'Marker Advanced' 내의 Vdb를 부하에 지정한다. P-SPICE schematic에서 작성된 최종 회로도는 그림 10.7과 같다.

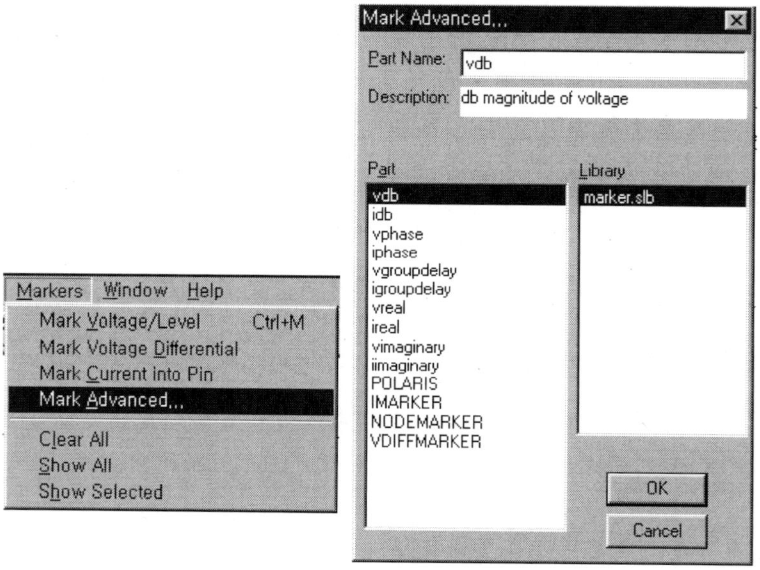

그림 10.6 회로도에 marker 지정을 위한 창

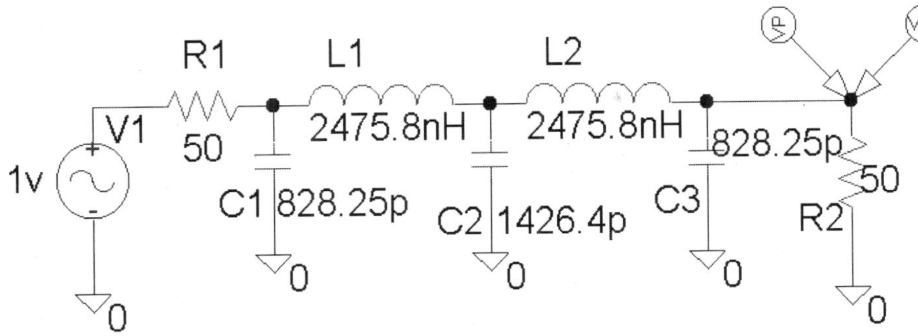

그림 10.7 schematic 내에서 작성된 회로도

10-3-2 모의실험 설정 및 실행

(1) 모의실험 형태 설정하기 : 여파기의 특성을 측정하기 위해서는 주파수의 변화에 따른 입력과 출력의 비인 이득 특성을 얻어야 하므로 AC sweep 형태의 모의실험을 실행해야 한다. 이를 위해서는 단축 아이콘인 나 'Analysis' 메뉴 내의 'Setup'을 이용하여 그림 10.8과 같이 모의실험 형태(Simulation Type)를 AC sweep으로 설정해야 한다.

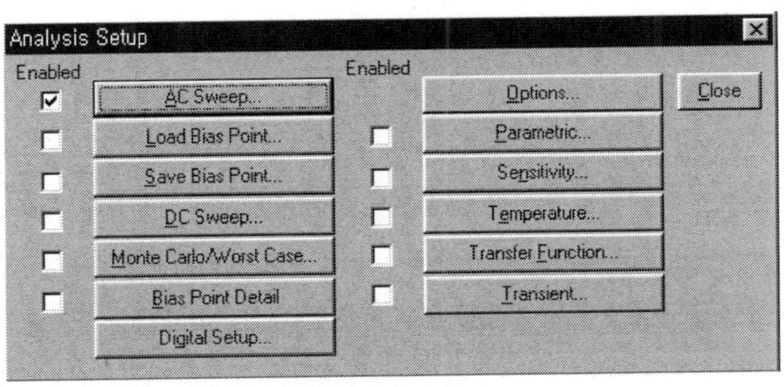

그림 10.8 모의실험 형태 설정을 위한 창

AC Sweep을 선택하여 그림 10.9와 같은 창에서 'AC Sweep Type'은 'Linear'로 선택하고 주파수는 'Sweep parameters'에서 예를 들어 10(Hz)에서 15(MHz)로 설정한다. 시작 주파수를 0(Hz)로 설정하는 경우에 전달 함수의 특성이 무한대와 같은 프로그램이 처리할 수 없는 결과가 발생할 수가 있어 피하는 것이 좋다. 'Total Pts'는 시작 주파수와 끝 주파수 사이에서 프로그램 상에서 해석해주는 주파수 개수를 나타낸다.

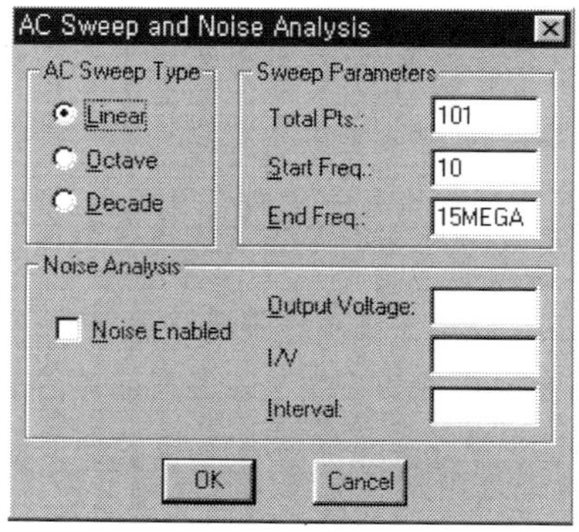

그림 10.9 모의실험에서 AC sweep 설정을 위한 창

(2) 모의실험 실행하기 : schematic 저장 후에 모의실험을 실행하게 되는데 단축 아이콘 를 사용할 수도 있고 'Analysis' 메뉴 내에서 'Simulate'를 사용하여 실행시킬 수 도 있다.

10-3-3 모의실험 결과 파형 및 데이터 보기

(1) 교류 해석(AC Analysis)에서 보드 선도(Bode Plot) 출력 보기 : 모의실험을 실행하면 주파수를 나타내는 x축과 입력 전압이 1(V)인 경우에 대한 부하에서의 출력 전압을 나타내는 y축의 형태로 출력된다. x축과 y축 모두가 marker를 VdB로 지정하였기 때문에 대수(log) 척도로 표시된다. x축의 표현 방식은 일반적인 선형 척도로 보는 것이 특성을 파악하기가 편하므로, x축을 일반 척도로 변환하는 것은 x축을 더블 클릭 함으로써 그림 10.10의 창에서 'Scale'을 'Linear'로 변경하여 변환할 수 있다.

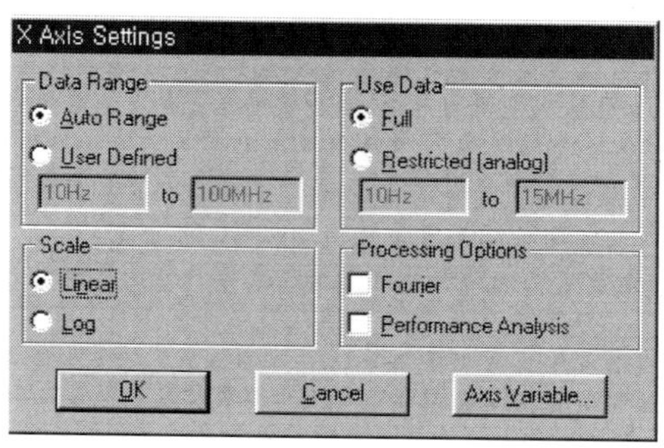

그림 10.10 모의실험 결과 파형에서 x축 설정을 위한 창

(2) P-SPICE에서 S11과 S21을 최종 출력으로 보기 : P-SPICE에서는 초고주파회로 해석에서 많이 사용하는 S-parameter를 지원하지 않는다. 그러나 결과 파형에서 결과를 수정할 수 있는 'Modify Trace'를 이용하여 S21과 S11을 최종 출력으로 볼 수 있다.

S21의 경우는 입력 1(V)에 대한 출력단의 전압 비인 현재의 출력단에 걸리는 전압(vdb)에, 앞에서 소스의 임피던스를 맞추기 위해서 삽입한 저항에 걸리는 전압을 감안하여 +6(dB)를 더하여 보상함으로써 S21을 구할 수 있다. 그림 10.11에 나타낸 출력 파형 내의 노드 전압 표시 부분을 더블 클릭 함으로써 전압을 수정할 수 있다.

그림 10.11 모의실험 결과 파형에서 S21 설정을 위한 수정

S11의 경우에는 여파기의 입력 노드에서에서의 전압과 전류의 비로부터 입력 임피던스를 구할 수 있으므로, 결과 파형의 'add trace'나 단축 아이콘 을 사용하여 식(10-13)을 그림 10.12와 같이 'Trace Expression'에 적용하여 구할 수 있다.

$$S_{11}(dB) = 20\log(\frac{Z_{in} - Z_0}{Z_{in} + Z_0}) = 20\log(\frac{V_{in}/I_{in} - 50}{V_{in}/I_{in} + 50}) \qquad \cdots\cdots \text{(10-13)}$$

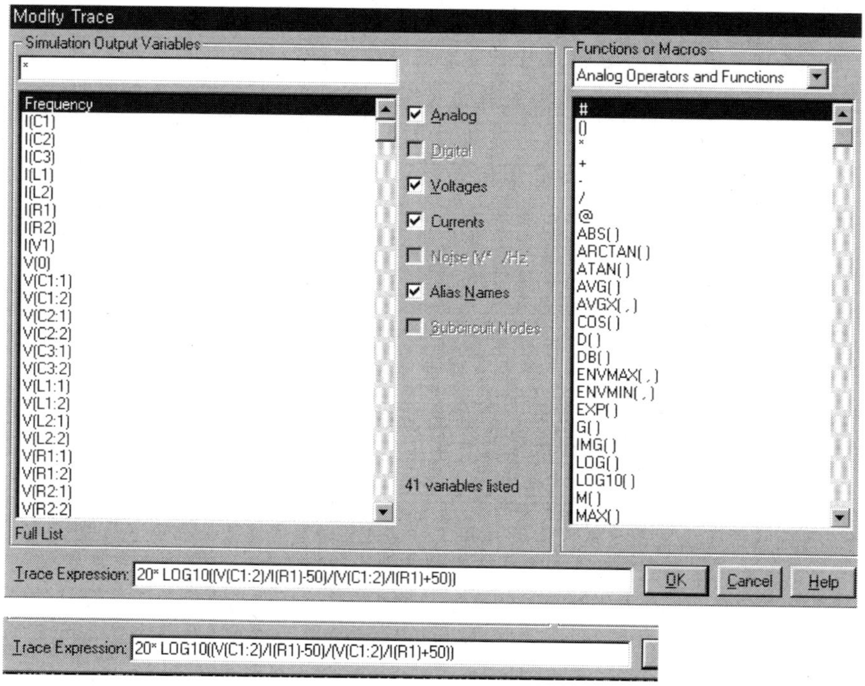

.그림 10.12 모의실험 결과 파형에서 S21 설정을 위한 수정

모의실험에 적용된 회로에 따라 입력 노드가 다르므로 여파기 입력단인 첫 번째 콘덴서에 걸리는 전압과 소스의 임피던스를 맞추기 위해 삽입한 저항에 흐르는 전류를 V_{in}과 I_{in}으로 생각하여 적용하여야 한다. 그림 10.13에 S21과 S11을 P-SPICE에서 구한 최종 결과를 나타냈다.

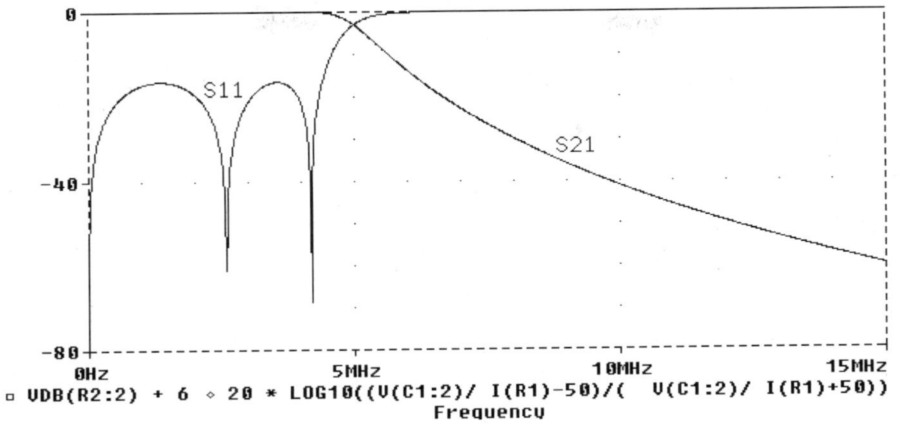

그림 10.13 P-SPICE를 이용하여 구한 S11과 S21 결과 파형

.파형의 범위를 변경하고자 할 경우에는 x축 및 y축을 더블 클릭하여 변경할 수 있으며, 파형의 정확도를 높이고자 할 경우에는 앞의 'simulation setup'에서 'Sweep parameter'의 'total points'를 증가시켜 모의실험을 실행하면 된다. 여파기 제작 후에 측정치와 비교하기 위해서는 계측기에서 지원되는 측정 주파수 개수와 맞추는 것이 편리하다. 그림 10.14는 여파기의 변동(ripple)특성을 보기 위하여 y축을 -3(dB)에서 0(dB)까지만 볼 수 있도록 변경하여 얻은 파형이다.

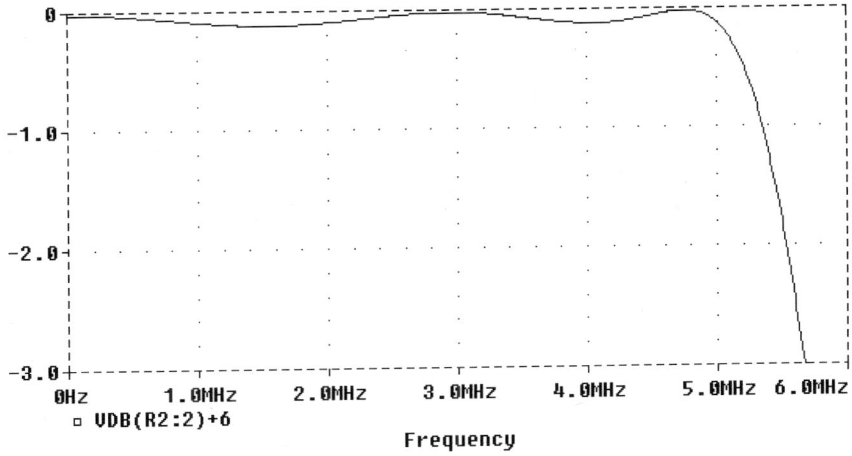

그림 10.14 S21의 변동 특성을 관찰하기 위한 결과 파형

(3) 데이터 파일의 복사를 통한 데이터 저장 및 활용 : 앞에서도 언급하였지만 측정 데이터와 모의실험 결과 데이터를 한 도표에서 보고 싶다거나, 보고 자료나 개발에 대한 서류화 작업 등을 위해서 모의실험 결과를 데이터 형태로 저장할 필요가 있다.

이를 위해 (그림10-15)와 같이 결과 파형에서 'Trace name' 선택한 후에 'Edit' 메뉴 내의 'Copy'를 통해 데이터를 저장하거나 응용 프로그램으로 데이터를 이전할 수 있다.

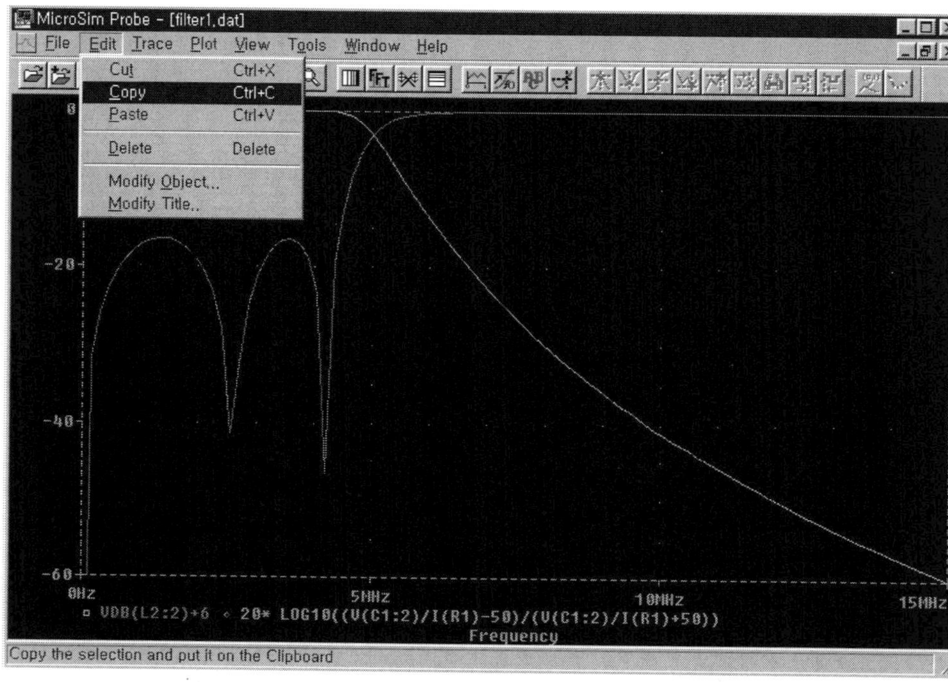

그림 10.15 데이터 파일의 복사를 위한 창

일반적으로 데이터 처리 및 활용을 위한 프로그램은 MS 오피스의 엑셀 프로그램을 많이 활용한다. 저장된 데이터를 엑셀 프로그램으로 이전하여 그림 10.16과 같은 차트 마법사를 이용하여 원하는 형태의 그래프로 바꿀 수 있다.

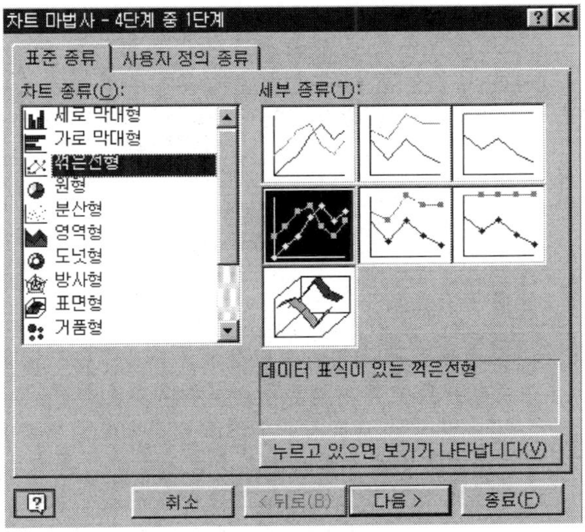

그림 10.16 엑셀 프로그램의 차트 마법사

그림 10.17은 그림 10.15의 데이터를 엑셀로 이전하여 차트 마법사를 이용하여 얻은 결과 파형이다.

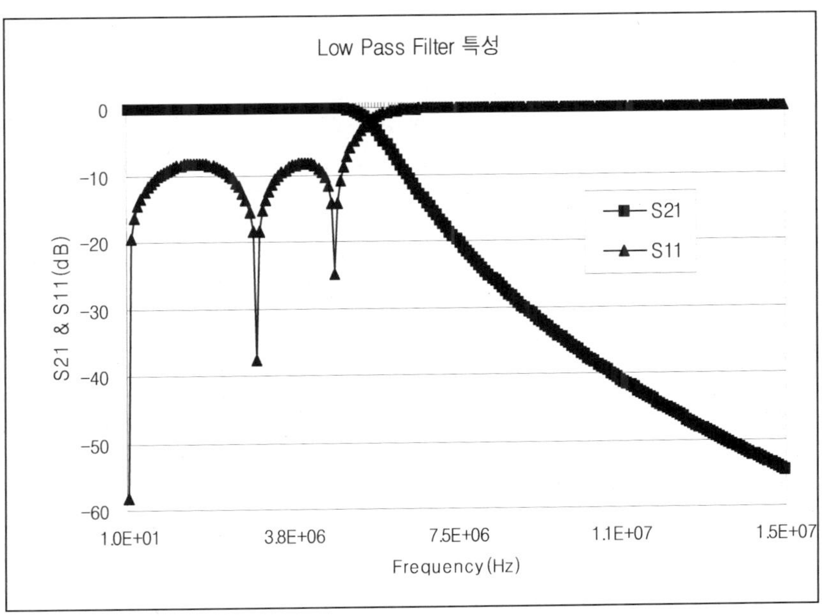

그림 10.17 엑셀 프로그램에 의한 출력 파형

실습문제 | 10.1

차단 주파수 f_c가 10(MHz)이고 단수가 5단이며 변동(ripple)이 0.2(dB)인 Chebyshev 저역 통과 여파기를 설계하여, P-SPICE를 이용하여 모의실험을 실시하여 특성을 확인하고, P-SPICE 결과 데이터와 엑셀 프로그램을 이용하여 여파기의 S11과 S21 특성을 그리시오.(주파수 대역은 30(MHz)까지 나타낸다.)

해답

- 설계 결과 ;

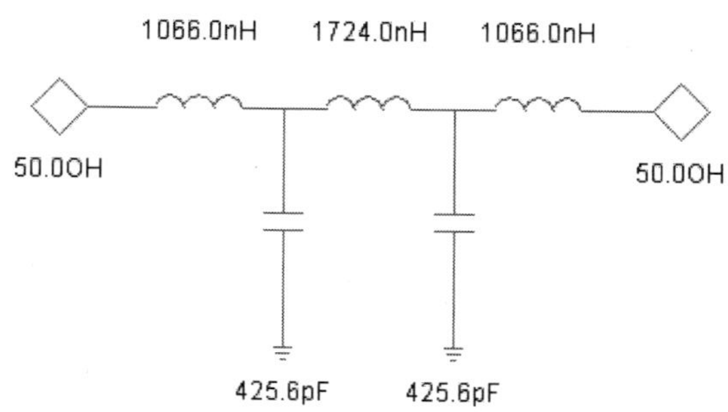

- 모의실험 결과 ;

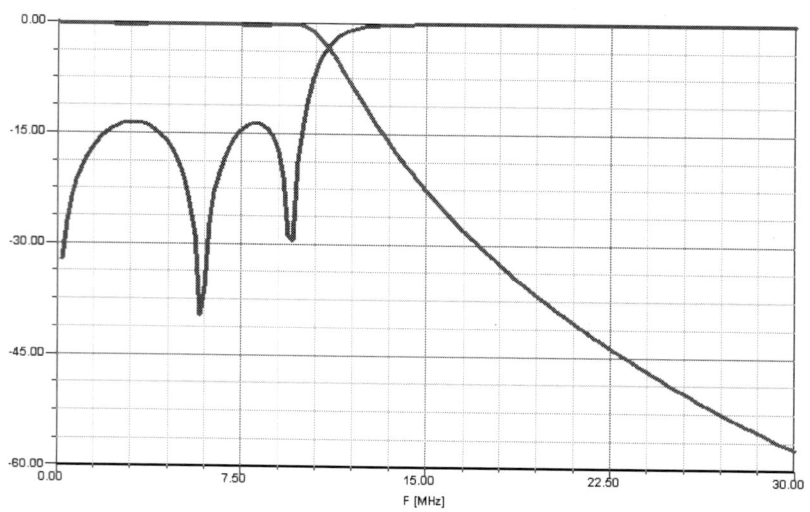

10-4 단파 대역 여파기 제작

10-4-1 사용 기판 및 소자

단파 대역의 여파기를 제작하기에 앞서서 사용할 소자를 선택해야 한다. 우선 사용 가능한 콘덴서를 살펴보면 mica capacitor, ceramic capacitor, 플라스틱 필름 capacitor, 전해(electrolytic) capacitor, 그리고 chip capacitor 등을 들 수 있다. mica capacitor는 mica(운모)와 금속편(metal foil)을 번갈아 쌓은 후 절연 물질로 포장한 형태이고, ceramic capacitor는 ceramic disk형 형태나 다층 구조 형태를 가지고 있다. 플라스틱 필름 capacitor는 플라스틱 필름 혹은 mylar을 외부 및 내부 foil이 감싼 후 나선 구조로 말은 형태이다. 전원 안전용으로 많이 사용되는 전해(electrolytic) capacitor는 극성을 갖고 있으며, 표면 실장용(surface mounted)으로 많이 사용되는 chip capacitor 혹은 다층 칩 캐패시터(MLC : multi-layer chip capacitor)는 소형의 구조를 가지고 있다. 성능과 가격 면을 고려할 때 단파 대역이어서 성능 상에 큰 제약은 받지 않으므로 만능 기판에 사용하기에는 ceramic capacitor나 필름 capacitor가 적절하다.

콘덴서의 경우는 다양한 소자 값과 다양한 형태의 제품을 손쉽게 구할 수 있으나, 인덕터의 경우는 가격적인 측면이나 성능 면에서 쉽게 구하여 사용하기가 상대적으로 어렵다. 그래서 인덕터는 300(MHz)가 상한인 VHF 대역까지는 직접 만들어 사용할 수 있다. 직접 적용할 수 있는 인덕터의 종류로 공심 형태인 air-core 인덕터와 환형 ferrite core 인덕터를 들 수 있다.

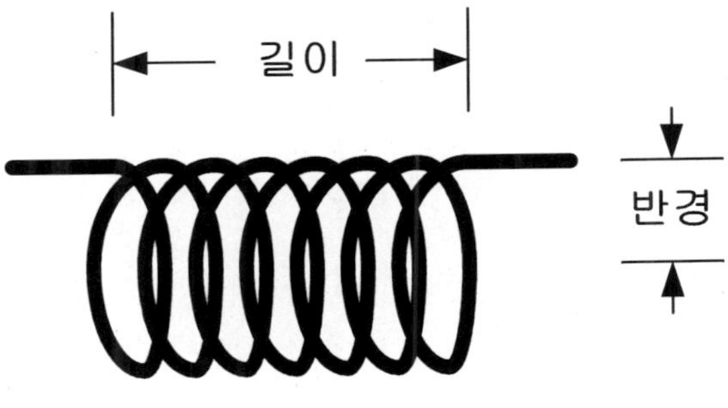

그림 10.18 Air core 인덕터 구조

공심 형태인 air-core 인덕터의 형태는 그림 10.18에 나타낸 바와 같이 굵은 철심을 감아서 사용한다. 인덕턴스 값은 철심을 감는 반경과 감은 횟수, 그리고 감겨진 코일의 길이에 따라 식(10-14)와 같이 구할 수 있다. 수식에서 N은 turn 수이며 r은 core의 반지름(cm), 그리고 l은 core의 길이(cm)를 나타낸다. air-core 인덕터의 경우에 Q 성능은 양호하나 큰 인덕턴스 값을 얻기에는 한계를 가지고 있다.

$$L = \frac{0.394r^2N^2}{9r+10l}(\mu H) \qquad \cdots\cdots (10\text{-}14)$$

단파 대역에서 실제로 많이 사용되는 인덕터는 환형(toroidal) ferrite core 형태의 toroidal 인덕터이다. 환형 인덕터는 그림 10.19와 같은 환형의 ferrite 코어에 얇은 철심을 감아서 만든 것으로 ferrite의 특성으로 인하여 Q 성능이 상대적으로 낮으나, 높은 인덕터 값을 가지게 할 수 있다. 왜냐하면 자성체인 ferrite에 자기 에너지를 많이 가지게 할 수 있기 때문이다.

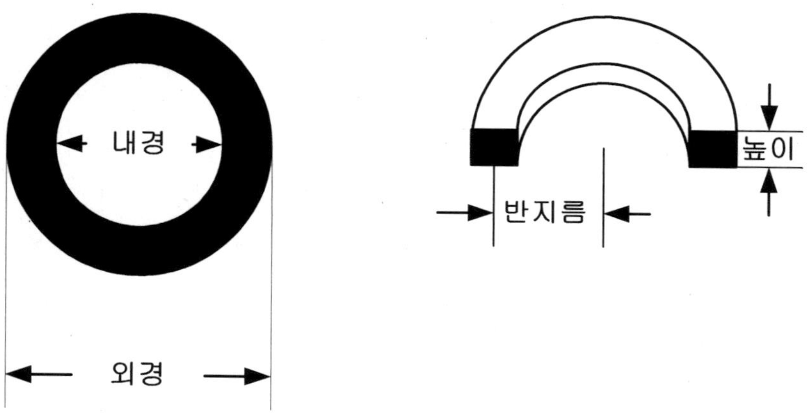

그림 10.19 toroidal ferrite core 구조

환형 인덕터의 인덕턴스 값은 식(10-15)에 따라서 구할 수 있다. 여기서 N은 ferrite core를 철심으로 환형의 구조를 따라서 감는 turn 수를 나타내고, μ_i는 내부 투자율(initial permeability)을 나타낸다. A_c는 toroid의 단면적(cm^2)이며, l_e는 flux의 실효 길이(cm)를 나타내므로 환형 코아의 원주로 생각할 수 있고, A_L은 inductance index(nH/$turn^2$)이다.

$$L = \frac{0.4\pi N^2 \mu_i A_c \times 10^{-2}}{l_e} (\mu H) \text{ 혹은 } L = N^2 A_L (nH) \qquad \cdots\cdots \text{(10-15)}$$

toroidal ferrite core의 적용 예로 그림 10.20에 여러 가지 ferrite 재질의 특성에 대한 data sheet를 나타냈다. Q2T623이라는 제품에 대하여 설명하면 Q2는 core의 재질을 나타내고, data sheet에서 그 특성을 알 수 있다. T는 toroidal 즉, 환형이라는 형태를 나타내고, 6은 환형 코아의 외경, 2는 코아의 두께, 그리고 3은 코아의 내경을 나타낸다.

결국 설계 결과로 얻은 인덕턴스 값에 해당하는 인덕터를 제작해야 하는데 ferrite core의 형태가 toroidal(환형)인 경우에 주어진 L값으로부터 N(turn 수)을 구해야 한다. 구하는 과정에서 식(10-15)를 이용함에 있어서 적용하는 단위를 주의해야 한다. 예로든 Q2T623의 경우에 toroid의 단면적(A_c)을 대입할 때 cm단위로 해야 하므로 0.15x0.2를 적용해야 한다. 또 toroid의 flux의 실효 길이(l_e)을 대입할 때도 단위가 cm이므로 2πx0.225를 적용해야 하며, 마지막으로 L값이 μH 단위로 표시됨을 주의하여야 한다. 예로써 L값이 2600(nH)인 경우에 L= 2.6(μH)= 0.0533 N^2 이므로 N은 6.98정도가 나오게 된다. 식(10-15)에서 inductance index(A_L)는 53.3임을 알 수 있다.

MATERIAL CHARACTERISTICS

Material	Practical frequency	Initial permeability μi	Relative loss foctor tanδ/μi	Temperature factor of initial permeability αμir	Curie temperature Tc	Saturation magnetic flux density Bs	Remanent flux density Br	Coercive force Hc	Electrical resistivity ρv	Density db
	(MHz)		×10⁻⁶	×10⁻⁶/°C [20 to 60°C]	(°C)	(mT)	(mT)	(A/m)	(Ω-m)	(kg/m³)
L6	0.01 to 0.5	1500±25%	<10[0.01MHz] <60[0.5MHz]	1 to 3	>100	280[1.6kA/m]	105	16	10^5	5×10^3
L6E	0.01 to 0.5	1200±25%	<10[0.01MHz] <60[0.5MHz]	6 to 10	>100	290[1.6kA/m]	140	16	10^5	5×10^3
L5	0.1 to 1.5	750±25%	<15[0.1MHz] <280[1.5MHz]	1 to 3	>120	310[1.6kA/m]	105	40	10^5	5×10^3
L9	0.1 to 1.5	210±25%	<40[0.1MHz] <140[1.5MHz]	0 to 2	>150	250[1.6kA/m]	140	278	10^5	4.9×10^3
L7H	0.05 to 1	800±25%	<12[0.05MHz] <80[1MHz]	7 to 15	>180	390[4kA/m]	220	16	10^5	5.1×10^3
M8N	0.5 to 20	70±25%	<130[0.5MHz] <350[20MHz]	−3 to 3	>300	360[4kA/m]	275	716	10^5	5×10^3
M10N	0.5 to 15	50±25%	<100[0.5MHz] <300[15MHz]	−8 to −2	>300	310[4kA/m]	160	720	10^5	5×10^3
M9N	0.5 to 30	45±25%	<200[0.5MHz] <350[30MHz]	−5 to 5	>300	320[4kA/m]	245	955	10^5	5×10^3
M2N	10 to 120	12±25%	<1500[100MHz]	−10 to 10	>330	220[8kA/m]	150	1320	10^5	5×10^3
Q1C	0.1 to 2	250±25%	<35[0.1MHz] <110[2MHz]	9 to 15	>125	290[1.6kA/m]	140	119	10^5	5×10^3
Q2	0.1 to 5	200±25%	<25[0.1MHz] <100[5MHz]	25 to 65	>150	360[1.6kA/m]	240	48	10^5	5×10^3

그림 10.20 ferrite core 재질 특성 sheet

참고로 식(10-15)가 유도된 과정을 살펴보면, magnetic flux(Ψ)는 물리적으로 보면 magnetic flux density(B)에 면적 A_c을 곱한 것이고, 회로적으로 보면 inductance(L)에 전류(I)를 곱한 것이므로, 환형의 core에 전선을 N번 감은 경우 식(10-16)으로 표현할 수 있다.

$$\Psi = N\Psi_m = NBA_c = LI \qquad \cdots\cdots \ (10\text{-}16)$$

toroid에서의 자계(magnetic field)와 전류와의 관계는 식(10-17)과 식(10-18)과 같이 나타낼 수 있다.

$$\oint H \cdot dl = NI \qquad \cdots\cdots \ (10\text{-}17)$$

$$H \cdot l_e = NI \qquad \cdots\cdots \ (10\text{-}18)$$

여기서 l_e는 flux의 실효 길이를 나타내며, toroid의 중심 반경이 r이면 $2\pi r$이다. 한편 자속 밀도와 자계의 관계는 식(10-19)로 표현할 수 있다.

$$B = \mu H = \mu_i \mu_0 H = 4\pi \times 10^{-7} \mu_i H \qquad \cdots\cdots \ (10\text{-}19)$$

이제 식(10-18)과 식(10-19)를 식(10-16)에 대입하면 식(10-20)과 같아 이를 식(10-15)과 같은 단위로 나타내기 위하여 정리하면 식(10-21)과 같이 나타낼 수 있다.

$$NBA_c = N4\pi \times 10^{-7} \mu_i HA_c = LI = L\frac{Hl_e}{N} \qquad \cdots\cdots \ (10\text{-}20)$$

$$L = \frac{4\pi \times 10^{-7} \mu_i A_c}{l_e} N^2 \quad (H) \qquad \cdots\cdots \ (10\text{-}21\text{-a})$$

$$L = \frac{4\pi \times 10^{-9} \mu_i A_c (cm^2)}{l_e (cm)} N^2 \quad (H) \qquad \cdots\cdots \ (10\text{-}21\text{-b})$$

$$L=\frac{4\pi\times10^{-3}\mu_i A_c(cm^2)}{l_e(cm)}N^2 \qquad (\mu H) \qquad \cdots\cdots \text{(10-21-c)}$$

$$L=\frac{0.4\pi\times10^{-2}\mu_i A_c(cm^2)}{l_e(cm)}N^2 \qquad (\mu H) \qquad \cdots\cdots \text{(10-21-d)}$$

단파 대역 여파기를 제작하기 위해서 적용 가능한 기판의 종류는 만능 기판과 인쇄 회로 기판을 들 수 있다. 손쉽게 사용할 수 있는 만능 기판은 충분한 접지를 확보할 수 있는 형태가 바람직하다. 만능 기판은 VHF 대역부터는 한계를 갖으나, 단파 대역에서는 접지에 유의하면 사용상에 무리가 없다. 인쇄 회로 기판(PCB, Printed Circuit Board)은 대량 생산을 위해서는 부품의 부착 등을 고려하여 패턴을 새겨서 제작에 사용된다.

적용 가능한 커넥터(connector)의 종류는 측정을 고려하여 BNC 형태와 SMA 형태, 그리고 N형 등을 들 수 있다. 성능 상으로는 어떤 것도 문제가 되지 않으므로 개발 단계에서는 사용 가능한 계측기의 커넥터 형태를 감안하여 결정해야 한다.

10-4-2 소자 값 추출

capacitor 와 inductor의 소자 값을 확인하기 위하여 저주파 신호 대역(수 KHz 까지)의 경우는 LCR meter에 의해 측정이 가능하나, 주파수가 높아지면 정확한 측정을 위해서는 임피던스 분석기(impedance analyzer)를 이용하여 임피던스를 측정함으로써, 해당 주파수에서의 캐패시턴스나 인덕턴스를 측정할 수 있다. 캐패시터의 경우는 부품에 캐패시턴스 값이 표시되어 있어 오차를 감안하여 이 값을 믿고 사용할 수는 있으나, 인덕터의 경우에는 자체 제작하였으므로 소자 값을 확인하여야 한다.

C나 L 중 한 가지의 값을 이미 알고 있는 경우에, 간이적으로 LC 병렬연결 구성 회로나 LC 직렬연결 구성 회로의 공진 특성을 측정함으로써, 소자 값을 모르는 다른 한가지의 L이나 C값을 구할 수 있다. 회로의 공진 특성은 회로망 분석기(network analyzer)로 편리하게 구할 수 있으나, 회로망 분석기는 가격이 고가로 없는 경우는, 신호 발생기(signal generator)와 스펙트럼 분석기(spectrum analyzer)를 이용하여 수동으로도 측정이 가능하다. 결국 알고 있는 캐패시터의 표시 값과 이 캐패시터와 함께 연결된 인덕터로 구성된 회로의 공진 특성으로부터 L값을 찾는 것이다. 그림 10.21에서 그림 10.24는 모르는 L값을 찾기 위해 구성할 수 있는 네 가지 회로 구성 형태를 나타낸다. 4가지 구성 방안에 대하여 주파

수에 따른 이득 특성을 측정함으로써 공진 주파수를 구할 수 있고, 공진 주파수와 캐패시터의 C 값으로부터 L 값을 구할 수 있다.

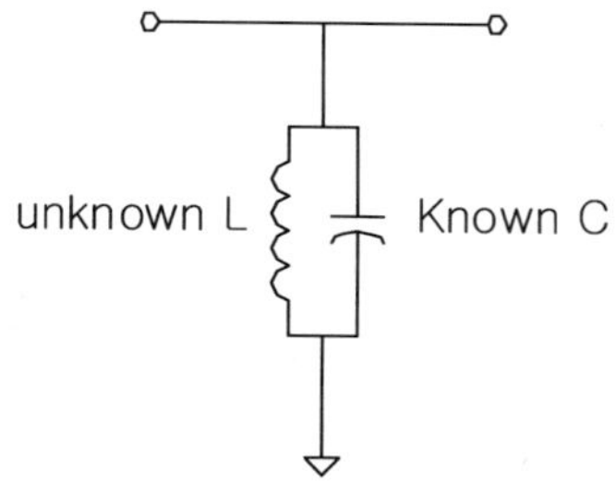

그림 10.21 LC tank 병렬연결

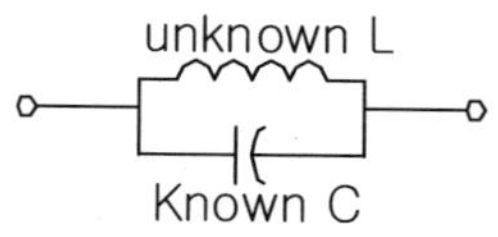

그림 10.22 LC tank 직렬연결

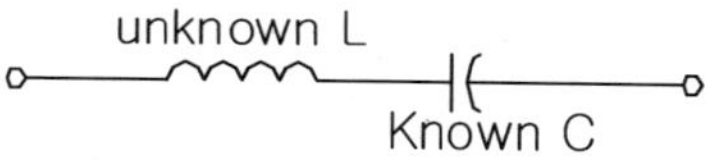

그림 10.23 LC Series 직렬연결

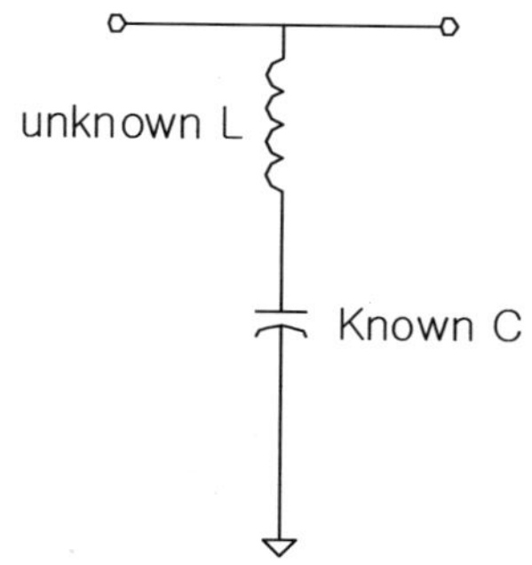

그림 10.24 LC Series 병렬연결

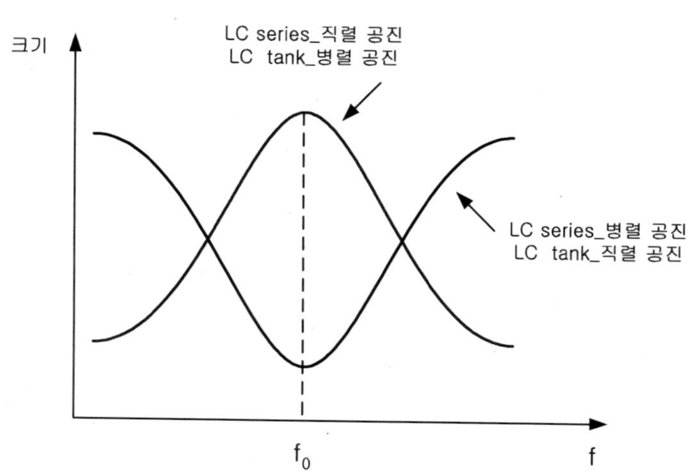

그림 10.23 4가지 회로의 공진 특성

네 가지 회로의 공진 특성은 그림 10.23과 같이 나타낼 수 있다. 이론적으로는 어떤 것을 선택해도 마찬가지이나, 공진 회로의 Q 특성이 높지 않은 점을 고려하면 LC Series 병렬연결이나 LC tank 직렬연결을 사용하는 것이 바람직하다.

이미 알고 있는 C값과 측정에서 구한 공진 주파수 f_0로부터 L값을 구하는 과정과 결과는 식(10-22)와 같다.

$$f_0 = \frac{1}{2\pi\sqrt{LC}} \quad \rightarrow \quad L = \frac{1}{\omega_0^2 C} \qquad \cdots\cdots \text{(10-22)}$$

여기서 실제로 유의할 점은 사용 주파수 대역에서 측정한 값을 적용하는 것이 바람직하다는 것이다. 즉, 차단 주파수 근처의 주파수에서 공진 주파수가 나오도록 하는 C를 선택하여 측정하는 것이 좋다는 의미이다.

10-4-3 회로 구성 및 커넥터 연결

만능 기판을 사용하여 소자를 장착하는 경우에 가장 중요한 것은 접지면을 충분히 확보할 수 있도록 회로를 연결해야 한다. 만능 기판의 경우는 대부분이 접지면이 거의 없으므로 동판 테이프를 이용하여 접지면을 확보할 수 있다. 그리고 단파 대역이라 분포 정수 회로와 같이 소자의 선로 길이에 대한 영향은 미미하지만, 되도록이면 소자의 리드 선과 소자와 소자 사이의 연결선은 짧게 하는 것이 좋으며 땜이 공땜이 되지 않도록 유의해야 한다.

사용하는 커넥터는 측정 장비와 직접 연동 될 수 있도록 하는 것이 가장 좋으며 그렇지 못한 경우는 적절한 어댑터(adaptor)를 사용하여야 한다. 많이 사용되는 어댑터는 SMA-to-BNC adaptor와 N-to-SMA adaptor를 들 수 있다.

그림 10.24는 단파 대역 여파기의 기판상의 조립 상태에 대한 예를 나타낸다. 그림 10.25는 칩 인덕터와 칩 캐패시터를 이용하여 외장 케이스에 실장한 상태의 예를 나타낸다.

그림 10.24 만능 기판상에 조립한 단파 대역 저역 통과 여파기

그림 10.25 외장 케이스에 조립한 단파 대역 저역 통과 여파기

10-5 단파 대역 여파기 특성 측정

여파기의 특성을 측정하는 가장 좋은 방법은 회로망 분석기(network analyzer)를 이용하여 산란 변수(S-parameter)를 측정하는 것이다. S21의 경우는 주파수에 따른 이득을 나타내므로 여파기의 전달 함수 특성을 바로 나타내는 것이며, S11의 경우는 반사 특성을 나타낸다. 여파기 특성 측정에서 S11의 역할이 매우 중요한데 이것은 대역 내의 변동(ripple) 특성이 실제 회로의 손실로 인하여 S21으로는 잘 나타나지 않으나, S11의 경우는 변동에 의한 반사 특성이 확실하게 나타나 차단 주파수와 같은 특성을 쉽게 파악할 수 있다.

회로망 분석기는 특성을 측정할 때마다 계측기 전용의 교정 도구(calibration kit)를 이용하여 측정하고자 하는 주파수 대역에 대하여 교정을 실시한 후에, 교정 작업으로 생성된 이상적인 경우에 대한 상대적인 측정 소자(DUT, Device Under Test)의 특성을 측정함으로써 특성을 구한다. 즉, 회로망 분석기의 교정 작업은 입출력 단자에서 이상적인 OPEN, SHORT, LOAD(정합 load, 즉, 50ohm)를 연결한 경우의 이상적인 데이터와 회로망 분석기의 두 측정 단자를 직접 연결하는 THRU를 통한 이상적인 데이터를 계측기에 저장하고, 후에 측정 소자인 DUT의 데이터와 비교하여 산란 변수(S-parameter) 값을 출력한다. 사용자가 원하는 주파수 범위를 지정하면 지정된 주파수를 주사(sweep)하여 출력을 표시한다. 그림10.26은 단파 대역 저역 통과 여파기의 회로망 분석기상의 측정 결과를 나타낸다.

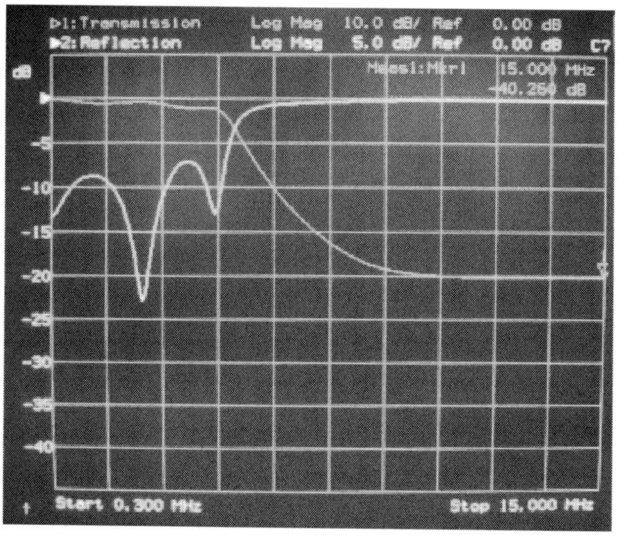

그림 10.26 회로망 분석기상의 단파 대역 저역 통과 여파기 특성

회로망 분석기를 이용한 측정이 불가능할 경우에 신호 발생기(signal generator)와 스펙트럼 분석기(spectrum analyzer)를 이용하여 여파기의 특성을 측정할 수 있다. 이 경우 별도의 도구가 없이는 S21 값만을 측정할 수 있다. 신호 발생기(signal generator)가 주사(sweep) 기능이 없는 경우 수동으로 주파수를 움직여가면서 출력 특성을 측정해야 한다. 신호 발생기와 스펙트럼 분석기를 이용하여 S11을 측정하고자 하는 경우에는 방향성 결합기를 이용하여 반사 특성을 측정할 수 있다.

출력 파형을 프린터나 플로터(plotter)로 출력할 수도 있으나, 앞의 모의실험 결과에서와 마찬가지로 데이터 파일의 복사를 통하여 데이터를 저장하고 활용하는 것이 편리한 경우가 많다. 측정 계측기에 부착된 3.5inch disk driver 등과 같은 저장 매체를 통하여 데이터를 복사한 후에, 엑셀과 같은 응용 프로그램으로 데이터를 이전하여 모의실험 데이터와 함께 표시될 수 있도록 하는 것이 특성을 분석하는데 편리하며 바람직하다. 이를 위해서 계측기에서 지원해주는 여러 가지 출력 파일 저장 방법을 통해 출력을 저장하는 방법을 익혀야 한다. 그림 10.27은 단파 대역 저역 통과 여파기의 이론치와 모의실험 결과와 측정치를 엑셀에서 한 그래프 상에 나타낸 것이다.

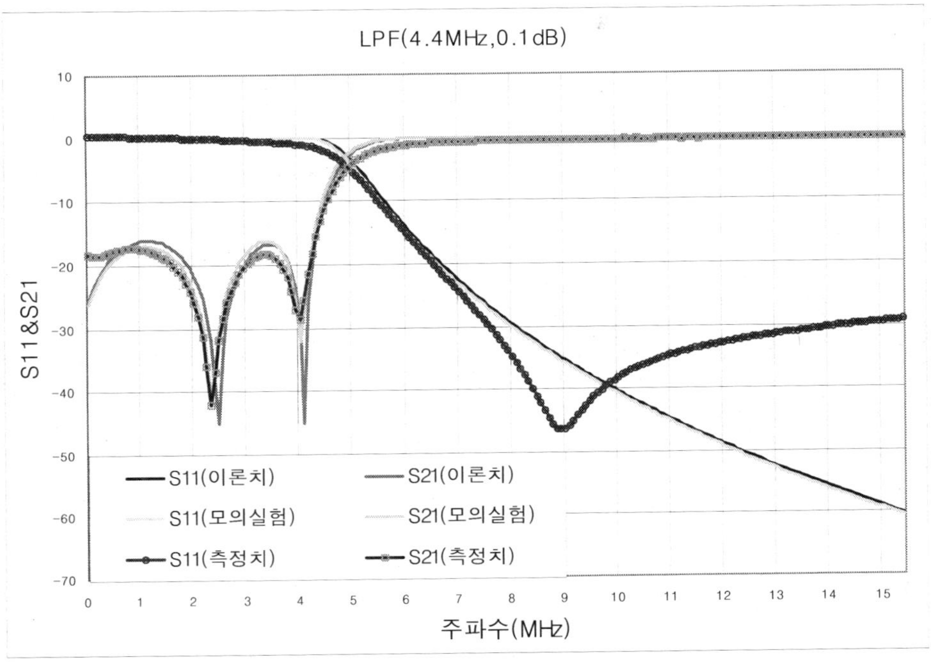

그림 10.27 단파 대역 저역 통과 여파기 이론치와 모의실험 결과와 측정치 비교 그래프

10-6 보고서 작성 및 발표

공학적인 측면과 교육적인 측면에서 개발이 완료된 제품에 대한 서류화 작업이 필요하다. 공학도가 취약해질 수 있는 부분으로 보고서는 명확한 서술식으로 작성하는 것이 바람직하며, 구성은 여러 가지 방법이 있을 수 있으나 통상적으로 다음과 같은 절차에 따라 작성한다.

(1) 서론(개요)
(2) 적용 이론
(3) 설계 및 결과
(4) 모의실험(Simulation) 및 결과
(5) 제작 및 실험 결과
(6) 결론

결과에 대한 발표는 간략하고 핵심적인 부분만 발취하여 결론과 문제점 제시 위주로 하는 것이 바람직하며, 발표 자료는 서술식이 아닌 축약적인 방식으로 작성하는 것이 좋다.

10-7 여파기 설계 실습

10-7-1 규격 설정과 설계

설계 규격이 주어진 경우에는 설계 단계로 바로 들어 갈 수 있으나 교육 목적으로 규격을 스스로 정하여 설계에 임하는 경우는 사용 가능한 계측기와 부품을 감안하여 결정해야 한다.

예를 들어 가용 계측기가 아래와 같고 인덕터를 제작하기 위하여 확보된 ferrite core가 10-4-1에서 소개한 Q2T623이라면 여파기의 차단 주파수가 1(MHz)이상에서 5(MHz) 이내로 제한하는 것이 좋다. 하한 주파수는 스펙트럼 분석기의 측정 주파수를 감안하여야 하고, 상한 주파수는 (그림10-20)에 나타낸 ferrite core의 사용 주파수가 5(MHz) 이내이기 때문이다.

-Signal Generator(SG-1240, ED) : 10KHz-1040MHz

-Spectrum Analyzer(DSA-8410, ED) : 1MHz-1GHz

-Scalar Network Analyzer(HP-8713C, HP) : 300KHz-3GHz

(1) 여파기의 규격은 단수 n이 5단인 Chebyshev 저역 통과 여파기에 대하여 차단 주파수를 3(MHz)에서 5(MHz) 사이에서, 변동(ripple)을 0.1(dB)에서 0.5(dB) 사이에서 개인별로 규격을 결정한다.

(2) 지정된 규격에 따라 설계 이론에 입각하여 원형(prototype) 여파기를 설계한다. 이때 인덕터의 제작과 여파기의 성능을 감안하여 π형 형태의 여파기 구조를 가지는 것이 바람직하다.

(3) 차단 주파수와 종단 임피던스를 감안하여 저역 통과 여파기의 소자 값을 변환하고 최종 설계 회로를 완성한다. 여기서 계측기의 임피던스가 50(ohm)이므로 종단 임피던스는 50(ohm)이 된다.

10-7-2 모의실험

(1) P-SPICE를 이용하여 설계된 회로의 회로도를 작성한다.(P-SPICE가 아닌 다른 범용적인 회로 해석 프로그램의 사용도 무방하다.)

(2) 저지 대역 특성을 감안하여 15(MHz)까지 여파기 전달 특성을 파악할 수 있

도록'Analysis Setup'에서 해석 범위를 설정한다.

(3) 모의실험을 실행하여 S21과 S11 특성을 확인한다.

(4) 실행 결과가 만족스러우면 여파기 제작 단계로 들어간다. 인덕터나 캐피시터의 실제 값이 이론적인 설계 값과 일치하지 못하는 경우가 대부분 발생하므로, 이러한 경우에 실제 값에 대한 모의실험을 제작 과정에서 다시 시행해야 하므로 모의실험 회로도를 저장해 둔다.

10-7-3 여파기 제작

(1) 설계된 소자 값에 해당하는 캐패시터를 확보한다. 정확하게 일치하게 할 수는 없으나 가능하면 근접한 값을 갖도록 해야 하며, 필요하다면 여러 개의 캐패시터를 병렬로 연결하여 캐패시터의 값을 만들어낼 수도 있다.

(2) 환형(toroidal) ferrite core와 철심을 이용하여 설계된 소자 값에 해당하는 인덕터를 제작한다.

① 우선 설계하려는 인덕터의 인덕턴스와 차단 주파수를 공진 주파수로 간주하여 이에 해당하는 캐패시턴스 값과 유사한 여파기 제작용 캐패시터를 구한다.

② 인덕턴스에 해당하는 철심을 감을 turn 수(감는 수)를 계산한다.

③ 캐패시터와 인덕터를 LC tank 직렬연결 구조나 LC series 병렬연결 구조로 만능 기판 상에 연결한다.

④ 회로망 분석기를 이용하거나 신호 발생기와 스펙트럼 분석기를 이용하여 공진 특성을 측정하여 공진 주파수를 구한다.

⑤ 제작된 인덕터의 인덕턴스 값을 구해보고 조정할 필요가 있으면 철심을 감는 간격이나 감는 수를 조정하여 다시 측정한다.

(3) 만능 기판에 측정을 감안하여 커넥터를 붙일 위치와 접지면을 고려하여 회로도에 따라 부품을 연결하고 납땜으로 마무리 한다. 동테이프를 이용하여 충분한 접지면이 확보되도록 한다.

10-7-4 여파기 특성 측정

(1) 신호 발생기와 스펙트럼 분석기를 이용하여 수동으로 S21 특성이 제대로 나오는지 확인한다.

(2) 회로망 분석기를 교정 도구를 사용하여 측정하고자 하는 주파수까지 교정한다. 저지 대역 특성을 감안하여 15(MHz)까지 교정한다.

(3) 회로망 분석기로 S21과 S11 특성을 확인하고 저장 매체에 데이터 파일을 저장하여 이를 PC에서 확인한다.

(4) 특성이 만족스럽지 않을 경우에는 설계, 모의실험, 제작 단계에서의 문제점을 점검하여 문제점을 파악하고 조정이 가능한 경우에는 조정 후에 다시 측정한다.

10-7-5 보고서 작성 및 발표

(1) 보고서와 발표 자료 작성을 위해 회로망 분석기에서 얻은 S21과 S11 데이터의 주파수 간격과 일치하도록 모의실험의'Analysis Setup'에서 주파수 간격 및 측정 포인트 수를 조정하여 모의실험을 다시 수행한다.

(2) 측정 데이터와 모의실험 데이터를 엑셀과 같은 데이터 정리용 프로그램에서, 한 그래프 상에서 모의실험 결과와 측정치인 두 종류의 특성을 비교하여 볼 수 있도록 그래프를 작성한다. 이 그래프에 규격을 표시할 수 있으면 더욱 바람직하다.

(3) 서론, 이론, 설계 및 결과, 모의실험(Simulation) 및 결과, 제작 및 실험 결과, 그리고 결론의 순서로 보고서를 작성한다. 필요하면 참고 문헌을 표시한다.

(4) 발표를 위해 보고서의 핵심 내용을 중심으로 축약적으로 발표 자료를 만든다.

(5) 발표 자료 및 발표에서는 최종 결론과 문제점, 그리고 문제점에 대한 대안이 제시되는 것이 바람직하다.

10-8 학습 평가

01 범용적인 회로 해석 프로그램에서 S21과 S11 특성을 모의실험 하는 방법을 서술해 보시오.

02 환형(toroidal) ferrite core인 Q2T623과 철심을 이용하여 3(μH)의 인덕터를 만들기 위한 이론적인 turn 수(감는 수)를 구하시오.

해답 N=7.5

03 제작된 인덕터의 값을 LCR 미터나 임피던스 분석기가 아닌 S21의 크기 특성으로 측정하기 위한 방법을 설명하시오.

04 여파기의 특성 측정 방법에 대하여 설명하시오.

05 회로망 분석기(network analyzer)의 사용법과 기능을 기술하시오.

06 차단 주파수 f_c가 5(MHz)이고 단수가 5단이며 변동(ripple)이 0.1(dB)인 Chebyshev 저역 통과 여파기를 설계하여, P-SPICE를 이용하여 모의실험을 실시하여 특성을 확인하고, P-SPICE 결과 데이터와 엑셀 프로그램을 이용하여 여파기의 S11과 S21 특성을 그리시오.(주파수 대역은 20(MHz)까지 나타낸다.)

10-9 참고 문헌

(1) Chris Bowick, ***RF Circuit Design***, Howard W. Sams & Co., INC., 2007

(2) David M. Pozar, ***Microwave Engineering***, fourth edition, John Wiley & Sons INC., 2011

(3) G. Matthaei, L. Young, and E.M.T. Jones, ***Microwave Filters, Impedance-Matching Networks, and Coupling Structures***, Mc-Graw Hill, 1964

Chapter 11

UHF 대역 여파기 설계 및 제작

이 장에 기술된 관계 지식을 학습하고 설계 및 제작 실습을 마치게 되면

- 분포 정수 회로 설계 개념을 이용하여 UHF 대역 저역 통과 여파기에 대한 설계에서부터 모의실험, 제작, 특성 실험, 그리고 보고서 작성의 전 과정에 대한 이론과 기술을 체험함으로써 분포 정수 회로의 개발에 대한 구체적인 실무 적용 기술을 확보할 수 있고
- 초고주파 회로에 대한 개발 과정에서 필요한 초고주파 회로 설계 및 해석 프로그램을 사용할 수 있는 모의실험 기술을 가질 수 있으며
- 초고주파 회로의 특성에 대한 구체적인 개념을 확립할 수 있고
- 회로망 분석기를 이용한 초고주파 소자 특성 측정 기술 및 측정 데이터 처리 기술을 확보할 수 있다.

11-1 개 요

회로를 설계하는 관점에서 집중 정수 회로와 분포 정수 회로는 기능과 원리상에는 차이점이 없지만 구현 상에는 주의해야 하는 많은 차이점이 존재한다. 두 회로를 구분하는 기준 중에서 가장 뚜렷한 역할을 하는 것은 회로의 물리적 크기에 대한 상대적인 파장의 길이라고 말할 수 있다. 통상적으로는 주파수가 높은 대역에서는 분포 정수 회로의 설계 개념을 적용해야 한다고 여길 수 있으나, 주파수가 낮더라도 적용하는 회로의 길이가 길어서 파장에 견줄만한 경우에는 분포 정소 회로 설계 개념이 적용되어야 한다. 분포 정수 회로에서는 선로의 길이에 대한 영향을 명확하게 해석하여 회로의 성능에 적용시켜야 하는데, 이를 역으로 이용하면 선로를 사용하여 원하는 소자의 특성이 나오도록 할 수 있다는 것을 의미한다.

일반적인 회로에서 분포 정수 회로의 특성이 나타나는 것은 30(MHz)에서 300(MHz)인 VHF 대역에서부터 서서히 발생하나, 300(MHz)에서부터 3(GHz)인 UHF 대역부터는 확실하게 그 특성이 나타난다. 앞 장에서 설계한 단파 대역 여파기는 집중 정수 회로 개념에 의한 것이었으나, 본 장에서 설계 및 제작하려는 여파기는 분포 정수 회로 개념을 이용하여 마이크로스트립 선로만으로 여파기의 특성이 나타나도록 한다. 이를 통하여 초고주파 회로에서 널리 사용되는 분포 정수 개념을 이해하고 초고주파 회로를 설계하고 제작하는 과정에 대한 개념을 확보할 수 있도록 한다. 아울러 산업 현장에서 설계하는 방식대로 고주파용 회로 설계 도구를 이용하여 설계 및 모의실험을 적용한다. 여기서는 Ansoft사의 Designer를 이용하여 설계 및 모의실험을 적용하여 도구 활용 기술을 확보할 수 있도록 한다. 회로의 제작은 별도의 부품이 없는 마이크로스트립 선로만으로 구성된 양면 기판의 제작이므로, 설계의 최종 결과물인 기판의 패턴을 범용적인 거버(gerber) 파일 형식으로 만들어 기판 제작업자에게 전송하여 제작한다. 인쇄 회로 기판 제작 도구나 장비가 있다면 직접 제작도 가능할 것이다.

대부분의 고주파 회로 설계 도구에서 마이크로스트립 형태의 최종 설계 패턴에 대한 layout을 gerber 파일 형식으로 직접 변환할 수 있는 기능을 제공하지만 학생판이나 데모용 버전에서는 일반적으로 지원하지 않는다. 이러한 경우에 대비하여 ORCAD Layout Plus의 데모용 버전을 사용하여 고주파 회로 설계 도구의 최종 출력물인 마이크로스트립 패턴을 PCB 제작업체나 PCB 제작 기기에서 필요한 gerber 파일 형식으로 변환하는 과정을 함께 기술하였다.

11-2 분포(distributed) 정수 회로 설계 개념

분포 정수 회로란 신호가 회로 내에 분포되어 있다는 의미로 선로나 소자의 물리적 길이가 회로의 성능에 영향을 미치는 회로를 의미한다. 일반적인 저주파 신호를 처리하는 경우에 적용하는 회로인 집중(lumped) 정수 회로는 회로 내에서 소자의 물리적 길이나 선로에 의한 주파수 측면의 전기적 길이가 없다고 간주한다. 즉, 선로나 소자의 길이에 대한 위상이 입출력에서 동일하다고 가정하여도 회로의 설계 및 성능 분석 상에 아무런 문제가 되지 않는다. 반면에 통상적으로 주파수 대역이 높은 고주파 신호를 처리하는 경우에 적용하는 회로인 분포 정수 회로는 회로 내에서 소자뿐만 아니라 선로에서의 전압 변화 및 위상 변화를 고려하여야 하며 주파수 측면에서 전기적으로 신호가 소자 및 연결 선로 내에 분포되어 있으므로 이에 대한 영향을 집중 정수 회로에서와 같이 무시할 수 없다. 분포 소자 회로를 해석 및 설계하는 경우에 소자 및 선로에 의한 전기적 길이에 대한 영향을 반드시 고려하여야 하며, 실제로 이에 대한 영향이 회로의 성능에 절대적인 영향을 미친다. 이를 신호의 관점에서 생각하면 주파수가 낮은 경우는 파장이 길어 회로 내의 소자나 선로의 물리적 길이를 무시할 수 있으나, 주파수가 높은 경우는 파장이 짧아 이에 대한 영향을 무시할 수 없다.

또한 사용 주파수가 높아짐에 따라 모든 회로 내의 선로나 신호가 지나가는 경로 상의 기계적 구조물 등이 회로의 특성에 미치는 영향이 두드러져 이에 대한 영향을 고려해 주어야 하며, 적절한 선로를 사용하지 못하는 경우에, 극단적으로는 선로가 안테나의 역할을 하게 될 수도 있게 된다. 그러므로 선로나 구조물에 의한 영향을 공학적인 해석에 의해 명확하게 분석할 수 있어야 한다. 이렇게 명확하게 선로나 구조물을 분석할 수 있다는 말은 역으로 이러한 특성을 이용하여 원하는 소자의 특성을 선로나 구조물을 이용하여 만들 수 있다는 것을 의미한다.

실제로 많은 회로에서 선로나 구조물을 이용하여 소자나 회로로 사용하고 있는데, 여기서도 UHF 여파기의 제작에 필요한 인덕터 L과 캐패시터 C를 선로만을 사용하여 제작한다.

11-3 초고주파 선로에 대한 이해

앞 절에서도 언급하였지만 주파수가 높은 회로에서는 회로 내에서 사용하는 선로에 대한 선택이 중요하다. 통상적으로 사용되는 선로의 종류는 단선식 선로(single wire line), 평행 2선식 선로(two wire line), 동축 선로(coaxial line), 도파관(waveguide) 등을 들 수 있다. 주파수가 높아짐에 따라 동축 선로나 도파관을 주로 사용하게 된다. 그러나 기판 상에 회로를 설계 하여 구현하는 경우 동축 선로나 도파관은 물리적인 크기 때문에 사용할 수 없다.

일반적인 저주파 회로의 경우 만능 기판 상에 단선식 선로 개념의 연결 방식 즉, 얇은 철선이나 인쇄 회로 기판(PCB, Printed Circuit Board)상의 동판에 의한 연결 방식을 사용하는 것이 일반적이나, 고주파 회로의 경우 통상적으로 그림 11.1과 같은 마이크로스트립 선로(microstrip line)를 많이 사용한다.

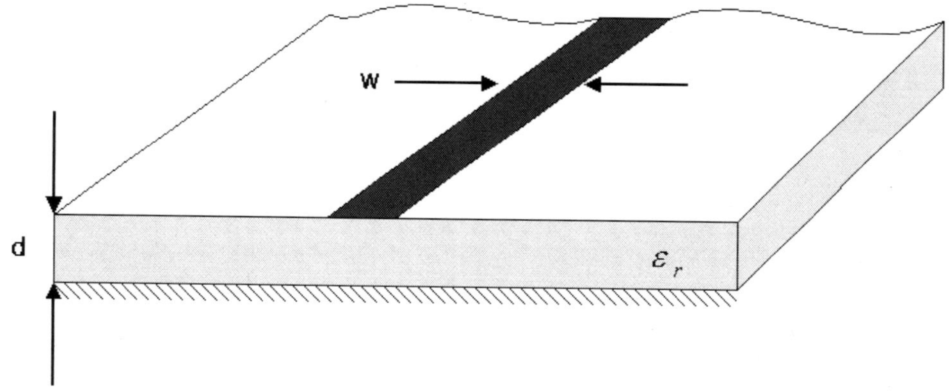

그림 11.1 마이크로스트립 선로의 구조

마이크로스트립 선로는 밑면이 접지면으로 동작하는 동판이고, 동판 위에는 유전체가 덮여있고, 유전체 위에 선로인 동판 스트립(strip)이 덮인 구조이다. 이 선로인 동판 스트립을 따라서 신호가 전파된다. 일반적으로 회로나 시스템을 설계 및 분석 하는 경우에, 선로에 대하여 공학적으로 필요한 특성(고유치, eigenvalue)은 선로의 전파(wave) 전파(propagation)특성을 나타내는 전파 상수 β(propagation constant, rad/m)와 선로의 특성 임피던스 Z_0(characteristic impedance)이다.

초고주파 대역에서 널리 사용되는 선로에 대한 특성을 도식적으로 살펴봄으로써 선로에 대한 전파 특성을 쉽게 이해할 수 있다. 먼저 동축 선로에 대한 전파 특성을 살펴보면 그림 11.2와 같다.

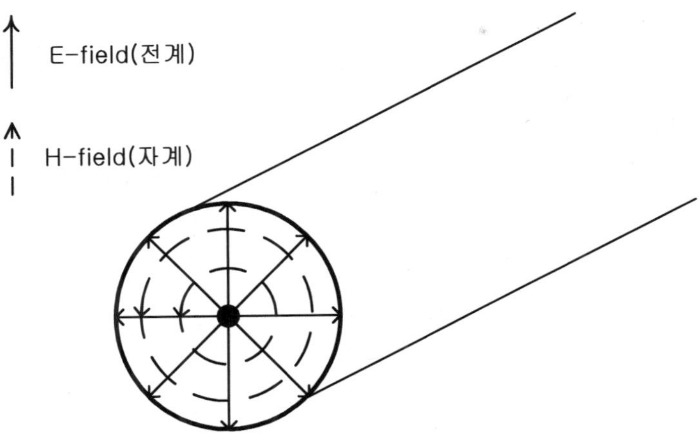

그림 11.2 동축 선로의 전파 모드

전파 모드는 평면파와 같은 TEM(Transverse Electro Magnetic) 파로 중앙의 내부 도체와 외부 도체 사이의 전계와 동축 선로 내부를 회전 방향으로 감고 있는 자계가 서로 수직인 형태이다.

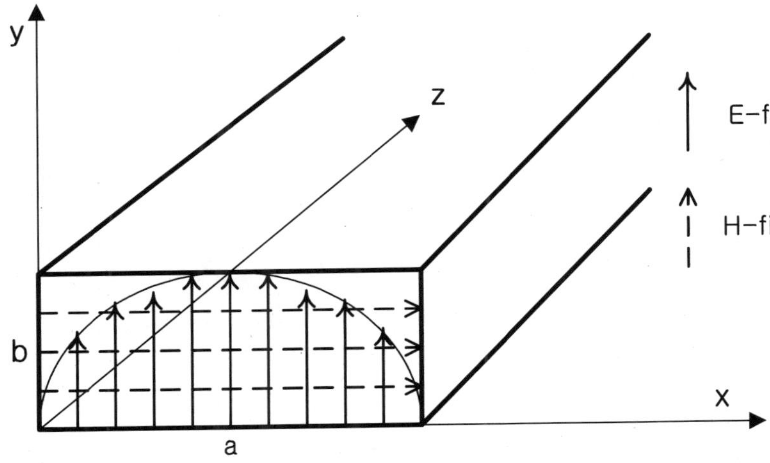

그림 11.3 도파관의 기본 모드 분포

도파관은 이론상으로는 전파의 진행 방향으로는 전계가 존재하지 않는 TE(Transverse Electric)파와 전파의 진행 방향으로는 자계가 존재하지 않는 TM(Transverse Magnetic) 파의 합성으로 해석할 수 있으나 실제 사용함에 있어서는 그림 11.3과 같이 도파관의 기본 모드인 TE_{10} 모드만이 존재하는 범위에서 사용된다.

마이크로스트립 선로에서 신호의 전파를 엄밀하게 구분하면 동축 선로나 대기 중의 평면파와 같은 TEM 파로 전달되는 것이 아니고, 도파관에서와 같은 TE 및 TM 파의 합성으로 해석해야 하나, 해석을 편리하게 적용하기 위해 그림 11.4와 같이 근사적인 TEM인 준-TEM(Quasi-TEM) 파로 간주하여 설계에 적용한다.

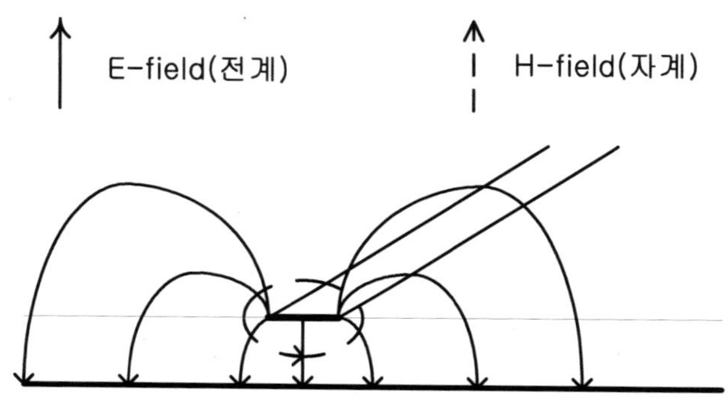

그림 11.4 마이크로스트립 선로의 전자계 분포

11-4 마이크로스트립 선로에 대한 해석

마이크로스트립 선로를 공학적으로 명확하게 분석하기 위해서는 그림 11.1와 같이 주어진 마이크로스트립 선로의 구조로부터 전파 상수와 특성 임피던스를 구하는 해석 능력을 가져야 하고, 또한 역으로 주어진 전파 상수와 특성 임피던스로부터 마이크로스트립 선로의 구조를 설계하는 합성 능력을 갖추어야 한다.

마이크로스트립 선로의 구조를 살펴보면 스트립(strip) 밑으로는 밑면이 도체인 유전체가 있고 위로는 대기 중으로 구성되어 있다. 이런 경우 준-TEM(Quasi-TEM)으로 해석하기 위하여 스트립을 중심으로 유전율이 공기 중의 유전율 ϵ_o(상대적인 유전율(relative dielectric constant)로 계산할 경우는 1)와 유전체 기판의 상대 유전율인 ϵ_r의 합성으로 등가적인 유효 유전율(effective dielectric constant) ϵ_e에 둘러 싸여 있다고 간주할 수 있다. 이 유효 유전율의 범위는 식(11-1)과 같이 나타낼 수 있고 상대적인 유효 유전율 ϵ_e은 식(11-2)과 같다. 식(11-2)에서 W는 스트립의 폭이고, d는 유전체의 두께이다.

$$1 < \epsilon_e < \epsilon_r \qquad \cdots\cdots (11\text{-}1)$$

$$\epsilon_e = \frac{\epsilon_r + 1}{2} + \frac{\epsilon_r - 1}{2} \frac{1}{\sqrt{1 + 12d/W}} \qquad \cdots\cdots (11\text{-}2)$$

이제 TEM파로 간주한 유효 유전율을 구하였으므로, 마이크로스트립 선로의 특성 중에 하나인 전파상수 β는 식(11-3)과 같아 식(11-4)로 표시할 수 있다.

$$v_p = \frac{c}{\sqrt{\epsilon_e}} \quad (\because v_p = \frac{1}{\sqrt{\epsilon\mu}} = \frac{1}{\sqrt{\epsilon_e \cdot \epsilon_o \cdot \mu_o}} = \frac{c}{\sqrt{\epsilon_e}}) \qquad \cdots\cdots (11\text{-}3)$$

$$\beta = k_o \sqrt{\epsilon_e} \quad (\because \beta = \omega\sqrt{\epsilon\mu} = \omega\sqrt{\epsilon_e \cdot \epsilon_o \cdot \mu_o} = k_o\sqrt{\epsilon_e}) \qquad \cdots\cdots (11\text{-}4)$$

특성 임피던스의 경우에는 주어진 구조와 물질의 특성에 따라 특성 임피던스를 구하는 해석의 경우에 경험적인 방법으로 구한 식(11-5)를 사용할 수 있다.

$$Z_o = \begin{pmatrix} \dfrac{60}{\sqrt{\epsilon_e}} ln(\dfrac{8d}{W} + \dfrac{W}{4d}) & \text{for} \dfrac{W}{d} \leq 1 \\ \dfrac{120\pi}{\sqrt{\epsilon_e}\,[\dfrac{W}{d} + 1.393 + 0.667\ln(\dfrac{W}{d} + 1.444)]} & \text{for} \dfrac{W}{d} \geq 1 \end{pmatrix} \qquad \cdots\cdots (11\text{-}5)$$

특성 임피던스 Z_0를 유전체의 상대 유전율이 ϵ_r인 기판을 가지고 구현하기 위한 합성의 경우에는 식(11-6)을 사용함으로써 설계할 수 있다. 식(11-6)에서 A와 B는 각각 식(11-7)과 식(11-8)과 같다.

$$\frac{W}{d}=\begin{pmatrix} \dfrac{8e^{A}}{e^{2A}-2} & \text{for}\dfrac{W}{d}\leq 2 \\ \dfrac{2}{\pi}[B-1-\ln(2B-1)+\dfrac{\epsilon_r-1}{2\epsilon_r}\left\{\ln(B-1)+0.39-\dfrac{0.61}{\epsilon_r}\right\}] & \text{for}\dfrac{W}{d}\geq 2 \end{pmatrix}$$

$$\cdots\cdots \ (11\text{-}6)$$

$$A=\frac{Z_o}{60}\sqrt{\frac{\epsilon_r+1}{2}}+\frac{\epsilon_r-1}{\epsilon_r+1}(0.23+\frac{0.11}{\epsilon_r}) \qquad \cdots\cdots \ (11\text{-}7)$$

$$B=\frac{377\pi}{2Z_o\sqrt{\epsilon_r}} \qquad \cdots\cdots \ (11\text{-}8)$$

위의 해석과 합성을 위한 식들은 도체의 두께 t를 무시한 식으로, 정밀한 계산이 요구될 때는 이를 감안한 식을 적용해야 하며, 실제로는 뒤에서 언급할 초고주파 회로 해석용 프로그램에 의해서 계산한다.

마이크로스트립 선로의 구현은 회로의 적용 주파수 대역 및 용도에 따라 인쇄 회로 기판(PCB, Print Circuit Board), thick film, 그리고 thin film 형태로 구분할 수 있다. 인쇄 회로 기판의 형태는 패놀, epoxy, teflon, duroid 등의 재질로 만들어지는 유전체의 윗면 및 밑면 모두가 동판으로 덮여 있는 상태에서, 윗면에 스트립 형태의 패턴을 남기기 위하여 나머지 부분을 깎아내는(etching) 방식을 사용한다. 주로 정밀성이 요구되지 않는 상대적으로 주파수가 낮은 대역에서 경제적인 장점을 고려하여 많이 사용되는 방식이다.

thick film 방식은 재질이 alumina인 유전체로만 구성된 alumina 기판에, 도체를 실크 스크린(silk screen) 하듯이 인쇄(printing)하는 방식을 사용하여 패턴을 만드는 방식을 사용한다. 이 방식은 인쇄 회로 기판 방식과 thin film 방식의 정밀도와 경제성 면에서 중간 정도의 방식이다.

thin film 방식은 표면 처리가 잘 되어 있는 유전체로만 구성된 alumina 기판에, 도체를 레이저 빔으로 주사하는 스퍼터링(sputtering) 방식을 사용하여 패턴을 만드는 방식을 사용한다. 이 방식은 정밀도와 성능 면에서 가장 우수한 특성을 나타내나 비용이 가장 비싼 방식이다.

마이크로스트립 선로의 설계에 대한 합성 예로 2.5(GHz) 주파수에서 기판의 두께 d

가 0.127(cm)이고 상대 유전율 ϵ_r이 2.20인 경우, 특성 임피던스 Z_0가 50(ohm)이고 전기적 길이가 90(deg)인 마이크로스트립 선로의 폭(W)과 길이(l)을 구해보기로 하자.

우선 식(11-6)을 적용함에 있어서 W/d를 예측하지 못할 경우에는 우선 첫 번째 경우를 적용하면

$$A = \frac{Z_o}{60}\sqrt{\frac{\epsilon_r+1}{2}} + \frac{\epsilon_r-1}{\epsilon_r+1}(0.23+\frac{0.11}{\epsilon_r})$$
$$= \frac{50}{60}\sqrt{\frac{2.2+1}{2}} + \frac{2.2-1}{2.2+1}(0.23+\frac{0.11}{2.2}) = 1.159$$

이고

$$\frac{W}{d} = \frac{8e^A}{e^{2A}-2} = 3.126$$

이므로 $W/d \leqq 2$인 조건을 만족하지 못하므로 식(11-6)의 두 번째 식을 적용한다.

$$B = \frac{377\pi}{2Z_o\sqrt{\epsilon_r}} = \frac{377\pi}{2\times 50\sqrt{\epsilon_r}} = 7.985$$

이고

$$\frac{W}{d} = \frac{2}{\pi}[B-1-\ln(2B-1)+\frac{\epsilon_r-1}{2\epsilon_r}\left\{\ln(B-1)+0.39-\frac{0.61}{\epsilon_r}\right\}] = 3.081$$

이므로 $W/d \geqq 2$인 조건을 만족하므로

$$W = 0.391(cm)$$

이다.

이제 전파 상수는 $\beta = k_o\sqrt{\epsilon_e}$ 이고 $\theta = 90^\circ = \beta l$ 이므로 구하고자 하는 l은

$$l = \frac{\theta}{\beta} = \frac{90^\circ \times (\frac{\pi}{180^\circ})}{\sqrt{\epsilon_e} \times k_0}$$

이다. 자유 공간에서의 전파 수(wave number)와 상대적인 유효 유전율은

$$k_o = \omega\sqrt{\epsilon_0 \mu_0} = \frac{2\pi f}{c} = 52.35(rad/m)$$

$$\epsilon_e = \frac{\epsilon_r + 1}{2} + \frac{\epsilon_r - 1}{2}\frac{1}{\sqrt{1 + 12d/W}} = 1.87$$

이므로

$$l = \frac{\frac{\pi}{2}}{\sqrt{1.87} \times 52.35} = 21.94(mm)$$

이다. 여기서 동판의 두께에 의한 영향을 알아보기 위하여 초고주파용 회로 해석 프로그램에서 제공되는 도구를 이용한 모의실험을 통하여 선로의 폭과 길이를 구하면 동판의 두께 t_c=0.035(mm)를 고려한 경우에

$$W = 3.86(mm), l = 21.85(mm)$$

이고 동판의 두께 t_c를 무시한 경우에는

$$W = 3.92(mm), l = 21.80(mm)$$

이다.

실습문제 | 11.1

1(GHz) 주파수에서 기판의 두께 d가 0.8(mm) 이고 상대 유전율 ϵ_r이 4.8인 경우, 특성 임피던스 Z_0가 90(ohm)이고 전기적 길이가 45(deg)인 마이크로스트립 선로의 폭(W)과 길이(l)을 구하시오.

해답

- 동판의 두께 t_c를 무시한 경우 ;

$$W = 0.42(mm), l = 20.63(mm)$$

- 동판의 두께 t_c=0.035(mm)를 고려한 경우 ;

$$W = 0.38(mm), l = 21.00(mm))$$

11-5 선로에 의한 분포 정수 소자 구현

마이크로스트립 선로를 이용하여 소자를 구현하는 것을 우선은 여파기의 설계에 사용되는 인덕터와 캐패시터를 구현하는 것에 초점을 맞추어 설명하기로 한다.

11-5-1 마이크로스트립 선로를 이용한 병렬 C의 구현

특성 임피던스가 Z_0이고 선로의 길이가 l인 마이크로스트립 선로의 한쪽 끝을 개방(open)한 경우의 임피던스를 구하려면 식(11-9)에서 $Z_L = \infty$를 대입함으로써 구할 수 있다. 여기서 한 쪽 끝을 단락시킬 수도 있으나, 선로의 끝 쪽을 단락시키기 위해서는 through hole 처리가 필요하다. through hole은 기판상의 구멍을 통해 마이크로스트립 선로의 스트립(strip)과 뒷면의 접지면을 연결시켜주는 것을 의미한다.

$$Z_{\in} = Z_o \frac{Z_L + jZ_o \tan\beta l}{Z_o + jZ_L \tan\beta l} \qquad \cdots\cdots (11\text{-}9)$$

$$= -jZ_o \cot\beta l$$

한편 병렬 캐패시터가 한쪽 끝이 접지 된 경우의 임피던스는 식(11-10)과 같으므로 선로에 의한 C를 식(11-11)과 같이 나타낼 수 있다.

$$Z_{in} = \frac{1}{j\omega C} = -\frac{j}{\omega C} \qquad \cdots\cdots \text{(11-10)}$$

$$C = \frac{1}{\omega Z_0 \cot\beta l} \qquad \cdots\cdots \text{(11-11)}$$

즉, 한쪽 끝이 개방되어 있고 물리적 길이로는 $\lambda/8$이고 전기적 길이로는 45(도)인 마이크로스트립 선로를 사용하는 경우 구현하고자 하는 캐패시터의 C는 $\cot\beta l = \cot(\frac{2\pi}{\lambda} \cdot \frac{\lambda}{8}) = \cot\frac{\pi}{4} = 1$ 이므로 $Z_0 = 1/\omega C$인 선로로써 캐패시터를 구현할 수 있다.

실습문제 | 11.2

1(GHz) 주파수에서 기판의 두께 d가 0.8(mm) 이고 상대 유전율 ϵ_r이 4.8인 경우, 10(pF)의 병렬 캐패시터를 구현하기 위한 마이크로스트립 선로의 폭(W)과 길이(l)을 구해보시오.(선로의 한쪽 끝을 개방시키고 길이를 $\lambda/8$로 하여 구현하시오.)

해답

Z_0=15.92(ohm), $\theta = 45(^\circ)$;

- 동판의 두께 t_c를 무시한 경우 ;

  $W = 6.93(mm), l = 18.40(mm)$

- 동판의 두께 t_c=0.035(mm)를 고려한 경우 ;

  $W = 6.96(mm), l = 18.36(mm)$))

11-5-2 마이크로스트립 선로를 이용한 직렬 L의 구현

직렬 인덕터의 경우에 선로의 중간에 들어가게 되므로 캐패시터에서와 같이 한 쪽 끝을 개방이나 단락시킬 수가 없다. 이러한 선로를 2단자 회로망 형태로 나타내면 그림 11.5와 같다.

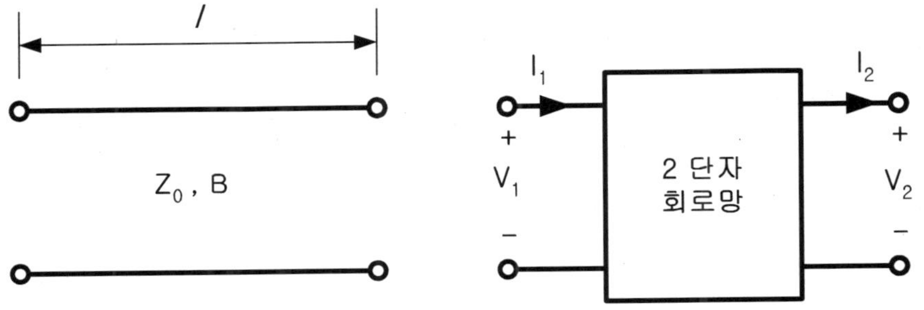

그림 11.5 마이크로스트립 선로 및 2단자 회로망 표현

그림 11.5에서 일반적인 2단자 선로를 ABCD 변수로 나타내면 식(11-12)과 같이 나타낼 수 있다.

$$\begin{pmatrix} A & B \\ C & D \end{pmatrix} = \begin{pmatrix} \cos\beta l & jZ_0\sin\beta l \\ jY_0\sin\beta l & \cos\beta l \end{pmatrix} \qquad \cdots\cdots \text{(11-12)}$$

식(11-12)의 적정성을 살펴보기 위해 일반적인 선로의 산란 변수인 S 파라미터를 구해보자. 이를 위해서는 ABCD 변수로부터 산란 변수로 변환하는 식(11-13)을 이용하여 구할 수 있다.

$$S_{11} = \frac{A + B/Z_0 - CZ_0 - D}{A + B/Z_0 + CZ_0 + D} \qquad \cdots\cdots \text{(11-13-a)}$$

$$S_{12} = \frac{2(AD - BC)}{A + B/Z_0 + CZ_0 + D} \qquad \cdots\cdots \text{(11-13-b)}$$

$$S_{21} = \frac{2}{A + B/Z_0 + CZ_0 + D} \qquad \cdots\cdots \text{(11-13-c)}$$

$$S_{22} = \frac{-A + B/Z_0 - CZ_0 + D}{A + B/Z_0 + CZ_0 + D} \qquad \cdots\cdots \text{(11-13-d)}$$

특성 임피던스가 Z_0인 선로의 양측에 똑같은 임피던스인 Z_0로 연결되어 있다면, S11과 S22는 0이 나와야 하고, S21과 S12는 입력과 출력의 크기는 변하지 않고 시간적인 지연만 존재해야 한다. 그러므로 이득이 1이고, 위상이 전파상수 β 및 물리적인 길이 l에 따라 βl만큼 변해야 한다. 이제 선로의 ABCD 변수를 식(11-13)에 대입하여 산란 계수를 구하면 식(11-14)와 같다. 예상한 바와 같이 S11과 S22는 0이고 S21과 S12는 $1 \cdot e^{-j\beta l}$임을 확인할 수 있다.

$$S_{11} = S_{22} = \frac{0}{2(\cos\beta l + j\sin\beta l)} = 0 \qquad \cdots\cdots \text{(11-14-a)}$$

$$S_{21} = S_{12} = \frac{2}{2(\cos\beta l + j\sin\beta l)} = \frac{1}{e^{j\beta l}} = 1 \cdot e^{-j\beta l} \qquad \cdots\cdots \text{(11-14-b)}$$

마이크로스트립 선로를 이용하여 L과 C와 같은 집중 정수 소자를 구현하기 위해서 선로의 등가 회로를 마이크로스트립 선로의 특성 변수로 나타내 보기로 한다. 익숙한 Z 변수를 이용하기 위해 우선 2단자 회로망에 대한 ABCD 변수와 Z 변수는 식(11-15)와 식(11-16)과 같이 나타낼 수 있다.

$$\begin{pmatrix} V_1 \\ V_2 \end{pmatrix} = \begin{pmatrix} Z_{11} & Z_{12} \\ Z_{21} & Z_{22} \end{pmatrix} \begin{pmatrix} I_1 \\ -I_2 \end{pmatrix} \qquad \cdots\cdots \text{(11-15)}$$

$$\begin{pmatrix} V_1 \\ I_1 \end{pmatrix} = \begin{pmatrix} A & B \\ C & D \end{pmatrix} \begin{pmatrix} V_2 \\ I_2 \end{pmatrix} \qquad \cdots\cdots \text{(11-16)}$$

앞의 8장에서 유도한 ABCD 변수로부터 Z 변수를 구하기 위한 변환공식은 식(11-17)과 같다.

$$Z_{11} = \frac{A}{C} \quad \cdots\cdots \text{(11-17-a)}$$

$$Z_{12} = \frac{AD-BC}{C} \quad \cdots\cdots \text{(11-17-b)}$$

$$Z_{21} = \frac{1}{C} \quad \cdots\cdots \text{(11-17-c)}$$

$$Z_{22} = \frac{D}{C} \quad \cdots\cdots \text{(11-17-d)}$$

식(11-17)에 ABCD 변수를 대입하면 Z 변수를 식(11-18)과 같이 나타낼 수 있다.

$$Z_{11} = Z_{22} = \frac{\cos\beta l}{jY_0 \sin\beta l} = -jZ_0 \cot\beta l \quad \cdots\cdots \text{(11-18-a)}$$

$$Z_{12} = Z_{21} = \frac{1}{jY_0 \sin\beta l} = -jZ_0 \frac{1}{\sin\beta l} \quad \cdots\cdots \text{(11-18-b)}$$

일반적인 마이크로스트립 선로의 무손실(lossless) 등가 회로는 그림 11.6과 같이 나타낼 수 있다.

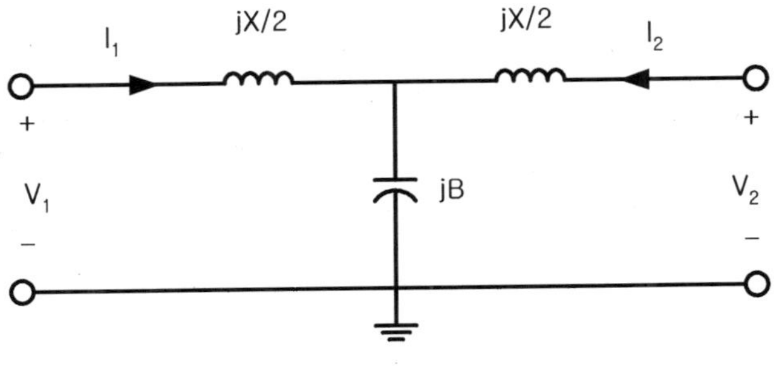

그림 11.6 마이크로스트립 선로의 무손실 등가 회로

그림 11.6에서 X는 인덕터의 리액턴스(reactance) 성분을 나타내는 것으로 $X = \omega L$을 나타내며, B는 캐패시터의 서스셉턴스(susceptance) 성분을 나타내는 것으로 $B = \omega C$

를 나타낸다. 그림 11.6을 임피던스로 나타내면 식(11-19)로 나타낼 수 있다.

$$\begin{pmatrix} V_1 \\ V_2 \end{pmatrix} = \begin{pmatrix} j\frac{X}{2}+\frac{1}{jB} & \frac{1}{jB} \\ \frac{1}{jB} & j\frac{X}{2}+\frac{1}{jB} \end{pmatrix} \begin{pmatrix} I_1 \\ I_2 \end{pmatrix} \quad \cdots\cdots \text{(11-19)}$$

식(11-18)과 식(11-19)를 비교하기 위하여 식(11-19)를 식(11-20)과 같이 나타낼 수 있다.

$$Z_{11} = Z_{22} = j\frac{X}{2}+\frac{1}{jB} \quad \cdots\cdots \text{(11-20-a)}$$

$$Z_{12} = Z_{21} = \frac{1}{jB} \quad \cdots\cdots \text{(11-20-b)}$$

결국 식(11-18)과 식(11-20)이 같아야 하므로, 이 관계를 이용하여 마이크로스트립 선로의 특성 변수로부터 등가 회로의 집중 소자 값을 찾을 수 있다. 즉, X와 B를 마이크로스트립 선로의 특성 변수로 나타내기 위하여 식(11-21)의 관계에서 식(11-22)의 결과를 얻을 수 있고, 식(11-23)의 관계에서 식(11-24)의 결과를 얻을 수 있다.

$$Z_{11}-Z_{12} = j\frac{X}{2} = -jZ_0(\cot\beta l - \frac{1}{\sin\beta l}) = -jZ_0(\frac{\cos\beta l - 1}{\sin\beta l}) \quad \cdots\cdots \text{(11-21)}$$

$$= jZ_0(\frac{1-\cos\beta l}{\sin\beta l}) = jZ_0\frac{[1-(1-2(\sin\frac{\beta l}{2})^2)]}{2\sin\frac{\beta l}{2}\cdot\cos\frac{\beta l}{2}}$$

$$= jZ_0\frac{2(\sin\frac{\beta l}{2})^2}{2\sin\frac{\beta l}{2}\cdot\cos\frac{\beta l}{2}} = jZ_0\tan\frac{\beta l}{2}$$

$$\frac{X}{2} = Z_0\tan\frac{\beta l}{2} \quad \cdots\cdots \text{(11-22)}$$

$$Z_{12} = Z_{21} = \frac{1}{jB} = \frac{Z_0}{j\sin\beta l} \qquad \cdots\cdots \text{(11-23)}$$

$$B = \frac{\sin\beta l}{Z_0} \qquad \cdots\cdots \text{(11-24)}$$

이제 마이크로스트립 선로를 직렬 L로 구현하기 위한 접근 방법을 살펴보도록 한다. 마이크로스트립 선로의 임피던스를 높은 값을 갖도록 즉, 폭이 얇은 스트립 선로를 사용하고 길이를 짧게 즉, 통상적으로 전기적 길이 βl을 $\pi/4$보다 작게 설정하여 사용한다면 이를 구현할 수 있다. 위의 조건을 극단적인 경우에 대하여 수식으로 표현하면 식(11-25)와 같이 나타낼 수 있다.

$$\beta l \;\rightarrow\; 0, \qquad Z_0 \;\rightarrow\; \infty \qquad \cdots\cdots \text{(11-25)}$$

이렇게 근사적으로 식을 적용하게 되는 경우에 많이 사용되는 방법이 식(11-26)과 같은 접근 방법이다.

$$x \;\rightarrow\; 0 \quad : \quad \sin x \simeq x, \qquad \tan x \simeq x \qquad \cdots\cdots \text{(11-26)}$$

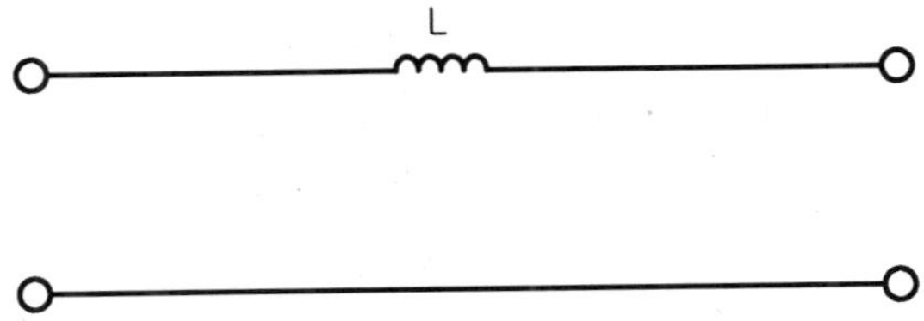

그림 11.7 인덕터 L로 구현된 등가 회로

식(11-25)와 식(11-26)을 식(11-23)과 식(11-24)에 적용하면 식(11-27)과 식(11-28)과 같은 결과를 얻을 수 있다.

$$\frac{X}{2} = Z_0 \frac{\beta l}{2} \quad \Rightarrow \quad X = Z_0 \beta l = \omega L \qquad \cdots\cdots \text{(11-27)}$$

$$B = 0 \qquad \cdots\cdots (11\text{-}28)$$

그러므로 마이크로스트립 선로를 인덕터의 인덕턴스 L이 $L = Z_0 \beta l / \omega$인 그림 11.7과 같은 등가 회로로 나타낼 수 있다.

이제 방법을 달리하여 (그림11-6)의 등가 회로로부터 마이크로스트립 선로를 병렬 C로 구현하기 위한 접근 방법을 살펴보기로 한다. 마이크로스트립 선로의 임피던스를 작은 값을 갖도록 즉, 폭이 넓은 스트립 선로를 사용하고 길이를 짧게 즉, 통상적으로 전기적 길이 βl을 $\pi/4$보다 작게 설정하여 사용한다면 이를 구현할 수 있다. 위의 조건을 극단적인 경우에 대하여 수식으로 표현하면 식(11-29)와 같이 나타낼 수 있다.

$$\beta l \rightarrow 0, \qquad Z_0 \rightarrow 0 \qquad \cdots\cdots (11\text{-}29)$$

앞에서 사용한 방법을 식(11-22)와 식(11-24)에 적용하면 식(11-30)과 식(11-31)과 같은 결론을 얻을 수 있어 캐패시터 C가 $C = \beta l / \omega Z_0$인 (그림11-8)과 같은 등가 회로로 나타낼 수 있다.

$$\frac{X}{2} = Z_0 \frac{\beta l}{2} = 0 \quad \Rightarrow \quad X = 0 \qquad \cdots\cdots (11\text{-}30)$$

$$B = \frac{\sin \beta l}{Z_0} \simeq \frac{\beta l}{Z_0} = \omega C \qquad \cdots\cdots (11\text{-}31)$$

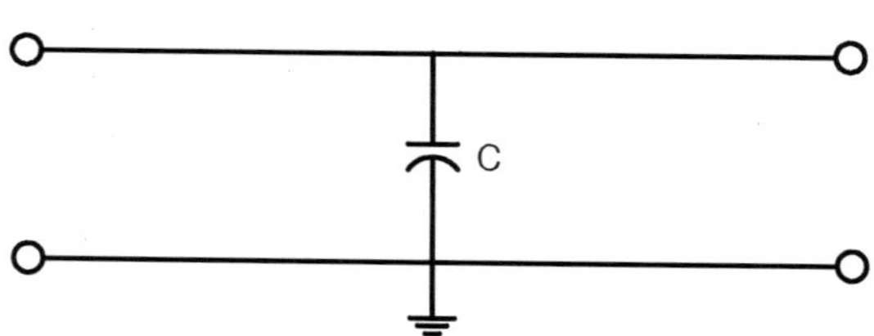

그림 11.8 캐패시터 C로 구현된 등가 회로

실습문제 | 11.3

1(GHz) 주파수에서 기판의 두께 d가 0.8(mm) 이고 상대 유전율 ϵ_r이 4.8인 경우, 10(nH)의 직렬 인덕터를 구현하기 위한 마이크로스트립 선로의 폭(W)과 길이(l)을 구하시오.(선로의 임피던스를 100(ohm)으로 하여 구현하시오.)

해답

Z_0=100(ohm), $\theta = 36(°)$;

- 동판의 두께 t_c를 무시한 경우 ;

$W = 0.32(mm), l = 16.60(mm)$

- 동판의 두께 t_c=0.035(mm)를 고려한 경우 ;

$W = 0.28(mm), l = 16.97(mm)))$

11-6 모의실험을 통한 UHF 대역 저역 통과 여파기 설계

모의실험의 수행은 Ansoft사의 Designer를 사용하였으며, 다른 초고주파 회로 해석 및 설계 프로그램을 사용하는 경우에는, 적용된 원리는 유사할 것이나 사용상의 차이점이 있으므로 이를 감안하여 설계 및 해석을 적용하여야 한다. 요즈음 대부분의 프로그램들이 xxx.sch와 같은 회로도(schematic) 단위로 프로그램이 수행되지 않고 회로도를 포함하여 관련되는 모든 부속 기능을 포함하는 프로젝트(project) 단위로 프로그램이 수행된다. Designer의 경우는 xxx.adsn 이라는 프로젝트 파일로 프로그램이 수행된다. 그러므로 프로그램에 의한 모의실험의 생성과 수행 및 저장이 프로젝트 단위로 이루어진다는 것을 기억해야 한다.(Designer의 학생판은 www.ansoft.co.kr에서 등록 후 다운 받을 수 있다.)

11-6-1 Designer 초기 화면 및 프로젝트 생성

Designer 프로그램의 아이콘 을 더블 클릭하거나 프로그램내의 Designer 폴더에서 Ansoft Designer를 실행하면 그림 11.9와 같은 활성창인 Designer 초기 화면이 나온다.

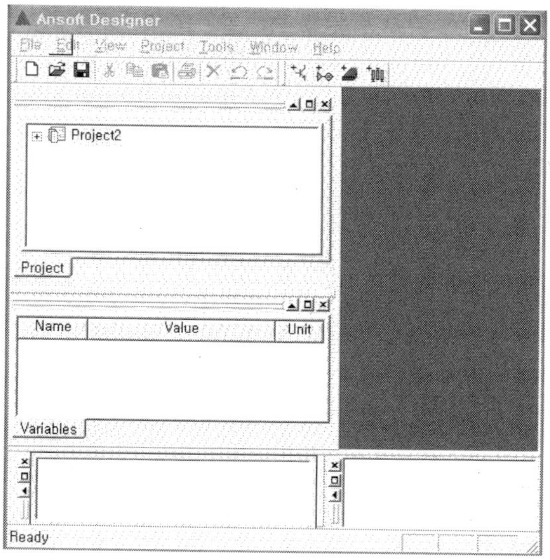

그림 11.9 Designer 초기 화면

프로젝트에 원하는 유형의 설계를 적용하기 위하여 그림 11.10과 같이 프로젝트에 설계 유형을 삽입한다. 메뉴 바에 위치한 단축 아이콘 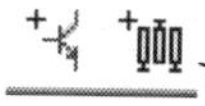을 사용할 수도 있다.

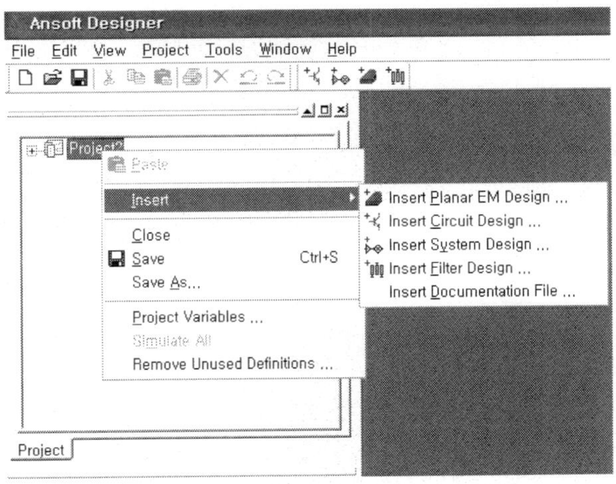

그림 11.10 프로젝트에 설계 유형 지정하기

회로 설계 및 해석을 위하여 'Insert Circuit Design'을 선택하면 (그림11-11)과 같은 사용하고자 하는 선로의 형태와 기판을 선택하는 창이 나온다.

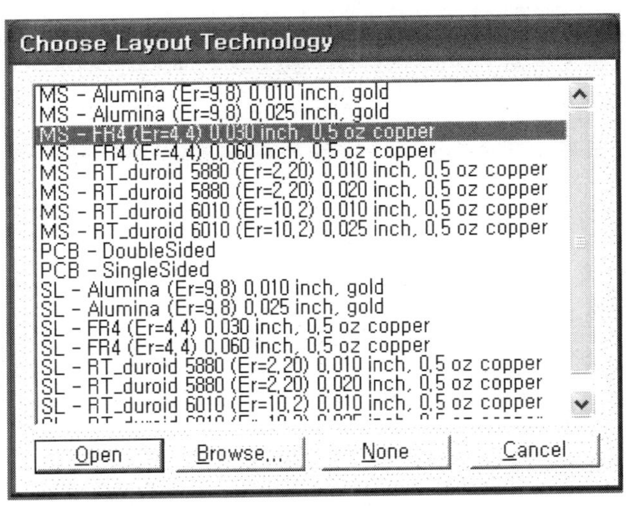

그림 11.11 적용 선로의 형태 및 기판 지정하기

정확히 일치하지 않는 경우는 유사한 유형을 선택한 후에 수정하여 사용할 수 있고, 'None'을 선택하거나 'PCB-SingleSided'를 선택하여 규격을 지정하여 사용할 수도 있다.(이 단계에서 사용할 기판을 적용하는 것이 바람직하며, 그림 11.15를 참조하면 된다.)

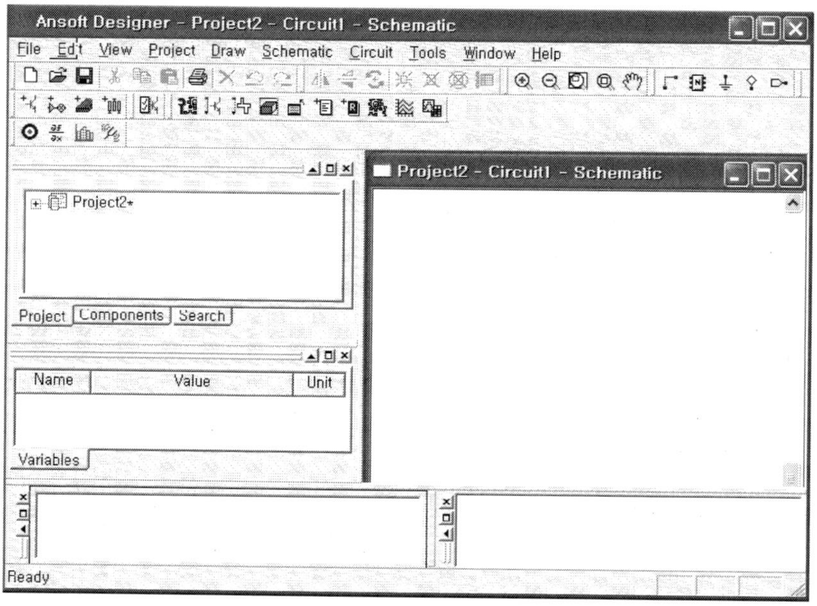

그림 11.12 프로젝트 내의 회로도를 위한 'schematic' 창

선로의 유형과 기판의 규격이 지정되면 그림 11.12와 같이 프로젝트 내에 회로도를 그릴 수 있는 'schematic' 창이 나온다. 프로젝트 내의 회로도에 대한 이름은 그림에서 'project2*' 폴더 내의 'circuit1' 부분을 선택하여 오른쪽 마우스를 클릭하여 이름을 변경할 수 있다.

11-6-2 Transmission Line 분석 및 합성 도구 사용

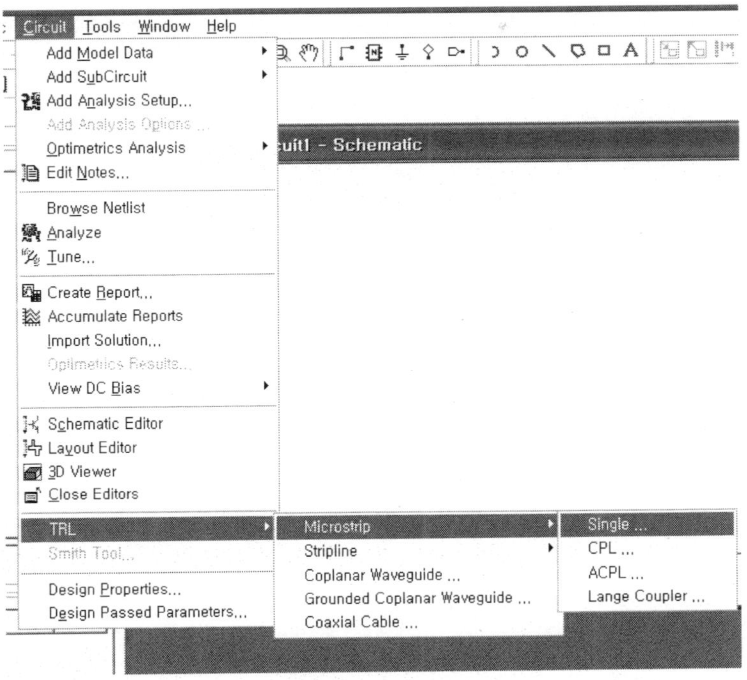

그림 11.13 마이크로스트립 선로의 선택

여파기 설계에 사용하는 마이크로스트립 선로에 대한 분석 및 합성을 위해서는 그림 11.13과 같이 'Circuit' 메뉴 내의 'TLR' 내의 'Microstrip' 내의 'Single'을 선택한다. 프로젝트를 생성할 때 기판을 지정한 경우는 그림 11.14의 'substrate'내에 표시된 지정된 기판을 선택하여 바로 분석 및 합성 도구로 들어갈 수 있다.

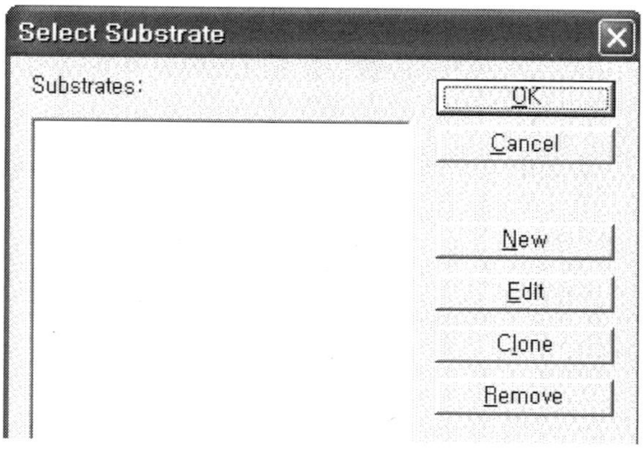

그림 11.14 기판 선택 창

그러나 지정된 기판이 없는 경우는 그림 11.14와 같이 'substrate' 내에 표시된 기판이 없다. 이러한 경우는 그림 11.14의 'NEW'를 선택하여 생성된 그림 11.15의 기판의 규격을 지정하기 위한 창에서 사용할 기판을 만들어 주어야 한다.

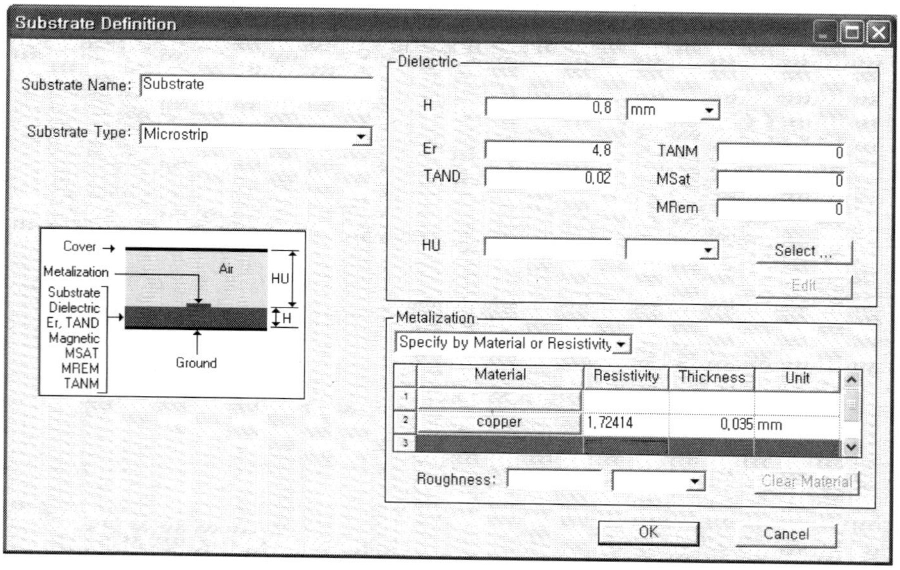

그림 11.15 기판 규격 생성 창

또 다른 방법으로 'schematic'에서 원하는 형태의 선로를 선택하여 선로의 합성과 분석을 수행할 수 있다. 즉, 프로젝트 내의 'components' 영역에서 'microstrip' 폴더에서 'Transmission Lines' 내의 'MS Trans. Line, Physical Length'를 선택하여 소자인 전송 선로에 대한 그림 11.16의 특성에서 'TLR'을 선택하여 분석 및 합성 도구로 들어갈 수도 있다.

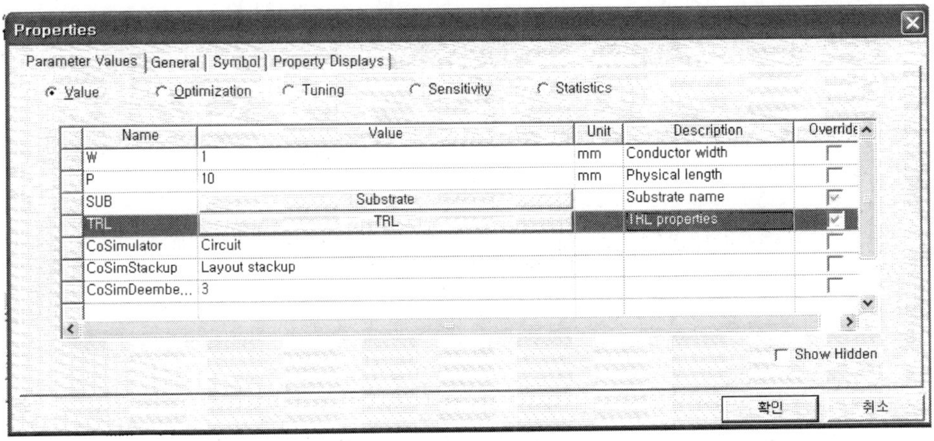

그림 11.16 전송 선로에 대한 특성 창

그림 11.17과 같은 마이크로스트립 선로의 합성 및 분석 창에서 공통 입력 사항은 사용 주파수와 기판의 특성인 두께와 기판의 상대 유전율, 그리고 기판의 동판 두께이다. 합성의 경우에는 선로의 특성 임피던스 Z_0와 전기적 길이 $\theta=\beta l$을 입력하고 'Synthesis'를 클릭하면 선로의 폭(W)과 길이(l, 여기서는 P로 표시되어 있음)를 알 수 있다. 분석의 경우는 선로의 폭(W)과 길이(l, 여기서는 P로 표시되어 있음)를 입력하고 'Analysis'를 클릭하면 선로의 특성 임피던스 Z_0와 전기적 길이 $\theta=\beta l$를 얻을 수 있다.

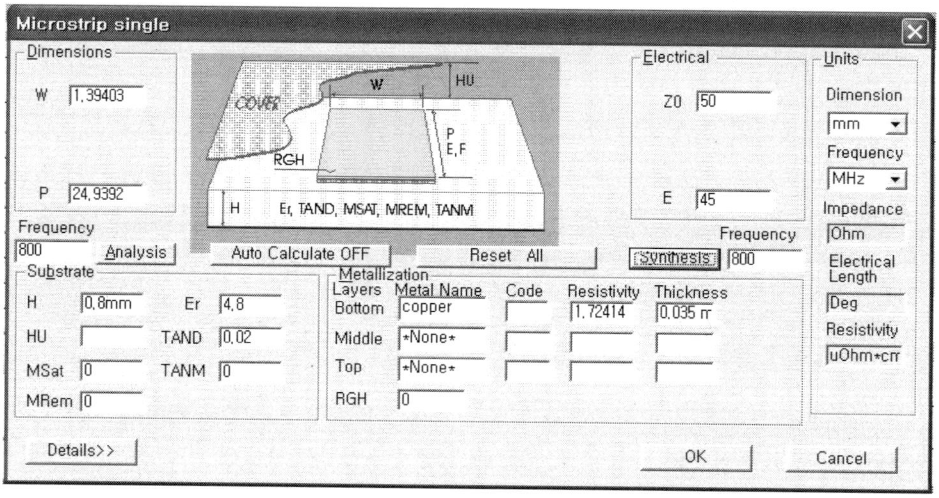

그림 11.17 마이크로스트립 선로에 대한 합성 및 분석 창

11-6-3 여파기 합성 도구 사용

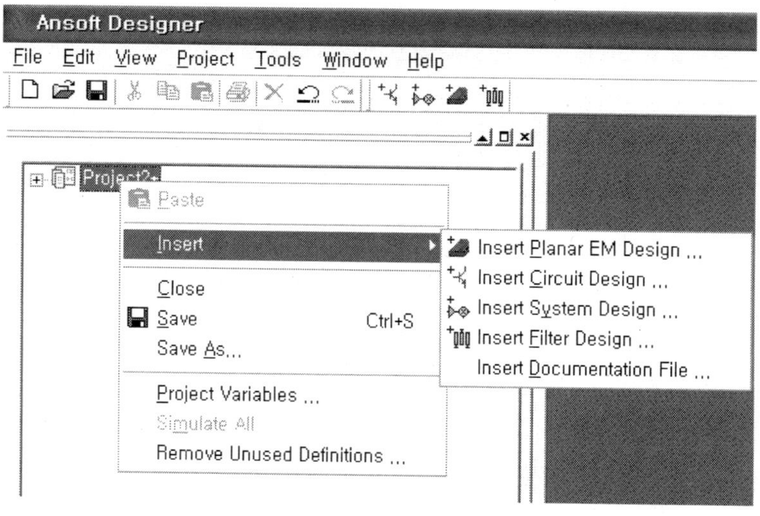

그림 11.18 여파기 합성 도구 사용을 위한 창

프로그램에서 제공하는 여파기 합성 도구를 이용하여 여파기를 자동으로 설계할 수 있다. 이 경우에 물리적으로 실현 가능한 설계 결과인지를 확인해야 한다. 그림 11.18과 같이 프로젝트 초기 화면에서 'Insert Filter Design'을 선택하거나 메뉴 바에 위치한 단축 아이콘 을 사용하여 도구로 들어갈 수 있다.

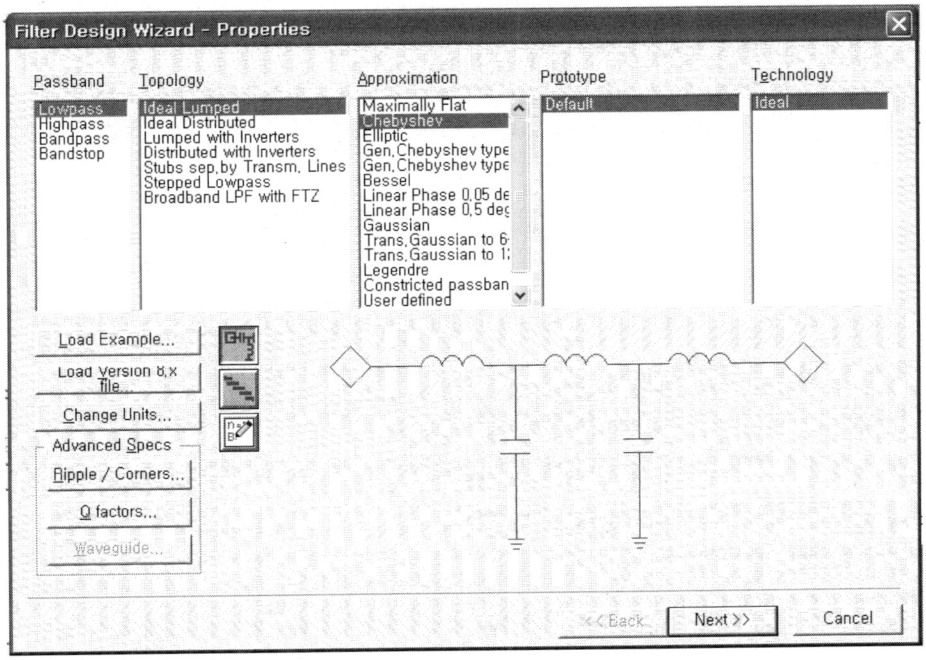

그림 11.19 여파기 합성 도구 초기화면

그림 11.19와 같은 여파기 합성 초기 화면에서 설계하고자 하는 여파기의 유형과 형태를 선택하고 세부 규격을 지정하기 위하여 'NEXT'를 클릭한다.

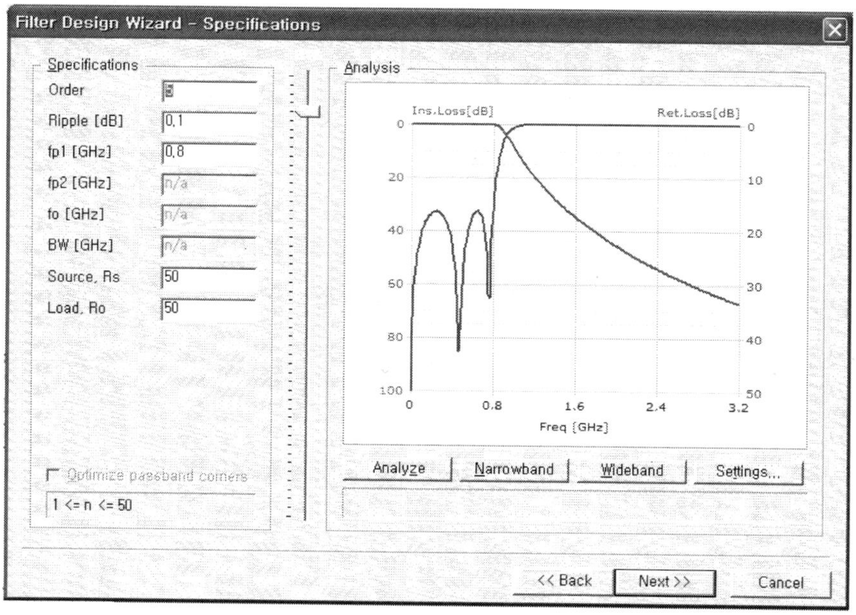

그림 11.20 여파기 합성 도구 세부 규격 지정을 위한 창

그림 11.20과 같은 여파기 세부 규격 창에서 여파기의 단수와 변동(ripple), 그리고 차단 주파수와 입력 및 출력단 임피던스를 지정하여 결과 파형을 볼 수 있다. 결과 파형 밑의 메뉴를 이용하여 결과 파형에 대한 세부 사항을 확인할 수 있다.

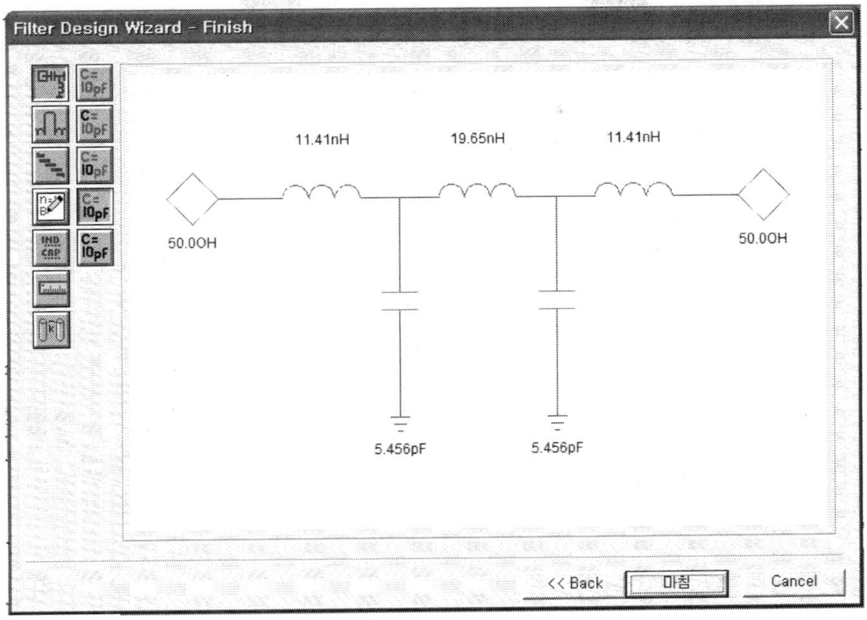

그림 11.21 여파기 합성 도구에 의한 결과 회로도

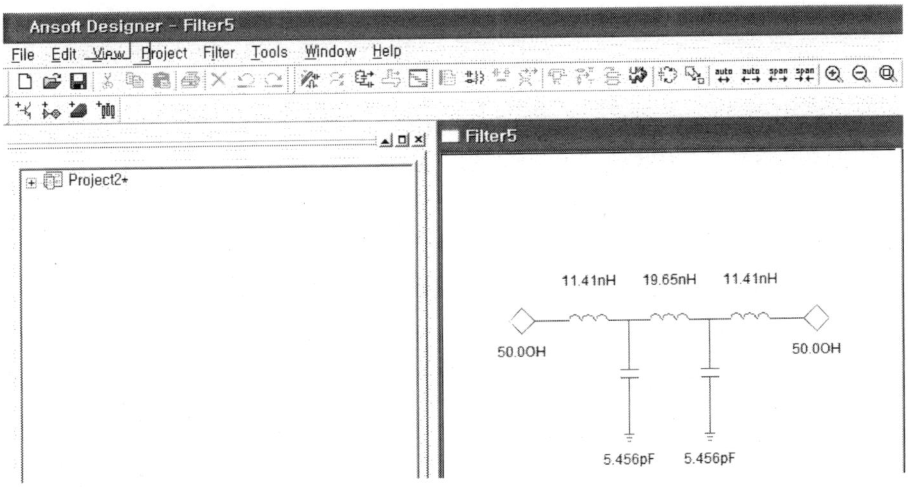

그림 11.22 여파기 설계 창

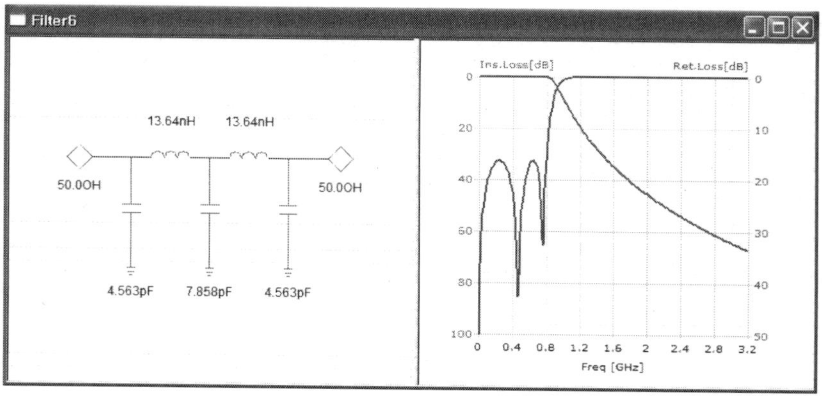

그림 11.23 π형 여파기 결과 회로도

결과 파형을 확인한 후에 'NEXT'를 클릭하면 그림 11.21과 같은 설계에 대한 최종 결과물인 회로도를 얻을 수 있다. 그런데 여파기는 T형 여파기로 π형 여파기로 변환하고자 할 경우에는 '마침'을 클릭한 후에 그림 11.22의 여파기 설계 창에서 오른쪽 마우스를 클릭하여 'Dual Circuit'을 나타내는 단축 아이콘 을 사용하면 그림 11.23과 같은 π형 여파기에 대한 설계 회로도를 얻을 수 있다. 여파기 설계 도구에 의해 생성된 회로를 프로젝트 내의 회로로 가져오기 위해서는 여파기 설계 창에서 오른쪽 마우스를 클릭하여 'Electrical Circuit'을 나타내는 단축 아이콘 를 사용하면 된다.

11-6-4 회로 해석 모의실험 실행

(1) 회로도 작성을 위한 구성 부품 불러오기 : 우선 프로젝트 내에 회로도(schematic)를 작성해야 한다. 회로도를 활성화시키는 수행 내역은 11-6-1에 설명되어 있다. 설계된 회로에 사용되는 부품을 'components'에서 그림 11.24와 같이 찾아서 회로도 내에 배치한다.

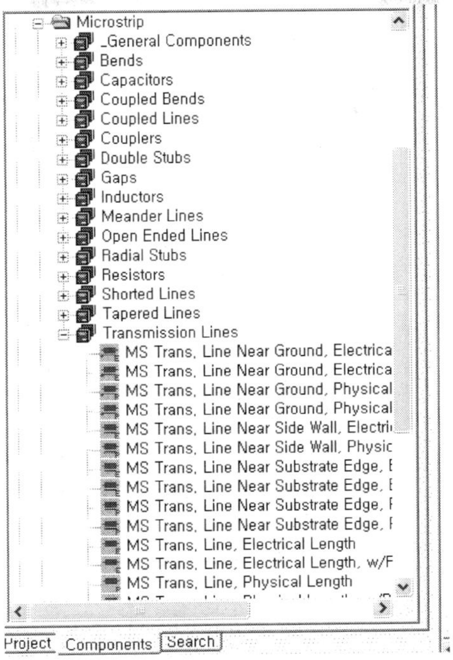

그림 11.24 부품 찾기

UHF 대역 저역 통과 여파기를 모의실험하기 위하여 먼저 입출력단의 커넥터 연결을 위한 전송 선로와 인덕터의 구현을 위하여 프로젝트 내의 'components' 영역에서 'Microstrip' 폴더에서 'Transmission Lines' 내의 'MS Trans. Line, Physical Length'를 선택한다. 또한 병렬 캐패시터의 구현을 위하여 'Microstrip' 폴더에서 'Open Ended Lines' 내의 'MS Open Stub, Physical Length'를 선택한다. 선택된 소자를 회로도에 가져오는 것은 마우스로 왼쪽 버튼을 클릭하여 회로도 내로 끌어다 놓음으로써 수행할 수 있으며, 선택된 소자를 해제하는 것은 PC의 'space' 바를 누름으로써 해제시킬 수 있다.

그리고 폭이 서로 다른 마이크로스트립 선로를 연결할 때 생기는 영향을 최소화하기 위하여 사용되는 마이크로스트립 티(Tee)는 'Microstrip' 폴더에서 'General Components' 내의 'MS Tee-Ref. Plane at Center'를 선택한다.

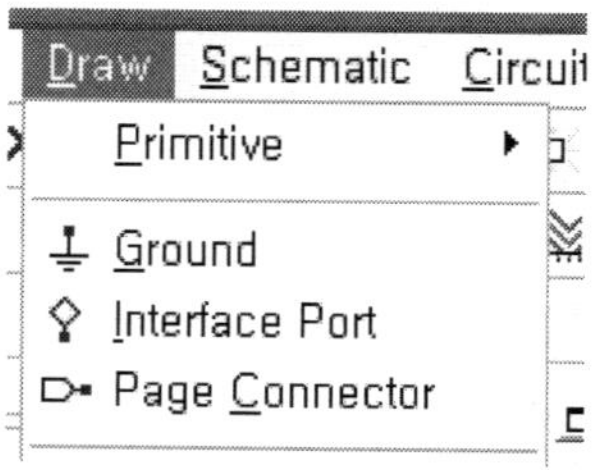

그림 11.25 입출력 단자 지정을 위한 'Interface Port' 지정 창

입력 및 출력 단자인 Microwave Port는 그림 11.25와 같이 'Draw' 메뉴 내의 'Interface Port'나 메뉴 바 내의 단축 아이콘인 를 선택하여 그림 11.26과 같은 특성 창에서 'Port Name'을 INPUT과 같은 원하는 이름으로 지정하고 'Symbol'을 'Microwave Port'로 지정한다. 각 소자나 단자의 특성 창은 소자나 단자를 더블 클릭함으로써 속성 창을 활성화시킬 수 있다.

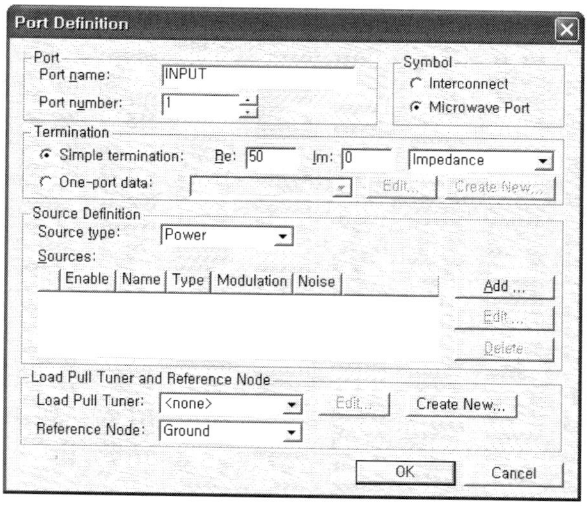

그림 11.26 입출력 단자 설정을 위한 창

(2) 소자 배치 및 회로도 작성하기 : 소자를 배치하고 소자의 복사나 붙여넣기, 그리고 'edit' 메뉴에 있는 회전이나 'flip', 그리고 선 그리기(wire) 등을 활용하여 회로도를 작성하고, 각 소자의 길이나 폭과 같은 소자 값을 지정하여 그림 11.27과 같이 회로도를 완성한다.

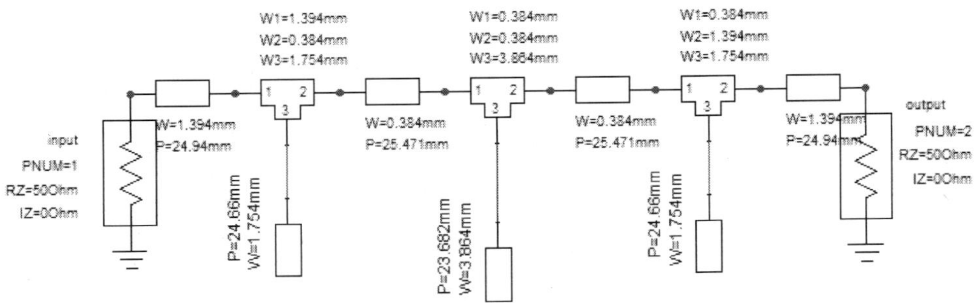

그림 11.27 완성된 회로도

(3) 분석 조건 지정하기 : 회로도가 완성된 후에 분석을 위하여 분석에 대한 주파수 대역 및 간격을 지정해야 한다. 분석 조건에 대한 지정은 그림 11.28과 같이 프로젝트 내의 'analysis'의 'add analysis setup'을 클릭하여 그림 11.29와 같은 창에서 분석의 형태는 'Linear Network Analysis'를 선택하고 유형은 'Frequency Domain'을 선택한다.

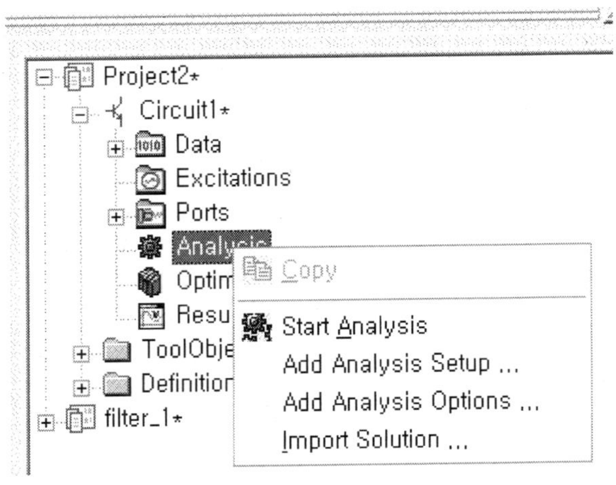

그림 11.28 분석 조건을 지정하기 위한 준비

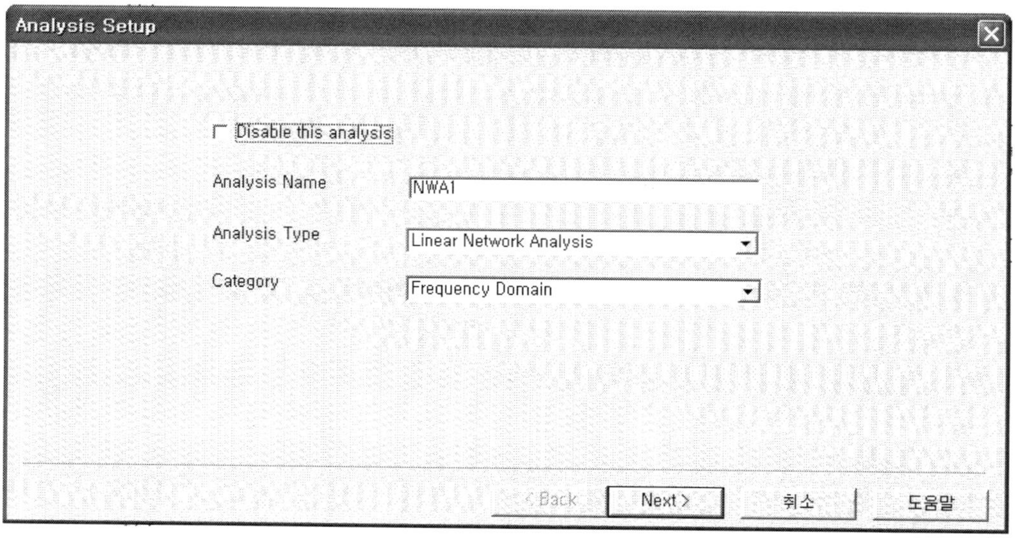

그림 11.29 분석 조건을 지정

'Next'를 클릭하여 'sweep variable'을 'Add'를 통하여 그림 11.30과 같이 시작 주파수와 마침 주파수, 그리고 주파수 간격을 지정한 후에 'Add'를 클릭하여 그림 11.31과 같이 주파수 조건을 지정한다.

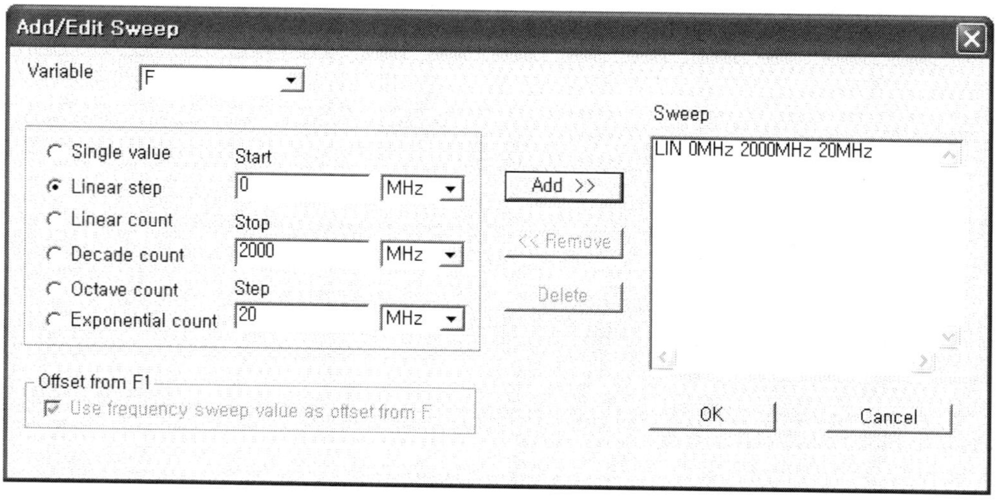

그림 11.30 분석 주파수 대역 및 간격 지정

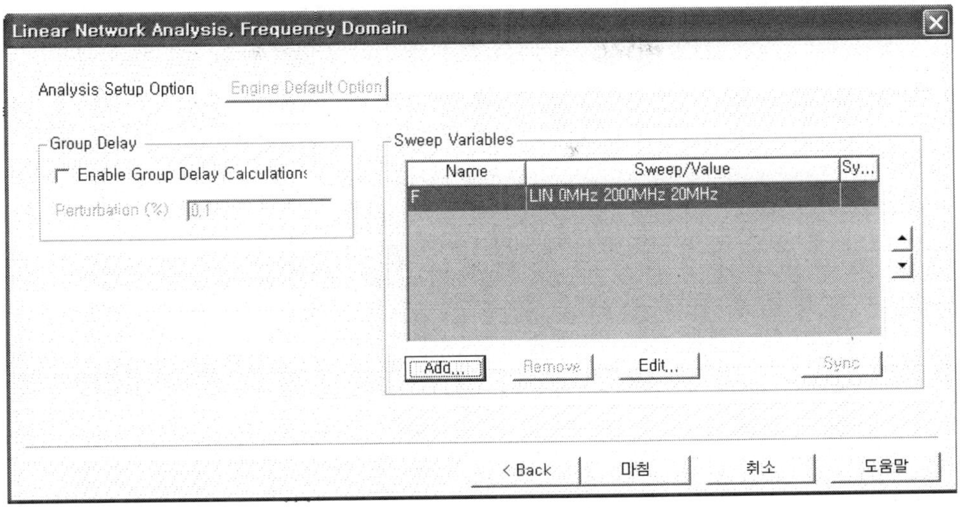

그림 11.31 분석 주파수 조건 지정 창

(4) 모의실험 실행하기 : 분석 조건 지정이 완료되면 메뉴 바의 단축 아이콘인 를 클릭하거나, 그림 11.32와 같이 프로젝트 내의 'analysis'의 'start analysis'을 클릭하여 모의실험을 실행시킨다.

(주의사항 : 사용하는 파일명이나 이 파일이 속해있는 폴더명이 한글로 되어있는 경우는 에러가 발생하므로 반드시 영문 이름을 사용하여야 한다. 'General Options'내의 'project option'에서 확인할 수 있다.)

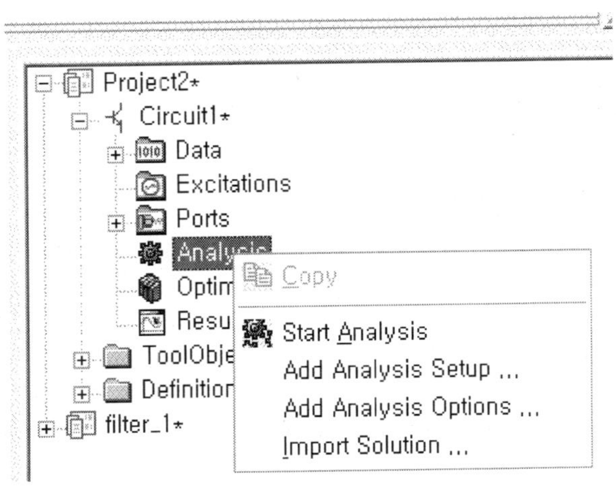

그림 11.32 모의실험 실행을 위한 창

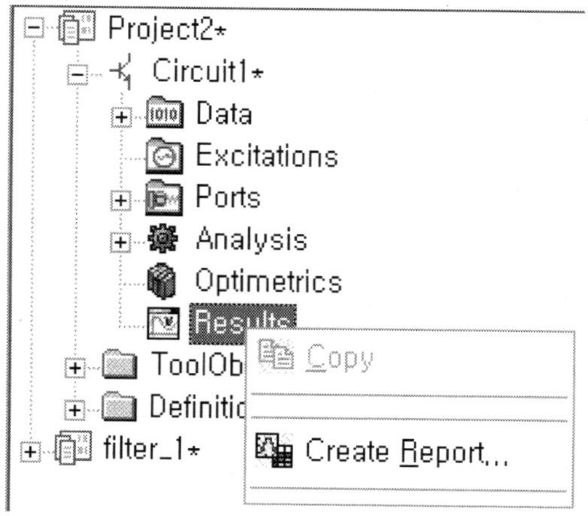

그림 11.33 모의실험 결과를 보기 위한 창

(5) 모의실험 결과 보기 : 실행이 완료된 후에 메뉴 바의 단축 아이콘인 를 클릭하거나 그림 11.33와 같이 프로젝트 내의 'results'의 'create report'를 클릭하여 모의실험 결과를 보기 위한 그림 11.34와 같은 설정 창을 연다.

결과를 보기 위한 형식을 지정한다. 주파수에 따른 S11과 S21의 특성을 보기 위하여 'Standard'와 'Rectangular Plot'을 선택하면 그림 11.35와 같은 결과 유형과 형태를 지정하는 창이 나온다. 'S-parameter'에서 'S21'과 'dB'를 선택하여 'Add Trace'를 클릭하여 얻고자 하는 결과 파형을 지정하고 S11에 대하여도 같은 방법으로 파형을 지정한다. 그림 11.35에서 'Done'을 클릭함으로써 그림 11.36과 같은 지정한 파형을 얻을 수 있다.

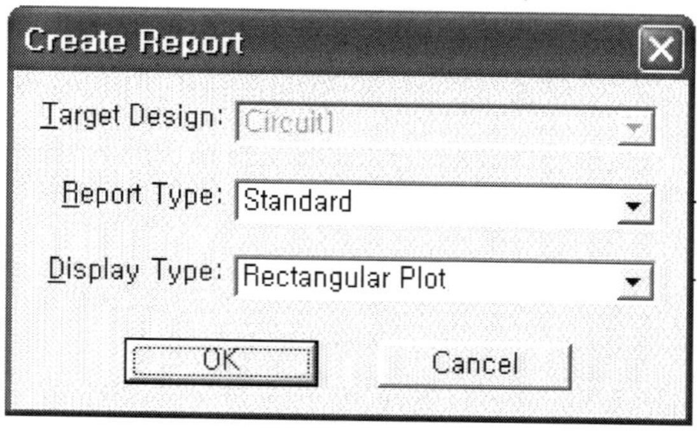

그림 11.34 보고서 생성 조건 설정 위한 창

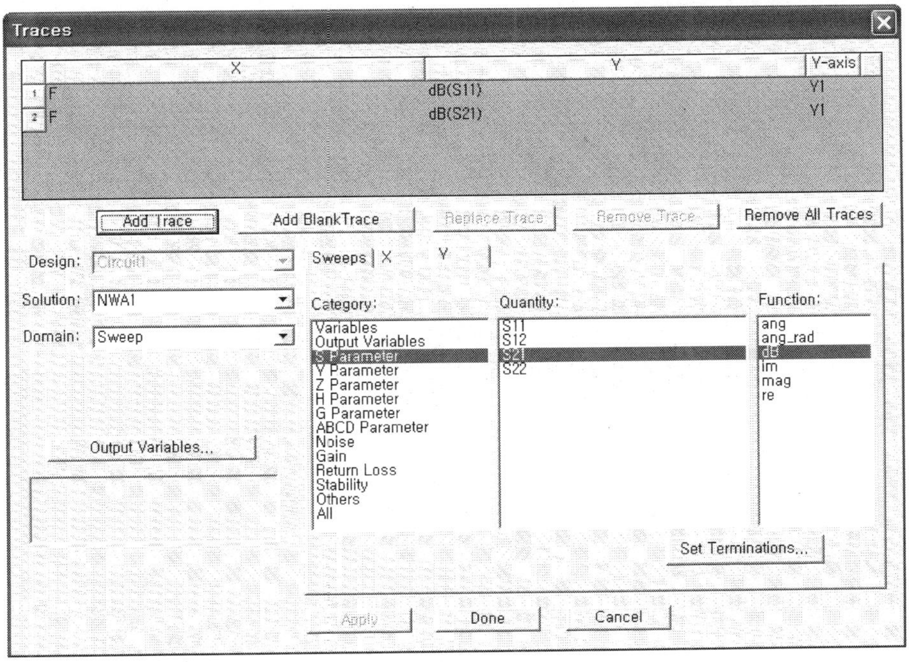

그림 11.35 원하는 파형과 유형 설정을 위한 창

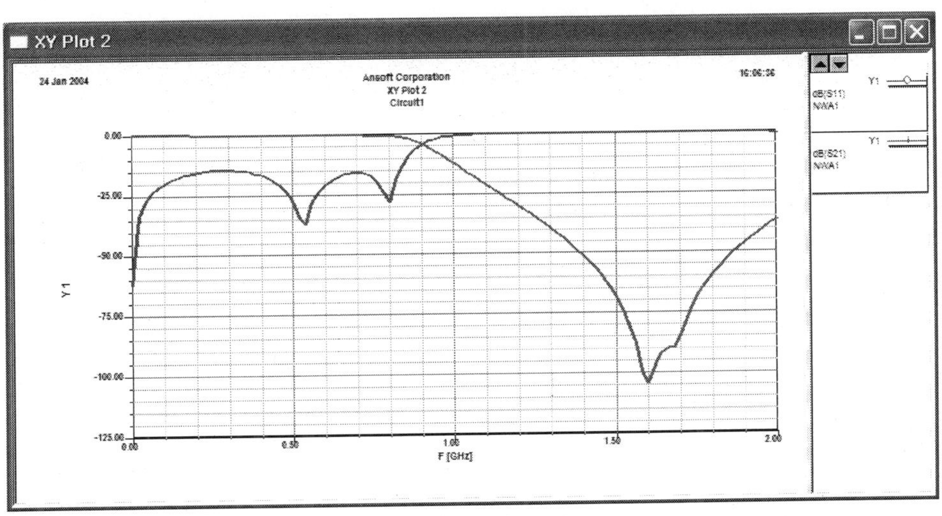

그림 11.36 지정한 파형 결과

(6) 모의실험 결과를 데이터 파일로 저장하기 : 모의실험 결과를 데이터 파일 형태로 저장하기 위해서는 그림 11.34의 보고서 생성 조건 설정 창에서 그림 11.37과 같이 'Display Type'를 'Data Table'로 설정하고 그림 11.35와 같이 원하는 데이터와 유형을 선택하면 그림 11.38과 같은 데이터 파일 형태를 얻을 수 있다.

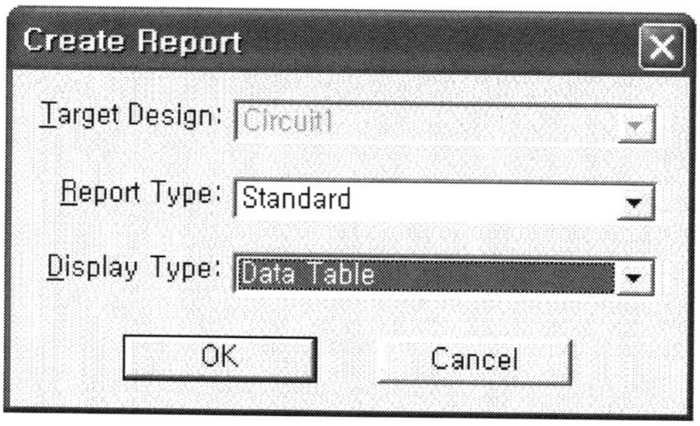

그림 11.37 데이터 파일 형태 설정을 위한 창

데이터 파일 형태로 표시된 화면에서 오른쪽 마우스를 클릭하여 그림 11.38에서 'copy to file'을 선택하여 원하는 곳에 문자(text) 형식으로 파일을 저장할 수 있다. 여파기 제작 후에 측정 결과와 한 도표에서 비교하기 위해서는 계측기와 같은 주파수 간격으로 모의실험을 재실행할 필요가 있다.

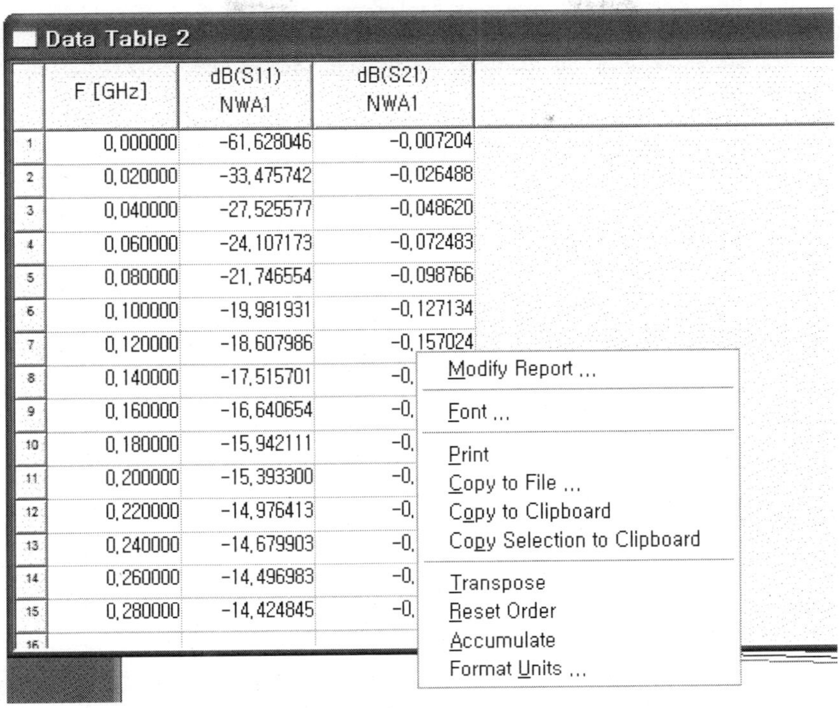

그림 11.38 데이터 파일 형태의 결과

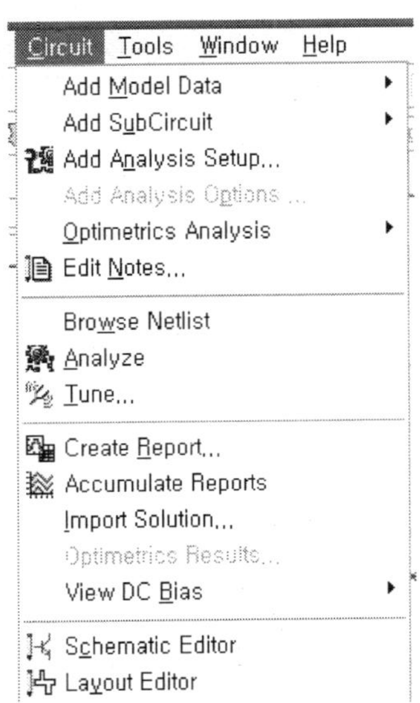

그림 11.39 'Layout Editor' 실행을 위한 창

11-6-5 PCB 제작을 위한 패턴 파일 작성

11-6-5-1 고주파용 설계 도구를 이용하는 경우: 고주파용 설계 도구라도 학생판이나 데모용 버전의 경우는 패턴 파일 변환 기능이 없으므로 11-6-5-2를 참조한다.

(1) 회로도(schematic)에서 Layout 작성하기 : 완성된 회로도를 패턴 형태로 구현하기 위하여 메뉴 바에 있는 'Edit layout' 단축 아이콘인 를 클릭하거나 그림 11.39와 같이 'Circuit' 내의 'Layout Editor'를 선택하여 회로도에 대한 layout 패턴을 얻을 수 있다.

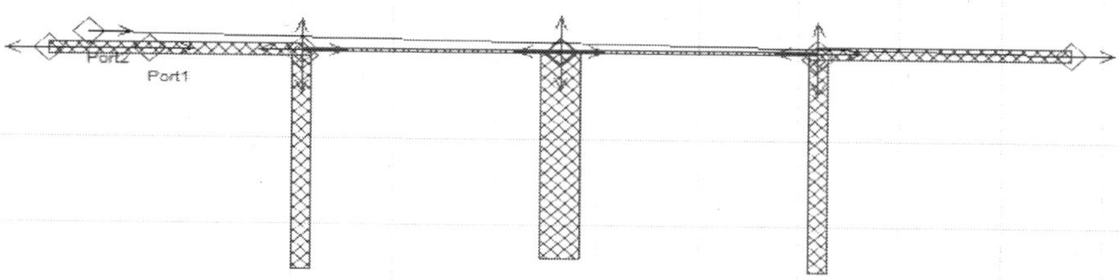

그림 11.40 초기 상태의 layout

Layout Editor가 실행되면 그림 11.40과 같이 정리가 완전히 되지 않은 패턴도가 나타난다.

패턴을 정리하기 위하여 메뉴 바에 위치한 단자의 정리를 위한 단축 아이콘인 를 클릭하거나 그림 11.41과 같이 'Draw' 내의 'Align MW Ports'를 선택하여 그림 11.42와 같은 정렬된 layout을 얻을 수 있다.

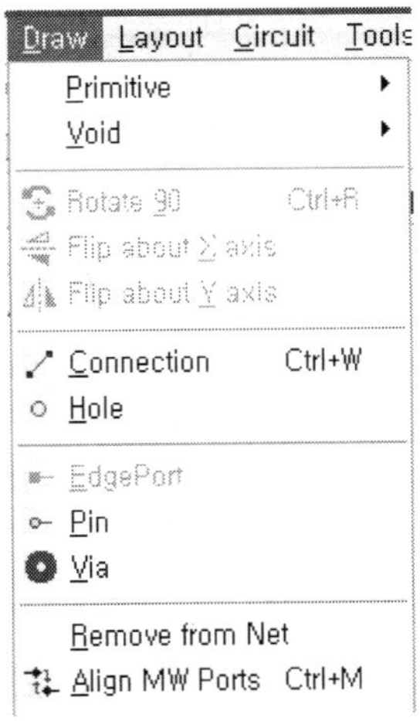

그림 11.41 layout 정렬을 위한 창

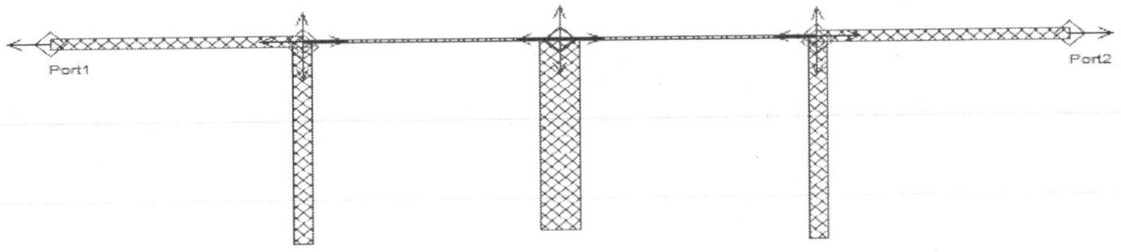

그림 11.42 정렬된 layout

(2) PCB 구분을 위한 학번 및 이름 새기기 : layout 도면에 학번과 이름과 같은 문자를 새기기 위하여, 메뉴 바에 있는 **A**를 클릭하거나 그림 11.43과 같이 'Draw' 내의 'Primitive'의 'Text'를 선택하여, 그림 11.44와 같은 속성 창에서 'Text'에 학번과 이름을 기입하고, 'Font'와 'Height'와 'Weight'를 조절하여, 그림 11.45와 같이 원하는 문자를 layout에 포함시킨다. layout 창에서도 직접 문자를 기입하거나 크기를 조절할 수 있다. 문자의 위치는 마우스를 클릭하여 끌어다 놓음으로써 이동이 가능한데 여파기의 성능에 지장을 주지 않도록 패턴에서 일정한 간격을 두고 위치하도록 배치해야 한다.

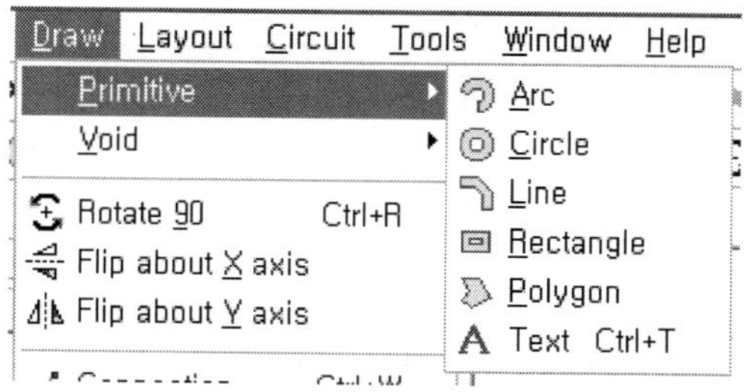

그림 11.43 문자 기입을 위한 창

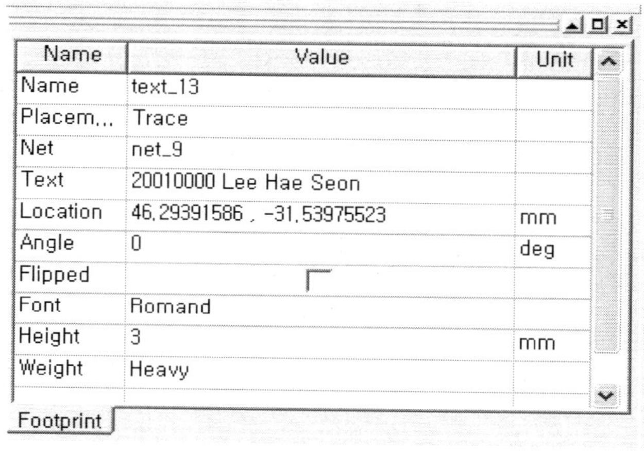

Name	Value	Unit
Name	text_13	
Placem...	Trace	
Net	net_9	
Text	20010000 Lee Hae Seon	
Location	46.29391586 , -31.53975523	mm
Angle	0	deg
Flipped		
Font	Romand	
Height	3	mm
Weight	Heavy	

그림 11.44 문자에 대한 속성 창

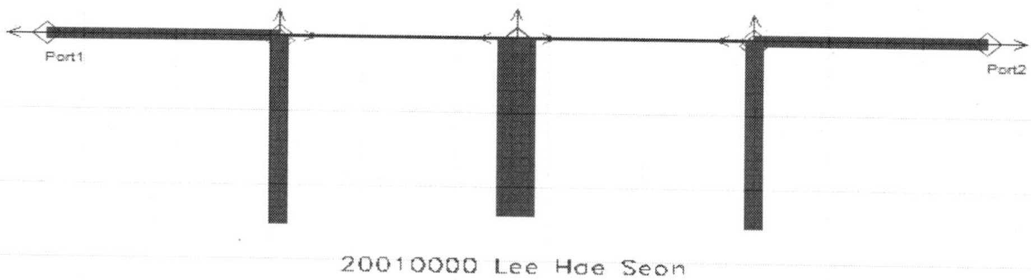

그림 11.45 문자를 포함한 layout

패턴이 빗금으로 나타낸 것을 명확하게 색으로 가득 찬 패턴으로 나타내기 위하여 메뉴 바에 위치한 색을 채우는 단축 아이콘인 를 클릭하거나 그림 11.46

과 같이 'Layout' 내의 'Rendered Filled'를 선택하여 그림 11.45와 같이 색으로 가득 찬 패턴 형태로 나타낼 수 있다.

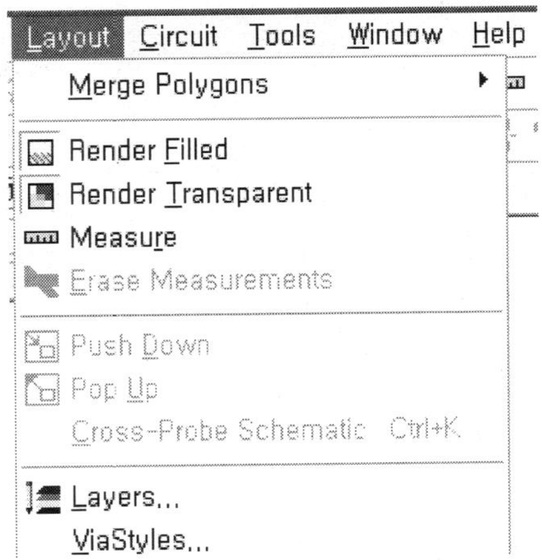

그림 11.46 색을 채우기 위한 창

(3) 접지면(Ground) layer 삽입하기 : PCB 뒷면의 접지면을 기입함으로써 PCB의 절단면을 표시할 수 있다. 그러므로 접지면을 삽입할 때 절단 부분을 염두에 두고 설정해야 한다. 또한 여파기 성능에 영향을 주지 않도록 패턴이 충분한 접지를 가지도록 해야 하며, 제작 단계에서 커넥터를 붙일 것도 고려하여 여유를 가지고 설정해야 한다. 접지면의 삽입은 메뉴 바에 위치한 그림 11.47과 같은 'Active Layer'를 'Ground'로 설정한 후에, 단축 아이콘인 를 클릭하거나 그림 11.43에 있는 'Draw Rectangular'를 실행함으로써 그림 11.48과 같이 접지면을 삽입시킬 수 있다.

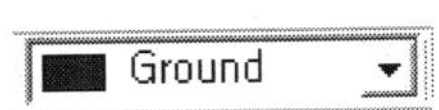

그림 11.47 'Active Layer' 지정 창

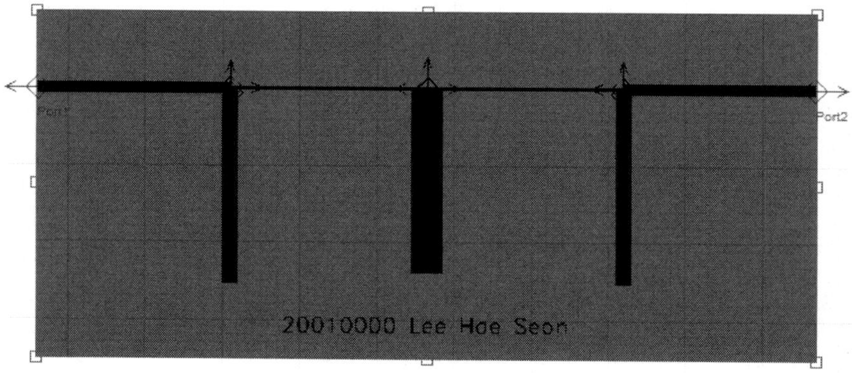

그림 11.48　접지면을 삽입 시킨 layout

(4) gerber 형식의 layout 파일 작성 : PCB 제작을 위해 gerber 형식의 파일을 작성하기 위하여 먼저 단축 아이콘이 인 'Layers Dialog'에서 layer를 설정해 주어야 한다. 그림 11.46의 'Layout' 창에서도 같은 기능을 수행할 수 있다. 그림 11.49에서 보는 바와 같이 'signal'인 'trace'와 'metalized signal'인 'Ground'만이 존재하도록 layer를 설정한다.

설정이 완료된 layer를 gerber 형식의 파일로 만들기 위하여, 그림 11.50과 같이 'Layout' 내의 'Export File'을 선택하여, 그림 11.51과 같은 창에서 '파일 형식'을 gerber 형식인 'Gerber File'로 설정하여 파일로 저장한다. 파일 이름은 이름의 초기 문자와 학번을 끝자리 등으로 구분할 수 있도록 하여 지정된 폴더에 저장한다. '저장'을 클릭하면 그림 11.52와 같은 창에서 패턴인 'trace'와 접지면인 'ground'의 두 층 모두를 한 'page'에 포함하는 형식으로 파일을 설정한다. 각 layer를 각기 다른 'page'에 포함하는 형식으로 파일을 작성할 수도 있다.

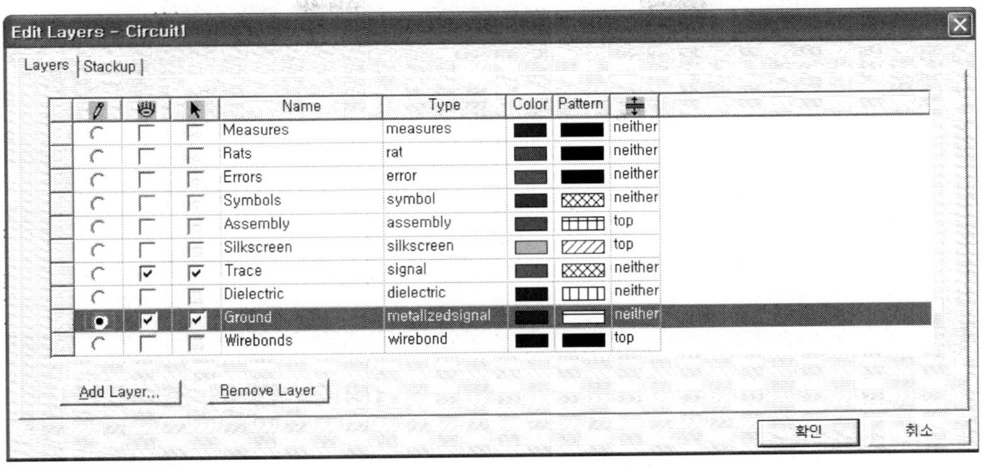

그림 11.49 Layer 설정 창

그림 11.50 gerber 파일 형식으로 저장하기 위한 창

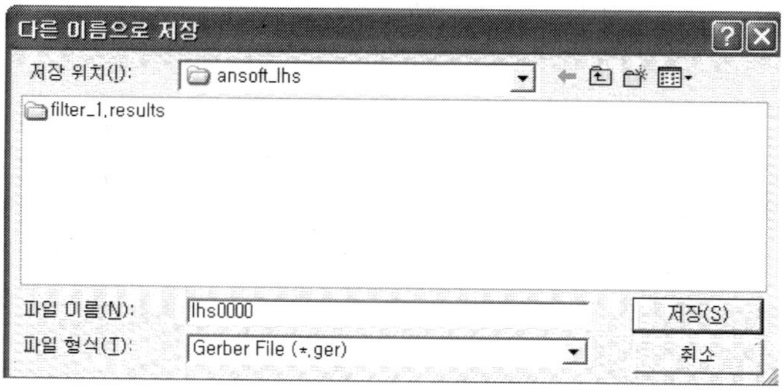

그림 11.51 gerber 파일 형식으로 저장

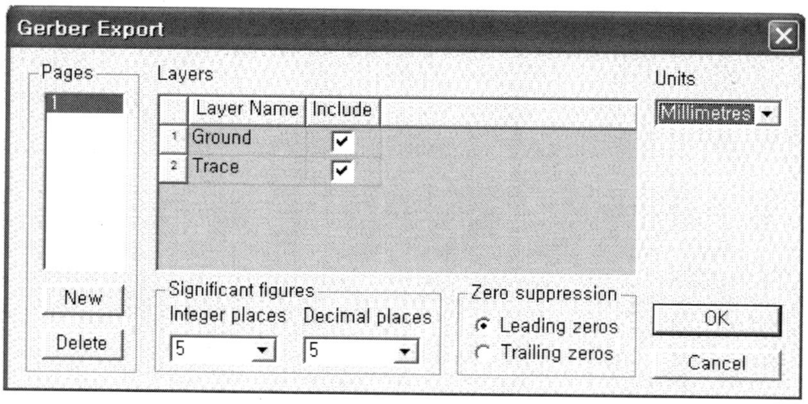

그림 11.52 gerber 파일 layer 지정 창

11-6-5-2 범용 Layout 도구를 이용하는 경우:

여기서는 ORCAD Layout Plus의 데모용 버전을 사용하는 경우에 대하여 기술한다.(www.orcad.net에서 등록 후 데모용 버전을 받을 수 있다.)

(1) 도구 시작하기 : 일반적인 경우는 프로그램 내의 회로도(schematic)에서 패턴(layout)을 생성시키나 여기서는 회로도가 없이 패턴을 생성시켜야 하므로 netlist가 없는 상태에서 패턴을 그려 넣는 방법을 사용한다.

먼저 Layout plus를 실행하기 위하여 PC의 프로그램 폴더 내의 'Layout Demo'를 실행시킨 후, Layout 윈도우의 File 메뉴 내의 New를 선택하고, PCB 설계에 사용되는 Technology 파일의 경로와 파일명을 그림 11.53과 같이 'Browse'를 클릭함으로써 'default.tch'를 선택한다.

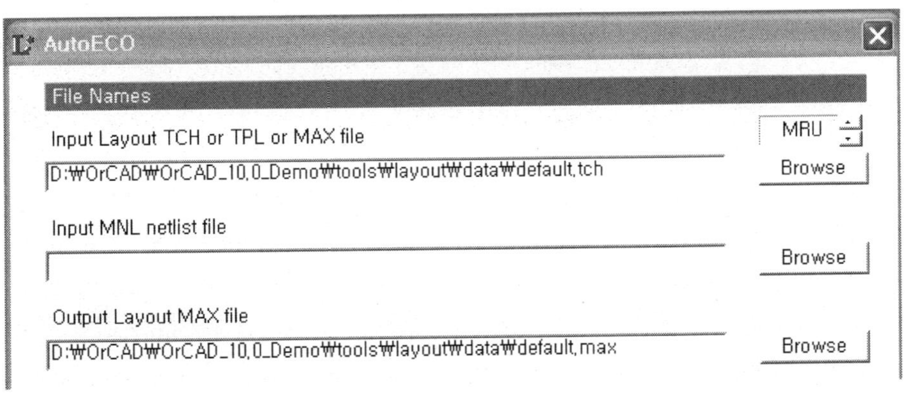

그림 11.53 Auto ECO 선택 창

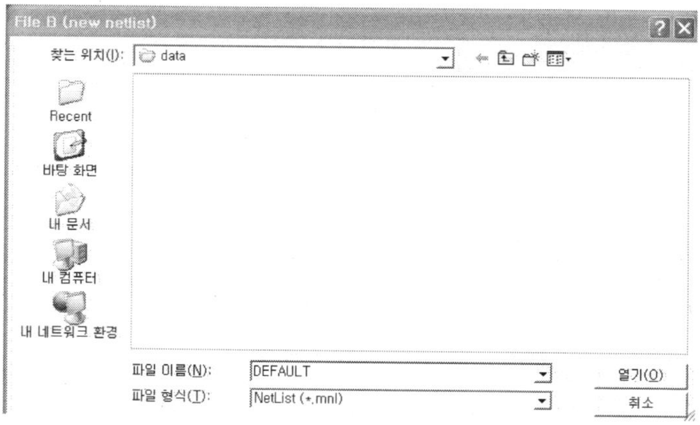

그림 11.54 new netlist 창

부품이 없이 설계하는 것이므로 netlist 파일은 지정하지 않고, PCB 보드 파일이 저장되는 Output Layout MAX 파일은 'Browse'를 클릭함으로써 'default.max'로 지정하고 'Apply ECO'를 클릭한다. 그림 11.54의 'new netlist' 창에서 '취소'를 클릭하면 Layout 초기 화면이 생성된다.

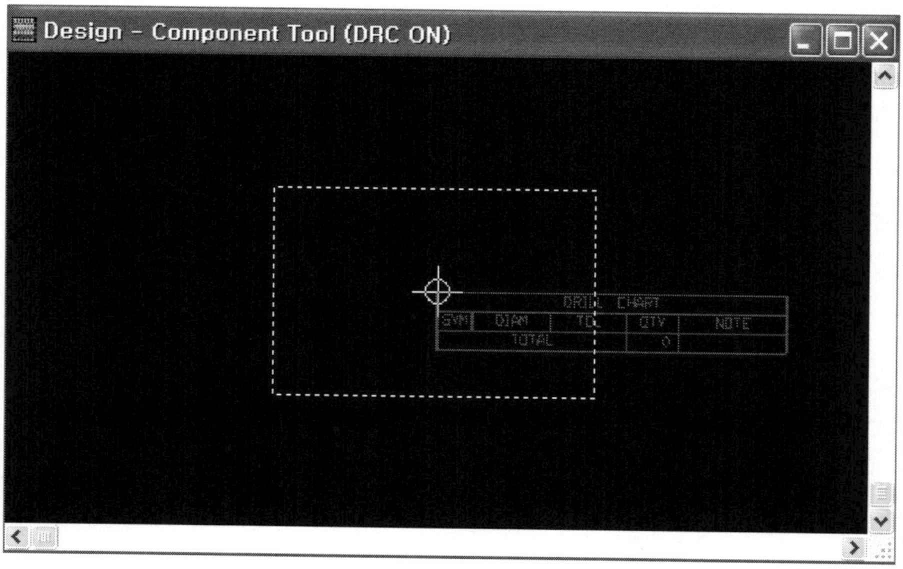

그림 11.55 Layout 초기화면

그림 11.55와 같이 초기화면이 나오게 되면 File 메뉴 내의 'Save As'를 사용하여 'default.max' 대신에 그림 11.56과 같이 결과를 저장할 새로운 파일명으로 변경하여 지정한다.

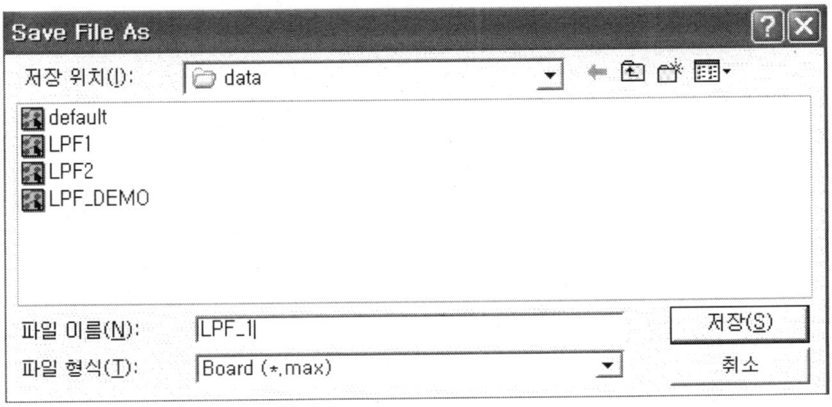

그림 11.56 Output 파일명 지정을 위한 창

(2) Drill Chart 이동 : Tool 메뉴 내의 Drill Chart 내의 'Move Drill Chart'를 실행하여 Drill Chart를 작업하는데 불편하지 않도록 왼쪽 아래로 이동한다.

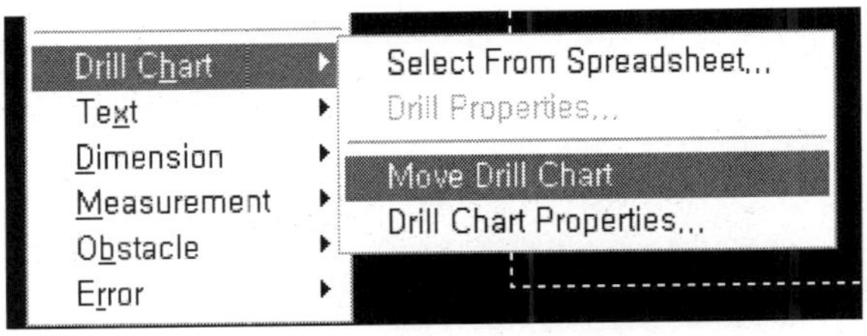

그림 11.57 Drill Chart 이동을 위한 선택 창

(3) 원점 이동 : Tool 메뉴 내의 Dimension 내의 'Move Datum'을 이용하여 좌표의 원점을 보드에 맞고 편리하도록 왼쪽 아래로 이동 시켜 설정한다.

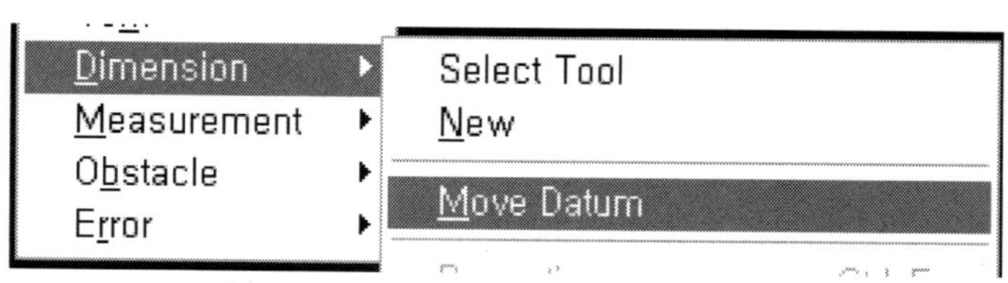

그림 11.58 원점 재배치를 위한 창

(4) 단위 및 분해 간격 지정 : Option 메뉴 내의 'System Settings'를 선택하여 단위를 mm로, 화면 분해 간격(Display Resolution)과 그리드(Grids) 간격을 실제 PCB 가공상의 정확도를 고려하여 0.01로 지정한 후에 'Workspace Settings'를 클릭하여 800 x 800mm로 지정한다.(좀 더 정확한 설계를 위해서는 분해 간격과 그리드 간격을 0.005(mm)나 그 이하로 설정할 수도 있다.)

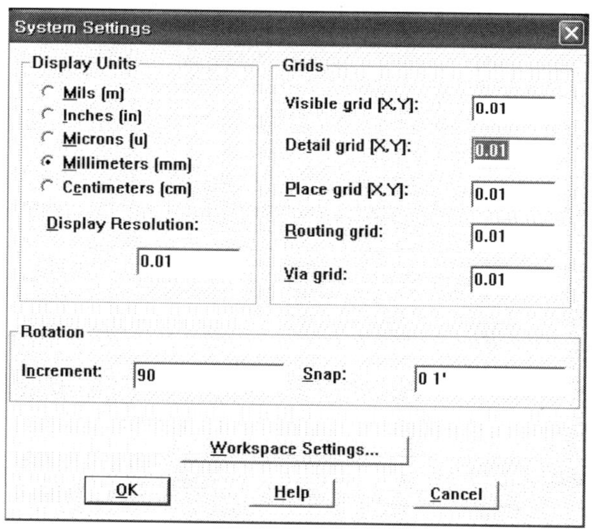

그림 11.59 단위 및 그리드 간격 지정을 위한 창

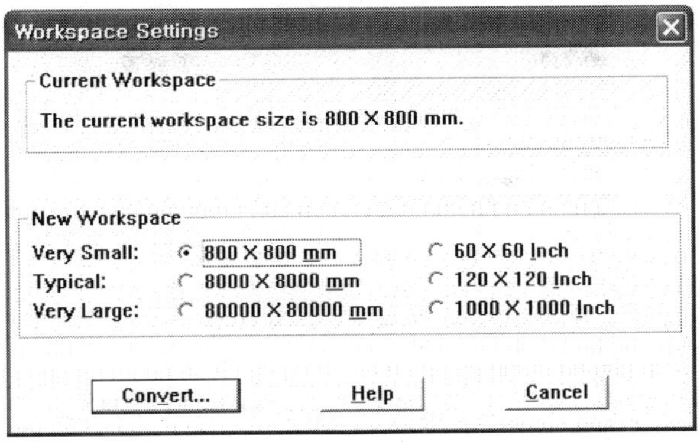

그림 11.60 Workspace 지정을 위한 창

(5) 보드 외곽선(Board Outline) 지정하기 : 도구 아이콘에서 Obstacle 을 선택하고, 화면에서 마우스의 오른쪽 버튼을 클릭하여 'New'를 선택한 후, 원점에서 마우스의 왼쪽 버튼을 누른 후 대각선 방향으로 이동하여 외곽선을 설정한다.

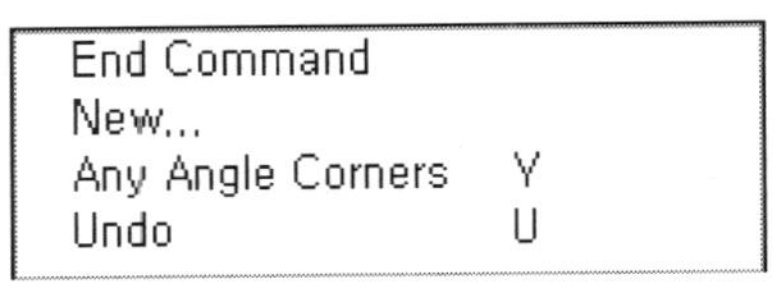

그림 11.61 Obstacle 명령 선택 창

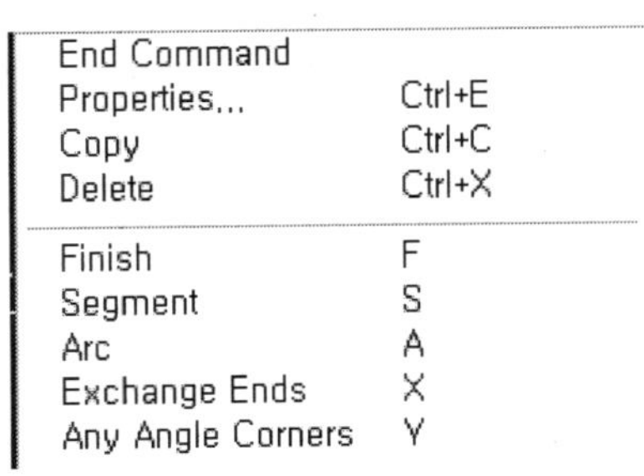

그림 11.62 Obstacle 편집 선택 창

Obstacle Type의 지정은 앞의 'New'를 선택한 상태에서 다시 화면에서 마우스의 오른쪽 버튼을 클릭하여 'Property'를 선택하여 지정할 수 있다. Obstacle Type은 'Board Outline'이고 Layer는 'Global'로 설정되어야 한다. 이때 width를 0.01로 지정한다.

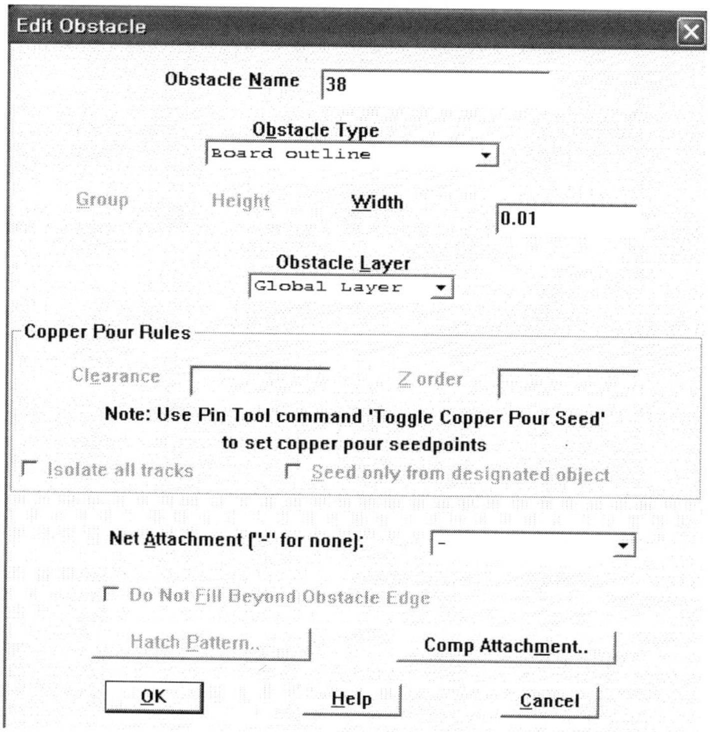

그림 11.63 Obstacle Type 지정 창

그림 11.64 외곽선 지정

외곽선의 크기는 패턴의 크기와 커넥터를 연결할 공간과 패턴 수치를 감안하여 설정하여야 한다. 정확도를 높이기 위해서 확대/축소(Zoom) 기능을 적절히 활용한다.

(6) 작업층 설정 : 양면 PCB 상에서 패턴 부분인 Top와 접지판인 BOTTOM만을 사용할 것이므로, 도구 모음에서 Spreadsheet 를 선택한 후, Layers를 선택하여 TOP와 BOTTOM을 제외하고는 사용하지 않는 것으로 지정한다.

Layers 창에서 TOP와 BOTTOM을 제외한 창의 Layer Type을 마우스를 사용하여 선택한 후, 마우스의 오른쪽 버튼을 클릭하여 'Property'를 선택하여 Layer 편집창에서 Layer Type을 'Unused Routing'으로 설정한다.

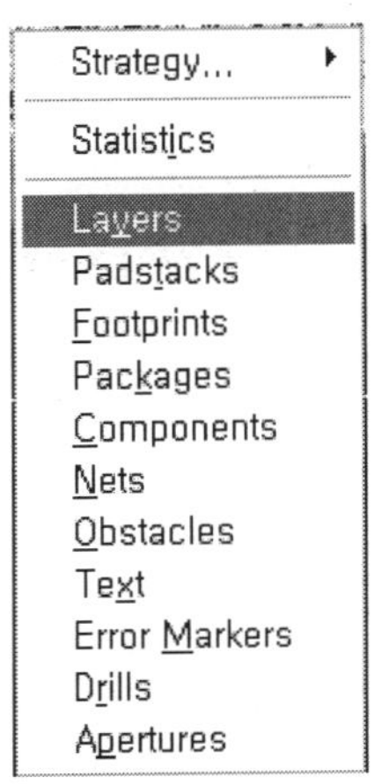

그림 11.65 작업층 설정 지정 창

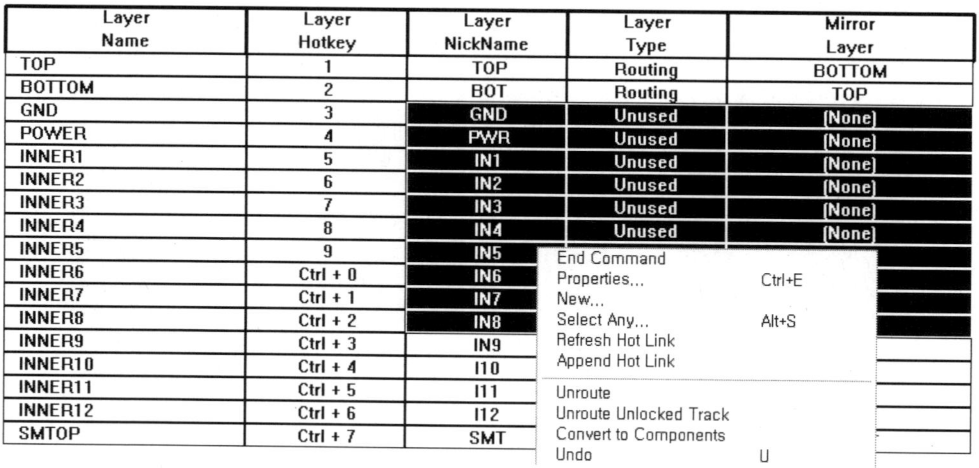

그림 11.66 Layer 특성 지정을 위한 설정 창

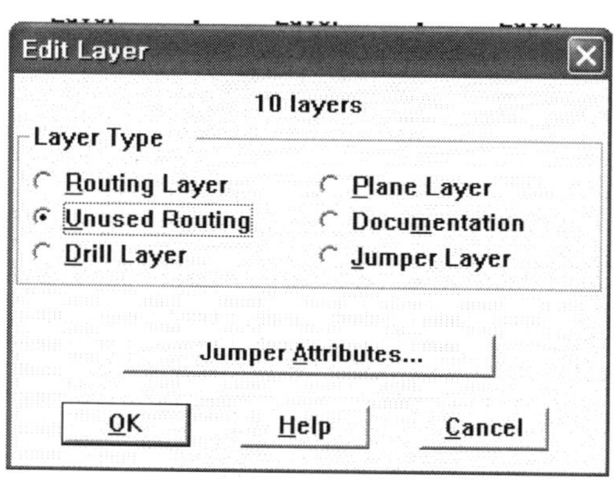

그림 11.67 Layer 편집 창

(7) 패턴 그리기 : 외곽선의 좌표를 사용하여 패턴을 그리는데 원점 이동과 화면의 확대/축소(Zoom) 기능을 사용하여 정확도를 최대한 높일 수 있도록 한다. Obstacle Type은 'Copper Area'로 하고 Obstacle Layer는 'TOP'으로 Width는 0.01로 설정하여, 외곽선을 그리는 경우와 같은 방법으로 패턴을 완성한다.

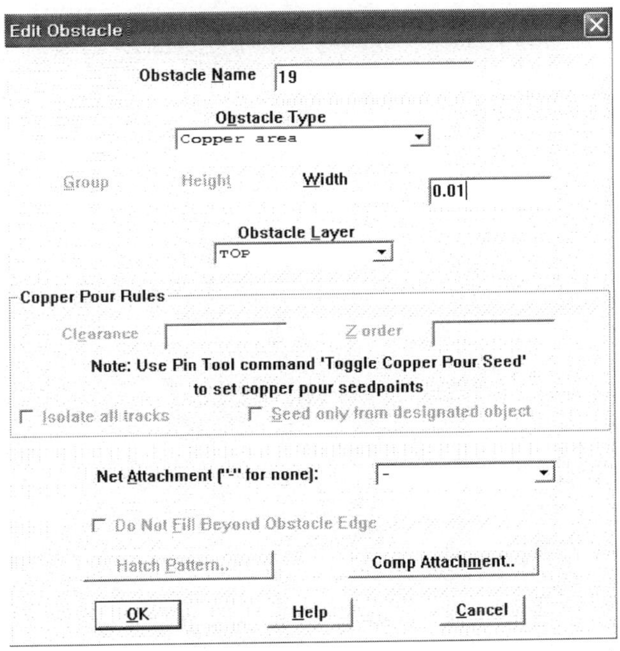

그림 11.68 패턴을 위한 Obstacle 편집 창

같은 패턴을 그리는 경우는 복사(Control-C)/붙이기(Control-V) 기능을 이용하여 복사된 패턴을 마우스로 선택한 상태에서 패턴을 이동시켜 쉽게 그릴 수 있다. 패턴의 정확도는 정확할수록 좋으나 PCB 가공상의 정확도를 감안하여 확대/축소(Zoom) 가능 범위 내에서 가장 근접한 좌표 및 굵기를 선택하도록 한다. 'tab' 키를 이용한 좌표 이동 기능을 사용할 수도 있다.

보드 외곽선 내부에 패턴이 있어야 하며, 패턴 완성 후에 원점은 원래의 외곽선 좌측 하단에 위치시킨다.

그림 11.69 패턴 그리기 시작 화면

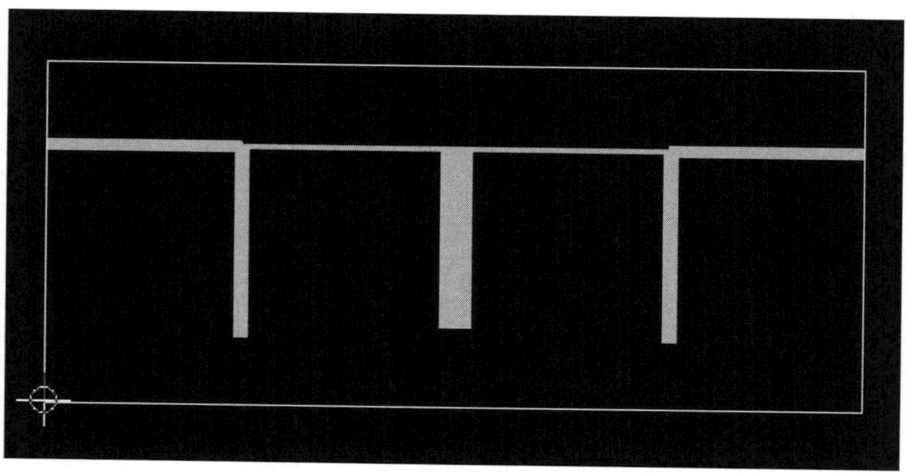

그림 11.70 패턴 그리기 완성 창

(8) 문자 새기기 : PCB 구분을 위한 학번과 이름을 PCB 상에 새기기 위하여 도구 아이콘 Text 를 선택하여, 화면상에서 마우스의 오른쪽 버튼을 클릭하여 New을 선택하여, Text 편집창에서 Text String에 학번 및 이름을 기입하고, Line width를 0.254로 Text Height를 3으로 지정하고 Layer는 TOP으로 설정한다.

문자의 위치는 여파기의 성능에 영향을 미치지 않도록 패턴에서 일정한 간격을 두고 위치하도록 한다.

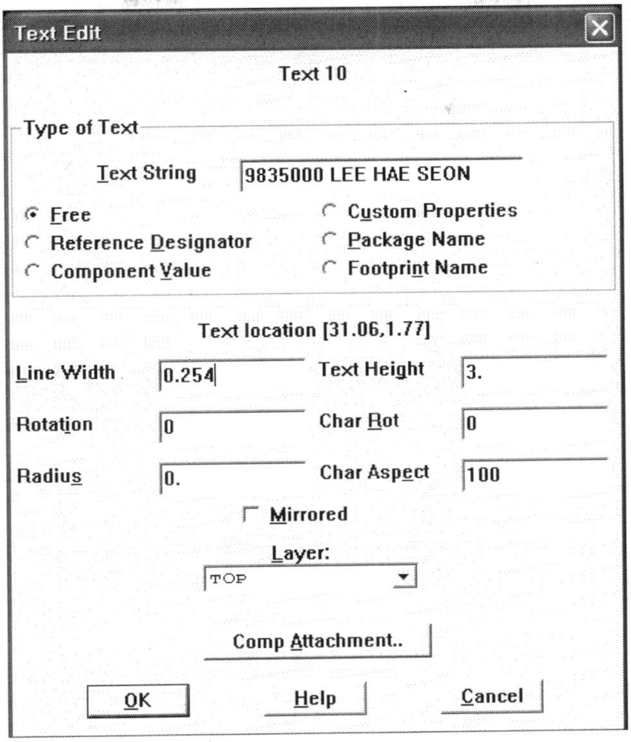

그림 11.71 Text 편집 창

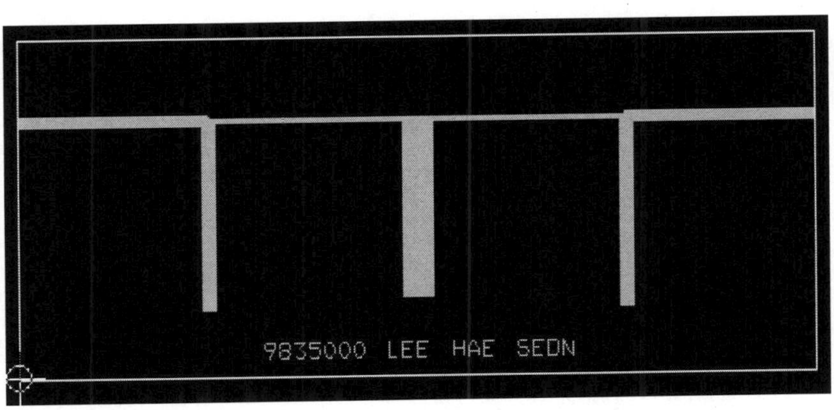

그림 11.72 문자를 포함한 패턴

(9) 접지면 삽입하기 : PCB 뒷면의 접지면(ground layer)의 크기는 외곽선(board outline)으로 하면 되고, 이 접지면이 PCB 절단면이 된다. 접지면을 그리는 방법은 Obstacle을 이용하여 외곽선이나 패턴을 그리는 방법과 동일하나, Obstacle Layer를 BOTTOM으로 지정해야 한다. 이 경우에도 접지면을 나타내는 영역이 정확히 일치할 수 없으면 최소한의 오차를 가지고 외곽선 내에 위치해야 한다.

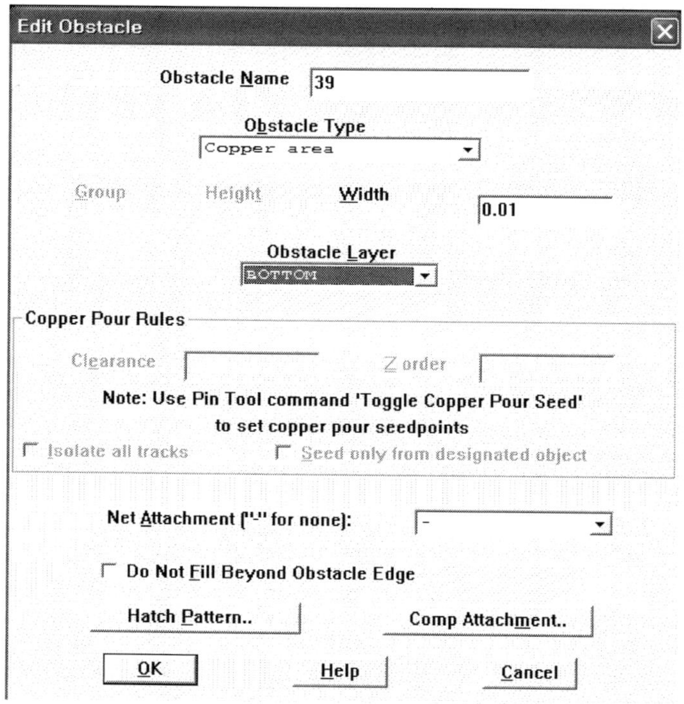

그림 11.73 접지면을 그리기 위한 Obstacle 편집창

그림 11.74 접지면을 삽입시킨 패턴도

(10) gerber 형식의 파일 작성 : Option 메뉴에서 'Post Proces Settings'를 선택하여, Device 형태가 EXTENDED GERBER 형태임을 확인한다. 실제로 필요한 파일은 top와 bottom에 해당하는 2개의 파일이다. 같은 Option 메뉴 내의 'Gerber Settings'을 선택하여 지정 상태를 확인한다.

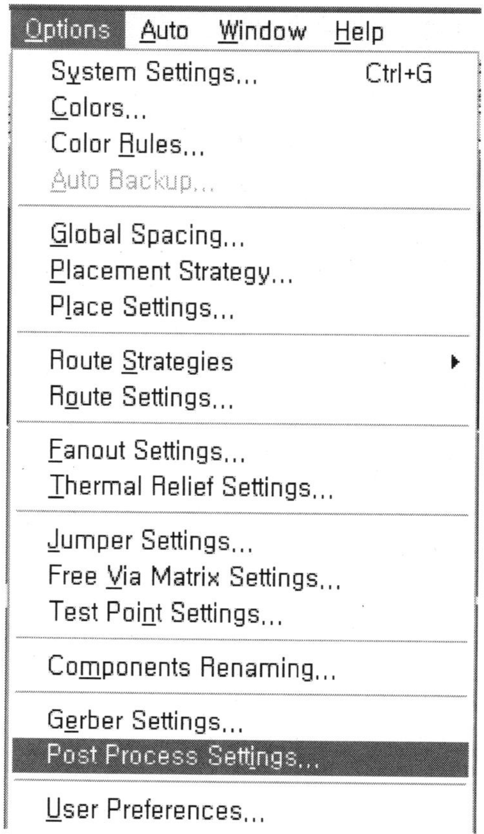

그림 11.75 Post Processing 선택 창

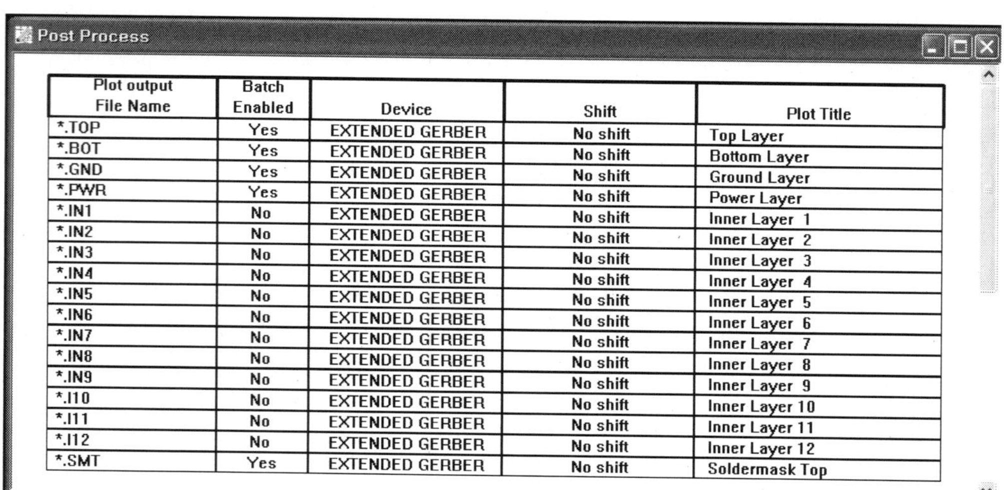
Post Process

Plot output File Name	Batch Enabled	Device	Shift	Plot Title
*.TOP	Yes	EXTENDED GERBER	No shift	Top Layer
*.BOT	Yes	EXTENDED GERBER	No shift	Bottom Layer
*.GND	Yes	EXTENDED GERBER	No shift	Ground Layer
*.PWR	Yes	EXTENDED GERBER	No shift	Power Layer
*.IN1	No	EXTENDED GERBER	No shift	Inner Layer 1
*.IN2	No	EXTENDED GERBER	No shift	Inner Layer 2
*.IN3	No	EXTENDED GERBER	No shift	Inner Layer 3
*.IN4	No	EXTENDED GERBER	No shift	Inner Layer 4
*.IN5	No	EXTENDED GERBER	No shift	Inner Layer 5
*.IN6	No	EXTENDED GERBER	No shift	Inner Layer 6
*.IN7	No	EXTENDED GERBER	No shift	Inner Layer 7
*.IN8	No	EXTENDED GERBER	No shift	Inner Layer 8
*.IN9	No	EXTENDED GERBER	No shift	Inner Layer 9
*.I10	No	EXTENDED GERBER	No shift	Inner Layer 10
*.I11	No	EXTENDED GERBER	No shift	Inner Layer 11
*.I12	No	EXTENDED GERBER	No shift	Inner Layer 12
*.SMT	Yes	EXTENDED GERBER	No shift	Soldermask Top

그림 11.76 Post Processing 상태 창

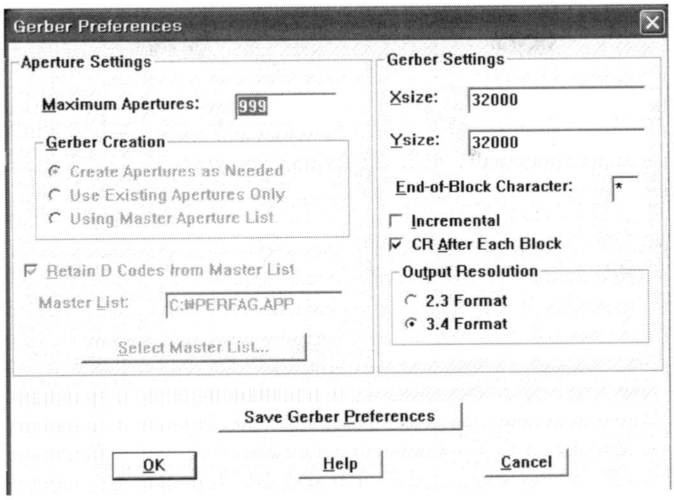

그림 11.77 Gerber Setting 창

이제 gerber 파일 작성을 위해 Auto 메뉴 내의 'Run Post Processor'를 실행하여, 그림 11.79와 같이 거버 형식의 파일이 생성되었는지 확인한다.

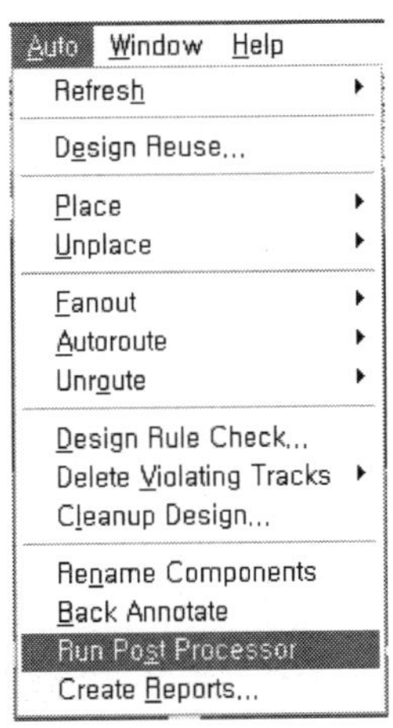

그림 11.78 Run Post Processor 선택 창

(11) Gerber 파일 미리 보기 및 확인 : 생성된 gerber 파일을 보기 위하여 앞의 'Post Processing Settings'를 선택하여 top과 bottom 파일에 대하여 preview를 선택하여 패턴을 확인하고, 지정된 파일 저장 폴더에 확장자가 top, bot, 그리고 gtd인 해당 파일이 존재하는지 확인한다.

그림 11.79 Gerber 파일 생성 확인 창

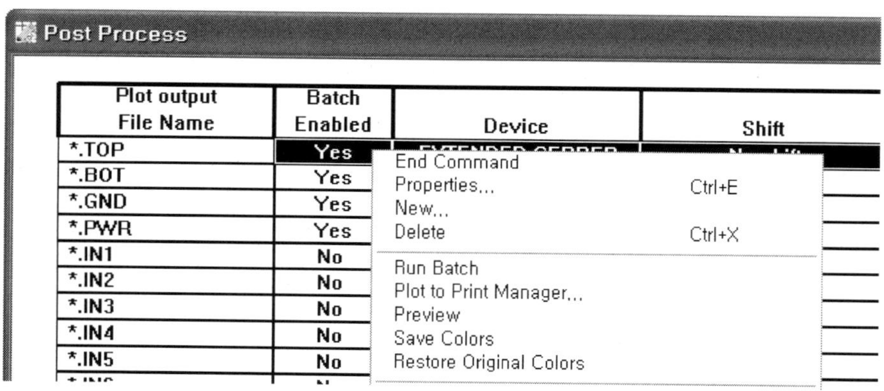

그림 11.80 gerber 패턴 확인을 위한 창

(12) 작성된 file 전송을 위한 Zip file 작성 : PCB 제작을 위한 편의 사항으로 전송할 파일을 압축하여 전송하는 것이 편리하다.(예를 들어 실습을 위한 경우에는 5명을 1개 조로 편성하여 각 개인의 gtd, top 및 bot file을 5개씩(총 15개 파일) 묶어 압축 파일 형태로 전송한다.) PCB 주문을 위한 각 제품마다 gerber file 구성은 아래와 같다.

① gerber file : xxx.gtd

② bottom file : xxx.bot

③ top file : xxx.top

11-7 UHF 대역 저역 통과 여파기 설계 예

차단 주파수가 800(MHz)이고 변동(ripple)이 0.1(dB)이며 단수가 5단인 저역 통과 Chebyshev 여파기를 마이크로스트립 선로만을 가지고 설계하여 보자.

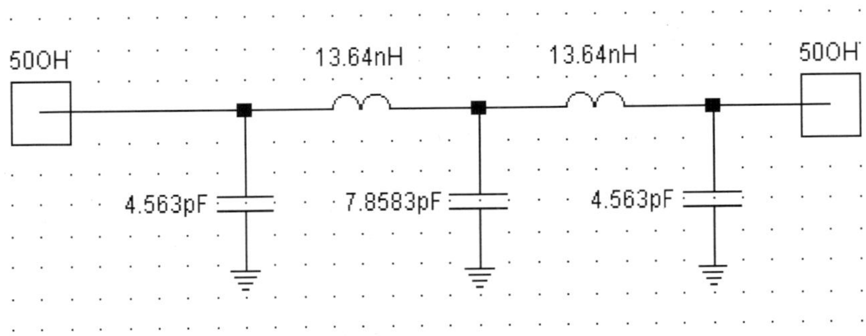

그림 11.81 기본 회로 설계 결과

설계 적용상에 있어서 실제적으로 구현이 가능하도록 병렬 캐패시터의 구현은 길이가 $\lambda/8$이고 한쪽 끝이 개방된 마이크로스트립 선로를 사용하고, 직렬 인덕터의 구현은 특성 임피던스가 90(ohm)인 선로를 사용하며, 입력 및 출력 단자와 커넥터(connector)의 연결을 위하여 길이가 $\lambda/8$이고 특성 임피던스가 50(ohm)인 선로를 입력 및 출력단에 삽입한다. 또한 사용하는 기판은 상대 유전율이 4.8이고 유전체의 두께가 0.8(mm)이며 동판의 두께는 0.035(mm)인 기판을 사용한다고 가정한다. 설계시에 동판의 두께는 무시하고 설계를 적용하기로 한다.

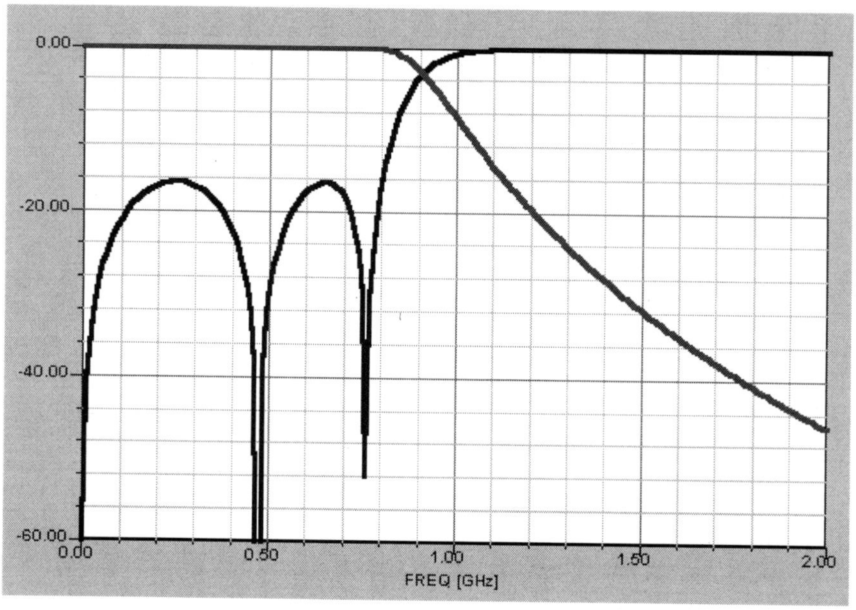

그림 11.82 기본 회로 모의실험 결과

(1) 기본 회로 설계 : 규격에 맞도록 원형 여파기를 먼저 구한 후에 차단 주파수와 종단 임피던스를 고려하여 최종 설계 회로도를 작성한다. 단파 대역에서와 마찬가지로 π형 형태로 설계하였으며 초고주파 회로 해석 프로그램에 있는 여파기 설계 도구(Filter Synthesis)를 이용하여 설계를 수행할 수도 있다.

(2) 기본 회로 모의실험 및 결과 확인 : 기본 회로에 대한 모의실험을 수행하여 결과를 확인한다. 초고주파 회로 해석 프로그램에 있는 여파기 설계 도구(Filter Synthesis)를 이용한 경우에는 모의실험 결과가 자동으로 수행된다. 여기까지는 단파 대역에서와 마찬가지 방법으로 적용이 가능하며 P-SPICE와 같은 범용적인 회로 해석 도구로도 회로에 대한 검증이 가능하다.

(3) 구성 소자 및 선로 설계 : 병렬 C, 직렬 L, 그리고 50(ohm) 선로를 회로에 적용하기 위하여 마이크로스트립 선로의 형태로 구현해야한다. 궁극적으로는 각각의 경우에 대한 마이크로스트립 형태의 스트립(strip) 폭(width)과 길이(length)를 구해야 한다.

① C의 구현 : 먼저 식(11-11)을 이용하여 해당하는 캐패시턴스 값에 대한 특성 임피던스를 구해야한다. 이 때 선로의 길이는 $\lambda/8$로 지정하였으므로

전기적 길이를 나타내는 βl은 45(°)이다. 이제 특성 임피던스와 전기적 길이로부터 식(11-6)과 식(11-4)를 이용하여 한쪽 끝이 개방된 형태의 마이크로스트립 선로의 폭(W)과 길이(l)를 구한다. 실제로는 특성 임피던스와 전기적 길이가 주어지면 초고주파 회로 해석 프로그램의 'Transmission Line' 합성 및 설계 도구를 이용하여 손쉽고 정확하게 선로의 물리적 폭(W)과 길이(l)를 구할 수 있다.

i) C=4.563(pF) 인 경우 :

$$Z_0 = \frac{1}{\omega C \cot\beta l} = \frac{1}{\omega C} = 43.6(\Omega),\ \beta l = 45^\circ$$

W=1.745(mm), l=24.66(mm)

ii) C=7.8583(pF) 인 경우 :

$$Z_0 = \frac{1}{\omega C \cot\beta l} = \frac{1}{\omega C} = 25.316(\Omega),\ \beta l = 45^\circ$$

W=3.864(mm), l=23.682(mm)

② L의 구현 : 인덕터의 경우는 선로의 임피던스가 90(ohm)으로 지정되어 있으므로 식(11-27)을 이용하여 인덕턴스 값에 해당하는 선로의 전기적 길이를 구한다. 선로의 특성 임피던스와 전기적 길이가 주어지면 캐패시턴스의 경우와 마찬가지로 식(11-6)과 식(11-4)를 이용하거나 초고주파 회로 해석 프로그램의 'Transmission Line' 합성 및 설계 도구를 이용하여 마이크로스트립 선로의 물리적 폭(W)과 길이(l)를 구한다.

$$Z_0 = 90(\Omega),\ \beta l = \frac{\omega L}{Z_0} = 43.648^\circ$$

W=0.384(mm), l=25.471(mm)

③ 입력 및 출력 단자용 50(ohm) 선로 구현 : 이 선로는 여파기의 입력단과 출력단에 커넥터를 연결하기 위한 것으로 마이크로스트립 선로의 특성 임피던스와 전기적 길이가 주어졌으므로 식(11-6)과 식(11-4)를 이용하여 계산하거나 초고주파 회로 해석 프로그램의'Transmission Line' 합성 및 설계 도구를 이용하여 마이크로스트립 선로의 물리적 폭(W)과 길이(l)를 구할 수 있다.

$$Z_0 = 50(\Omega),\ \beta l = 45^\circ$$

W=1.394(mm), l=24.94(mm)

(4) 분포(distributed) 회로 설계 : 여파기내에서 소자를 연결하듯이 선로를 연결하여 분포 회로 설계를 수행한다. 각 선로가 만나는 지점에서 선로의 폭이 서로 다르므로 이에 대한 영향을 완화시키기 위하여 접속 부분에 마이크로스트립 형태의 'Tee'를 삽입하여 회로를 완성한다.

(5) 분포(distributed) 회로 모의실험 및 결과 확인 : 모의실험을 위한 회로도를 작성함에 있어서 먼저 지정된 기판의 규격이 제대로 설정되어 있는지 확인 및 설정해야 한다. 사용하는 기판의 형태인 마이크로스트립 선로를 선택하여 상대 유전율과 두께를 지정한다.

사용되는 선로는 병렬 캐패시턴스로 쓰이는 'Microstrip Open Ended Line', 직렬 인덕터와 입력 및 출력단과 커넥터 연결을 위한 선로인 'Microstrip Transmission Line', 폭이 서로 다른 선로들이 만나는 지점에서 이에 대한 영향을 완화하기 위한 'Microstrip Tee', 그리고 입출력 단자를 나타내는 'Microwave Port'를 이용하여 그림 11.83과 같이 모의실험용 회로도를 작성한다. 각 선로의 폭과 길이, 그리고 단자('Microwave Port')의 50(ohm)인 임피던스 값들을 지정한다.

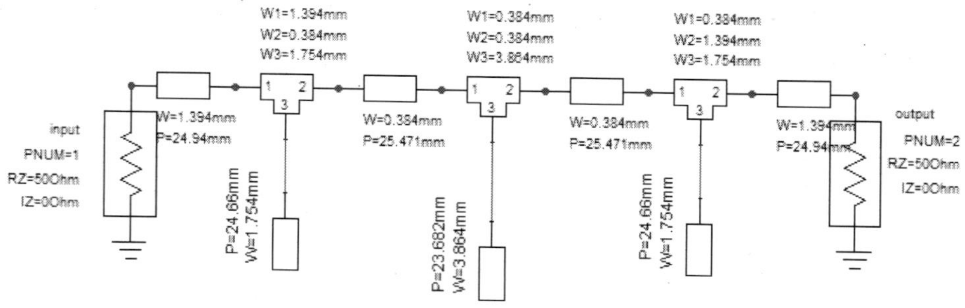

그림 11.83 분포 회로 설계

마지막으로 해석을 위하여 'Linear Network Analysis'내의 'Frequency Domain'에서 해석하고자 하는 주파수 대역 및 간격을 지정한다. 저지 대역 특성의 관찰을 위하여 0(MHz)에서 2000(MHz)까지 20(MHz) 간격으로 설정한다. 여파기 제작 후에 측정치와 모의실험 결과를 한 도표에 나타내기 위해서는 회로망 분석기(network analyzer)에서 제공하는 주파수 대역과 간격으로 설정하여 모의실험을 재실행할 필요가 있다.

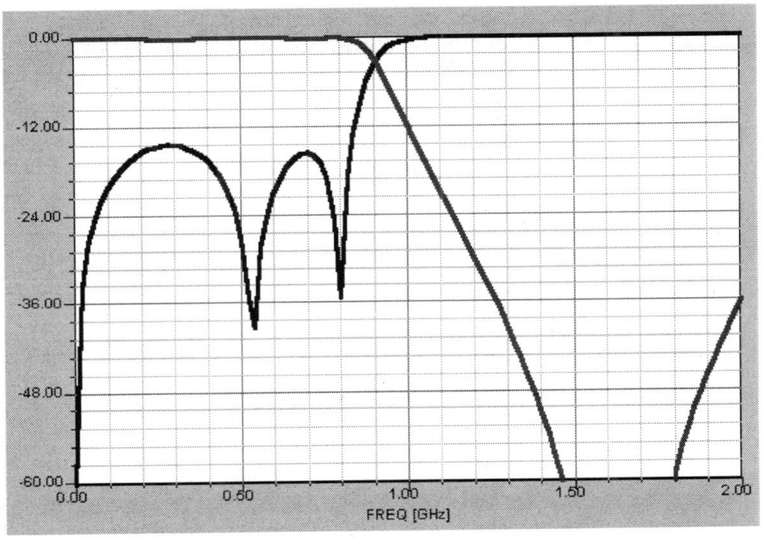

그림 11.84 모의실험 결과

모의실험을 실행하여 'Reports'내의 'Report Editor'를 이용하여 여러 가지 방법으로 모의실험 결과를 확인한다.

(6) PCB 제작용 pattern file 작성 : 마이크로스트립 선로 형태의 회로도에서 초고주파 회로 해석 프로그램내의 'Layout Editor' 도구를 이용하여 패턴 파일을 만든다. 작성된 패턴 파일에 여파기의 구분을 위하여 'Add Text'를 이용하여 이름이나 학번 혹은 제품에 대한 글자를 여파기 성능에 지장을 받지 않도록 패턴에서 일정 간격을 유지하여 삽입한다. 그리고 보통 인쇄 회로 기판(PCB) 제작 과정에서 한 기판 상에 여러 개의 제품을 한꺼번에 제작하므로 여파기의 구분과 절단을 위하여 접지면을 설정한다. 접지면도 여파기의 성능과 커넥터를 연결할 부분을 감안하여 지정하여야 한다.(ORCAD Layout을 사용하는 경우에는 초고주파 회로 해석 프로그램의 결과 패턴을 직접 그린 후 문자 및 접지면을 삽입하여 패턴도를 ORCAD Layout에서 별도로 완성해야 한다.)

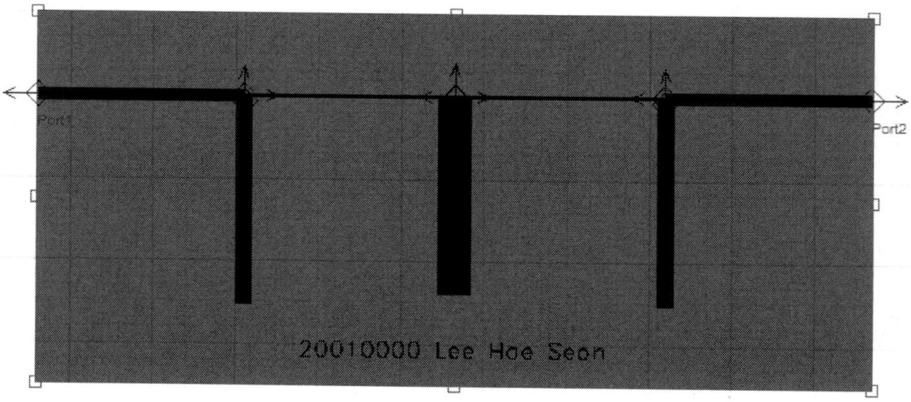

그림 11.85 분포 회로 PCB 패턴

(7) 인쇄 회로 기판(PCB) 주문을 위한 파일 작성 : 작성된 여파기 패턴도와 같이 인쇄 회로 기판(PCB)을 제작하는 방법은 여러 가지이나 여기서는 패턴도에 대한 gerber 파일을 작성하여 인쇄 회로 기판(PCB) 제작 업자에게 외주로 인쇄 회로 기판을 제작하는 것으로 가정한다.
초고주파 회로 해석 프로그램내의 'Layout Editor'를 이용하여 패턴도를 작성하는 공간에서 'Layout' 메뉴 내의 'Export File'에서 'Gerber'를 선택하여 gerber 파일을 작성한다.(ORCAD Layout을 사용하는 경우에는 ORCAD Layout에서 완성된 패턴도에 Option 메뉴내의 'Post Processing'를 적용하여 gerber 파일을 작성한다.)

실습문제 | 11.4

차단 주파수가 1000(MHz)이고 ripple이 0.2(dB)이며 단수가 5단인 저역 통과 Chebyshev 여파기를 microstrip 선로만을 가지고 설계해 봅시다.

주기 1. 실제적으로 구현이 가능하도록 병렬 capacitor의 구현은 길이가 $\lambda/8$인 선로를 사용하고, 직렬 inductor의 구현은 특성 impedance가 90(ohm)인 선로를 사용하고, 입력 및 출력 단자의 연결을 위해서 길이가 $\lambda/8$이고 특성 impedance가 50(ohm)인 선로를 입력 및 출력단에 삽입 시킬 것.

주기 2. 사용하는 기판은 상대 유전율이 4.6이고 유전체의 두께는 0.73(mm)이며 동판의 두께는 0.035(mm)임.

해답 - 집중 정수 회로 설계 :

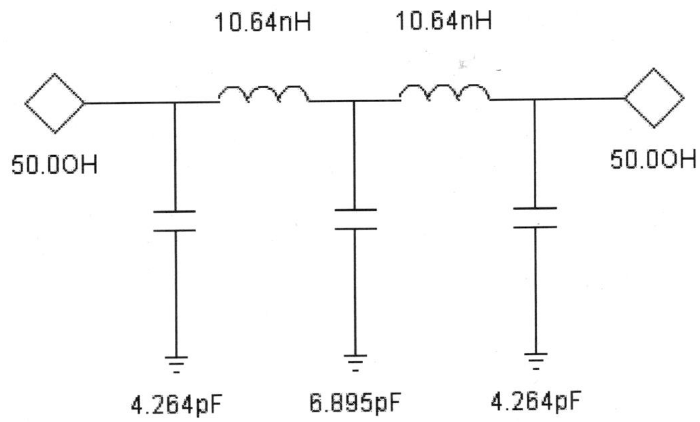

- 마이크로스트립 선로 설계 :

1) 병렬 C=4.264(pF)를 위한 'open ended line' :

$$Z_0 = 37.3(\Omega),\ \beta l = 45^\circ$$

W=2.10(mm), l=19.84(mm)

2) 병렬 C=6.895(pF)를 위한 'open ended line' :

$$Z_0 = 23.1(\Omega),\ \beta l = 45^\circ$$

W=4.08(mm), l=19.19(mm)

3) 직렬 L=10.64(nH)를 위한 'microstrip line' :

$$Z_0 = 90(\Omega),\ \beta l = 42.56^\circ$$

W=0.37(mm), l=20.23(mm)

4) 입력 및 출력 단자용 50(ohm) 선로 :

$$Z_0 = 50(\Omega),\ \beta l = 45^\circ$$

W=1.31(mm), l=20.31(mm)

- 분포 정수 회로 설계 :

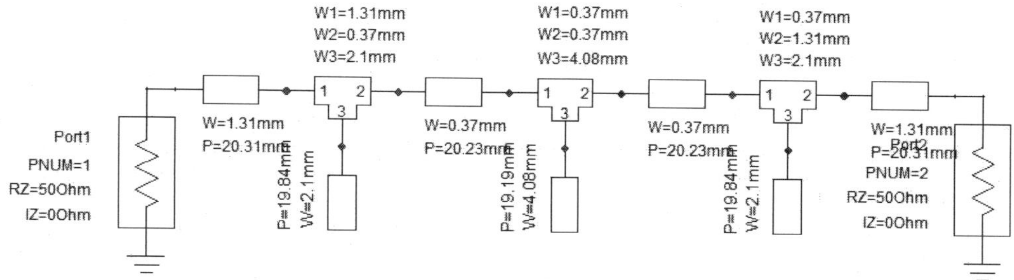

- 모의실험 결과 :

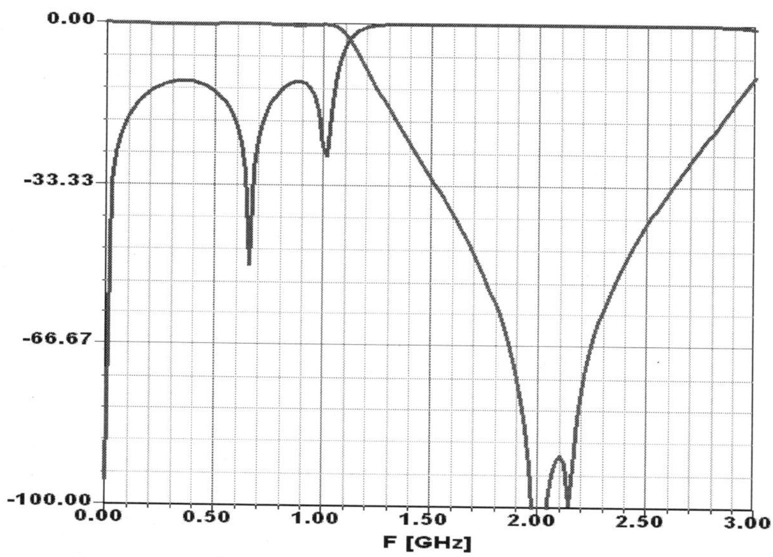

- layout 도면 작성 :

11-8 UHF 대역 저역 통과 여파기 제작

인쇄 회로 기판 제작 업체로부터 주문한 기판을 받은 후에 여파기 패턴과 외곽 처리 상태를 확인한다. 필요하다면 칼과 사포를 이용하여 외곽 처리를 마친 후에 커넥터를 연결한다. 이때 기판의 뒷면인 접지면과 커넥터의 접지 부분이 되도록이면 많은 부분이 땜을 통하여 연결되도록 한다.

사용하는 커넥터는 측정 장비와 직접 연동될 수 있도록 하는 것이 가장 좋으며 그렇지 못한 경우는 적절한 어댑터(adaptor)를 사용하여야 한다. 많이 사용되는 어댑터는 SMA-to-BNC adaptor와 N-to-SMA adaptor를 들 수 있다.

그림 11.86은 제작된 UHF 대역 여파기의 앞면을 나타내고, 그림 11.87은 제작된 UHF 대역 여파기의 뒷면을 나타낸다.

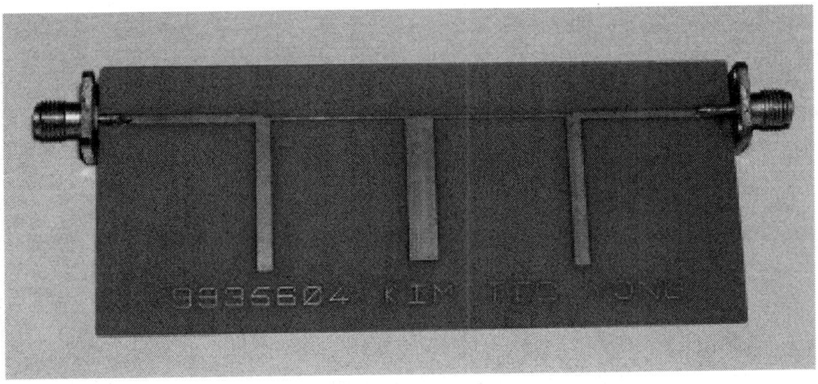

그림 11.86 제작된 UHF 대역 여파기의 앞면

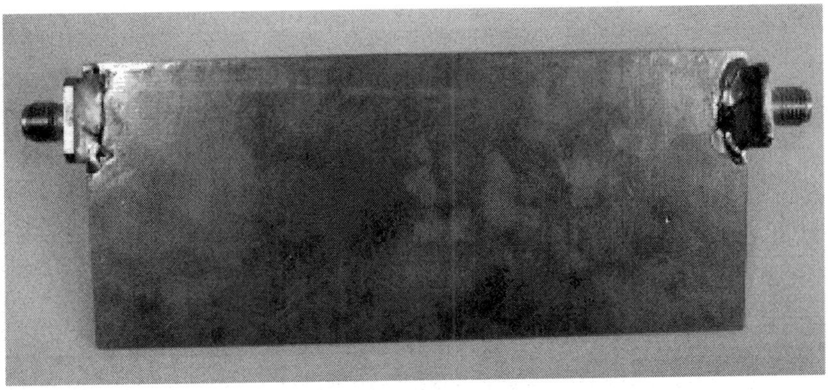

그림 11.87 제작된 UHF 대역 여파기의 뒷면

11-9 UHF 대역 저역 통과 여파기 특성 측정

여파기의 특성을 측정하는 가장 좋은 방법은 회로망 분석기(network analyzer)를 이용하여 산란 변수(s-parameter)를 측정하는 것이다. S21의 경우는 주파수에 따른 이득을 나타내므로 여파기의 전달 함수 특성을 바로 나타내는 것이며, S11의 경우는 반사 특성을 나타낸다. 여파기 특성 측정에서 S11의 역할이 매우 중요한데, 이것은 대역내의 변동(ripple) 특성이 실제 회로의 손실로 인하여 S21으로는 잘 나타나지 않으나, S11의 경우는 변동에 의한 반사 특성이 확실하게 나타나 차단 주파수와 같은 특성을 쉽게 파악할 수 있다.

회로망 분석기는 특성을 측정할 때마다 계측기 전용의 교정 도구(calibration kit)를 이용하여 측정하고자 하는 주파수 대역에 대하여 교정을 실시한 후에 교정 작업으로 생성된 이상적인 경우에 대한 상대적인 측정 소자(DUT, Device Under Test)의 특성을 측정함으로써 특성을 구한다. 즉, 회로망 분석기의 교정 작업은 입출력 단자에서 이상적인 OPEN, SHORT, LOAD(정합 load, 즉, 50ohm)를 연결한 경우의 이상적인 데이터와 회로망 분석기의 두 측정 단자를 직접 연결하는 THRU를 통한 이상적인 데이터를 계측기에 저장하고, 후에 측정 소자인 DUT의 데이터와 비교하여 산란 변수(s-parameter) 값을 출력한다. 사용자가 원하는 주파수 범위를 지정하면 지정된 주파수를 주사(sweep)하여 출력을 표시한다.

회로망 분석기를 이용한 측정이 불가능할 경우에 신호 발생기(signal generator)와 스펙트럼 분석기(spectrum analyzer)를 이용하여 여파기의 특성을 측정할 수 있다. 이 경우 별도의 도구가 없이는 S21 값만을 측정할 수 있다. 신호 발생기(signal generator)가 주사(sweep) 기능이 없는 경우 수동으로 주파수를 움직여가면서 출력 특성을 측정해야 한다. 신호 발생기와 스펙트럼 분석기를 이용하여 S11을 측정하고자 하는 경우에는 방향성 결합기를 이용하여 반사 특성을 측정할 수 있다.

출력 파형을 프린터나 플로터(plotter)로 출력할 수도 있으나, 앞의 모의실험 결과에서와 마찬가지로 데이터 파일의 복사를 통한 데이터를 저장하고 활용하는 것이 편리한 경우가 많다. 측정 계측기에 부착된 3.5inch disk driver와 같은 저장 매체를 통하여 복사한 후에, 엑셀과 같은 응용 프로그램으로 데이터를 이전하여 모의실험 데이터와 함께 표시될 수 있도록 하는 것이 특성을 분석하는데 편리하며 바람직하다. 이를 위해서 계측기에서 지원해주는 여러 가지 출력 파일 저장 방법을 통해 출력을 저장하는 방법을 익혀야 한다.

그림 11.88은 UHF 대역 저역 통과 여파기의 이론치와 모의실험 결과와 측정치를 엑셀에서 한 그래프 상에 나타낸 것이다.

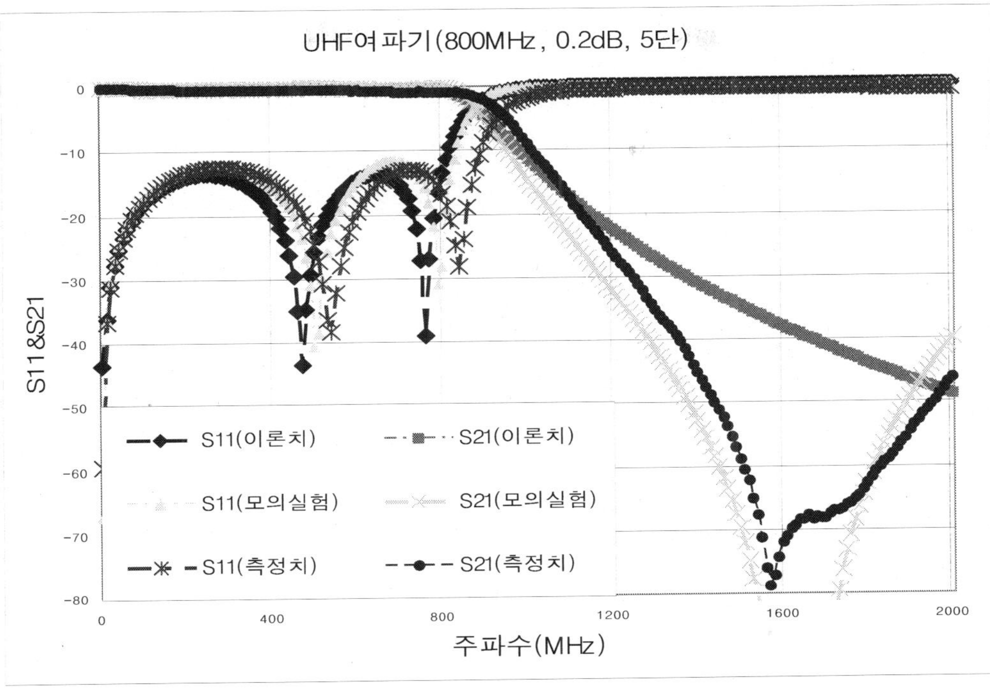

그림 11.88 UHF 대역 저역 통과 여파기 이론치와 모의실험 결과와 측정치 비교 그래프

11-10 보고서 작성 및 발표

공학적인 측면과 교육적인 측면에서 개발이 완료된 제품에 대한 서류화 작업이 필요하다. 공학도가 취약해질 수 있는 부분으로 보고서는 명확한 서술 식으로 작성하는 것이 바람직하며 구성은 여러 가지 방법이 있을 수 있으나 통상적으로 다음과 같은 절차에 따라 작성한다.

(1) 서론

(2) 적용 이론

(3) 설계 및 결과

(4) 모의실험(Simulation) 및 결과

(5) 제작 및 실험 결과

(6) 결론

결과에 대한 발표는 간략하고 핵심적인 부분만 발취하여 결론과 문제점 제시 위주로 하는 것이 바람직하며 발표 자료는 서술식이 아닌 축약적인 방식으로 작성하는 것이 좋다.

11-11 여파기 설계 실습

11-11-1 규격 설정과 설계

설계 규격이 주어진 경우에는 설계 단계로 바로 들어 갈 수 있으나 교육 목적으로 규격을 스스로 정하여 설계에 임하는 경우는 사용 가능한 계측기와 부품을 감안하여 결정하여야 한다.

예로써 가용 계측기가 아래와 같고 여파기를 인쇄 회로 기판(PCB) 형태로 제작하려는 경우에는 여파기의 차단 주파수가 700(MHz)이상에서 1000(MHz) 이내로 제한하는 것이 좋다. 하한 주파수는 선로의 물리적 길이가 파장에 비례함으로 주파수가 너무 낮은 경우는 여파기의 크기가 커지게 된다. 상한 주파수는 신호 발생기와 스펙트럼 분석기의 사용 주파수를 감안하고 인쇄 회로 기판의 재질을 경제성과 편리성을 고려하여 에폭시로 제작하려면 주파수가 너무 높은 경우에 손실이 커지기 때문이다.

- Signal Generator(SG-1240, ED) : 10KHz-1040MHz
- Spectrum Analyzer(DSA-8410, ED) : 1MHz-1GHz
- Scalar Network Analyzer(HP-8713C, HP) : 300KHz-3GHz

(1) 여파기의 규격은 단수 n이 5단인 Chebyshev 저역 통과 여파기에 대하여 차단 주파수를 750(MHz)에서 850(MHz) 사이에서, 변동(ripple)을 0.1(dB)에서 0.5(dB) 사이에서 개인별로 규격을 결정한다.

(2) 지정된 규격에 따라 설계 이론에 입각하여 원형(prototype) 여파기를 설계한다. 차단 주파수와 종단 임피던스를 감안하여 저역 통과 여파기의 소자 값을 변환하고 최종 설계 회로를 완성한다. 여기서 계측기의 임피던스가 50(ohm)이므로 종단 임피던스는 50(ohm)이 된다. 초고주파 회로 해석 프로그램에 있는 여파기 설계 도구('Filter Synthesis')를 이용하여 설계를 수행할 수도 있다.

(3) 구성 소자인 병렬 C와 직렬 L, 그리고 입력 및 출력단과 커넥터를 연결하기 위한 50(ohm) 선로를 회로에 적용하기 위하여 마이크로스트립 형태의 스트립(strip) 폭(width)과 길이(length)를 계산한다.

여기서 사용하는 기판은 상대 유전율이 4.6이고 유전체의 두께가 0.73(mm)이며 동판의 두께는 0.035(mm)인 기판을 사용한다고 가정한다.

설계 적용상에 있어서 실제적으로 구현이 가능하도록 병렬 캐패시터의 구현은 길이가 λ/8이고 한쪽 끝이 개방된 마이크로스트립 선로를 사용하고, 직렬 인덕터의 구현은 특성 임피던스가 90(ohm)인 선로를 사용하며, 입력 및 출력 단자와 커넥터(connector)의 연결을 위한 선로는 길이가 λ/8이고 특성 임피던스가 50(ohm)인 선로를 사용한다.

11-11-2 모의실험

(1) Ansoft사의 Designer와 같은 초고주파 회로 해석 프로그램을 이용하여 모의실험을 위한 회로도를 작성한다.

(2) 먼저 지정된 기판의 규격을 설정한다. 사용하는 기판의 형태인 마이크로스트립 선로를 선택하여 상대 유전율과 두께를 지정한다.

(3) 사용되는 선로는 병렬 캐패시턴스로 쓰이는 'Microstrip Open Ended Line', 직렬 인덕터와 입력 및 출력단과 커넥터 연결을 위한 선로인 'Microstrip Transmission Line', 폭이 서로 다른 선로들이 만나는 지점에서 이에 대한 영향을 완화하기 위한 'Microstrip Tee', 그리고 입출력 단자를 나타내는 'Microwave Port'를 이용하여 모의실험용 회로도를 작성한다. 각 선로의 폭과 길이, 그리고 단자('Microwave Port')의 50(ohm)인 임피던스 값들을 지정한다.

(4) 해석을 위하여 'Linear Network Analysis'내의 'Frequency Domain'에서 해석하고자 하는 주파수 대역 및 간격을 지정한다. 저지 대역 특성의 관찰을 위하여 0(MHz)에서 2000(MHz)까지 20(MHz) 간격으로 설정한다. 여파기 제작 후에 측정치와 모의실험 결과를 한 도표에 나타내기 위해서는 회로망 분석기(network analyzer)에서 제공하는 주파수 대역과 간격으로 설정하여 다시 모의실험을 수행하여야 하므로 작성된 회로도는 저장해 둔다.

(5) 모의실험을 실행하여 'Reports'내의 'Report Editor'를 이용하여 여러 가지 방법으로 모의실험 결과를 확인한다.

(6) 마이크로스트립 선로 형태의 회로도에서 초고주파 회로 해석 프로그램 내의 'Layout Editor' 도구를 이용하여 PCB 제작용 패턴 파일을 만든다. 작성된 패턴 파일에 여파기의 구분을 위하여 'Add Text'를 이용하여 이름과 학번을 여파기 성능에 지장을 받지 않도록 패턴에서 일정 간격을 유지하여 삽입한다. 그리고 보통 인쇄 회로 기판(PCB) 제작 과정에서 한 기판 상에 여러 개의 제품을 한꺼번에 제작하므로 여파기의 구분과 절단을 위하여 접지면을 설정한다. 접지면

도 여파기의 성능과 커넥터를 연결할 부분을 감안하여 지정하여야 한다.

(7) 인쇄 회로 기판(PCB) 제작을 위하여 주문을 위한 파일을 작성한다. 초고주파 회로 해석 프로그램내의 'Layout Editor'를 이용하여 패턴도를 작성하는 공간에서 'Layout' 메뉴 내의 'Export File'에서 'Gerber'를 선택하여 gerber 파일을 작성한다.(ORCAD Layout을 사용하는 경우에는 ORCAD Layout에서 완성된 패턴도에 Option 메뉴내의 'Post Processing'를 적용하여 gerber 파일을 작성한다.)

(8) gerber 파일을 인쇄 회로 기판(PCB) 제작을 위하여 제작 업체나 기관으로 전송한다.

11-11-3 여파기 제작 및 특성 측정

(1) 인쇄 회로 기판 제작 업체로부터 주문한 기판을 받은 후에 여파기 패턴과 외곽 처리 상태를 확인한다. 필요하다면 칼과 사포를 이용하여 외곽 처리를 마친 후에 커넥터를 연결한다.

(2) 신호 발생기와 스펙트럼 분석기를 이용하여 수동으로 S21 특성이 제대로 나오는지 확인한다.

(3) 회로망 분석기를 교정 도구를 사용하여 측정하고자 하는 주파수까지 교정한다. 저지 대역 특성을 감안하여 2000(MHz)까지 교정한다.

(4) 회로망 분석기로 S21과 S11 특성을 확인하고 3.5 인치 디스켓과 같은 저장 매체에 데이터 파일을 저장하여 이를 PC에서 확인한다.

(5) 특성이 만족스럽지 않을 경우에는 설계, 모의실험, 제작 단계에서의 문제점을 점검하여 문제점을 파악하고 조정이 가능한 경우에는 조정 후에 재 측정한다.

11-11-4 보고서 작성 및 발표

(1) 보고서와 발표 자료 작성을 위해 회로망 분석기에서 얻은 S21과 S11 데이터의 주파수 간격과 일치하도록 모의실험에서 주파수 간격 및 측정 포인트 수를 조정하여 모의실험을 다시 수행한다.

(2) 측정 데이터와 모의실험 데이터를 엑셀과 같은 데이터 정리용 프로그램에서, 한 그래프 상에서 모의실험 결과와 측정치인 두 종류의 특성을 비교하여 볼 수 있도록 그래프를 작성한다. 이 그래프에 규격을 표시할 수 있으면 더욱 바람직하다.

(3) 서론, 이론, 설계 및 결과, 모의실험(simulation) 및 결과, 제작 및 실험 결과, 그리고 결론의 순서로 보고서를 작성한다. 필요하면 참고 문헌을 표시한다.

(4) 발표를 위해 보고서의 핵심 내용을 중심으로 축약적으로 발표 자료를 만든다.

(5) 발표 자료 및 발표에서는 최종 결론과 문제점, 그리고 문제점에 대한 대안이 제시되는 것이 바람직하다.

11-12 학습 평가

01 집중 정수 회로와 분포 정수 회로의 차이점을 기술하고 선로만으로 어떻게 여파기를 구현할 수 있는지 설명하시오.

02 1(GHz) 주파수에서 기판의 두께 d가 1(mm) 이고 상대 유전율 ϵ_r이 4.8인 경우, 특성 임피던스 Z_0가 100(ohm)이고 전기적 길이가 30(deg)인 마이크로스트립 선로의 폭(W)과 길이(l)을 구하시오.

해답 W=0.40(mm), l=13.89(mm)

03 1(GHz) 주파수에서 기판의 두께 d가 1(mm) 이고 상대 유전율 ϵ_r이 4.8인 경우, 5(pF)의 병렬 캐패시터를 구현하기 위한 마이크로스트립 선로의 폭(W)과 길이(l)을 구하시오.(선로의 한쪽 끝을 개방시키고 길이를 $\lambda/8$로 하여 구현하시오)

해답 W=3.58(mm), l=19.21(mm)(Z_0=31.83(ohm), 전기적 길이=45(deg))

04 1(GHz) 주파수에서 기판의 두께 d가 1(mm) 이고 상대 유전율 ϵ_r이 4.8 인 경우, 5(nH)의 직렬 인덕터를 구현하기 위한 마이크로스트립 선로의 폭(W)과 길이(l)을 구하시오.(선로의 임피던스를 100(ohm)으로 하여 구현하시오)

해답 W=0.40(mm), l=8.33(mm)(Z_0=100(ohm), 전기적 길이=0.314(rad))

05 차단 주파수가 900(MHz)이고 ripple이 0.1(dB)이며 단수가 5단인 저역 통과 Chebyshev 여파기를 microstrip 선로만을 가지고 설계하시오.

(주기 1. 실제적으로 구현이 가능하도록 병렬 capacitor의 구현은 길이가 $\lambda/8$인 선로를 사용하고, 직렬 inductor의 구현은 특성 impedance가 90(ohm)인 선로를 사용하고, 입력 및 출력 단자의 연결을 위해서 길이가 $\lambda/8$이고 특성 impedance가 50(ohm)인 선로를 입력 및 출력단에 삽입시킬 것.
주기 2. 사용하는 기판은 상대 유전율이 4.6이고 유전체의 두께는 0.73(mm)이며 동판의 두께는 0.035(mm)이나 동판의 두께는 무시하고 설계를 적용해도 무방함)

11-13 참고 문헌

(1) Ansoft, ***Ansoft Designer v1.1 Getting Started Guide***, Ansoft Corporation, 2003

(2) David M. Pozar, ***Microwave Engineering***, fourth edition, John Wiley & Sons INC., 2011

(3) G. Matthaei, L. Young, and E.M.T. Jones, ***Microwave Filters, Impedance -Matching Networks***, and Coupling Structures, Mc-Graw Hill, 1964

(4) 김종오, 안태원, 박현찬, ***실무와 예제를 중심으로 한 Allegro OrCAD***, 복두출판사 , 2014년

저자와의
협의에 의해
인지 생략

기본이론부터 실무기술 적용까지
초고주파 캡스톤디자인

1판 2쇄 2018년 3월 15일

저 자 이해선
발행인 송광헌
발행처 복두출판사
주 소 서울특별시 영등포구 경인로82길 3-4
센터플러스 807호 (우) 07371
전 화 (02) 2164-2580
FAX (02) 2164-2584
등 록 1993. 11. 22. 제 10-902 호

정가 : 25,000원

ISBN : 979-11-5906-228-5 93560